༄། །བསྡུས་གྲྭའི་རྣམ་གཞག་བརྩོན་ལྡན་བློ་གསར་དགྱེས་པའི་དགའ་སྟོན་ཞེས་བྱ་བ་བཞུགས་སོ།། །

རབ་འབྱམས་པ་དགེ་འདུན་རྒྱ་མཚོས་མཛད།

དཔལ་ས་སྐྱའི་རིག་གཞུང་ཞིབ་འཇུག་ཚོགས་པས་བསྒྲིགས།

བོད་ལྗོངས་མི་དམངས་དཔེ་སྐྲུན་ཁང་།

图书在版编目(CIP)数据

因明入门:藏文/格西格顿加措著.—拉萨:西藏人民出版社,2011.5(2023.3 重印)

ISBN 978 -7 -223 -03102 -8

(萨迦文库)

Ⅰ.①因… Ⅱ.①格… Ⅲ.①因明(印度逻辑) - 藏语 Ⅳ.①B81 -093.51

中国版本图书馆 CIP 数据核字(2011)第 041466 号

因明入门

作　　者	格顿加措
责任编辑	刚组
封面设计	丹朗　格次　格乐
版式设计	丹增
电脑排版	丹增　巴桑
出版发行	西藏人民出版社(拉萨市林廓北路 20 号)
印　　刷	成都东江印务有限公司
开　　本	787 ×960　1/16
印　　张	14.25
字　　数	130 千
版　　次	2011 年 5 月第 1 版
印　　次	2023 年 3 月第 2 次印刷
印　　数	7,001—9,000
书　　号	ISBN978—7—223—03102—8
定　　价	30.00 元

网址:http://www.sakya.org.cn

(如有印装质量问题,请与出版社发行部联系调换)

发行部联系电话(传真):0891 -6826115

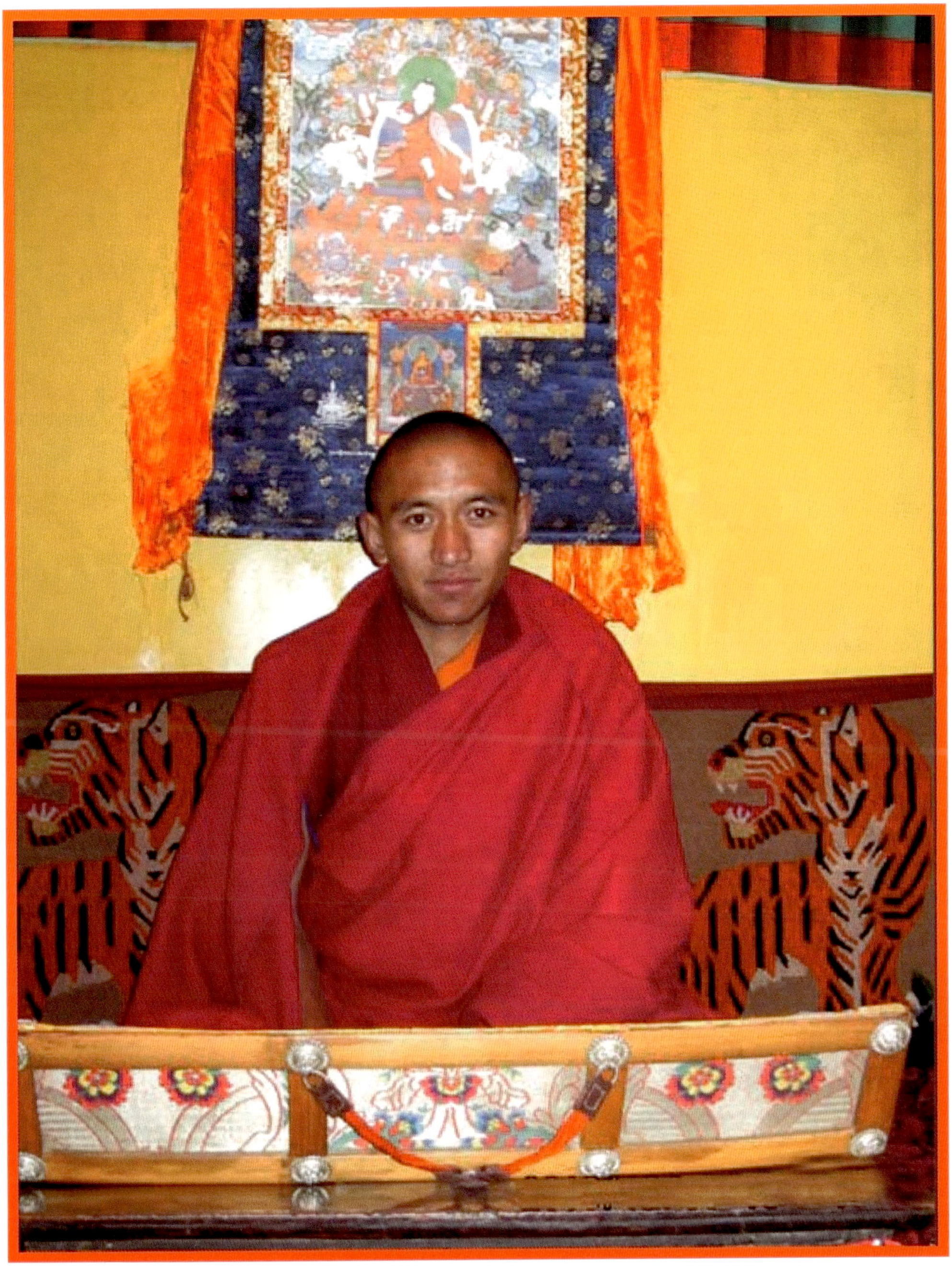

རབ་འབྱམས་པ་དགེ་འདུན་རྒྱ་མཚོ།

མདུན་བསུའི་ཞུ་མཆིད།

དུས་ཀྱི་འཁོར་ལོའི་བགྲོད་མཚམས་སྐད་ཅིག་ཀྱང་མི་འཛེག་པའི་གནས་སྐབས་དང་བསྟུན་ནས་སྐྱིད་སྡུག་དང་འཕེལ་འགྲིབ་ཀྱི་ཐང་འགག་མང་པོ་བརྒྱུད་པའི་དེ་རིང་། དུས་རབས་ཉེར་གཅིག་པའི་སྐལ་ཟུར་ན་ཆེས་ཛ་དྲག་པའི་འགྲན་རྩོད་ཀྱི་སྤྱི་ཚོགས་ཁྲོད་འཚོ་བའི་མི་རྣམས་ཀྱིས་ད་གཟོད་བསམ་པའི་དཔལ་ཡོན་གྱི་གལ་ཆེའི་རང་བཞིན་ལ་གོ་ཤེས་ཇེ་ཟབ་ཏུ་འགྲོ་བཞིན་ཡོད་པར་བརྟེན། དུས་རབས་མང་པོར་དགོན་སྡེའི་ལྟུགས་རི་ལས་བརྒལ་མ་མྱོང་བའི་བོད་ཀྱི་རིག་གནས་ངོ་མཚར་ཅན་རྣམས་ད་ཆར་འཛམ་བུའི་གླིང་པ་ཕལ་མོ་ཆེའི་དོ་སྣང་བྱ་ཡུལ་ཞིག་ཏུ་འགྱུར་བཞིན་ཡོད་པ་དང་། ལྷག་པར་བོད་བརྒྱུད་ནང་བསྟན་རིག་གནས་ཞེས་སྤྱངས་ན་ལུགས་གཉིས་ཀྱི་དཀའ་གནད་འབད་མེད་དུ་གྲོལ་ཞིང་། བསྒོམས་ན་འཁོར་འདས་ཀྱི་དབྱེ་མཚམས་ཡུག་གཅིག་ཏུ་འབྲེལ་ནུས་པའི་རིག་གཞུང་གི་རྒྱལ་པོ་འདི་ནི་རྒྱལ་ཁབ་ཕྱི་ནང་གི་མཁས་དབང་དང་ཞིབ་འཇུག་པ་མང་པོས་མ་གྲོས་གཅིག་མཐུན་དང་འཛམ་གླིང་སེམས་ཁམས་རིག་པའི་མ་ཡུམ་དུ་བཀུར་བཞིན་ཡོད་པ་དང་། དེང་སང་འགྲོར་ཕྱུག་ཕུན་སུམ་ཚོགས་པའི་བདེ་སྐྱིད་ཀྱི་འཚོ་བ་ཞེས་མཐོ་དམན་བར་གསུམ་གྱི་གླིང་གཞི་དང་སྨོན་གཞིར་གྱུར་པའི་བདེ་སྐྱིད་ཅེས་པ་དེའི་འབྱུང་རྩ་བསམ་པའི་དཔལ་ཡོན་གྱི་འབྱུང་གནས་ཀྱང་ཡིན་པ་སོགས། སངས་རྒྱས་ཉིད་ཀྱིས། ངས་ནི་ཁྱོད་ལ་ཐར་པའི་ལམ་བསྟན་གྱི། །ཐར་པ་རང་ལ་རག་ལས་ཤེས་པར་གྱིས། །ཞེས་གསུངས་པ་ལྟར་སོ་སོའི་བློ་ནུས་ཀྱིས་འཛིན་ཆེ་ཕན་ཡོན་རྫོགས་མཐའ་མེད་པའི་རིག་པའི་གཞུང་ལུགས་འདི་དག་ཉམས་པ་སླར་གསོ་དང་། མི་ཉམས་གོང་སྤེལ་གྱི་བྱ་བར་སྒོ་ཀུན་ནས་འབད་བརྩོན་ལྷོད་མེད་བྱ་རྒྱུ་དེ། ངཚོར་ལས་ཀྱིས་བསྐོས་པའི་འོས་འགན་འདོར་ཐབས་མེད་པ་ཞིག་ཡིན་པ་

གཞིར་བཅས། དེ་སྔའི་ང་ཚོའི་ལས་ཀའི་ཁ་ཕྱོགས་གཙོ་བོ་དཔེ་སྙིང་འཚོལ་བསྡུ་དང་དཔེ་སྐྲུན་བྱ་རྒྱུའི་ཐོག་བཞག་སྟེ། དཔལ་ས་སྐྱའི་དཔེ་མཛོད་ཁང་སོགས་ཀྱི་དཔེ་སྙིང་ལ་ཞིབ་འཇུག་དང་བསྡུ་རུབ་ཀྱི་ལས་ཀ་གང་འཚམ་བསྒྲུབས་ཡོད་པའི་ཁར་མུ་མཐུད་ས་སྐྱ་པའི་གསུང་རབ་ཡོངས་རྫོགས་ཕྱོགས་བསྒྲིགས་ཞུ་རྒྱུའི་དམིགས་ཚད་ཀྱི་རྨང་གཞིའི་ཐོག་ད་ཐེངས་དཔལ་ས་སྐྱའི་རིག་མཛོད་ཅེས་པའི་དཔེ་ཚོགས་རྩོམ་བསྒྲིགས་དང་དཔེ་སྐྲུན་བྱ་རྒྱུའི་ནང་གནའ་དེང་རིག་གཞུང་ཁག་༡༽ སྟོན་བྱུང་ལོ་རྒྱུས་ཀྱི་གཏམ། ༢༽ བསླབ་བྱ་ནོར་བུའི་ཕྲེང་བ། ༣༽ ཤེས་བྱ་རིག་པའི་གནས། ༤༽ མདོ་སྔགས་སྙིང་པོའི་ཉམས་བཞེས་བཅས་ཀྱི་ཁོངས་སུ་བསྡུ་བའི་སྒོ་ནས་དེ་དག་རྒྱ་ཡིག་སོགས་དེང་སྐབས་དར་ཁྱབ་ཆེ་བའི་སྐད་ཡིག་གཞན་དག་ལ་བསྒྱུར་རྒྱུས་གཙོས། བསྒྱུར་ཡིག་ཁུངས་ལྡན་འཚོལ་བསྡུ་དང་ལེགས་བཅོས་གང་ནུས་བྱས་ཏེ། བོད་རྒྱ་སོགས་ཡིག་རིགས་གཉིས་ལྡན་གཙོ་བོར་བྱས་པའི་པོད་ཕྲེང་ཞིག་རིམ་གྱིས་སྒྲིག་བཞིན་ཡོད་པའི་ཐོག་མ་དཔལ་ལྡན་ས་སྐྱ་པའི་སྐོར་གྱི་དཔེ་ཚོགས་ལས་བརྩམས་ཤིང་། རིམ་པས་གྲུབ་མཐའ་རིས་མེད་ཀྱི་དཔེ་ཚོགས་གང་མང་བསྒྲིགས་སྤེལ་ཞུས་ཏེ། བོད་ཀྱི་རིག་གཞུང་ལ་སློབ་སྦྱོང་དང་ཉམས་ལེན། ཞིབ་འཇུག་བཅས་གནང་བར་འདོད་པའི་རྒྱལ་ཁབ་ཕྱི་ནང་གི་དོན་གཉེར་ཅན་མང་པོར་བསྒྱུར་གཞི་དང་བསྟུར་བ་ཐུབ་པའི་སྟབས་བདེའི་གོ་སྐབས་ཕྱེས་ཏེ། རིག་གཞུང་གི་གོ་དོན་གཏིང་ཟབ་དང་ཚད་ལྡན་དུ་ལོན་ཐུབ་པའི་དམིགས་ཡུལ་གཙོ་བོར་བཟུང་ཐོག །བོད་ཀྱི་རིག་གཞུང་ལུགས་མཐུན་དང་འཕེལ་ལམ་བཏོད་ནས། མཐར་ཐུག་གི་དམིགས་བྱ་གཙོ་བོ་འཛམ་གླིང་ཞི་བདེའམ་འགྲོ་ཕྲུག་ཕུན་སུམ་ཚོགས་པའི་བདེ་སྐྱིད་ཀྱི་ཞིང་ཁམས་བསྐྲུན་རྒྱུའི་དོན་ཆེན་གེགས་མེད་དུ་འགྲུབ་པའི་དམིགས་ཡུལ་གཙོ་བོར་བཟུང་ཡོད།

བསྒྲིགས་ཚུལ་གོ་རིམ་ཐད་གོང་ཞུས་སྟོན་བྱུང་ལོ་རྒྱུས་ཀྱི་གཏམ་སོགས་དོན་ཚན་བཞིའི་གོ་རིམ་ལྟར་བསྒྲིག་དགོས་པར་སྣང་ཡང་། ཟད་མཐའ་མེད་པའི་བོད་ཀྱི་རིག་གཞུང་ཁག་སྐད་

གཉིས་ཟུང་འབྲེལ་དུ་བསྒྲིགས་པའི་ལས་འགན་ནི་དེ་འདྲའི་སྐབས་བདེ་མིན་པ་དང་། ང་ཚོའི་དཔེ་ཚོགས་བསྒྲིགས་ཐེངས་ལའང་ངེས་ཚད་མེད་པར་རྒྱུན་མཐུད་དུ་སྤེལ་རྒྱུའི་འཆར་གཞི་ཡོད་པར་བརྟེན་དགོས་མཐོ་གང་ཆེ་དང་། བསྒྱུར་ཡིག་གི་སྐབས་བདེར་གཞིགས་ཏེ་གོ་རིམ་ངེས་མེད་དུ་བསྒྲིགས་ཏེ་དཔེ་སྐྲུན་ཞུས་ཡོད།

དམིགས་བསལ་གྱིས་དྲན་སྐུལ་ཞུ་རྒྱུ་ཞིག་ནི་དཔེ་དེབ་སྒྲིག་སྐབས་དཀར་ཆག་གཞུང་ཁོངས་སུ་འཇུག་པ་སོགས་ཀྱི་སྐབས་བདེའི་བྱ་ཐབས་མ་སྤྱད་ཐབས་མེད་དུ་སྣང་ཡང་། དེ་དག་རྗེས་སུ་མ་དཔེ་དང་འདྲེས་སྐྱོན་འོང་བའི་ཉེན་ཁ་ཆེ་སྐབས། གཟབ་ནན་གྱི་བྱ་ཐབས་གང་ནུས་སྤྱད་དེ་དཔེ་དེབ་སོ་སོའི་དབུའི་དཀར་ཆག་ནང་འཁོད་མེད་པའི་ཚིག་རིགས་གཞུང་ཁོངས་སུ་རྩ་བ་ནས་བཀོལ་མེད་ཅིང་། དེ་དག་ཀྱང་མ་ཡིག་དང་ཆེ་ཆུང་བཀར་ཏེ་གསལ་ཁ་གང་ཐོན་ཞུས་ཡོད་པ་བཅས་མདོར་ན་དཔེ་དེབ་སོ་སོའི་དབུའི་དཀར་ཆག་ནང་འཁོད་ཡོད་པའི་ཚིག་རིགས་ཇི་བཞིན་མ་ཡིག་ལས་ཆུང་ཆེ་བའི་ཡི་གེ་སྤྱད་དེ་གཞུང་ཁོངས་སུ་བཀོལ་ཡོད་པའི་ཡིག་རིགས་ཚང་མ་ནི་མ་ཡིག་དངོས་སུ་མ་ཡིན་པ་དགོངས་འཇགས་འཚལ།

ཞེས་རིག་མཛོད་གཙོ་སྒྲིག་པའི་མིང་ཅན་ཤཱཀྱའི་དགེ་སློང་ས་སྐྱ་དཔལ་ལྡན་དོན་ཡོད་ཀྱིས་གངས་ལྗོངས་རྡོ་རྗེ་གདན་དཔལ་ལྡན་ས་སྐྱ་ནས་རབ་རྒྱུན་ལུགས་སྟག་ལོའི་ས་ག་ཟླ་བའི་ཚེས་བཟང་ཉིན།

མཚམས་སྦྱོར་རགས་བསྡུས།

༼བསྡུས་གྲྭའི་རྣམ་གཞག་བརྗོད་ལྡན་བློ་གསར་དགྱེས་པའི་དགའ་སྟོན་༽ཞེས་བྱ་བ་འདི་ཉིད་ཉིད་ནི་ལུང་རིག་སྨྲ་བའི་དབང་ཕྱུག་རབ་འབྱམས་པ་དགེ་འདུན་རྒྱ་མཚོ་མཆོག་གིས་མཛད། ཁོང་ནི་བོད་རབ་བྱུང་བཅུ་དྲུག་ཤིང་ཕོ་བྱི་བའི་ལོ་སྟེ་སྤྱི་ལོ་༡༨༢༤ལོར་གདན་ས་ཆེན་པོ་དཔལ་ལྡན་ས་སྐྱའི་ཉེ་འདབས་གཞོང་བའམ་ཕལ་སྐད་དུ་གཞོང་ང་ཞེས་པའི་གྲོང་ཚོར་སྐུ་བལྟམས། སྔོན་སྦྱངས་ཀྱི་བག་ཆགས་ཟབ་པས་སྐུ་ན་ཕྲ་མོའི་དུས་ནས་རྩེད་འཇོ་སོགས་རྣམ་གཡེང་ཤས་ཆེ་བའི་བྱ་བར་ཐུགས་མི་དགྱེས་པར་རིག་གནས་ལ་ཐུགས་ཞེན་ཆེ་ཞིང་སྤྱི་ཚོགས་སློབ་ཆུང་འགྲིམས་པའི་དུས་ཉིད་ནས་བརྗོད་པ་དང་སྦྱང་འབྲས་ཕུལ་དུ་བྱུང་བར་མངའ། སློབ་ཆུང་མཐར་ཕྱིན་པའི་རྗེས་ཚེ་རབས་དུ་མའི་ལེགས་མཛད་ཀྱི་འབྲས་བཟང་མངོན་དུ་གྱུར་པའི་དབང་གིས་ངེས་བྱུང་བྱང་ཆུབ་སེམས་ཀྱིས་ཐུགས་རྒྱུད་རབ་ཏུ་གཡོས་ཏེ་འགོག་མེད་ཀྱི་དད་འདུན་དྲག་པོས་རང་འགྲུལ་དང་གདན་ས་ཆེན་པོ་དཔལ་ལྡན་ས་སྐྱའི་གྲྭ་སར་ཞུགས་ཏེ། ལྷ་ཁང་མཁན་ཆེན་ཁྲི་རབས་དོན་ལྡ་པ་བྱམས་པ་ཀླུ་སྒྲུབ་རྒྱ་མཚོ་མཆོག་ལས་རབ་ཏུ་བྱུང་ཞིང་། དབང་ཁྲིད་ལུང་དང་མན་ངག་སོགས་སྡོམ་པ་གསུམ་གྱི་བཀའ་དྲིན་མཐའ་དག་ནོས་པའི་སྲུམ་ལྡན་གྱི་དགེ་བའི་བཤེས་གཉེན་མཆོག་ཏུ་བཀུར་བའི་གཙོས། དྲུང་རམས་པ་བསྟན་པ་རྒྱལ་མཚན་མཆོག་གནས་ཀྱི་སློབ་དཔོན་དུ་བསྟེན་ཏེ་གདན་ས་ཆེན་པོའི་རྒྱུན་དང་དམིགས་བསལ་གྱི་ཚོག་ཕྱག་ལེན་མཐའ་དག་ཡང་བྱང་ཆུབ་པར་མཛད་པའི་མཚོན། དཔལ་ས་སྐྱའི་མཐོ་རིམ་བཤད་གྲྭ་ཆེན་མོ་དང་། མདོ་སྔགས་རྫོང་གསར་ལྔ་རིག་སློབ་གླིང་། རྡོ་ཕུ་མཁས་མང་ཐོས་བསམ་གླིང་། བླ་བྲང་བཀྲ་ཤིས་འཁྱིལ་སོགས་གངས་ལྗོངས་ཆོས་གྲྭ་ཆེ་ཁག་དུ་མར་ལོ་ངོ་བཅུ་ཕྲག་ལྷག་ཙམ་ནང་སློབ་གཉེར་དང་གྲྭ་སྐོར་མཛད་དེ་གཞུང་ཆེན་རབ་འབྱམས་ལ་ཐོས་བསམ་གྱི་མཐའ་རྒྱ་ཆོད་པར་མཛད་པའི་མཐར་གདན་ས་ཆེན་པོ་དཔལ་ལྡན་ས་སྐྱར་གཞུང་པོད་

ཆེན་དྲུག་ལ་དམ་བཅའ་མཐར་ཕྱིན་པའི་རབ་བྱམས་པའི་མཚན་སྙན་གྱི་ཅོད་པན་ལེགས་པར་བཞེས་ནས། ད་ཆར་དགུང་གྲངས་ཉེར་བདུན་ལ་སོན་ཙམ་གྱིས་གདན་ས་དེ་ཉིད་དུ་མཐོ་རིམ་བཤད་གྲྭ་ཆེན་མོའི་མཚན་གནས་རིམ་པ་གསུམ་པའི་གྲས་ཏེ་དགེ་རྒན་གྱི་མཚན་གནས་བཞེས་མུར་མཆིས། ཁོང་གིས་མཛད་པའི་གསུང་རྩོམ་རིགས་ཀྱང་བསྡུས་གྲྭའི་རྣམ་གཞག་འདིས་མཚོན་པའི་ཚད་མ་རིག་པའི་གཏེར་གྱི་སྟོམ་ཚིགས་སོགས་འགའ་ཙམ་མཆིས་པ་ཀུན་ཀྱང་བརྗོད་བྱ་དང་བརྗོད་བྱེད་གང་ཐད་ནས་དམིགས་གསལ་གྱི་ཕུལ་དུ་བྱུང་བར་སྣང་ཞིང་ལྷག་པར་བསྡུས་གྲྭའི་རྣམ་གཞག་འདིའི་བརྗོད་བྱ་གཙོ་བོ་ནི་གངས་ཅན་བསྡུས་གྲྭའི་ཕྱི་མོ་དཔལ་ལྡན་གསང་ཕུ་བའི་མཁས་པ་རྣམས་ཀྱི་དགོངས་པ་ཇི་བཞིན་བཀྲལ་བའི་མཁན་ཆེན་ལུང་རིག་དཔལ་འབར་གྱི་བསྡུས་གཞུང་དང་རྐང་ཁྲབ་སྡོམ་ཚིག་གཉིས་གཞིར་བྱས་ཐོག །ཀུན་མཁྱེན་གོ་རམས་པ་ཆེན་པོའི་དངོས་སློབ་འཇམ་དབྱངས་ཆོས་རྣམ་རྒྱལ་གྱིས་མཛད་པའི་བསྡུས་གཞུང་རིག་པ་མི་ཟད་པའི་གཏེར་མཛོད། མཁྱེན་རབ་ཀུན་དགའ་གྲགས་འཛིན་གྱིས་མཛད་པའི་རྒྱ་འབྲས་འཁོར་ལོ་མ། སྙིང་ཚལ་བ་ཀུན་དགའ་ཆོས་བཟང་གིས་མཛད་པའི་ཐུམ་མོང་གི་བསྡུས་དཔེ་སོགས་རང་ལུགས་ཀྱི་བསྡུས་དཔེ་གྲགས་ཆེ་བ་འགའ་ཞིག་གི་གཞུང་དོན་ཡང་བསྒྲིགས་ནས་རིག་ལམ་ཆེ་འབྲིང་ཆུང་གསུམ་གྱི་རྣམ་གཞག་གོ་བདེ་ཞིང་ཁ་གསལ་བར་མཛད་ཡོད་པ་མ་ཟད། རིག་ལམ་ཆེ་འབྲིང་གཉིས་ཀྱི་སྐབས་སུ་བསྡུས་ཚན་རེ་རེ་བཞིན་མཁན་ཆེན་ལུང་རིག་དཔལ་འབར་གྱིས་མཛད་པའི་རྐང་ཁྲབ་སྡོམ་ཚིག་གི་ཚིག་རྐང་ཇི་བཞིན་དུ་དྲངས་ཏེ་ཁུངས་ཐུབ་པར་མཛད་ཡོད་པས་ན་རང་བཟོའི་དྲི་མས་མ་སྦགས་པའི་ཚད་དང་ལྡན་པ་ཞིག་ཀྱང་ཡིན་པས་ན། དེད་རྩོམ་སྒྲིག་ཁང་གིས་བསྡུས་དཔེ་འདི་ཉིད་རིག་མཛོད་དཔེ་ཚོགས་ནང་དྲངས་ཏེ་གཅིག་ནས་རྩོམ་པ་པོའི་དགོངས་པ་ཇི་བཞིན་བློ་གསར་ལས་དང་པོ་བ་རྣམས་ལ་ཕན་ཐོགས་ཆེ་བ་དང་། གཉིས་ནས་སྐྱ་ན་ཐྲ་བའི་རྣམ་དཔྱོད་ཅན་གྱི་གཞུང་འགྲེལ་རྩོམ་པ་པོ་འདི་འདྲ་གང་མང་བསྐྱེད་སྲིང་འོང་རྒྱུའི་རེ་བ་བཅངས་ཡོད་པར་བརྟེན། བོད་

ལྗོངས་མི་དམངས་དཔེ་སྐྲུན་ཁང་གིས་མཛད་འབྲེལ་རླབས་པོ་ཆེའི་ཁྲོད་ནས་དཔེ་དེབ་འདི་ཉིད་དམིགས་གསལ་དུ་དཔེ་བསྐྲུན་གནང་བར་ཞེ་ཐག་པ་ནས་བཀའ་དྲིན་ཆེ་ཞུ་བ་དང་སྨྲུགས་རྒྱུ་ཆེའི་དོན་གཉེར་བ་རྣམ་པས་གཞུང་འདིར་གཟིགས་རྟོག་གང་མང་གནང་ནས་ཚད་མ་རིག་པའི་གསང་གནད་བདེ་བླག་དང་རྟོགས་པར་མཛོད་ཅིག་ཅེས་གསོལ་བའང་འདེབས་པ་ལགས། །

ཞེས་དཔལ་ས་སྐྱའི་རིག་མཛོད་རྩོམ་སྒྲིག་ཁང་ནས།

དཀར་ཆག

མཆོད་བརྗོད་དང་བརྩམ་པར་དམ་བཅའ་བ། …… (1)

གླེང་གཞི་དང་མཚམས་སྦྱོར། …… (3)

སྤྱིའི་དང་པོ། རིགས་ལམ་ཆུང་ངུའི་རྣམ་གཞག་བཤད་པ།

གཅིག ཁ་དོག་དཀར་དམར་གྱི་རྣམ་གཞག་བཤད་པ། …… (7)

༡ གཞན་ལུགས་དགག་པ། …… (7)

༢ རང་ལུགས་བཞག་པ། …… (11)

༣ རྩོད་པ་སྤོང་བ། …… (12)

གཉིས། གཞི་གྲུབ་ཀྱི་རྣམ་གཞག་བཤད་པ། …… (13)

༡ གཞན་ལུགས་དགག་པ། …… (13)

༢ རང་ལུགས་བཞག་པ། …… (20)

༣ རྩོད་པ་སྤོང་བ། …… (26)

གསུམ། ལྡོག་པ་ངོས་འཛིན་ནམ་མཚན་མཚོན་ཆུང་བའི་རྣམ་གཞག་བཤད་པ། …… (27)

༡ གཞན་ལུགས་དགག་པ། …… (27)

༢ རང་ལུགས་བཞག་པ། …… (31)

༣ རྩོད་པ་སྤོང་བ། …… (31)

བཞི། སྤྱི་བྱེ་བྲག་ཆུང་བའི་རྣམ་གཞག་བཤད་པ། …… (32)

༡ གཞན་ལུགས་དགག་པ། …… (32)

༢ རང་ལུགས་བཞག་པ། …… (38)

༣ རྩོད་པ་སྤོང་བ། …………………………………………… (38)

ལྔ། རྒྱུ་འབྲས་ཆུང་བའི་རྣམ་གཞག་བཤད་པ། …………………………… (39)

༡ གཞན་ལུགས་དགག་པ། ……………………………………… (39)

༢ རང་ལུགས་བཞག་པ། ……………………………………… (41)

༣ རྩོད་པ་སྤོང་བ། ………………………………………… (43)

དྲུག ཡུལ་དང་ཡུལ་ཅན་གྱི་རྣམ་གཞག་བཤད་པ། ………………………… (44)

༡ གཞན་ལུགས་དགག་པ། ……………………………………… (44)

༢ རང་ལུགས་བཞག་པ། ……………………………………… (47)

༣ རྩོད་པ་སྤོང་བ། ………………………………………… (50)

བདུན། སེམས་དང་སེམས་བྱུང་གི་རྣམ་གཞག་བཤད་པ། ……………………… (50)

༡ གཞན་ལུགས་དགག་པ། ……………………………………… (50)

༢ རང་ལུགས་བཞག་པ། ……………………………………… (53)

༣ རྩོད་པ་སྤོང་བ། ………………………………………… (60)

བརྒྱད། ཚད་མ་དང་ཚད་མིན་གྱི་རྣམ་གཞག་བཤད་པ། ……………………… (61)

༡ གཞན་ལུགས་དགག་པ། ……………………………………… (61)

༢ རང་ལུགས་བཞག་པ། ……………………………………… (64)

༣ རྩོད་པ་སྤོང་བ། ………………………………………… (66)

སྤྱིའི་གཉིས་པ། རིགས་ལམ་འབྲིང་གི་རྣམ་གཞག་བཤད་པ།

གཅིག མཚན་མཚོན་ཆེ་བའི་རྣམ་གཞག་བཤད་པ། ……………………………… (68)

གཉིས། རྫས་ལྡོག་གི་རྣམ་གཞག་བཤད་པ། ……………………………… (80)

གསུམ། འགལ་འབྲེལ་གྱི་རྣམ་གཞག་བཤད་པ།……………………………… (99)
བཞི། སྤྱི་དང་བྱེ་བྲག་གི་རྣམ་གཞག་བཤད་པ།…………………………… (114)
ལྔ། ཡོད་རྟོགས་མེད་རྟོགས་ཀྱི་རྣམ་གཞག་བཤད་པ།………………………… (120)
དྲུག ཡིན་ལོག་མིན་ལོག་གི་རྣམ་གཞག་བཤད་པ།…………………………… (126)
བདུན། རྟག་རྟོགས་དངོས་རྟོགས་ཀྱི་རྣམ་གཞག་བཤད་པ།……………………… (129)
བརྒྱད། རྗེས་འགྲོ་ལྡོག་ཁྱབ་ཀྱི་རྣམ་གཞག་བཤད་པ།………………………… (142)
དགུ། ཕྱིར་ཞེས་མའི་རྣམ་གཞག་བཤད་པ།……………………………… (160)

སྡེའི་གསུམ་པ། རིགས་ལམ་ཆེ་བའི་རྣམ་གཞག་བཤད་པ།

གཅིག ཁྱབ་པ་ཤན་འབྱེད་ཀྱི་རྣམ་གཞག་བཤད་པ།…………………………… (170)
གཉིས། རྩེ་ཚུལ་དགུའི་འཁོར་ལོའི་རྣམ་གཞག་བཤད་པ།……………………… (175)
གསུམ། ཐལ་ཕྱིར་མའི་རྣམ་གཞག་བཤད་པ།……………………………… (184)
བཞི། གང་ཞིག་མགོ་འབྱུར་གྱི་རྣམ་གཞག་བཤད་པ།…………………………… (192)
ལྔ། དགག་གཞི་བརྗེ་ཚུལ་གྱི་རྣམ་གཞག་བཤད་པ།…………………………… (199)
དྲུག དགག་པ་འཁོར་ཚུལ་གྱི་རྣམ་གཞག་བཤད་པ།…………………………… (201)
མཇུག་གི་དོན་བཤད་པ།……………………………………… (203)

༄། །བསྟུས་གྲྭའི་རྣམ་གཞག་བཙོན་ལྡན་བློ་གསར་དགྱེས་པའི་དགའ་སྟོན་ཞེས་བྱ་བ་བཞུགས་སོ། །

མཆོད་བརྗོད་དང་བརྩམ་པར་དམ་བཅའ་བ།

བླ་མ་དང་མགོན་པོ་འཇམ་པའི་དབྱངས་ལ་གུས་པས་ཕྱག་འཚལ་ལོ། །
དྲིགས་ལྡན་འཆི་མེད་རལ་པའི་རྩེ་མོར་ཡང་། །
གང་གི་ཞབས་སེན་ཆུ་སྐྱེས་གུས་མཆོད་དེ། །
གདན་གྱི་སྐྱབས་གནས་དམ་པར་མངའ་གསོལ་བའི། །
འགྲོ་བའི་འདྲེན་པ་མཆོག་དེར་སུ་མི་གུས། །
མ་ལུས་ཆོས་ཀུན་མཁྱེན་པའི་རལ་གྲི་ལ། །
མ་བཙོས་རང་བྱུང་སྙིང་རྗེའི་རྣོ་འབར་བས། །
མ་རིག་གཅན་གཟན་གཏུམ་པོའི་མཆེ་འོག་ནས། །
མ་དག་འགྲོ་བ་སྐྱོབ་པའི་མགོན་དེ་རྒྱལ། །
ལོག་པའི་ལམ་འཕྲེན་རྒོལ་ངན་གླང་པོའི་ཁྱུ། །
ལུང་རིགས་ལྕགས་ཀྱུ་དར་མའི་སྣེ་ར་དྲངས་ཏེ། །
ཡང་དག་ལྟ་བའི་རྒྱལ་སར་འཁྲིད་མཛད་མགོན། །
འཕགས་ཡུལ་མཁས་ཤིང་གྲུབ་པའི་ཚོགས་རྣམས་རྒྱལ། །
མདོ་རྒྱུད་གཞུང་ལུགས་སྟོང་གསུམ་འཛིན་མའི་ཁམས། །
རྣམ་དཔྱོད་མིག་གི་མཐོང་བའི་ཆ་རྐྱེན་དུ། །

རིགས་ལམ་སྨྲ་རིངས་གསར་པས་གངས་ལྗོངས་འདི། །
གསལ་མཛད་ཕྱྭ་པ་ཆོས་ཀྱི་སེང་གེར་འདུད། །
བྱང་ཕྱོགས་གངས་རིའི་ཁྲོད་ཀྱི་ཞིང་ཁམས་འདིར། །
རྩོད་མེད་རྒྱལ་བ་གཉིས་པའི་སྐུར་བཞེངས་ཏེ། །
ཐུབ་བསྟན་སྲིད་མཐར་གསལ་མཛད་ས་སྐྱ་པ། །
ཡབ་སྲས་བརྒྱུད་པར་བཅས་ལ་སྙིང་ནས་འདུད། །
བསོད་ནམས་རྩལ་མང་བརྩེགས་པའི་གངས་ཀྱི་རིར། །
རྣམ་དཔྱོད་སྟོབས་ཀྱི་སྤོབས་པ་རྩེར་སོན་པས། །
ལེགས་བཤད་སེང་གེའི་ང་རོས་སྟོང་གསུམ་ཁྱབ། །
མ་ལུས་ཁྱབ་པའི་དགེ་མཚན་དེང་འདིར་གཞིས། །
མདོ་རྒྱུད་ཀུན་གྱི་ཟབ་དོན་ཆུ་བོའི་རྒྱུན། །
ཐུགས་མཆོར་འཁྱིལ་བས་ལེགས་བཤད་ལྷུ་བའི་ཕྲེང་། །
དཔྱོད་ལྡན་གསེར་མིག་དགྱེས་པའི་དགའ་སྟོན་དུ། །
སྟོན་མཛད་སྐྱེས་མཆོག་རིམ་པར་བྱོན་ལ་འདུད། །
ཚོགས་གཉིས་ཀླུ་དབང་རལ་པའི་ཁྲིར་འཁོད་དེ། །
འདོད་དོན་ཚུལ་བཞིན་སྒྲུབ་ལ་མི་བསླུ་བའི། །
སྐད་གྲུང་མཚན་དཔེའི་བཀོད་པ་གདེངས་ཀའི་ནོར། །
གདུལ་བྱ་རྒྱ་མཚོའི་རྒྱན་དུ་ལྷམ་མེར་མཛེས། །
ཟབ་དོན་ནོར་བུའི་གླིང་དུ་འགྲོ་འདོད་ཀྱང་། །
འཇུག་སྒོ་རིག་པའི་གཟིངས་ཆེན་མ་རྙེད་པས། །

ཐོས་ཉུང་སྐམ་སར་ལུས་པའི་གསར་བུ་ལ། །
ཕན་ཕྱིར་རྩོལ་འདི་བཤད་ཀྱི་དགའ་བས་ཉོན།
ལྷག་བསམ་དག་པའི་བློ་ཡི་མངལ་སྐྱོ་ལས། །
འབད་པས་བཙས་པའི་རྟོག་གེའི་བུ་ཆུང་འདིས། །
བསྟན་ལ་ཕན་ན་འདི་ལ་འཚེ་བའི་བདུད། །
ཕྱུག་ན་གཉེ་པོགས་པའི་ལྷ་དེས་སྲུངས། །

གླེང་གཞི་དང་མཚམས་སྦྱོར།

ཞེས་མཆོད་པར་བརྗོད་ཅིང་བརྩམ་པར་དམ་བཅའ་བའི་ཡན་ལག་སྔོན་དུ་བཏང་ནས་སྐབས་དོན་གང་གླེང་བར་བྱ་བ་ནི། དེ་ཡང་སྐལ་བཟང་རྣམ་འདྲེན་སྟོང་གི་དབུས་ན་རྒྱལ་མཚན་གྱི་ཏོག་ལྟར་མངོན་པར་འཕགས་ཤིང་། ལྷར་བཅས་འགྲོ་བ་ཡོངས་ཀྱི་མ་འདྲིས་པའི་མཛའ་བཤེས་གཅིག་པུར་གྱུར་པ་སྟོན་མཆོག་ཐུབ་པའི་དབང་པོ་དེ་ཉིད་ཡེ་གདོད་མ་ནས་འོག་མིན་སྟུག་པོ་བཀོད་པའི་ཞིང་ཁམས་སུ་ལོངས་སྤྱོད་རྫོགས་པའི་སྐུའི་རྟེན་ལ་མངོན་པར་རྫོགས་པར་སངས་རྒྱས་ཏེ། ཆོས་དབྱིངས་རྣམ་པར་མི་རྟོག་པའི་ཡེ་ཤེས་ཀྱི་ངོ་བོར་གཅིག་ཏུ་འདྲེས་ཟིན་ཀྱང་། ཐུགས་བརྩེ་བ་ཆེན་པོས་ཀུན་ནས་བསླངས་ཏེ་བསམ་བཞིན་དུ་སྟོང་གསུམ་མི་མཇེད་འཇིག་རྟེན་གྱི་ཁམས་ན་གདུལ་བྱ་གྲངས་མེད་པ་དཔག་ཏུ་མེད་པའི་རང་རང་གི་བློ་དང་། མོས་པ་དང་། དབང་པོ་དང་། བག་ལ་ཉལ་བའི་རིམ་པ་དང་རྗེས་སུ་མཐུན་པར་གཟུགས་སྐུ་མཐའ་ཡས་པའི་རྣམ་པར་རོལ་ཞིང་། འཛམ་བུའི་གླིང་འདིར་ཡང་ལོ་ངོ་སྟོང་ཕྲག་བཞི་ལྷག་གི་ཡར་སྔོན་ནས་རྗེ་བཙུན་བྱམས་པ་མགོན་པོ་རྒྱལ་ཚབ་ཏུ་དབང་བསྐུར་ཏེ་དགའ་ལྡན་གྱི་གནས་ལས་འཕོས་པ་ནས་བརྩམས་ཏེ། གདུལ་བྱ་རྟག་འཛིན་ཅན་རྣམས་ཀྱི་ངོར་རྩ་མཆོག་གྲོང་གི་ས་གཞིར་སྐུ་མྱ་ངན་ལས་འདས་པའི་བར་མཛད་པ་བཅུ་གཉིས་ཀྱི་ཚུལ་

བསྟན་པ་ཐམས་ཅད་ཀྱང་། །ཁམས་གསུམ་འཁོར་བའི་རྒྱ་མཚོ་ཆེན་པོར་སྡུག་བསྔལ་རྒྱུ་སྲིན་གྱིས་བར་མེད་དུ་བཅོས་པའི་འགྲོ་བ་སེམས་ཅན་རྣམས་ཐར་པ་དང་ཐམས་ཅད་མཁྱེན་པའི་གོ་འཕང་ལ་འགོད་པའི་ཆེད་དུ་ཡིན་ལ། ཐར་པ་དང་ཐམས་ཅད་མཁྱེན་པའི་གོ་འཕང་དེ་ཡང་། སྟོན་མཆོག་ཉིད་ཀྱིས། ངས་ནི་ཁྱོད་ལ་ཐར་པའི་ཐབས་བསྟན་གྱིས། །ཐར་པ་རང་ལ་རགས་ལས་ཤེས་པར་གྱིས༔ ༔ཞེས་བསླུ་མེད་རྡོ་རྗེའི་ཚིག་གིས་ནན་གྱིས་བསྐུལ་བ་ལྟར་སྒྲུབ་པ་པོ་རང་ཉིད་ཀྱིས་རྩོལ་བ་ལ་ཙུང་ཟད་ཀྱང་མ་ལྷོས་པར་བླ་མ་དང་དགེ་བའི་བཤེས་གཉེན་གྱི་ཐུགས་རྗེ་དང་བྱིན་རླབས་ཁོ་ནའི་དབང་གིས་འབྱུང་བ་ཞིག་མ་ཡིན་པས་གང་ཟག་རང་རྟོས་ནས་ལམ་ལ་སློབ་དགོས་ཤིང་། ལམ་ལ་ཇི་ལྟར་སློབ་པའི་ཚུལ་ནི། ཇི་སྐད་དུ། མགོན་པོ་མི་ཕམ་པས། རིག་པའི་གནས་ལྔ་དག་ལ་མཁས་པར་མ་སྦྱངས་ན། །འཕགས་མཆོག་གིས་ཀྱང་ཐམས་ཅད་མཁྱེན་ཉིད་མི་འགྱུར་ཏེ༔ ༔དེ་ལྟ་བས་ན་གཞན་དག་ཚར་བཅད་རྗེས་སུ་བཟུང་ཕྱིར་དང་། །བདག་ཉིད་ཀུན་ཤེས་བྱ་ཕྱིར་དེ་ལ་དེ་བརྩོན་བྱེད། །ཅེས་གསུངས་པ་ལྟར། ལོག་སྨྲ་ཚར་གཅོད་པའི་ཕྱིར་སྒྲ་དང་ཚད་མ། གཞན་རྗེས་སུ་འཛིན་པའི་ཕྱིར་བཟོ་དང་གསོ་བ། བདག་ཉིད་ཀུན་ཤེས་བྱ་ཕྱིར་ནང་དོན་རིག་པ་སྟེ༔ རིག་པའི་གནས་ལྔ་ལ་མཁས་པར་བྱ་དགོས་པ་ལས་འདིར་སྐབས་སུ་བབ་པ་རྟོགས་གེ་ཚད་མ་རིག་པ་འཆད་པ་ལ་ཐོག་མར་དེའི་སྲོལ་ཇི་ལྟར་བྱུང་བའི་ཚུལ་ནི། རྒྱ་གར་འཕགས་པའི་ཡུལ་དུ་དགྲ་བཅོམ་པ་ཆོས་སྐྱོབས་ཀྱིས་བསྟན་བཅོས་སྨྲ་བའི་སྒོ་མཛད། སློབ་དཔོན་དབྱིག་གཉེན་གྱིས་རྩོད་པ་སྒྲུབ་པ་མཛད། སློབ་དཔོན་དབྱིག་གཉེན་ལ་བཀའ་བཞི་རང་ལས་མཁས་པའི་སློབ་མ་བཞི་ཡོད་པ་ལས་ཚད་མ་རང་ལས་མཁས་པ་དཔལ་ལྡན་ཕྱོགས་ཀྱི་གླང་པོས་དམིགས་བརྟག་ལ་སོགས་པའི་བསྟན་བཅོས་ཐོར་བུ་བརྒྱ་རྩ་བརྒྱད་བརྩམས་པར་གྲགས་པ་ལས། བོད་དུ་འགྱུར་བ་ལ་ཡང་རྐྱང་གི་རབ་བྱེད་འགྲེལ་པ་དང་བཅས་པ་དང་། དམིགས་པ་བརྟག་པ་འགྲེལ་པ་དང་བཅས་པ་དང་། དུས་གསུམ་བརྟག་པ། རིགས་པ་ལ་འཇུག་པ། ཕྱོགས་ཆོས་དགུའི་འཁོར་

ལོ་རྣམས་བཞུགས། དུས་ཕྱིས་དེ་དག་གི་བརྗོད་བྱ་ཕྱོགས་གཅིག་ཏུ་བསྡུས་ཏེ། བསྟན་བཅོས་ཀུན་གྱི་མིག་གཅིག་པུར་གྱུར་པ་ཚད་མ་མདོ་ཀུན་ལས་བཏུས་པ་མཛད། དེ་ལ་འགྲེལ་བྱེད་མང་དུ་བྱུང་བའི་ནང་ནས་འཕགས་པ་ཀུན་ཏུ་བཟང་པོའི་རྣམ་འཕྲུལ་དཔལ་ཆོས་ཀྱི་གྲགས་པས་སློབ་དཔོན་དབང་ཕྱུག་སྡེ་ལས་ཕྱོགས་གླང་གི་ལུགས་གསན་ཏེ། ཚད་མ་སྡེ་བདུན་མཛད། དེ་དག་ལ་སློབ་དཔོན་ལྷ་དབང་བློ་དང་རྒྱལ་དབང་བློ་ལ་སོགས་པའི་འགྲེལ་བྱེད་དུ་མས་བཤད་པ་རྒྱ་ཆེར་བྱས་ཏེ། རྒྱ་གར་ཤར་ནུབ་ཀུན་ཏུ་གངས་ཀྱི་ལྷུན་པོ་ལ་ཉི་མ་ཤར་བ་ལྟར་མཛད་ཅིང་། གངས་རིའི་ཁྲོད་འདིར་ཡང་ཕྱི་པ་ཆོས་ཀྱི་སེང་གེས། རྩོམ་ལེགས་པའི་ཤེས་རབ་ཀྱི་ཐུགས་སྲས་གཙོ་བོ་གྲོ་ལུང་པ་བློ་གྲོས་འབྱུང་གནས་ལས་ཚད་མ་རྣམ་ངེས་ཀྱི་བཤད་རྒྱུན་གསན་ཏེ། ཚད་མའི་བསྡུས་པ་གངས་ཅན་ཡིད་ཀྱི་མུན་སེལ་རང་འགྲེལ་དང་བཅས་པ་མཛད་པའི་ཚིག་ཟིན་གྱི་བཤད་སྲོལ་འགའ་ཞིག་རིགས་པའི་དབང་ཕྱུག་རྣམ་གཉིས་ཀྱི་གཞུང་ལུགས་དང་ཅུང་ཟད་མི་མཐུན་ཡང་། བོད་ཡུལ་འདིར་སྣང་བྱེད་ཀྱི་ཉི་མ་ལྟ་བུར་གྱུར་བའི་མཁས་པ་ཆེན་པོ་འདི་ཉིད་ཀྱིས་ཇི་བཞིན་མ་མཁྱེན་པའི་དབང་གིས་གཞན་དང་གཞན་དུ་འཆད་པ་མ་ཡིན་གྱིས། འཇིག་རྟེན་གྱི་རྣམ་བཞག་ལས་བློ་ཁ་རིང་དུ་མ་ཕྱོགས་པའི་གང་ཟག་རྣམས་ཁ་དྲང་བའི་ཆེད་དུ་ཡིན་པར་མངོན། མདོར་ན་སྔར་རྒྱ་གར་ལ་མ་གྲགས་པའི་ཐལ་རྟབ་དང་ཐལ་སྐད། དམ་བཅའ་བ་རྟགས་གསལ་རྩོད་གཞི་གསུམ་ལ་མགོ་སྨྱོངས་ནས་ལན་གྱིས་དབུལ་བ་ལ་རྟགས་གསལ་བས་འཁོར་གསུམ་གཏོང་བ་ལ་སོགས་པའི་སྒྲོལ་བཙུགས་པ་ལ་རིམ་གྱིས་གྲུབ་མཐའ་རིས་སུ་མ་ཕྱེད་པའི་མཁས་གྲུབ་རྣམས་ཀྱིས་འཆད་ཉན་གྱི་རྒྱུན་བསྐྱངས་ཏེ་ཤིན་ཏུ་དར་རྒྱས་སུ་མཛད་ཅིང་། རྗེ་བཙུན་ས་སྐྱ་པའི་ཆོས་གྲྭ་ཁག་ཏུ་ཡང་རང་ལུགས་ཀྱི་མཁས་དབང་དུ་མས་མཛད་པའི་བོད་བསྡུས་ཀྱི་བཤད་སྲོལ་དང་མཐུན་པའི་བསྡུས་གཞུང་མི་ཉུང་བ་ཞིག་བཞུགས་ལ། དེ་དག་གི་བཤད་རྒྱུན་ཡང་ཆེས་ཆེར་དར་མོད། ཕྱིས་སུ་དེ་དག་གི་བཤད་རྒྱུན་ཆད་ཅིང་། མ་དཔེ་གར་ཡོད་ཙམ་ཡང་མི་ཤེས་པའི་ཚད་ལ

ལྗོང་སྔེ་དུས་ཡུན་རིང་པོར་བཏང་སྐོམས་སུ་ལུས་པར་བརྟེན། མི་རིང་བའི་སྔོན་དུ་དཔལ་བརྩེ་བ་ཆེན་པོའི་རིང་ལུགས་འདི་ཉིད་ལ་ཐུགས་བསྐྱེད་དང་ལྷག་བསམ་དཀར་བའི་སྐྱེས་ཆེན་དུ་མས་མ་དཔེ་འཚོལ་བསྡུ་གནང་བ་བརྒྱུད། བསྡུས་དཔེ་ཕྱ་ཆེན་འགའ་ཞིག་རྙེད་སོན་བྱུང་ཡང་ལོ་མང་རིང་བཤད་རྒྱུན་ཆད་པའི་དབང་གིས་བསྡུས་ཚན་ལ་ལ་ཇི་བཞིན་དུ་གོ་མི་ཐུབ་པ་དང་། ལ་ལའི་ཚིག་དོན་གཉིས་ཀ་ཤིན་ཏུ་རྒྱས་པས་དང་པོའི་ལས་ཅན་རྣམས་གཟིགས་མི་དགྲེས་པའི་དངོས་ཡོད་གནས་ཚུལ་ལ་དམིགས་ཏེ། མཁན་ཆེན་ལུང་རིག་དཔལ་འབར་གྱིས་མཛད་པའི་བསྡུས་གཞུང་དང་། ཊཱང་ཁྲབ་སྟོམ་ཚིག་གཉིས་གཞིར་བྱས་ཐོག་ཀུན་མཁྱེན་གོ་རམས་པ་ཆེན་པོའི་དངོས་སློབ་འཇམ་དབྱངས་ཆོས་རྣམ་རྒྱལ་གྱིས་མཛད་པའི་བསྡུས་གཞུང་རིག་པ་མི་ཟད་པའི་གཏེར་མཛོད་འདོད་འཇོའི་བ་མོ་དང་། མཁྱེན་རབ་ཀུན་དགའ་གྲགས་འཛིན་གྱིས་མཛད་པའི་རྒྱུ་འབྲས་འཁོར་ལོ་མ། སྐྱིད་ཚལ་བ་ཀུན་དགའ་ཆོས་བཟང་གིས་མཛད་པའི་ཐུན་མོང་བསྡུས་དཔེ་སོགས་ཀྱི་གཞུང་དོན་ཀུང་བསྒྲིགས་ནས་ཅུང་ཟད་མདོར་བསྡུས་ཏེ་བློ་གསལ་ལས་དང་པོ་པ་རྣམས་ལ་ཉེ་བར་མཁོ་བའི་རིགས་ལམ་གྱི་རྣམ་གཞག་འགའ་ཞིག་བཤད་པར་བྱའོ། །

སྐྱོའི་དང་པོ། རིགས་ལམ་ཆུང་ངུའི་རྣམ་གཞག་བཤད་པ།

གཅིག ཁ་དོག་དཀར་དམར་གྱི་རྣམ་གཞག་བཤད་པ།

༡ གཞན་ལུགས་དགག་པ།

དེ་ལ་དབང་པོ་ཐ་མར་རིགས་ལམ་ཆུང་ངུའི་རྣམ་གཞག་བཤད་པ། དབང་པོ་འབྲིང་ལ་རིགས་ལམ་འབྲིང་གི་རྣམ་གཞག་བཤད་པ། དབང་པོ་རབ་ལ་རིགས་ལམ་ཆེ་བའི་རྣམ་གཞག་བཤད་པ་དང་གསུམ་ལས། དང་པོ་ལ་ཡང་ཁ་དོག་དཀར་དམར་གྱི་རྣམ་གཞག་བཤད་པ། གཞི་གྲུབ་ཀྱི་རྣམ་གཞག་བཤད་པ། ལྡོག་པ་ངོས་འཛིན་ནམ་མཚན་མཚོན་ཆུང་བའི་རྣམ་གཞག་བཤད་པ། སྤྱི་བྱེ་བྲག་ཆུང་བའི་རྣམ་གཞག་བཤད་པ། རྒྱུ་འབྲས་ཆུང་བའི་རྣམ་གཞག་བཤད་པ། ཡུལ་དང་ཡུལ་ཅན་གྱི་རྣམ་གཞག་བཤད་པ། སེམས་དང་སེམས་བྱུང་གི་རྣམ་གཞག་བཤད་པ། ཚད་མ་དང་ཚད་མིན་གྱི་རྣམ་གཞག་བཤད་པ་དང་བརྒྱད་ལས། དང་པོ་ཁ་དོག་དཀར་དམར་གྱི་རྣམ་གཞག་བཤད་པ་ལ་དགག་གཞག་སྤང་གསུམ་ལས། དང་པོ་གཞན་ལུགས་དགག་པ་ནི།

ཁ་ཅིག་ན་རེ། ཁ་དོག་ཡིན་ན་དཀར་པོ་ཡིན་པས་ཁྱབ་ཟེར་ན། སང་རྒྱས་ཤཱཀྱ་ཐུབ་པའི་ཁ་དོག་ཆོས་ཅན། དཀར་པོ་ཡིན་པར་ཐལ། ཁ་དོག་ཡིན་པའི་ཕྱིར། ཁྱབ་པ་ཁས། རྟགས་མ་གྲུབ་ཟེར་ན། སངས་རྒྱས་ཤཱཀྱ་ཐུབ་པའི་ཁ་དོག་ཆོས་ཅན། ཁ་དོག་ཡིན་པར་ཐལ། རྩ་བའི་ཁ་དོག་དང་ཡན་ལག་གི་ཁ་དོག་གང་རུང་ཡིན་པའི་ཕྱིར། རྟགས་མ་གྲུབ་ཟེར་ན། སངས་རྒྱས་ཤཱཀྱ་ཐུབ་པའི་ཁ་དོག་ཆོས་ཅན། རྩ་བའི་ཁ་དོག་དང་ཡན་ལག་གི་ཁ་དོག་གང་རུང་ཡིན་པར་ཐལ། རྩ་བའི་ཁ་དོག་ཡིན་པའི་ཕྱིར། རྟགས་མ་གྲུབ་ཟེར་ན། སངས་རྒྱས་ཤཱཀྱ་ཐུབ་པའི་ཁ་དོག་ཆོས་ཅན༑ རྩ་བའི་ཁ་དོག་ཡིན་པར་ཐལ། སྔོ་སེར་དཀར་དམར་བཞི་པོ་གང་རུང་ཡིན་པའི་ཕྱིར། མ་ཁྱབ་ཟེར་ན། ཁྱབ་པ་ཡོད་པར་ཐལ། སྔོ་སེར་དཀར་དམར་བཞི་པོ་དེ་རྩ་བའི་ཁ་དོག་གི་ངོ་བོའི་

དགེ་བ་ཡིན་པའི་ཕྱིར། གོང་གི་མ་ཁྱབ་མཚམས་ལ་རྟགས་མ་གྲུབ་ཟེར་ན། སངས་རྒྱས་ཤཱཀྱ་ཐུབ་པའི་ཁ་དོག་ཆོས་ཅན། སྔོ་སེར་དཀར་དམར་བཞི་པོ་གང་རུང་ཡིན་པར་ཐལ། སེར་པོ་ཡིན་པའི་ཕྱིར། རྟགས་མ་གྲུབ་ཟེར་ན། སངས་རྒྱས་ཤཱཀྱ་ཐུབ་པའི་ཁ་དོག་ཆོས་ཅན། སེར་པོ་ཡིན་པར་ཐལ། སེར་པོ་ཡིན་པར་མངོན་སུམ་ཚད་མས་གྲུབ་པའི་ཕྱིར། རྩ་བར་འདོད་ན། སངས་རྒྱས་ཤཱཀྱ་ཐུབ་པའི་ཁ་དོག་ཆོས་ཅན། དཀར་པོ་མ་ཡིན་པར་ཐལ། སེར་པོ་ཡིན་པའི་ཕྱིར། རྟགས་གོང་དུ་བསྒྲུབས་ཟིན། མ་ཁྱབ་ཟེར་ན། སེར་པོ་ཆོས་ཅན། ཁྱོད་ཡིན་ན་དཀར་པོ་མ་ཡིན་པས་ཁྱབ་པར་ཐལ། ཁྱོད་དང་དཀར་པོ་གཉིས་ཐ་དད་ཅིང་གཞི་མཐུན་མི་སྲིད་པའི་འགལ་བ་ཡིན་པའི་ཕྱིར།

ཁ་ཅིག་ན་རེ། ཁ་དོག་ཡིན་ན། དམར་པོ་ཡིན་པས་ཁྱབ་ཟེར་ན། སངས་རྒྱས་སྨན་བླའི་ཁ་དོག་ཆོས་ཅན། དམར་པོ་ཡིན་པར་ཐལ། ཁ་དོག་ཡིན་པའི་ཕྱིར། མ་གྲུབ་ན། སངས་རྒྱས་སྨན་བླའི་ཁ་དོག་ཆོས་ཅན། ཁ་དོག་ཡིན་པར་ཐལ། མདོག་ཏུ་རུང་བ་ཡིན་པའི་ཕྱིར། མ་གྲུབ་ན། སངས་རྒྱས་སྨན་བླའི་ཁ་དོག་ཆོས་ཅན། མདོག་ཏུ་རུང་བ་ཡིན་པར་ཐལ། མིག་ཤེས་ཀྱི་གཟུང་བྱ་གང་ཞིག་དབྱིབས་གཟུགས་མ་ཡིན་པའི་ཕྱིར། མ་ཁྱབ་ཟེར་ན། ཁྱབ་པ་ཡོད་པར་ཐལ; མིག་ཤེས་ཀྱི་གཟུང་བྱ་དེ་ལ་དབྱིབས་དང་ཁ་དོག་གཉིས་སུ་གྲངས་ངེས་པའི་ཕྱིར། གོང་དུ་མ་གྲུབ་ན། སངས་རྒྱས་སྨན་བླའི་ཁ་དོག་ཆོས་ཅན། དབྱིབས་གཟུགས་མ་ཡིན་པར་ཐལ། དབྱིབས་གཟུགས་བརྒྱད་པོ་གང་རུང་མ་ཡིན་པའི་ཕྱིར། རྩ་བར་འདོད་ན། སངས་རྒྱས་སྨན་བླའི་ཁ་དོག་ཆོས་ཅན། དམར་པོ་མ་ཡིན་པར་ཐལ། སྔོན་པོ་ཡིན་པའི་ཕྱིར། མ་གྲུབ་ན། སངས་རྒྱས་སྨན་བླའི་ཁ་དོག་ཆོས་ཅན། སྔོན་པོ་ཡིན་པར་ཐལ། མིག་ཤེས་མ་འཁྲུལ་བ་ལ་སྔོན་པོར་སྣང་བའི་ཕྱིར།

ཁ་ཅིག་ན་རེ། ཁ་དོག་ཡིན་ན་རྩ་བའི་ཁ་དོག་ཡིན་པས་ཁྱབ་ཟེར་ན། སངས་རྒྱས་དོན་ཡོད་

གྲུབ་པའི་ཁ་དོག་ཆོས་ཅན། རྩ་བའི་ཁ་དོག་ཡིན་པར་ཐལ། ཁ་དོག་ཡིན་པའི་ཕྱིར། ཁྱབ་པ་ཁས། མ་གྲུབ་ན། སངས་རྒྱས་དོན་ཡོད་གྲུབ་པའི་ཁ་དོག་ཆོས་ཅན། དེར་ཐལ། ཡན་ལག་གི་ཁ་དོག་ཡིན་པའི་ཕྱིར། མ་གྲུབ་ན། དེ་ཆོས་ཅན། དེར་ཐལ། སྔོན་པོ་དང་སེར་པོ་གཉིས་ཀྱི་ཡན་ལག་གི་ཁ་དོག་ཡིན་པའི་ཕྱིར། མ་གྲུབ་ན། དེ་ཆོས་ཅན། དེར་ཐལ། སེར་པོ་དང་འདྲེས་པའི་སྔོན་པོ་ཤས་ཆེ་བའི་ཁ་དོག་ཡིན་པའི་ཕྱིར། མ་གྲུབ་ན། དེ་ཆོས་ཅན། དེར་ཐལ། ལྗང་ཁུ་ཡིན་པའི་ཕྱིར། རྩ་བར་འདོད་ན། སངས་རྒྱས་དོན་ཡོད་གྲུབ་པའི་ཁ་དོག་ཆོས་ཅན། རྩ་བའི་ཁ་དོག་མ་ཡིན་པར་ཐལ། ཡན་ལག་གི་ཁ་དོག་ཡིན་པའི་ཕྱིར། རྟགས་གོང་དུ་བསྒྲུབས་ཟིན། མ་ཁྱབ་ཟེར་ན་ཁྱབ་པ་ཡོད་པར་ཐལ། དེ་གཉིས་འགལ་བ་ཡིན་པའི་ཕྱིར།

ཁ་ཅིག་ན་རེ། སྤྲིན་གྱི་ཁ་དོག་ཡིན་ན་ཡན་ལག་གི་ཁ་དོག་ཡིན་པས་ཁྱབ་ཟེར་ན། སྤྲིན་དཀར་པོའི་ཁ་དོག་ཆོས་ཅན། དེར་ཐལ། དེའི་ཕྱིར། མ་གྲུབ་ན། དེ་ཆོས་ཅན། དེར་ཐལ། སྤྲིན་དཀར་པོའི་ཁ་དོག་ཡིན་པའི་ཕྱིར། མ་གྲུབ་ན། དེ་ཆོས་ཅན། དེར་ཐལ། སྤྲིན་དཀར་པོའི་ཁ་དོག་ཡོད་པའི་ཕྱིར། རྩ་བར་འདོད་ན་སྤྲིན་དཀར་པོའི་ཁ་དོག་ཆོས་ཅན། ཡན་ལག་གི་ཁ་དོག་མ་ཡིན་པར་ཐལ། རྩ་བའི་ཁ་དོག་ཡིན་པའི་ཕྱིར། མ་གྲུབ་ན། དེ་ཆོས་ཅན། དེར་ཐལ། རྩ་བའི་ཁ་དོག་བཞི་པོ་གང་རུང་ཡིན་པའི་ཕྱིར། མ་གྲུབ་ན། དེ་ཆོས་ཅན། དེར་ཐལ། དཀར་པོ་ཡིན་པའི་ཕྱིར།

ཁ་ཅིག་ན་རེ། ཡན་ལག་གི་ཁ་དོག་ཡིན་ན། ཡན་ལག་གི་ཁ་དོག་བརྒྱད་པོ་གང་རུང་ཡིན་པས་ཁྱབ་ཟེར་ན། ནག་པོ་ཆོས་ཅན། དེར་ཐལ། དེའི་ཕྱིར། མ་གྲུབ་ན། དེ་ཆོས་ཅན། དེར་ཐལ། དམར་པོ་དང་སྔོན་པོ་གཉིས་ཀྱི་ཡན་ལག་གི་ཁ་དོག་ཡིན་པའི་ཕྱིར། མ་གྲུབ་ན། དེ་ཆོས་ཅན། དེར་ཐལ། དམར་པོ་དང་འདྲེས་པའི་སྔོན་པོ་ཤས་ཆེ་བའི་ཁ་དོག་ཡིན་པའི་ཕྱིར། རྩ་བར་འདོད་ན། ནག་པོ་ཆོས་ཅན། ཡན་ལག་གི་ཁ་དོག་བརྒྱད་པོ་གང་རུང་མ་ཡིན་པར་ཐལ། ཡན་ལག་ཁ་དོག་ཏུ་གྱུར་པའི་སྤྲིན་གྱི་ཁ་དོག་མ་ཡིན་པ་གང་ཞིག་གཞན་བདུན་པོ་ཡང་རེ་རེ་ནས་མ་ཡིན་པའི་ཕྱིར།

ཁ་ཅིག་ན་རེ། ཁ་དོག་དཀར་པོ་ཁྱོད་ཡིན་པ་གང་ཞིག །ཁ་དོག་དམར་པོ་ཁྱོད་ཡིན་ན། ཁ་དོག་དཀར་དམར་གཉིས་ཀ་ཁྱོད་ཡིན་པས་ཁྱབ་ཟེར་ན། ཡིན་པ་སྲིད་པའི་ཤེས་བྱ་ཆོས་ཅན། དེར་ཐལ། དེའི་ཕྱིར། རྟགས་གཉིས་སོང་། དང་པོ་མ་གྲུབ་ན། ཁ་དོག་དཀར་པོ་ཆོས་ཅན། ཡིན་པ་སྲིད་པའི་ཤེས་བྱ་ཡིན་པར་ཐལ། ཁྱོད་ཀྱི་ཡིན་པ་ཡོད་པའི་ཕྱིར། མ་གྲུབ་ན། ཁ་དོག་དཀར་པོ་ཆོས་ཅན། ཁྱོད་ཀྱི་ཡིན་པ་ཡོད་པར་ཐལ། ཆོས་དུང་དཀར་པོའི་ཁ་དོག་དེ་ཁྱོད་ཡིན་པ་གང་ཞིག་དེ་ཡོད་པའི་ཕྱིར། རྟགས་གཉིས་པ་མ་གྲུབ་ན། ཁ་དོག་དམར་པོ་ཆོས་ཅན། ཁྱོད་ཡིན་པ་སྲིད་པའི་ཤེས་བྱ་ཡིན་པར་ཐལ། ཁྱོད་ཀྱི་ཡིན་པ་ཡོད་པའི་ཕྱིར། མ་གྲུབ་ན། ཁ་དོག་དམར་པོ་ཆོས་ཅན། ཁྱོད་ཀྱི་ཡིན་པ་ཡོད་པར་ཐལ། པད་མ་རག་གི་ཁ་དོག་དེ་ཁྱོད་ཡིན་པ་གང་ཞིག་དེ་ཡོད་པའི་ཕྱིར། རྩ་བར་འདོད་ན། ཁ་དོག་དཀར་དམར་གཉིས་ཀ་ཆོས་ཅན། ཡིན་པ་སྲིད་པའི་ཤེས་བྱ་མ་ཡིན་པར་ཐལ། ཁྱོད་ཀྱི་ཡིན་པ་མེད་པའི་ཕྱིར། མ་གྲུབ་ན། དེ་ཆོས་ཅན། དེར་ཐལ། ཁ་དོག་དཀར་པོ་ཡིན་ན་དམར་པོ་མ་ཡིན་པས་ཁྱབ། དམར་པོ་ཡིན་ན་དཀར་པོ་མ་ཡིན་པས་ཁྱབ་པའི་ཕྱིར།

ཁ་ཅིག་ན་རེ། དཀར་པོ་ཁྱོད་དམར་པོ་ཡིན་པ་གང་ཞིག །དམར་པོ་ཁྱོད་དཀར་པོ་ཡིན་ན། རྩ་བའི་ཁ་དོག་ཁྱོད་དཀར་དམར་གང་རུང་ཡིན་པས་ཁྱབ་ཟེར་ན། མ་ཡིན་པར་གྱུར་པའི་དཀར་དམར་གང་རུང་གི་ཁ་དོག་ཆོས་ཅན། དེར་ཐལ། དེའི་ཕྱིར། རྟགས་དང་པོ་མ་གྲུབ་ཟེར་ན། དཀར་པོ་མ་ཡིན་པར་གྱུར་པའི་དཀར་དམར་གང་རུང་གི་ཁ་དོག་ཆོས་ཅན། དམར་པོ་ཡིན་པར་ཐལ༑ དཀར་དམར་གང་རུང་གང་ཞིག །དཀར་པོ་མ་ཡིན་པའི་ཕྱིར་ཏེ་ཆོས་ཅན་དེ་ཡིན་པའི་ཕྱིར། རྟགས་གཉིས་པ་མ་གྲུབ་ན། དམར་པོ་མ་ཡིན་པར་གྱུར་པའི་དཀར་དམར་གང་རུང་གི་ཁ་དོག་ཆོས་ཅན། དཀར་པོ་ཡིན་པར་ཐལ། དཀར་དམར་གང་རུང་གང་ཞིག །དམར་པོ་མ་ཡིན་པའི་ཕྱིར༑ རྩ་བར་འདོད་ན། རྩ་བའི་ཁ་དོག་མ་ཡིན་པར་གྱུར་པའི་དཀར་དམར་གང་རུང་གི་ཁ་དོག

ཆོས་ཅན། དཀར་དམར་གང་རུང་མ་ཡིན་པར་ཐལ། ཁྱོད་མེད་པའི་ཕྱིར། མ་གྲུབ་ན། རྒྱ་བའི་ཁ་དོག་མ་ཡིན་པར་གྱུར་པའི་དཀར་དམར་གང་རུང་གི་ཁ་དོག་མེད་པར་ཐལ། དཀར་དམར་གང་རུང་ཡིན་ན། རྒྱ་བའི་ཁ་དོག་ཡིན་པས་ཁྱབ་པའི་ཕྱིར།

ཁ་ཅིག་ན་རེ། གཞི་གྲུབ་ན། ཆོས་དུང་དཀར་པོའི་ཁ་དོག་དཀར་པོ་ཡིན་པས་ཁྱབ་ཟེར་ན། ཆོས་དུང་དཀར་པོའི་དགག་གཞི་ཆོས་ཅན། དེར་ཐལ། དེའི་ཕྱིར། མ་གྲུབ་ན། དེ་ཆོས་ཅན། དེར་ཐལ། ཚད་མས་གྲུབ་པའི་ཕྱིར། མ་གྲུབ་ན། དེ་ཆོས་ཅན། དེར་ཐལ། ཡོད་པའི་ཕྱིར། མ་གྲུབ་ན། ཆོས་དུང་དཀར་པོ་ཆོས་ཅན། ཁྱོད་ཀྱི་དགག་གཞི་ཡོད་པར་ཐལ། ཁྱོད་མེད་པའི་ས་ཕྱོགས་ཡོད་པའི་ཕྱིར། མ་གྲུབ་ན། དེ་ཆོས་ཅན། དེར་ཐལ། ས་ཕྱོགས་ཡིན་ན་དེ་ན་ཁྱོད་ཡོད་པས་མ་ཁྱབ་པའི་ཕྱིར། རྩ་བར་འདོད་ན། ཆོས་དུང་དཀར་པོའི་དགག་གཞི་ཆོས་ཅན། ཆོས་དུང་དཀར་པོའི་ཁ་དོག་དཀར་པོ་མ་ཡིན་པར་ཐལ། ཆོས་དུང་དཀར་པོ་མེད་པའི་ཕྱིར། མ་གྲུབ་ན༏ དེ་ཆོས་ཅན། དེར་ཐལ། ཆོས་དུང་དཀར་པོ་མེད་པའི་ས་ཕྱོགས་ཡིན་པའི་ཕྱིར། མ་གྲུབ་ན༏ དེ་ཆོས་ཅན། དེར་ཐལ། ཆོས་དུང་དཀར་པོའི་དགག་གཞི་ཡིན་པའི་ཕྱིར་རོ། །

༢ རང་ལུགས་བཞག་པ།

གཉིས་པ་ནི། ཁ་དོག་གི་མཚན་ཉིད། མདོག་ཏུ་རུང་བ། དེ་ལ་ངོ་བོའི་སྒོ་ནས་དབྱེ་ན་རྩ་བའི་ཁ་དོག་དང་། ཡན་ལག་གི་ཁ་དོག་གཉིས། དང་པོའི་མཚན་ཉིད། ཁ་དོག་གཞན་གྱི་རྒྱ་བའི་རྩོམ་གཞིར་གྱུར་པའི་མདོག་ཏུ་རུང་བ། དེ་ལ་དབྱེ་ན། སྔོ་སེར་དཀར་དམར་བཞི། མཚན་གཞི་རིམ་བཞིན། ཨཱུཏྤལ་སྔོན་པོའི་ཁ་དོག་དང་། གསེར་གཙོ་མའི་ཁ་དོག །དུང་དཀར་གཡས་འཁྱིལ་གྱི་ཁ་དོག །པད་མ་རཱ་གའི་ཁ་དོག་བཅས་སོ། །ཡན་ལག་གི་ཁ་དོག་གི་མཚན་ཉིད། ཁ་དོག་གཞན་གྱི་རྒྱ་བའི་རྩོམ་གཞིར་མ་གྱུར་བའི་མདོག་ཏུ་རུང་བ། དེ་ལ་དབྱེ་ན། འདུས་པ་ལས་གྱུར་པའི་ཁ་དོག་དང་། འདུས

པ་ལས་མ་གྱུར་བའི་ཁ་དོག་གཉིས། དང་པོའི་མཚན་གཞི་ནི། ལྗང་གུ་ལྟ་བུ། གཉིས་པ་ལ་དབྱེ་ན༑ ཡན་ལག་གི་ཁ་དོག་ཏུ་གྱུར་པའི་སྤྲིན་དང་དུ་བ། རྡུལ་དང་ཁུག་སྣ། སྣང་བ་དང་མུན་པ། གྲིབ་མ་དང་ཉི་མའི་འོད་ཟེར་གྱི་ཁ་དོག་བཅས་སོ། །མཚན་གཞི་རིམ་བཞིན། སྤྲིན་དམར་སེར་དང༑ དུ་བ་སྔོ་སྐྱ། ཐལ་རླུང་འཚུབ་མ། རླངས་པ། ཉིན་མོའི་སྣང་བ། ལྗོན་ཤིང་གི་གྲིབ་མ། ཉི་འོད་ཀྱི་ཁ་དོག་རྣམས་སོ། །གྲུབ་ཚུལ་གྱི་སྒོ་ནས་དབྱེ་ན། ལྷན་སྐྱེས་ཀྱི་ཁ་དོག་དང་། སྦྱོར་བྱུང་གི་ཁ་དོག་གཉིས། དང་པོའི་མཚན་ཉིད། སྐྱེས་བུའི་རྩོལ་བ་ལས་མ་བྱུང་བའི་མདོག་ཏུ་རུང་བ༑ མཚན་གཞི་ནི། མེ་ཏོག་པདྨའི་ཁ་དོག་ལྟ་བུ། གཉིས་པའི་མཚན་ཉིད་སྐྱེས་བུའི་རྩོལ་བ་ལས་བྱུང་བའི་མདོག་ཏུ་རུང་བ། མཚན་གཞི་ནི། ཡུལ་ཟ་ར་ཧ་སེའི་རས་དམར་པོའི་ཁ་དོག་ལྟ་བུའོ། །

༣ རྩོད་པ་སྤྲོང་བ།

གསུམ་པ་ནི། ཁ་ཅིག་ན་རེ། ཡན་ལག་གི་ཁ་དོག་ཡིན་ན་ཡན་ལག་གི་ཁ་དོག་བརྒྱད་པོ་གང་རུང་ཡིན་པས་ཁྱབ་པར་ཐལ། སྔོན་གྱི་བསྡུས་གཞུང་རྣམས་ལས་ཡན་ལག་གི་ཁ་དོག་ལ་བརྒྱད་དུ་གྲངས་ངེས་མཛད་པའི་ཕྱིར་ཟེར་ན། མ་ཁྱབ་ཏེ་དེ་ནི་དགོས་པར་ལྟོས་པའི་གྲངས་ངེས་ཡིན་གྱི་ངོ་བོའི་གྲངས་ངེས་མ་ཡིན་པའི་ཕྱིར། འོ་ན་དེ་ལྟར་ཕྱེ་བའི་དགོས་པ་གང་ཞེ་ན། ཡན་ལག་གི་ཁ་དོག་དང་པོ་བཞི་ནི་འཇིག་རྟེན་པ་རྣམས་ཀྱི་རྫས་སུ་གྲུབ་པ་མི་ཤེས་པས་དེ་དག་རྫས་སུ་གྲུབ་པ་སྟོན་པའི་ཕྱིར་དང་། ཕྱི་མ་བཞི་ནི་གང་དུ་ལྡན་པའི་དངོས་པོ་དེ་ལས་ཐ་དད་དུ་མེད་པ་ལྟར་སྣང་ཡང་ཐ་དད་དུ་ཡོད་པར་ཤེས་པའི་ཆེད་དུ་གྲངས་ངེས་མཛད་པའོ། །

ཁ་ཅིག་ན་རེ། ལྗང་གུ་ཆོས་ཅན། རྩ་བའི་ཁ་དོག་ཡིན་པར་ཐལ། ཁ་དོག་གཞན་གྱི་རྩ་བའི་རྩོམ་གཞིར་གྱུར་པའི་མདོག་ཏུ་རུང་བ་ཡིན་པའི་ཕྱིར་ཟེར་ན། རྟགས་མ་གྲུབ། དེ་ཆོས་ཅན། དེར་ཐལ། ལྗང་སྐྱའི་དེ་ཡིན་པའི་ཕྱིར་ཟེར་ན། རྟགས་མ་གྲུབ། འོ་ན་དེའི་རྩ་བའི་རྩོམ་གཞིར

གྲུར་པའི་མདོག་ཏུ་སྣང་བ་དེ་གང་དག་ཡིན་ཞེ་ན། སྔོན་པོ་དང་། སེར་པོ། དཀར་པོ་རྣམས་ཡིན་ནོ། །

ཁ་ཅིག་ན་རེ། མི་རྟག་པ་དྲུའི་ཁ་དོག་ཆོས་ཅན། ཁྱོད་ལྷན་སྐྱེས་ཀྱི་ཁ་དོག་ཉིད་དུ་ཁས་ལེན་མི་རིགས་པར་ཐལ། ཁྱོད་ཀྱང་ཡིན་ལ་སྒྱུར་བྱུང་གི་ཁ་དོག་ཡིན་པ་ཡང་ཡོད་པའི་ཕྱིར་ཟེར་ན་; རྟགས་མ་གྲུབ། དེ་ཡོད་པར་ཐལ། སྐྱེས་བུའི་སྟོབས་པ་ལས་བྱུང་བའི་མི་རྟག་པད་མ་ཡོད་པ་གང་ཞིག །དེའི་ཁ་དོག་དེ་དེ་ཡིན་པའི་ཕྱིར་ཟེར་ན། རྟགས་མ་གྲུབ། དེ་ཆོས་ཅན། དེ་ཡིན་པར་ཐལ་; སྐྱེས་བུ་དེ་ཁྱོད་ཀྱི་རྒྱུ་ཡིན་པའི་ཕྱིར་ཟེར་ན། མ་ཁྱབ། འོ་ན་སྐྱེས་བུའི་སྟོབས་པ་ལས་བྱུང་བའི་ཁ་དོག་གི་དོན་གང་ཞེ་ན། ཁ་དོག་དེ་ཉིད་ལ་དམིགས་ནས་སྐྱེས་བུས་མངོན་པར་འདུ་བྱ་བ་མེད་ཀྱང་དངོས་པོ་དེ་གྲུབ་ཙམ་ནས་ལྷན་ཅིག་ཏུ་གྲུབ་ངེས་པའི་ཁ་དོག་དེ་ལྷན་སྐྱེས་ཀྱི་ཁ་དོག་དང་དེ་ལྟར་མ་ཡིན་པའི་ཁ་དོག་དེ་སྒྱུར་བྱུང་གི་ཁ་དོག་གི་དོན་ཡིན་ནོ། །

གཉིས། གཞི་གྲུབ་ཀྱི་རྣམ་གཞག་བཤད་པ།

༡ གཞན་ལུགས་དགག་པ།

གཉིས་པ་གཞི་གྲུབ་ཀྱི་རྣམ་གཞག་བཤད་པ་ལ། དགག་བཞག་སྤང་གསུམ་ལས། དང་པོ་ནི། ཁ་ཅིག་ན་རེ། གཞི་གྲུབ་ན། དངོས་པོ་ཡིན་པས་ཁྱབ་ཟེར་ན། འདུས་མ་བྱས་ཀྱི་ནམ་མཁའ་ཆོས་ཅན། དངོས་པོ་ཡིན་པར་ཐལ། གཞི་གྲུབ་པའི་ཕྱིར། མ་གྲུབ་ན། འདུས་མ་བྱས་ཀྱི་ནམ་མཁའ་ཆོས་ཅན། གཞི་གྲུབ་པར་ཐལ། ཚད་མས་གྲུབ་པའི་ཕྱིར། མ་གྲུབ་ན། འདུས་མ་བྱས་ཀྱི་ནམ་མཁའ་ཆོས་ཅན། ཚད་མས་གྲུབ་པར་ཐལ། མངོན་སུམ་ཚད་མ་དང་རྗེས་དཔག་ཚད་མ་གང་རུང་གིས་གྲུབ་པའི་ཕྱིར། མ་གྲུབ་ན། འདུས་མ་བྱས་ཀྱི་ནམ་མཁའ་ཆོས་ཅན། མངོན་སུམ་ཚད་མ་དང་རྗེས་དཔག་ཚད་མ་གང་རུང་གིས་གྲུབ་པར་ཐལ། མངོན་སུམ་ཚད་མས་གྲུབ་

པའི་ཕྱིར། མ་གྲུབ་ན། འདུས་མ་བྱས་ཀྱི་ནམ་མཁའ་ཆོས་ཅན། མངོན་སུམ་ཚད་མས་གྲུབ་པར་ཐལ། རྣལ་འབྱོར་མངོན་སུམ་གྱིས་གྲུབ་པའི་ཕྱིར། མ་གྲུབ་ན། འདུས་མ་བྱས་ཀྱི་ནམ་མཁའ་ཆོས་ཅན། རྣལ་འབྱོར་མངོན་སུམ་གྱིས་གྲུབ་པར་ཐལ། རྣལ་འབྱོར་མངོན་སུམ་གྱིས་རྟོགས་པའི་ཕྱིར། མ་གྲུབ་ན། འདུས་མ་བྱས་ཀྱི་ནམ་མཁའ་ཆོས་ཅན། རྣལ་འབྱོར་མངོན་སུམ་གྱིས་རྟོགས་པར་ཐལ། རྣམ་མཁྱེན་གྱིས་རྟོགས་པའི་ཕྱིར། རྩ་བར་འདོད་ན། འདུས་མ་བྱས་ཀྱི་ནམ་མཁའ་ཆོས་ཅན། དངོས་པོ་མ་ཡིན་པར་ཐལ། དོན་བྱེད་ནུས་སྟོང་ཡིན་པའི་ཕྱིར། མ་གྲུབ་ན། འདུས་མ་བྱས་ཀྱི་ནམ་མཁའ་ཆོས་ཅན། དོན་བྱེད་ནུས་སྟོང་ཡིན་པར་ཐལ། རིམ་དང་ཅིག་ཅར་གང་རུང་གི་དོན་བྱེད་པས་སྟོང་པའི་ཕྱིར། མ་གྲུབ་ན། འདུས་མ་བྱས་ཀྱི་ནམ་མཁའ་ཆོས་ཅན། རིམ་དང་ཅིག་ཅར་གང་རུང་གིས་དོན་བྱེད་པས་སྟོང་པར་ཐལ། རྟག་པ་ཡིན་པའི་ཕྱིར། མ་གྲུབ་ན་འདུས་མ་བྱས་ཀྱི་ནམ་མཁའ་ཆོས་ཅན། རྟག་པ་ཡིན་པར་ཐལ། མི་འཇིག་པ་ཡིན་པའི་ཕྱིར། མ་གྲུབ་ན། འདུས་མ་བྱས་ཀྱི་ནམ་མཁའ་ཆོས་ཅན། མི་འཇིག་པ་ཡིན་པར་ཐལ། མ་སྐྱེས་པ་ཡིན་པའི་ཕྱིར། ཁྱབ་ཏེ་སྐྱེས་པ་ཁོ་ན་འཇིག་པ་ཡིན་པའི་ཕྱིར། མ་གྲུབ་ན། འདུས་མ་བྱས་ཀྱི་ནམ་མཁའ་ཆོས་ཅན། མ་སྐྱེས་པ་ཡིན་པར་ཐལ། ཁྱོད་སྐྱེད་བྱེད་ཀྱི་རྒྱུ་མེད་པའི་ཕྱིར།

ཁ་ཅིག་ན་རེ། གཞི་གྲུབ་ན། རྟག་པ་ཡིན་པས་ཁྱབ་ཟེར་ན། བུམ་པ་ཆོས་ཅན། དེར་ཐལ། དེའི་ཕྱིར། མ་གྲུབ་ན། དེ་ཆོས་ཅན། དེར་ཐལ། ཡོད་པ་ཡིན་པའི་ཕྱིར། མ་གྲུབ་ན། དེ་ཆོས་ཅན། དེར་ཐལ། ཤེས་བྱ་ཡིན་པའི་ཕྱིར། མ་གྲུབ་ན། དེ་ཆོས་ཅན། དེར་ཐལ། ཡུལ་ཡིན་པའི་ཕྱིར། མ་གྲུབ་ན། དེ་ཆོས་ཅན། དེར་ཐལ། རྟེན་འབྲེལ་ཡིན་པའི་ཕྱིར། མ་གྲུབ་ན། དེ་ཆོས་ཅན། དེར་ཐལ། ཁམས་ཡིན་པའི་ཕྱིར། མ་གྲུབ་ན། དེ་ཆོས་ཅན། དེར་ཐལ། སྐྱེ་མཆེད་ཡིན་པའི་ཕྱིར། མ་གྲུབ་ན། དེ་ཆོས་ཅན། དེར་ཐལ། གཞལ་བྱ་ཡིན་པའི་ཕྱིར། མ་ཁྱབ་ཟེར་ན། ཁྱབ་པ་ཡོད་པར་ཐལ། གཞལ་བྱ། གཞི་གྲུབ། ཡོད་པ། ཆོས། རྟེན་འབྲེལ། ཁམས། སྐྱེ་མཆེད།

ཡུལ༑ ཤེས་བྱ་རྣམས་དོན་ཅིག་ཡིན་པའི་ཕྱིར། གོང་དུ་མ་གྲུབ་ཟེར་ན། དེ་ཆོས་ཅན། དེར་ཐལ། བུམ་འཛིན་མངོན་སུམ་གྱི་གཞལ་བྱ་ཡིན་པའི་ཕྱིར། རྩ་བར་འདོད་ན། བུམ་པ་ཆོས་ཅན། རྟག་པ་མ་ཡིན་པར་ཐལ། དངོས་པོ་ཡིན་པའི་ཕྱིར། མ་གྲུབ་ན། དེ་ཆོས་ཅན། དེར་ཐལ། མི་རྟག་པ་ཡིན་པའི་ཕྱིར། མ་གྲུབ་ན། དེ་ཆོས་ཅན། དེར་ཐལ། འདུས་བྱས་ཡིན་པའི་ཕྱིར། མ་གྲུབ་ན༑ དེ་ཆོས་ཅན། དེར་ཐལ། རང་མཚན་ཡིན་པའི་ཕྱིར། མ་གྲུབ་ན། དེ་ཆོས་ཅན། དེར་ཐལ། རྫས་གྲུབ་ཡིན་པའི་ཕྱིར། མ་ཁྱབ་ཟེར་ན། ཁྱབ་པ་ཡོད་པར་ཐལ། དངོས་པོ། རང་མཚན། མི་རྟག་པ། འདུས་བྱས། རྫས་གྲུབ་རྣམས་དོན་གཅིག་ཡིན་པའི་ཕྱིར། གོང་དུ་རྟགས་མ་གྲུབ་ཟེར་ན། དེ་ཆོས་ཅན། དེར་ཐལ། རྟུལ་རྫས་བརྒྱད་འདུས་ཀྱི་གོང་བུ་ཡིན་པའི་ཕྱིར།

ཁ་ཅིག་ན་རེ། གཞལ་བྱ་ཡིན་ན། རང་མཚན་ཡིན་པས་ཁྱབ་ཟེར་ན། ཤེས་བྱའི་ལྡོག་པ་ཆོས་ཅན། དེར་ཐལ། དེའི་ཕྱིར། མ་གྲུབ་ན། དེ་ཆོས་ཅན། དེར་ཐལ། ཚད་མས་རྟོགས་པར་བྱ་བ་ཡིན་པའི་ཕྱིར། མ་གྲུབ་ན། དེ་ཆོས་ཅན། དེར་ཐལ། ཚད་མས་རྟོགས་པའི་ཕྱིར། མ་གྲུབ་ན༑ དེ་ཆོས་ཅན། དེར་ཐལ། རྣམ་མཁྱེན་གྱིས་རྟོགས་པའི་ཕྱིར། མ་གྲུབ་ན། དེ་ཆོས་ཅན། དེར་ཐལ། བདག་ཅག་གི་སྟོན་པའི་ཐུགས་རྒྱུད་ན་ཡོད་པའི་རྣམ་མཁྱེན་གྱིས་རྟོགས་པའི་ཕྱིར། རྩ་བར་འདོད་ན། ཤེས་བྱའི་ལྡོག་པ་ཆོས་ཅན། རང་མཚན་མ་ཡིན་པར་ཐལ། སྤྱི་མཚན་ཡིན་པའི་ཕྱིར། མ་གྲུབ་ན། དེ་ཆོས་ཅན། དེར་ཐལ། སྒྲོ་བཏགས་ཡིན་པའི་ཕྱིར། མ་གྲུབ་ན། དེ་ཆོས་ཅན། སྒྲོ་བཏགས་ཡིན་པར་ཐལ། རྟོག་བློས་བཞག་པའི་ཆོས་ཡིན་པའི་ཕྱིར།

ཁ་ཅིག་ན་རེ། ཡོད་པ་ཡིན་ན། འདུས་མ་བྱས་ཡིན་པས་ཁྱབ་ཟེར་ན། ཤེས་པ་ཆོས་ཅན། དེར་ཐལ། དེའི་ཕྱིར། མ་གྲུབ་ན། དེ་ཆོས་ཅན། དེར་ཐལ། ཚད་མས་དམིགས་པ་ཡིན་པའི་ཕྱིར། མ་གྲུབ་ན། དེ་ཆོས་ཅན། དེར་ཐལ། རང་རིག་མངོན་སུམ་གྱིས་དམིགས་པར་བྱ་བ་ཡིན་པའི་ཕྱིར༑ མ་གྲུབ་ན། དེ་ཆོས་ཅན། དེར་ཐལ། རང་རིག་མངོན་སུམ་གྱི་འཇུག་ཡུལ་ཡིན་པའི་ཕྱིར།

མ་གྲུབ་ན། དེ་ཆོས་ཅན། དེར་ཐལ། ཁྱོད་སྒྲོང་རང་རིག་མངོན་སུམ་གྱི་འཛུག་ཡུལ་ཡིན་པའི་ཕྱིར༑ མ་གྲུབ་ན། དེ་ཆོས་ཅན། དེར་ཐལ། ཤེས་པ་རང་མཚན་ཡིན་པའི་ཕྱིར། རྩ་བར་འདོད་ན། ཤེས་པ་ཆོས་ཅན། འདུས་མ་བྱས་མ་ཡིན་པར་ཐལ། རྒྱུ་རྐྱེན་ལས་སྐྱེས་པ་ཡིན་པའི་ཕྱིར། མ་གྲུབ་ན་དེ་ཆོས་ཅན། དེར་ཐལ། རྣམ་ཤེས་ཀྱི་ཉེར་ལེན་ལ་རྟེན་ནས་སྐྱེས་པ་ཡིན་པའི་ཕྱིར། མ་གྲུབ་ན། དེ་ཆོས་ཅན། དེར་ཐལ། ཤེས་པར་གྱུར་པའི་དངོས་པོ་ཡིན་པའི་ཕྱིར།

ཁ་ཅིག་ན་རེ། ཆོས་ཡིན་ན། མངོན་གྱུར་ཡིན་པས་ཁྱབ་ཟེར་ན། རྟེན་བཅས་ཀྱི་མིག་དབང་ཆོས་ཅན། དེར་ཐལ། དེའི་ཕྱིར། མ་གྲུབ་ན། དེ་ཆོས་ཅན། དེར་ཐལ། རང་གི་རང་བཞིན་འཛིན་པ་ཡིན་པའི་ཕྱིར། མ་གྲུབ་ན། དེ་ཆོས་ཅན། དེར་ཐལ། ཡོད་པ་ཡིན་པའི་ཕྱིར། མ་གྲུབ་ན། དེ་ཆོས་ཅན། དེར་ཐལ། དངོས་པོ་ཡིན་པའི་ཕྱིར། མ་གྲུབ་ན། དེ་ཆོས་ཅན། དེར་ཐལ། རྒྱུ་ཡིན་པའི་ཕྱིར། མ་གྲུབ་ན། དེ་ཆོས་ཅན། དེར་ཐལ། རྐྱེན་ཡིན་པའི་ཕྱིར། མ་གྲུབ་ན། དེ་ཆོས་ཅན། དེར་ཐལ། བདག་རྐྱེན་ཡིན་པའི་ཕྱིར། མ་གྲུབ་ན། དེ་ཆོས་ཅན། དེར་ཐལ། རང་འབྲས་དབང་ཤེས་ཀྱི་བདག་རྐྱེན་ཡིན་པའི་ཕྱིར། མ་གྲུབ་ན། དེ་ཆོས་ཅན། དེར་ཐལ། རྟེན་བཅས་ཀྱི་དབང་པོ་ཡིན་པའི་ཕྱིར། རྩ་བར་འདོད་ན། རྟེན་བཅས་ཀྱི་མིག་དབང་ཆོས་ཅན། མངོན་གྱུར་མ་ཡིན་པར་ཐལ༑ ལྐོག་གྱུར་ཡིན་པའི་ཕྱིར། མ་གྲུབ་ན། དེ་ཆོས་ཅན། དེར་ཐལ། ཚུར་མཐོང་གི་མངོན་སུམ་གྱི་ཡུལ་ལས་འདས་པའི་ཆོས་ཡིན་པའི་ཕྱིར།

ཁ་ཅིག་ན་རེ། ཤེས་བྱ་ཡིན་ན། ཡིན་པ་སྲིད་པའི་ཤེས་བྱ་ཡིན་པས་ཁྱབ་ཟེར་ན། བེམ་ཤེས་གཉིས་ཆོས་ཅན། དེར་ཐལ། དེའི་ཕྱིར། མ་གྲུབ་ན། དེ་ཆོས་ཅན། དེར་ཐལ། བློའི་ཡུལ་དུ་བྱ་རུང་ཡིན་པའི་ཕྱིར། མ་གྲུབ་ན་དེ་ཆོས་ཅན། དེར་ཐལ། ཐམས་ཅད་མཁྱེན་པའི་བློའི་ཡུལ་དུ་བྱ་རུང་ཡིན་པའི་ཕྱིར། རྩ་བར་འདོད་ན། བེམ་ཤེས་གཉིས་ཆོས་ཅན། ཡིན་པ་སྲིད་པའི་ཤེས་བྱ་མ་ཡིན་པར་ཐལ། ཡིན་པ་མི་སྲིད་པའི་ཤེས་བྱ་ཡིན་པའི་ཕྱིར། མ་གྲུབ་ན། དེ་ཆོས་ཅན། དེར་ཐལ།

ཡིན་པ་མི་སྲིད་པར་བློའི་ཡུལ་དུ་བྱ་རུང་གང་ཞིག །ཤེས་བྱ་ཡིན་པའི་ཕྱིར། རྟགས་ཕྱི་མ་གོང་དུ་སྒྲུབ་ཟིན། དང་པོ་མ་གྲུབ་ན། དེ་ཆོས་ཅན། དེར་ཐལ། ཡིན་པར་མི་སྲིད་པར་བློས་རྟོགས་པའི་ཕྱིར། མ་གྲུབ་ན། དེ་ཆོས་ཅན། ཡིན་པ་མི་སྲིད་པར་བློས་རྟོགས་པར་ཐལ། ཡིན་པ་མི་སྲིད་པར་ཚད་མས་རྟོགས་པའི་ཕྱིར། མ་གྲུབ་ན། དེ་ཆོས་ཅན། དེར་ཐལ། ཡིན་པ་མི་སྲིད་པ་ཡིན་པའི་ཕྱིར།

ཁ་ཅིག་ན་རེ། རྟེན་འབྲེལ་ཡིན་ན། ཀུན་ནས་ཉོན་མོངས་ཀྱི་རྟེན་འབྲེལ་ཡིན་པས་ཁྱབ་ཟེར་ན། མཐོང་ལམ་དང་སྒོམ་ལམ་གཉིས་ཆོས་ཅན། དེར་ཐལ། དེའི་ཕྱིར། མ་གྲུབ་ན། དེ་ཆོས་ཅན༑ དེར་ཐལ། རྒྱུ་རྐྱེན་གྱི་རྟེན་འབྲེལ་ཡིན་པའི་ཕྱིར། མ་གྲུབ་ན། དེ་ཆོས་ཅན། དེར་ཐལ། རྒྱུ་འབྲས་ཡིན་པའི་ཕྱིར། མ་གྲུབ་ན། དེ་ཆོས་ཅན། དེར་ཐལ། སྐྱེད་བྱ་སྐྱེད་བྱེད་ཡིན་པའི་ཕྱིར། མ་གྲུབ་ན། མཐོང་ལམ་ཆོས་ཅན། ཁྱོད་དང་སྒོམ་ལམ་གཉིས་སྐྱེད་བྱ་སྐྱེད་བྱེད་ཡིན་པར་ཐལ། ཁྱོད་སྒོམ་ལམ་གྱི་སྐྱེད་བྱེད་དང་། སྒོམ་ལམ་ཁྱོད་ཀྱི་སྐྱེད་བྱ་ཡིན་པའི་ཕྱིར། རྩ་བར་འདོད་ན། མཐོང་ལམ་དང་སྒོམ་ལམ་གཉིས་ཆོས་ཅན། ཀུན་ནས་ཉོན་མོངས་ཀྱི་རྟེན་འབྲེལ་མ་ཡིན་པར་ཐལ༑ རྣམ་བྱང་གི་རྟེན་འབྲེལ་ཡིན་པའི་ཕྱིར། མ་ཁྱབ་ཟེར་ན། ཁྱབ་པ་ཡོད་པར་ཐལ། ཀུན་ནས་ཉོན་མོངས་དང་། རྣམ་བྱང་གཉིས་འགལ་བ་ཡིན་པའི་ཕྱིར། མ་གྲུབ་ན། དེར་ཐལ། འཁོར་བར་འཆིང་བྱེད་དང་། འཁོར་བ་ལས་གྲོལ་བྱེད་གཉིས་འགལ་བ་ཡིན་པའི་ཕྱིར། གོང་གི་མ་ཁྱབ་མཚམས་ལ་རྟགས་མ་གྲུབ་ཟེར་ན། དེ་གཉིས་ཆོས་ཅན། དེར་ཐལ། ཐར་ལམ་ཡིན་པའི་ཕྱིར། མ་གྲུབ་ན། དེ་ཆོས་ཅན། དེར་ཐལ། ཐར་ལམ་ལྔ་པོ་གང་རུང་ཡིན་པའི་ཕྱིར།

ཁ་ཅིག་ན་རེ། འབྲས་བུ་རྣམ་པར་ཤེས་པའི་ཁམས་ཡིན་ན། རྟེན་དབང་པོའི་ཁམས་མ་ཡིན་པས་ཁྱབ་ཟེར་ན། རང་འབྲས་ཡིད་ཀྱི་རྣམ་པར་ཤེས་པའི་བདག་རྐྱེན་དུ་གྱུར་པའི་མིག་གི་རྣམ་པར་ཤེས་པ་ཆོས་ཅན། དེར་ཐལ། དེའི་ཕྱིར། མ་གྲུབ་ན། དེ་ཆོས་ཅན། དེར་ཐལ། འབྲས་བུ་རྣམ་པར་ཤེས་པའི་ཁམས་དྲུག་པོ་གང་རུང་ཡིན་པའི་ཕྱིར། མ་གྲུབ་ན། དེ་ཆོས་ཅན།

དེར་ཐལ། མིག་གི་རྣམ་པར་ཤེས་པའི་ཁམས་ཡིན་པའི་ཕྱིར། མ་གྲུབ་ན། དེ་ཆོས་ཅན། དེར་ཐལ། ཉེར་སྤྱོད་མིག་གི་རྣམ་པར་ཤེས་པ་ངོ་བོའི་སྒོ་ནས་འཛིན་པ་ཡིན་པའི་ཕྱིར། མ་གྲུབ་ན། དེ་ཆོས་ཅན། དེར་ཐལ། མིག་གི་རྣམ་ཤེས་ཡིན་པའི་ཕྱིར། རྩ་བར་འདོད་ན། དེ་ཆོས་ཅན། རྟེན་དབང་པོའི་ཁམས་ཡིན་པར་ཐལ། རྟེན་དབང་པོའི་ཁམས་དྲུག་པོ་གང་རུང་ཡིན་པའི་ཕྱིར། མ་གྲུབ་ན། དེ་ཆོས་ཅན། དེར་ཐལ། ཡིད་ཀྱི་དབང་པོའི་ཁམས་ཡིན་པའི་ཕྱིར། མ་གྲུབ་ན། དེ་ཆོས་ཅན། དེར་ཐལ། ཉེར་སྤྱོད་ཡིད་ཀྱི་རྣམ་པར་ཤེས་པ་རྟེན་གྱི་སྒོ་ནས་འཛིན་པ་ཡིན་པའི་ཕྱིར། མ་གྲུབ་ན། དེ་ཆོས་ཅན། དེར་ཐལ། རང་འབྲས་ཡིད་ཀྱི་རྣམ་པར་ཤེས་པའི་བདག་རྐྱེན་ཡིན་པའི་ཕྱིར།

ཁ་ཅིག་ན་རེ། གཞལ་བྱ་ཡིན་ན། གཅིག་ཡིན་པས་ཁྱབ་ཟེར་ན། ཀ་བུམ་གཉིས་ཆོས་ཅན། དེར་ཐལ། དེའི་ཕྱིར། མ་གྲུབ་ན། དེ་ཆོས་ཅན། དེར་ཐལ། ཚད་མས་རྟོགས་པར་བྱ་བ་ཡིན་པའི་ཕྱིར། མ་གྲུབ་ན། དེ་ཆོས་ཅན། དེར་ཐལ། མངོན་སུམ་ཚད་མས་རྟོགས་པར་བྱ་བ་ཡིན་པའི་ཕྱིར། མ་གྲུབ་ན། དེ་ཆོས་ཅན། དེར་ཐལ། རང་འཛིན་དབང་མངོན་གྱིས་རྟོགས་པར་བྱ་བ་ཡིན་པའི་ཕྱིར། མ་གྲུབ་ན། དེ་ཆོས་ཅན། དེར་ཐལ། རང་འཛིན་མིག་གི་དབང་པོའི་མངོན་སུམ་གྱིས་རྟོགས་པར་བྱ་བ་ཡིན་པའི་ཕྱིར། མ་གྲུབ་ན། དེ་ཆོས་ཅན། དེར་ཐལ། རང་འཛིན་མིག་གི་དབང་པོའི་མངོན་སུམ་ཡོད་པའི་ཕྱིར། མ་གྲུབ་ན། དེ་ཆོས་ཅན། དེར་ཐལ། ཁྱོད་མིག་གི་དབང་པོའི་མངོན་སུམ་གྱིས་མཐོང་བའི་ཕྱིར། རྩ་བར་འདོད་ན། ཀ་བུམ་གཉིས་ཆོས་ཅན། གཅིག་མ་ཡིན་པར་ཐལ། ཐ་དད་ཡིན་པའི་ཕྱིར། མ་གྲུབ་ན། དེ་ཆོས་ཅན། དེར་ཐལ། སོ་སོ་བའི་ཆོས་ཡིན་པའི་ཕྱིར། མ་གྲུབ་ན། དེ་ཆོས་ཅན། དེར་ཐལ། རྟོག་པ་དོན་མཐུན་གྱིས་ཐ་དད་ཉིད་དུ་བཟུང་བའི་ཕྱིར།

ཁ་ཅིག་ན་རེ། གཟུགས་ཡིན་ན། གཟུགས་ཀྱི་སྐྱེ་མཆེད་ཡིན་པས་ཁྱབ་ཟེར་ན། བུ་རམ་གྱི་རོ་ཆོས་ཅན། དེར་ཐལ། དེའི་ཕྱིར། མ་གྲུབ་ན། དེ་ཆོས་ཅན། དེར་ཐལ། ཕྱིའི་གཟུགས་དང་ནང་

གི་གཟུགས་གང་རུང་ཡིན་པའི་ཕྱིར། མ་གྲུབ་ན། དེ་ཆོས་ཅན། དེར་ཐལ། ཕྱིའི་གཟུགས་ལྔ་པོ་གང་རུང་ཡིན་པའི་ཕྱིར། མ་གྲུབ་ན། དེ་ཆོས་ཅན། དེར་ཐལ། རེག་བྱའི་སྐྱེ་མཆེད་ཡིན་པའི་ཕྱིར༑ མ་གྲུབ་ན། དེ་ཆོས་ཅན། དེར་ཐལ། རང་འབྲས་ལུས་ཀྱི་རྣམ་པར་ཤེས་པའི་དམིགས་རྐྱེན་དུ་གྱུར་པའི་ཕྱི་དོན་ཡིན་པའི་ཕྱིར། རྩ་བར་འདོད་ན། བུ་རམ་གྱི་རོ་ཆོས་ཅན། གཟུགས་ཀྱི་སྐྱེ་མཆེད་མ་ཡིན་པར་ཐལ། མིག་ཤེས་ཀྱི་གཟུང་བྱ་མ་ཡིན་པའི་ཕྱིར། མ་གྲུབ་ན། དེ་ཆོས་ཅན། དེར་ཐལ། ལྕེ་ཤེས་ཀྱི་སྤྱོད་བྱ་ཡིན་པའི་ཕྱིར། མ་ཁྱབ་ཟེར་ན། ཁྱབ་པ་ཡོད་པར་ཐལ། རྣམ་ཤེས་དེ་གཉིས་ཀྱི་རྟེན་དབང་པོ་གཟུགས་ཅན་དེས། ཐུན་མིན་གྱི་ཡུལ་འཛིན་ནུས་རེ་རེ་ལས་མི་སྐྱེ་བའི་ཕྱིར།

ཁ་ཅིག་ན་རེ། སྒྲ་ཡིན་ན། སེམས་ཅན་དུ་སྟོན་པའི་སྒྲ་ཡིན་པས་ཁྱབ་ཟེར་ན། ཆོས་དུང་གི་སྒྲ་ཆོས་ཅན། དེར་ཐལ། དེའི་ཕྱིར། མ་གྲུབ་ན། དེ་ཆོས་ཅན། དེར་ཐལ། སྒྲའི་སྐྱེ་མཆེད་ཡིན་པའི་ཕྱིར། མ་གྲུབ་ན། དེ་ཆོས་ཅན། དེར་ཐལ། རང་འབྲས་རྣ་བའི་རྣམ་པར་ཤེས་པའི་དམིགས་རྐྱེན་དུ་གྱུར་པའི་ཕྱི་དོན་ཡིན་པའི་ཕྱིར། མ་གྲུབ་ན། དེ་ཆོས་ཅན། དེར་ཐལ། ཁྱོད་ཐོས་པའི་ཉན་ཤེས་ཡོད་པའི་ཕྱིར། རྩ་བར་འདོད་ན། ཆོས་དུང་གི་སྒྲ་ཆོས་ཅན། སེམས་ཅན་དུ་སྟོན་པའི་སྒྲ་མ་ཡིན་པར་ཐལ། བརྗོད་བྱ་སྟོན་པའི་སྒྲ་མ་ཡིན་པའི་ཕྱིར།

ཁ་ཅིག་ན་རེ། དྲི་ཡིན་ན། སྤྲུར་བྱུང་གི་དྲི་ཡིན་པས་ཁྱབ་ཟེར་ན། ཙན་དན་གྱི་དྲི་ཆོས་ཅན། དེར་ཐལ། དེའི་ཕྱིར། མ་གྲུབ་ན། དེ་ཆོས་ཅན། དེར་ཐལ། རང་འབྲས་སྣའི་རྣམ་པར་ཤེས་པའི་དམིགས་རྐྱེན་དུ་གྱུར་པའི་ཕྱི་དོན་ཡིན་པའི་ཕྱིར། མ་གྲུབ་ན། དེ་ཆོས་ཅན། དེར་ཐལ། ཕྱི་དོན་གང་ཞིག །རང་འབྲས་སྣའི་རྣམ་པར་ཤེས་པ་ཡོད་པའི་ཕྱིར། མ་གྲུབ་ན། དེ་ཆོས་ཅན། དེར་ཐལ། ཁྱོད་སྣོང་བའི་སྣ་ཤེས་ཡོད་པའི་ཕྱིར། རྩ་བར་འདོད་ན། ཙན་དན་གྱི་དྲི་ཆོས་ཅན། སྤྲུར་བྱུང་གི་དྲི་མ་ཡིན་པར་ཐལ། ལྷན་སྐྱེས་ཀྱི་དྲི་ཡིན་པའི་ཕྱིར།

ཁ་ཅིག་ན་རེ། ཤེལ་པོ་ཡིན་ན། ནང་ཤེལ་ཡིན་པས་ཁྱབ་ཟེར་ན། ཏིག་ཏའི་རོ་ཆོས་ཅན། དེར་ཐལ། དེའི་ཕྱིར། མ་གྲུབ་ན། དེར་ཆོས་ཅན། དེར་ཐལ། རྡུལ་དུ་གྲུབ་པ་ཡིན་པའི་ཕྱིར། མ་གྲུབ་ན། དེ་ཆོས་ཅན། དེར་ཐལ། རྡུལ་རྫས་ཡིན་པའི་ཕྱིར། མ་གྲུབ་ན། དེ་ཆོས་ཅན། དེར་ཐལ། རོའི་རྡུལ་ཡིན་པའི་ཕྱིར། མ་གྲུབ་ན། དེ་ཆོས་ཅན། དེར་ཐལ། རོ་ཡིན་པའི་ཕྱིར། མ་གྲུབ་ན། དེ་ཆོས་ཅན། དེར་ཐལ། རོ་དྲུག་པོ་གང་རུང་ཡིན་པའི་ཕྱིར། མ་གྲུབ་ན། དེ་ཆོས་ཅན། དེར་ཐལ། སྣ་བ་ཡིན་པའི་ཕྱིར། རྩ་བར་འདོད་ན། ཏིག་ཏའི་རོ་ཆོས་ཅན། ནང་ཤེལ་མ་ཡིན་པར་ཐལ། ཕྱི་ཤེལ་ཡིན་པའི་ཕྱིར། མ་གྲུབ་ན། དེ་ཆོས་ཅན། དེར་ཐལ། ཕྱིའི་རྡུལ་དུ་གྲུབ་པ་ཡིན་པའི་ཕྱིར། མ་གྲུབ་ན། དེ་ཆོས་ཅན། དེར་ཐལ། ཚུར་མཐོང་མངོན་སུམ་གྱི་ཡུལ་དུ་གྱུར་པའི་རྡུལ་དུ་གྲུབ་པ་ཡིན་པའི་ཕྱིར་རོ། །

༢ རང་ལུགས་བཞག་པ།

གཉིས་པ་རང་གི་ལུགས་ལ། གཞི་གྲུབ་ཀྱི་མཚན་ཉིད། ཚད་མས་གྲུབ་པ། དེ་དང་ཤེས་བྱ། གཞལ་བྱ། ཡོད་པ། ཆོས། རྟེན་འབྲེལ། སྐྱེ་མཆེད། ཁམས། ཡུལ་རྣམས་དོན་གཅིག་མིང་གི་རྣམ་གྲངས་ཡིན། གཞི་གྲུབ་ལ་དབྱེ་ན། རང་མཚན་དང་སྤྱི་མཚན་གཉིས། རང་མཚན་གྱི་མཚན་ཉིད། སློ་མ་བཏགས་པར་རང་དབང་དུ་གྲུབ་པའི་ཆོས། དེ་ལ་དབྱེ་ན། དོན་རང་མཚན་དང་། ཤེས་པ་རང་མཚན། ལྡན་མིན་འདུ་བྱེད་དང་གསུམ། རང་མཚན་དང་། དངོས་པོ། འདུས་བྱས། མི་རྟག་པ། བྱས་པ་རྣམས་དོན་གཅིག །འདུས་བྱས་ཀྱི་མཚན་ཉིད། རང་གི་རྒྱུ་རྐྱེན་ལས་སྐྱེས་པ། མཚན་གཞི་ནི་ཀ་བ་ལྟ་བུ། མི་རྟག་པའི་མཚན་ཉིད། སྐད་ཅིག་མ། མཚན་གཞི་ནི་བུམ་པ་ལྟ་བུ། བྱས་པའི་མཚན་ཉིད། སྐྱེས་པ། མཚན་གཞི། ཤེས་པ་ལྟ་བུ། ཤེལ་པོའི་མཚན་ཉིད། རྡུལ་དུ་གྲུབ་པ། དེ་ལ་དབྱེ་ན། ཕྱིའི་དོན་དང་ནང་གི་དོན་གཉིས། ཕྱི་དོན་གྱི་མཚན་ཉིད། ཕྱིའི་རྡུལ་དུ་གྲུབ་པ།

དེ་ལ་དབྱེ་ན། གཟུགས་སྐྲ་དྲི་རོ་རེག་བྱའི་སྐྱེ་མཆེད་ལྔ། གཟུགས་ཀྱི་སྐྱེ་མཆེད་ཀྱི་མཚན་ཉིད། རང་འཛིན་མིག་གི་རྣམ་པར་ཤེས་པའི་དམིགས་རྐྱེན་དུ་གྱུར་པའི་ཕྱི་དོན། དེས་གཞན་རྣམས་ལའང་རིགས་འགྲེ། གཟུགས་ཀྱི་སྐྱེ་མཆེད་ལ་དབྱེ་ན། དབྱིབས་དང་ཁ་དོག་གཉིས། དང་པོའི་མཚན་ཉིད། དབྱིབས་སུ་བསྟན་དུ་རུང་བ། དེ་ལ་དབྱེ་ན། རིང་བ་ཐུང་བ། མཐོ་བ་དམའ་བ། ལྷམ་པ་ཟླུམ་པ། ཕྱ་ལེ་བ་ཕྱ་ལེ་བ་མ་ཡིན་པ་དང་བཅས་ཏེ་བརྒྱད་ཡོད། མཚན་གཞི་རིམ་བཞིན། མཐོ་གང་ཅན་གྱི་གཟུགས་ལ་ལྟོས་ནས་ཁྲུ་གང་ཅན་གྱི་གཟུགས་དང་དེ་ལས་ལྡོག་པ་དང་། ས་སྟེང་གི་གཟུགས་ལ་ལྟོས་ནས་བར་སྣང་གི་གཟུགས་དང་དེ་ལས་ཟློག་པ་དང་། ཤོའི་དབྱིབས་དང་། སྒོ་ངའི་དབྱིབས་དང་; ངོས་མཉམ་པའི་དབྱིབས་དང་། ངོས་མི་མཉམ་པའི་དབྱིབས་རྣམས་སོ། །དེ་དག་ཀྱང་བརྗོད་འདོད་ཀྱིས་སྒོ་ནས་ཕྱེ་བ་ཡིན་གྱིས་དབྱིབས་ཡིན་ན་བརྒྱད་པོ་དེ་གང་རུང་ཡིན་པས་ཁྱབ་པ་མེད་པར་མངོན་ཏེ་ཟུར་གསུམ་ལ་སོགས་པ་མཐའ་ཡས་པ་ཡོད་པའི་ཕྱིར་རོ། །གཉིས་པའི་མཚན་ཉིད་དང་དབྱེ་བ་གོང་དུ་བསྟན་ཟིན། ནང་ཐེམ་གྱི་མཚན་ཉིད། ནང་གི་རྟུལ་དུ་གྲུབ་པ། དེ་ལ་དབྱེ་ན། མིག་གི་དབང་པོ། རྣ་བའི་དབང་པོ། སྣའི་དབང་པོ། ལྕེའི་དབང་པོ། ལུས་ཀྱི་དབང་པོ་དང་བཅས་ཏེ་ལྔ་ཡོད། དང་པོའི་མཚན་ཉིད། རང་འཛིན་མིག་གི་རྣམ་པར་ཤེས་པའི་བདག་རྐྱེན་བྱེད་པའི་རིགས་སུ་གནས་པའི་ནང་གི་གཟུགས་དྭངས་པ། དེ་ལ་དབྱེ་ན། རྟེན་བཅས་ཀྱི་མིག་དབང་དང་། དེ་མཚུངས་ཀྱི་མིག་དབང་གཉིས། དང་པོའི་མཚན་ཉིད། རང་འཛིན་གཟུགས་འཛིན་དབང་མངོན་གྱི་བདག་རྐྱེན་བྱེད་པའི་ནང་གི་གཟུགས་དྭངས་པ། མཚན་གཞི་ནི། གཟུགས་ལ་ལྟ་བཞིན་པའི་གང་ཟག་གི་མིག་དབང་ལྟ་བུ། གཉིས་པའི་མཚན་ཉིད། དེའི་བདག་རྐྱེན་མི་བྱེད་པའི་ནང་གི་གཟུགས་དྭངས་པ། མཚན་གཞི་ནི། གཉིད་ཐུག་པོ་ལོག་བཞིན་པའི་གང་ཟག་གི་མིག་དབང་ལྟ་བུ། གཞན་རྣམས་ཀྱི་མཚན་ཉིད་སོགས་རིགས་འགྲེ་སྟེ་ཤེས་པར་བྱའོ། །ཤེས་པ་རང་མཚན་གྱི་མཚན་ཉིད་དང་དབྱེ་བ་འོག་ཏུ་འཆད་དོ། །ལྡན་མིན་འདུ་བྱེད་ཀྱི་མཚན་ཉིད། བེམ་

ཤེས་གང་རུང་མ་ཡིན་པའི་འདུས་བྱས། དེ་ལ་དབྱེ་ན་རྒྱུ་ལྡན་མིན་འདུ་བྱེད་དང་། འབྲས་བུ་ལྡན་མིན་འདུ་བྱེད། གང་ཟག་ལྡན་མིན་འདུ་བྱེད་དང་གསུམ། མཚན་གཞི་ནི་རིམ་བཞིན། བུམ་པའི་རྒྱུ་དང་དེའི་འབྲས་བུ་དང་། མི་ལྟ་བུ། སྤྱི་མཚན་གྱི་མཚན་ཉིད། སྒྲོ་བཏགས་ཀྱི་ཆོས། དེ་ལ་དབྱེ་ན། འདུས་མ་བྱས་ནམ་མཁའ་དང་། སོ་སོར་བརྟགས་འགོག །སོ་སོར་བརྟགས་མིན་གྱི་འགོག་པ་དང་གསུམ་ཡོད། དང་པོའི་མཚན་ཉིད་ཐོགས་རེག་གི་དངོས་པོ་བཀག་ཙམ་གྱི་མེད་དགག །མཚན་གཞི་ནི། བུམ་པའི་ནང་གི་ཐོག་རེག་གི་དངོས་པོ་བཀག་ཙམ་གྱི་མེད་དགག་ལྟ་བུ། གཉིས་པའི་མཚན་ཉིད། རང་རྒྱུ་བར་ཆད་མེད་ལམ་གྱི་ངོས་སྐལ་གྱི་དྲི་མ་ལས་གྲོལ་བའི་བྲལ་ཆ་མེད་དགག །མཚན་གཞི་ནི། མཐོང་ལམ་རྣམ་གྲོལ་ལམ་གྱི་སྙེང་གི་མཐོང་སྤང་ལས་གྲོལ་བའི་བྲལ་ཆ་མེད་དགག་ལྟ་བུ། གསུམ་པའི་མཚན་ཉིད། དངོས་པོ་སྐྱེ་རུང་མ་སྐྱེས་པའི་ཆ་ལ་བཏགས་པའི་མེད་དགག །མཚན་གཞི་ནི། མིག་ཤེས་སྐྱེ་རུང་མ་སྐྱེས་པའི་ཆ་ལྟ་བུ། ཤེས་བྱའི་མཚན་ཉིད། བློའི་ཡུལ་དུ་བྱ་རུང་། དེ་ལ་དབྱེ་ན། ཡིན་པ་སྲིད་པའི་ཤེས་བྱ་དང་ཡིན་པ་མི་སྲིད་པའི་ཤེས་བྱ་གཉིས། དང་པོའི་མཚན་ཉིད། ཡིན་པ་སྲིད་པར་བློའི་ཡུལ་དུ་བྱ་རུང་། མཚན་གཞི་ནི། ཀ་བ་ལྟ་བུ། གཉིས་པའི་མཚན་ཉིད། བློའི་ཡུལ་དུ་བྱ་རུང་གང་ཞིག་ཁྱོད་ཀྱི་ཡིན་པ་མི་སྲིད་པ། མཚན་གཞི་ནི;། བེམ་ཤེས་གཉིས་ལྟ་བུ། གཞལ་བྱའི་མཚན་ཉིད་ཚད་མས་རྟོགས་པར་བྱ་བ། དེ་ལ་དབྱེ་ན། མངོན་གྱུར་དང་ལྐོག་གྱུར་གཉིས། དང་པོའི་མཚན་ཉིད། ཚུར་མཐོང་མངོན་སུམ་གྱིས་རྟོགས་པར་བྱ་བ། དེ་ལ་དངོས་བཏགས་མ་ཕྱེ་བར་ཡུལ་ཅན་གྱི་སྒོ་ནས་དབྱེ་ན། དབང་པོ་མངོན་སུམ་ལ་མངོན་གྱུར་དང་། ཡིད་ཀྱི་མངོན་སུམ་ལ་མངོན་གྱུར། རང་རིག་མངོན་སུམ་ལ་མངོན་གྱུར། རྟོག་མེད་ལོག་ཤེས་ལ་མངོན་གྱུར་བཅས་སོ། །མཚན་གཞི་རིམ་བཞིན། སྔོན་པོ་དེ་སྔོན་འཛིན་མངོན་སུམ་ལ་མངོན་གྱུར་དང་། ཀ་བ་དེ་ཀ་འཛིན་ཡིད་མངོན་ལ་མངོན་གྱུར་དང་། རྟོག་པ་དེ་རྟོག་མྱོང་རང་རིག་མངོན་སུམ་ལ་མངོན་གྱུར་དང་། ཟླ་གཉིས་དེ་ཟླ་བ་གཉིས་སྣང་གི་དབང་

ཤེས་ལ་མངོན་གྱུར་ཡིན་པ་ལྟ་བུ། ལྐོག་གྱུར་གྱི་མཚན་ཉིད། ཚུར་མཐོང་མངོན་སུམ་གྱིས་མ་རྟོགས་པའི་ཆོས། དེ་ལ་ཡུལ་ཅན་གྱི་སྒོ་ནས་དབྱེ་ན། རྗེས་དཔག་ཚད་མ་དང༌། བཅད་ཤེས། ཐེ་ཚོམ་དོན་གྱུར་ལ་ལྐོག་གྱུར་བཅས་སོ། །མཚན་གཞི་རིམ་བཞིན། དབང་པོ་ལྔ་ཡོད་པ་དེ་དེ་ཡོད་པར་རྟོག་པའི་རྗེས་དཔག་ལ་ལྐོག་གྱུར་དང༌། སྤྱི་མཚན་དེ་སྤྱི་མཚན་ཞེས་བརྗོད་པའི་སྒྲ་ཐོས་པའི་ཉན་ཤེས་ཀྱིས་དྲངས་པའི་སྤྱི་མཚན་འཛིན་པའི་བཅད་ཤེས་ལ་ལྐོག་གྱུར་དང༌། སངས་རྒྱས་འཕགས་པའི་རྒྱུད་ལ་ཡེ་ཤེས་ཡོད་པ་དེ། དམ་བཅའ་ཙམ་ལ་བརྟེན་ནས་སངས་རྒྱས་འཕགས་པའི་རྒྱུད་ལ་ཡེ་ཤེས་ཡོད་དོ་སྙམ་དུ་འཛིན་པའི་ཐེ་ཚོམ་བག་ཉལ་ལ་ལྐོག་གྱུར་ཡིན་པ་ལྟ་བུའོ། །ཡོད་པའི་མཚན་ཉིད། ཚད་མས་དམིགས་པ། དེ་ལ་དབྱེ་ན། གཅིག་དང་ཐ་དད་གཉིས། གཅིག་གི་མཚན་ཉིད། སོ་སོ་བ་མ་ཡིན་པའི་ཆོས། དེ་ལ་སྒྲ་བརྗོད་རིགས་ཀྱི་སྒོ་ནས་དབྱེ་ན། ལྡོག་པ་གཅིག །རྫས་གཅིག །རྒྱུན་གཅིག །རྒྱུད་གཅིག །རིགས་གཅིག་དང་ལྔ་ཡོད། མཚན་གཞི་རིམ་བཞིན། བྱས་པ་དང་བྱས་པ་དང༌། བྱས་པ་དང་མི་རྟག་པ་དང༌། ཀ་བ་སྐད་ཅིག་མ་དང་པོ་དང་དེའི་རྒྱུན་དུ་གྱུར་བའི་ཀ་བ་སྐད་ཅིག་གཉིས་པ་དང༌། ཁ་སང་གི་དུས་ཀྱི་ལྷས་བྱིན་དང་དེ་དང་ཤེས་རྒྱུད་གཅིག་པའི་དེ་རིང་གི་དུས་ཀྱི་ལྷས་བྱིན་དང༌། བ་ལང་དཀར་ཟལ་དང་ནག་སྐྱར་ལྟ་བུའོ། །གཅིག་དང་ལྡོག་པ་གཅིག་གཉིས་ཡིན་ཁྱབ་མཉམ་ཡིན། ཐ་དད་ཀྱི་མཚན་ཉིད། སོ་སོ་བའི་ཆོས། དེ་དབྱེ་ན༑ ལྡོག་པ་ཐ་དད། རྫས་ཐ་དད། རྒྱུད་ཐ་དད། རྒྱུན་ཐ་དད། རིགས་ཐ་དད་དང་ལྔ་ཡོད། མཚན་གཞི་རིམ་བཞིན། བྱས་པ་དང་མི་རྟག་པ། ཀ་བ་དང་བུམ་པ། ལྷས་བྱིན་དང་ཆོས་བྱིན། ཤེས་པ་དང་བེམ་པོ། རྟ་དང་བ་ལང་ལྟ་བུ། ཆོས་ཀྱི་མཚན་ཉིད། རང་གི་རང་བཞིན་འཛིན་པ། དེ་ལ་དབྱེ་ན། ཀུན་རྫོབ་བདེན་པ་དང་དོན་དམ་བདེན་པ་གཉིས། དང་པོའི་མཚན་ཉིད། དོན་བྱེད་མི་ནུས་པའི་ཆོས། མཚན་གཞི་ནི། ཀ་བའི་དོན་སྤྱི་ལྟ་བུ། གཉིས་པའི་མཚན་ཉིད། དོན་བྱེད་ནུས་པའི་ཆོས། མཚན་གཞི་ནི། གཟུགས་ཀྱི་སྐྱེ་མཆེད་ལྟ་བུ། རྟེན་འབྲེལ་གྱི་མཚན་ཉིད།

ལྟོས་ནས་གྲུབ་པའི་ཆོས། དེ་ལ་དབྱེ་ན། ཕྱིའི་རྟེན་འབྲེལ་དང་ནང་གི་རྟེན་འབྲེལ་གཉིས། ཕྱིའི་རྟེན་འབྲེལ་གྱི་མཚན་གཞི་ས་བོན་དང་མྱུ་གུ་ལྟ་བུ། ནང་གི་རྟེན་འབྲེལ་ལ་དབྱེ་ན། ཀུན་ནས་ཉོན་མོངས་ཀྱི་རྟེན་འབྲེལ་དང་རྣམ་བྱང་གི་རྟེན་འབྲེལ་གཉིས། མཚན་གཞི་རིམ་བཞིན། མ་རིག་པ་དང་འདུ་བྱེད་ལྟ་བུ་དང་། མཐོང་ལམ་དང་སྒོམ་ལམ་ལྟ་བུ། ཁམས་ཀྱི་མཚན་ཉིད། རང་གི་ཉེར་སྤྱོད་འཛིན་པ། དེ་ལ་དབྱེ་ན། མིག་གི་ཁམས་ནས་ཡིད་ཀྱི་ཁམས་བར་རྟེན་དབང་པོའི་ཁམས་དྲུག །གཟུགས་ནས་ཆོས་ཀྱི་བར་དམིགས་པ་ཡུལ་གྱི་ཁམས་དྲུག །མིག་གི་རྣམ་པར་ཤེས་པ་ནས་ཡིད་ཀྱི་རྣམ་པར་ཤེས་པའི་བར་འབྲས་བུ་རྣམ་པར་ཤེས་པའི་ཁམས་དྲུག་དང་བཅོ་བརྒྱད་ཡོད། མིག་གི་ཁམས་ཀྱི་མཚན་ཉིད། ཉེར་སྤྱོད་མིག་གི་རྣམ་པར་ཤེས་པ་གནས་ཀྱི་སྒོ་ནས་འཛིན་པ། དེས་གཞན་རྣམས་ལའང་རིགས་འགྲེ། གཟུགས་ཀྱི་ཁམས་ཀྱི་མཚན་ཉིད། ཉེར་སྤྱོད་མིག་གི་རྣམ་པར་ཤེས་པ་དམིགས་པའི་སྒོ་ནས་འཛིན་པ། དེས་གཞན་རྣམས་ལའང་རིགས་འགྲེ། མིག་གི་རྣམ་པར་ཤེས་པའི་ཁམས་ཀྱི་མཚན་ཉིད། ཉེར་སྤྱོད་མིག་གི་རྣམ་པར་ཤེས་པ་ངོ་བོའི་སྒོ་ནས་འཛིན་པ། དེས་གཞན་རྣམས་ལའང་རིགས་འགྲེ། དེ་དག་གི་གོ་རིམ་ལ། རྟེན་དབང་པོའི་གོ་རིམ་ནི། ཕྲ་རགས་སམ། ཀུན་ནས་ཉོན་མོངས་སྐྱེ་བའི་གོ་རིམ་དང་། སྣོད་སོགས་ཀྱི་དཔེའི་གོ་རིམ་དང་། ལུས་ལ་ཇི་ལྟར་གནས་རིམས་ཀྱི་དབང་དུ་བྱས་པའོ། །དམིགས་པ་ཡུལ་གྱི་གོ་རིམ་ནི། དབང་པོ་ལ་ལྟོས་ནས་རྒྱལ་པོ་དྲུག་གི་གོ་རིམ་ལྟར་བཙུན་མོ་དྲུག་གི་གོ་རིམས་སྒྲིགས་པ་དང་། འབྲས་བུ་རྣམ་པར་ཤེས་པའི་གོ་རིམས་ནི། དབང་པོ་ལ་ལྟོས་ནས་རྒྱལ་པོ་དྲུག་གི་གོ་རིམ་ལྟར་སྲས་དྲུག་གི་གོ་རིམས་སྒྲིགས་པ་དང་དཔེ་དོན་སྦྱར་ནས་གསུངས་སོ། །སྐྱེ་མཆེད་ཀྱི་མཚན་ཉིད། ཉེར་སྤྱོད་སྐྱེ་བའི་སྒོར་གྱུར་པ། དེ་ལ་དབྱེ་ན། རྟེན་དབང་པོའི་སྐྱེ་མཆེད་དྲུག །དམིགས་པ་ཡུལ་གྱི་སྐྱེ་མཆེད་དྲུག་དང་བཅས་ཏེ་བཅུ་གཉིས་ཡོད། མིག་གི་སྐྱེ་མཆེད་ཀྱི་མཚན་ཉིད། ཉེར་སྤྱོད་མིག་གི་རྣམ་པར་ཤེས་པ་གནས་ཀྱི་སྒོ་ནས་སྐྱེ་བའི་སྒོར་གྱུར་པ། དེས་གཞན་རྣམས་ལའང་རིགས་འགྲེ།

གཟུགས་ཀྱི་སྐྱེ་མཆེད་ཀྱི་མཚན་ཉིད། ཉེར་སྤྱོད་མིག་གི་རྣམ་པར་ཤེས་པ་དམིགས་པའི་སྒོ་ནས་སྐྱེ་བའི་སྒོར་གྱུར་བ། དེས་གཞན་རྣམས་ལའང་རིགས་འགྲེ། གཟུགས་ཀྱི་སྐྱེ་མཆེད་ཀྱི་དབྱེ་བ་གོང་དུ་བསྟན་ཟིན། སྒྲའི་སྐྱེ་མཆེད་ལ་དབྱེ་ན། ཟིན་པའི་འབྱུང་བ་ལས་གྱུར་པའི་སྒྲ་སེམས་ཅན་དུ་སྟོན་པ་སྙན་མི་སྙན་གཉིས། མི་སྟོན་པ་སྙན་མི་སྙན་གཉིས། མ་ཟིན་པའི་འབྱུང་བ་ལས་གྱུར་པའི་སྒྲ་སེམས་ཅན་དུ་སྟོན་པ་སྙན་མི་སྙན་གཉིས། མི་སྟོན་པ་སྙན་མི་སྙན་གཉིས། མཚན་གཞི་རིམ་བཞིན། སྐྱེས་བུས་ཆོས་སྟོན་པའི་སྒྲ་དང་། དེས་ཚིག་རྒྱབ་སློས་པའི་སྒྲ། གླིང་བུའི་སྒྲ་དང་ཁུ་ཚུར་བསྣུན་པའི་སྒྲ་དང་། ལྷའི་རྔ་སྒྲ་ལས་ཆོས་ཀྱི་སྡོམ་བཞི་སྟོན་པའི་སྒྲ་དང་བར་སྣང་ལས་གྲགས་པའི་ཀྲོབ་གསོད་ཀྱི་སྒྲ་དང་། རླུང་གིས་བསྐྱོད་པའི་གཡེར་ཁའི་སྒྲ་དང་བྲལ་རལ་བའི་སྒྲ་ལྟ་བུའོ། །དྲིའི་སྐྱེ་མཆེད་ལ་དབྱེ་ན། དྲི་ཞིམ་པ་དང་མི་ཞིམ་པ་གཉིས། དེ་རེ་རེ་ལའང་མཉམ་མི་མཉམ་གཉིས། ལྷན་སྐྱེས་ཀྱི་དྲི་དང་སྦྱར་བྱུང་གི་དྲི་གཉིས་དང་བཅས་ཏེ་དྲུག་ཡོད་དོ། །མཚན་གཞི་རིམ་བཞིན། ཙན་དན་གྱི་དྲི་དང་། སྒོག་སྐྱའི་དྲི། དེ་དག་ང་བ་དང་མི་ང་དང་། སྤྲུར་སྤོས་ཀྱི་དྲི། ཤུག་པའི་དྲི་ལྟ་བུ། རོའི་སྐྱེ་མཆེད་ལ་དབྱེ་ན། མངར་བ་སྐྱུར་བ། ཁ་བ་སྐ་བ། ཚ་བ་ལན་ཚྭ་བ་དང་བཅས་ཏེ་དྲུག་ཡོད། མཚན་གཞི་རིམ་བཞིན། བུ་རམ་གྱི་རོ་དང་། སྐྱུར་ཁམ་གྱི་རོ། ཨ་རུ་རའི་རོ། ཏིག་ཏའི་རོ། སྒོག་སྐྱའི་རོ། བ་ཚྭའི་རོ་ལྟ་བུ། རེག་བྱའི་སྐྱེ་མཆེད་ལ་དབྱེ་ན། རྒྱུའི་རེག་བྱ་ས་ཆུ་མེ་རླུང་བཞི་དང་། འབྲས་བུའི་རེག་བྱ་འཇམ་རྩུབ། ལྕི་ཡང་། བཀྲེས་པ་སྐོམ་པ། གྲང་བ་དང་བཅས་ཏེ་བདུན་ཡོད། འབྱུང་བའི་མཚན་ཉིད། རང་འབྲས་འབྱུང་གྱུར་གྱི་རྟེན་བྱེད་པའི་རྒྱུའི་གཟུགས་རུང་། སའི་མཚན་ཉིད། སྲ་ཞིང་འཐས་པ། ཆུའི་མཚན་ཉིད། བརླན་ཅིང་གཤེར་བ། མེའི་མཚན་ཉིད། ཚ་ཞིང་སྲེག་པ། རླུང་གི་མཚན་ཉིད། ཡང་ཞིང་གཡོ་བ། འབྱུང་འགྱུར་གྱི་མཚན་ཉིད། ས་ཆུ་མེ་རླུང་གང་རུང་གི་རྒྱུ་ལ་རྟེན་ནས་བྱུང་བའི་འབྲས་བུའི་གཟུགས་རུང་། འབྱུང་འགྱུར་གྱི་རེག་བྱ་བདུན་པོའི་མཚན་གཞི་རིམ་བཞིན། དར་འཇམ་པོའི་རེག་བྱ་དང་། ཚེར

མའི་རིག་བྱ། མཁྲིག་ཁུར་ལྟོས་ཆེ་བའི་རིག་བྱ། ཆུ་ཤིང་གི་རིག་བྱ། ཡོ་བའི་ནང་དུ་འབྱུང་བ་རླུང་ཤས་ཆེས་པའི་སྟོབས་ཀྱིས་སྐྱེད་པའི་རིག་བྱ་ཟས་འདོད་པའི་བློ་ཀུན་ནས་སློང་ནུས་པའི་ལས་ཅན་དང་། དེའི་ནང་དུ་འབྱུང་བ་མེ་ཤས་ཆེ་བའི་སྟོབས་ཀྱིས་སྐྱེས་པའི་རིག་བྱ་སྐོམ་འདོད་པའི་བློ་ཀུན་ནས་སློང་ནུས་པའི་ལས་ཅན། འབྱུང་བ་ཆུ་རླུང་ཤས་ཆེ་བའི་སྟོབས་ཀྱིས་སྐྱེས་པའི་དྲོ་བར་འདོད་པའི་བློ་ཀུན་ནས་སློང་ནུས་པའི་ལས་ཅན་གྱི་རིག་བྱ་ལྟ་བུའོ། །

༣ རྟོད་པ་སྤོང་བ།

གསུམ་པ་རྟོད་པ་སྤོང་བ་ལ། ཁ་ཅིག་ན་རེ། ཤེས་པའི་ཉེར་ལེན་གྱི་རྒྱུ་ཡིན་ན། ཤེས་པ་ཡིན་པས་མ་ཁྱབ་པར་ཐལ། བེམ་པོའི་ཉེར་ལེན་གྱི་རྒྱུ་ཡིན་ན་བེམ་པོ་ཡིན་པས་མ་ཁྱབ་པའི་ཕྱིར་ཟེར་ན། རྟགས་མ་གྲུབ་བྱས་པ་ལ། ཁོན་རེ། བེམ་པོའི་ཉེར་ལེན་གྱི་རྒྱུ་ཡིན་ན། བེམ་པོ་ཡིན་པས་མ་ཁྱབ་པར་ཐལ། གཟུགས་མེད་ཁམས་ནས་གཟུགས་ཁམས་སུ་ཚེ་འཕོས་མ་ཐག་པའི་གང་ཟག་གི་གཟུགས་ཕུང་སྐད་ཅིག་དང་པོ་དེ་ལ་རང་གི་ཉེར་ལེན་དུ་གྱུར་བའི་བེམ་པོ་མེད་པའི་ཕྱིར་ཏེ། གཟུགས་མེད་ཁམས་ན་གཟུགས་མེད་པའི་ཕྱིར་ཟེར་ན། རྟགས་མ་གྲུབ། འོན་གཟུགས་མེད་ཁམས་ཞེས་པའི་དོན་གང་ཡིན་ཞེ་ན། དེ་ནི་ལོངས་སྤྱོད་ཆུང་བ་ལ་ལོངས་སྤྱོད་མེད་ཟེར་བ་ལྟར་གཟུགས་རགས་པ་མེད་པ་ལ་གཟུགས་མེད་ཅེས་དམན་པ་ལ་དགག་སྒྲ་སྦྱར་བ་ཡིན་ནོ། །

ཁ་ཅིག་ན་རེ། ཤ་ཤི་གཉིས་ཆོས་ཅན། ཀུན་ནས་ཉོན་མོངས་ཀྱི་རྟེན་འབྲེལ་ཡིན་པར་ཐལ། མ་རིག་པ་དང་འདུ་བྱེད་དེའི་ཕྱིར་ཟེར་ན། འདོད་བྱས་པ་ལ། ཤ་ཤི་གཉིས་ཆོས་ཅན། ཉོན་མོངས་ཡིན་པར་ཐལ། དེའི་ཕྱིར་ཟེར་ན། མ་ཁྱབ། འདོད་མི་ནུས་ཏེ། དེ་གཉིས་ཤེས་པ་མ་ཡིན་པའི་ཕྱིར། འོན་ཀུན་ནས་ཉོན་མོངས་ཀྱི་རྟེན་འབྲེལ་ཞེས་པའི་དོན་གང་ཞེ་ན། ཀུན་ནས་ཉོན་མོངས་པའི་དབང་གིས་བྱུང་བའི་དོན་གྱིས་ན། ཀུན་ཉོན་རྟེན་འབྲེལ་ཞེས་འབྲས་མིང་རྒྱུ་ལ་བཏགས་པའོ། །

ཁ་ཅིག་ན་རེ། བུམ་པ་བཟོ་བ་པོའི་གང་ཟག་གི་རྒྱུད་ཀྱི་བུམ་པ་བཟོ་འདོད་ཀྱི་ཀུན་སློང་ཆོས་ཅན། ལྡན་མིན་འདུ་བྱེད་ཡིན་པར་ཐལ། བུམ་པའི་རྒྱུ་ཡིན་པའི་ཕྱིར་ཟེར་ན། མ་ཁྱབ་བྱས་པ་ལ། ཁྱབ་པར་ཐལ། བུམ་པའི་རྒྱུ་དེ་ལྡན་མིན་འདུ་བྱེད་ཡིན་པའི་ཕྱིར་ཟེར་ན། མ་ཁྱབ་སྟེ། བུམ་པའི་རྒྱུ་དེ་ལྡན་མིན་འདུ་བྱེད་དུ་བཞག་པ་དེ་རང་ལྡོག་ནས་ཡིན་གྱིས་བུམ་པའི་རྒྱུ་ཡིན་ན་ལྡན་མིན་འདུ་བྱེད་ཡིན་པས་ཁྱབ་པ་ཁས་མི་ལེན་པའི་ཕྱིར་རོ། །

ཁ་ཅིག་ན་རེ། མིག་དབང་ཆོས་ཅན། མངོན་གྱུར་ཡིན་པར་ཐལ། རྣམ་མཁྱེན་ཡེ་ཤེས་ལ་མངོན་གྱུར་ཡིན་པའི་ཕྱིར་ཟེར་ན་མ་ཁྱབ་སྟེ། མངོན་ལྐོག་གི་རྣམ་གཞག་དེ་སོ་སྐྱེའི་བློ་ལ་ལྟོས་ནས་བཞག་པའི་ཕྱིར།

ཁ་ཅིག་ན་རེ། བྱས་མི་རྟག་གཉིས་ཆོས་ཅན། གཅིག་ཡིན་པར་ཐལ། རྫས་གཅིག་ཡིན་པའི་ཕྱིར་ཟེར་ན། མ་ཁྱབ་བྱས་པ་ལ་ཁོ་ན་རེ། ཁྱབ་པ་ཡོད་པར་ཐལ། རྫས་གཅིག་དེ་གཅིག་གི་དབྱེ་བ་ཡིན་པའི་ཕྱིར་ཟེར་ན་རྟགས་མ་གྲུབ་བྱས་པ་ལ་ཁོ་ན་རེ། དེར་ཐལ། གཅིག་གི་སྒྲ་བརྗོད་རིགས་ཀྱི་དབྱེ་བ་ཡིན་པའི་ཕྱིར་ཟེར་ན་མ་ཁྱབ། གོང་དུ་འདོད་མི་ནུས་ཏེ། བྱས་མི་རྟག་གཉིས་ལྡོག་པ་ཐ་དད་ཡིན་པའི་ཕྱིར་རོ། །

གསུམ། ལྡོག་པ་ངོས་འཛིན་ནམ་མཚན་མཚོན་ཆུང་བའི་རྣམ་གཞག་བཤད་པ།

༡ གཞན་ལུགས་དགག་པ།

གསུམ་པ་ལྡོག་པ་ངོས་འཛིན་ནམ་མཚན་མཚོན་ཆུང་བའི་རྣམ་གཞག་བཤད་པ་ལ། དགག་བཞག་སྤང་གསུམ་ལས་དང་པོ་ནི། གཞི་གྲུབ་ན། མཚན་མཚོན་གང་རུང་ཡིན་པས་ཁྱབ་ཟེར་ན། རྟག་དངོས་གཉིས་ཆོས་ཅན། མཚན་མཚོན་གང་རུང་ཡིན་པར་ཐལ། གཞི་གྲུབ་པའི་ཕྱིར། མ་གྲུབ་ན། རྟག་དངོས་གཉིས་ཆོས་ཅན། གཞི་གྲུབ་པར་ཐལ། ཚད་མས་གྲུབ་པའི་ཕྱིར། མ་གྲུབ་ན།

རྟག་དངོས་གཉིས་ཆོས་ཅན། ཚད་མས་གྲུབ་པར་ཐལ། ཤེས་བྱ་ཡིན་པའི་ཕྱིར། མ་གྲུབ་ན། རྟག་དངོས་གཉིས་ཆོས་ཅན། ཤེས་བྱ་ཡིན་པར་ཐལ། ཡིན་པ་མི་སྲིད་པའི་ཤེས་བྱ་ཡིན་པའི་ཕྱིར། རྩ་བར་འདོད་ན། རྟག་དངོས་གཉིས་ཆོས་ཅན། མཚན་མཚོན་གང་རུང་མ་ཡིན་པར་ཐལ། མཚན་ཉིད་མ་ཡིན་པ་གང་ཞིག །མཚོན་བྱ་ཡང་མ་ཡིན་པའི་ཕྱིར། རྟགས་རེ་རེ་ནས་གྲུབ་སྟེ། ཁྱོད་ཀྱི་མཚན་གཞི་མེད་པའི་ཕྱིར། མ་གྲུབ་ན། རྟག་དངོས་གཉིས་ཆོས་ཅན། ཁྱོད་ཀྱི་མཚན་གཞི་མེད་པར་ཐལ། ཁྱོད་ཀྱི་ཡིན་པ་མེད་པའི་ཕྱིར། མ་གྲུབ་ན། ཤེས་བྱ་ཆོས་ཅན། རྟག་དངོས་གཉིས་ཡིན་པ་མེད་པར་ཐལ། རྟག་པ་ཡིན་ན་དངོས་པོ་མ་ཡིན་པས་ཁྱབ། དངོས་པོ་ཡིན་ན་རྟག་པ་མ་ཡིན་པས་ཁྱབ་པའི་ཕྱིར།

ཁ་ཅིག་ན་རེ། མཚོན་བྱ་ཡིན་ན། མཚན་གཞི་མ་ཡིན་པས་ཁྱབ་ཟེར་ན། བུམ་པ་ཆོས་ཅན། དེར་ཐལ། དེའི་ཕྱིར། མ་གྲུབ་ན། དེ་ཆོས་ཅན། དེར་ཐལ། ཁྱོད་ཀྱི་མཚན་ཉིད་ཡོད་པའི་ཕྱིར། མ་གྲུབ་ན། དེ་ཆོས་ཅན། དེར་ཐལ། ལྟོ་ལྡིར་ཞབས་ཞུམ་ཆུ་སྐྱོར་གྱི་དོན་བྱེད་ནུས་པ་དེ་དེ་ཡིན་པའི་ཕྱིར། མ་གྲུབ་ན། ལྟོ་ལྡིར་ཞབས་ཞུམ་ཆུ་སྐྱོར་གྱི་དོན་བྱེད་ནུས་པ་ཆོས་ཅན། ཁྱོད་བུམ་པའི་མཚན་ཉིད་ཡིན་པར་ཐལ། ཁྱོད་བུམ་པའི་རྫས་ཡོད་ཆོས་གསུམ་ཚང་བ་ཡིན་པའི་ཕྱིར། མ་གྲུབ་ན། དེ་ཆོས་ཅན། དེར་ཐལ། ཁྱོད་བུམ་པའི་དོན་ལྡོག་ཡིན། ཁྱོད་བུམ་པའི་མཚན་གཞིའི་སྟེང་དུ་གྲུབ། ཁྱོད་ཀྱིས་བུམ་པ་མ་ཡིན་པ་རྣམ་པར་གཅོད་པ་ཡིན་པའི་ཕྱིར། རྩ་བར་འདོད་ན། བུམ་པ་ཆོས་ཅན། མཚན་གཞི་ཡིན་པར་ཐལ། དངོས་པོའི་མཚན་གཞི་ཡིན་པའི་ཕྱིར། མ་གྲུབ་ན། དེ་ཆོས་ཅན། དེར་ཐལ། དངོས་པོའི་མཚན་ཉིད་ཀྱི་རྟེན་བྱེད་པ་ཡིན་པའི་ཕྱིར། མ་གྲུབ་ན། དེ་ཆོས་ཅན། དེར་ཐལ། དོན་བྱེད་ནུས་པ་རྟགས་སུ་བཀོད་ནས་ཁྱོད་དངོས་པོར་སྒྲུབ་པའི་ཐ་སྙད་སྒྲུབ་ཀྱི་རྟགས་ཡང་དག་ཡོད་པའི་ཕྱིར།

ཁ་ཅིག་ན་རེ། ཀ་བ་ཁྱོད་མཚོན་བྱ་ཡིན་ན། གདུང་གདེགས་པའི་དོན་བྱེད་ནུས་པ་ཁྱོད་

མཚན་ཉིད་ཡིན་པས་ཁྱབ་ཟེར་ན། མ་ཡིན་པར་གྱུར་བའི་བུམ་པ་ཆོས་ཅན། དེར་ཐལ། དེའི་ཕྱིར། མ་གྲུབ་ན། ཀ་བ་མ་ཡིན་པར་གྱུར་བའི་བུམ་པ་ཆོས་ཅན། མཚོན་བྱ་ཡིན་པར་ཐལ། ཁྱོད་ཀྱི་མཚན་ཉིད་ཡོད་པའི་ཕྱིར། མ་གྲུབ་ན། དེ་ཆོས་ཅན། དེར་ཐལ། ཀ་བ་མ་ཡིན་པར་གྱུར་བའི་ལྟོ་ལྡིར་ཞབས་ཞུམ་ཆུ་སྐྱོར་གྱི་དོན་བྱེད་ནུས་པ་དེ་དེ་ཡིན་པའི་ཕྱིར། རྩ་བར་འདོད་ན། གདུང་གདེགས་པའི་དོན་བྱེད་ནུས་པ་མ་ཡིན་པར་གྱུར་བའི་བུམ་པ་ཆོས་ཅན། མཚན་ཉིད་མ་ཡིན་པར་ཐལ། མཚོན་བྱ་ཡིན་པའི་ཕྱིར། མ་གྲུབ་ན། དེ་ཆོས་ཅན། དེར་ཐལ། ཁྱོད་ཀྱི་མཚན་ཉིད་ཡོད་པའི་ཕྱིར། མ་གྲུབ་ན། དེ་ཆོས་ཅན། དེར་ཐལ། གདུང་གདེགས་པའི་དོན་བྱེད་ནུས་པ་མ་ཡིན་པར་གྱུར་བའི་ལྟོ་ལྡིར་ཞབས་ཞུམ་ཆུ་སྐྱོར་གྱི་དོན་བྱེད་ནུས་པ་དེ་དེ་ཡིན་པའི་ཕྱིར། གོང་དུ་མ་ཁྱབ་ཟེར་ན། དེ་ལྟར་ཁྱབ་པ་ཡོད་པར་ཐལ། མཚན་མཚོན་གཉིས་འགལ་བ་ཡིན་པའི་ཕྱིར། མ་གྲུབ་ན། དེར་ཐལ། རྫས་ཡོད་དང་བཏགས་ཡོད་གཉིས་འགལ་བ་ཡིན་པའི་ཕྱིར།

ཁ་ཅིག་ན་རེ། ཁྱོད་ཀྱི་རང་ལྡོག་ཡོད་ན་ཁྱོད་ཀྱི་དོན་ལྡོག་ཡོད་པས་ཁྱབ་ཟེར་ན། ཀ་བུམ་གཉིས་ཆོས་ཅན། དེར་ཐལ། དེའི་ཕྱིར། མ་གྲུབ་ན། དེ་ཆོས་ཅན། དེར་ཐལ། ཀ་བུམ་གཉིས་དེ་དེ་ཡིན་པ་གང་ཞིག དེ་ཡོད་པའི་ཕྱིར། དང་པོ་མ་གྲུབ་ན། ཀ་བུམ་གཉིས་ཆོས་ཅན། ཁྱོད་ཁྱོད་ཀྱི་རང་ལྡོག་ཡིན་པར་ཐལ། གཞི་གྲུབ་པའི་ཕྱིར། མ་གྲུབ་ན། ཀ་བུམ་གཉིས་ཆོས་ཅན། གཞི་གྲུབ་པར་ཐལ། ཤེས་བྱ་ཡིན་པའི་ཕྱིར། མ་གྲུབ་ན། དེ་ཆོས་ཅན། དེར་ཐལ། ཡིན་པ་མི་སྲིད་པའི་ཤེས་བྱ་ཡིན་པའི་ཕྱིར། གོང་རྟགས་གཉིས་པ་མ་གྲུབ་ན། ཀ་བུམ་གཉིས་ཆོས་ཅན། ཡོད་པར་ཐལ། གཞི་གྲུབ་པའི་ཕྱིར། རྟགས་གོང་དུ་བསྒྲུབས་ཟིན། རྩ་བར་འདོད་ན། ཀ་བུམ་གཉིས་ཆོས་ཅན། ཁྱོད་ཀྱི་དོན་ལྡོག་མེད་པར་ཐལ། ཁྱོད་ཀྱི་མཚན་ཉིད་མེད་པའི་ཕྱིར། མ་ཁྱབ་ཟེར་ན། ཁྱབ་པ་ཡོད་པར་ཐལ། ཆོས་དེའི་དོན་ལྡོག་དང་ཆོས་དེའི་མཚན་ཉིད་དོན་གཅིག་ཡིན་པའི་ཕྱིར། གོང་གི་མ་ཁྱབ་མཚམས་ལ་རྟགས་མ་གྲུབ་ཟེར་ན། ཀ་བུམ་གཉིས་ཆོས་ཅན། ཁྱོད་ཀྱི་མཚན་ཉིད་མེད་པར་ཐལ། ཁྱོད་ཀྱི་

མཚན་གཞི་མེད་པའི་ཕྱིར། མ་གྲུབ་ན། དེ་ཆོས་ཅན། དེར་ཐལ། ཁྱོད་ཀྱི་ཡིན་པ་མེད་པའི་ཕྱིར།

ཁ་ཅིག་ན་རེ། རྫས་ཡོད་ཀྱི་ཆོས་གསུམ་པོ་དེ་སྤྱིར་མཚན་ཉིད་ཡིན་པ། རང་གི་མཚན་གཞིའི་སྟེང་དུ་གྲུབ་པ། རང་གི་མཚོན་བྱ་གཅིག་པུ་ལས་གཞན་པའི་མཚན་ཉིད་མི་བྱེད་པ་ལ་བྱེད་ཟེར་ན། འོ་ན་ཁྱོད་རྫས་ཡོད་ཀྱི་ཆོས་གསུམ་ཚང་བ་ཡིན་པར་ངེས་ན། ཁྱོད་མཚན་ཉིད་ཡིན་པར་ངེས་དགོས་པར་ཐལ། དེ་ངེས་ན། ཁྱོད་སྤྱིར་མཚན་ཉིད་ཡིན་པར་ངེས་དགོས་པའི་ཕྱིར། མ་གྲུབ་ན། དེར་ཐལ། རྫས་ཡོད་ཀྱི་ཆོས་གསུམ་ཚང་བ་ཡིན་པར་ངེས་ན། རྫས་ཡོད་ཀྱི་ཆོས་གསུམ་པོ་རེ་རེ་ནས་ངེས་དགོས་པ་གང་ཞིག །རྫས་ཡོད་ཀྱི་ཆོས་དང་པོ་ངེས་པར་སྤྱིར་མཚན་ཉིད་ཡིན་པར་ངེས་དགོས་པའི་ཕྱིར། རྩ་བར་འདོད་ན། མཚན་ཉིད་ངེས་པ་མཚོན་བྱ་ངེས་པ་ལ་ལྟོས་དགོས་པར་ཐལ་ལོ། དེ་ཡང་འདོད་ན། མཚན་ཉིད་གོ་བྱེད་དང་། མཚོན་བྱ་གོ་བྱ་མ་ཡིན་པར་ཐལ་ལོ། །དེ་བཞིན་བཏགས་ཡོད་ཀྱི་ཆོས་གསུམ་ལ། སྤྱིར་མཚོན་བྱ་ཡིན་པ་སོགས་གསུམ་འཇོག་པ་ལ་ཡང་གོང་མཚུངས་ཀྱི་སྐྱོན་གནས་སོ། །

ཁ་ཅིག་ན་རེ། ཆོས་དེའི་ལྡོག་པ་གསུམ་པོ་གང་རུང་ཡིན་ན། ཆོས་དེའི་ལྡོག་པ་ཡིན་པས་ཁྱབ་ཟེར་ན། སྒྲ་ཆོས་ཅན། དངོས་པོའི་ལྡོག་པ་ཡིན་པར་ཐལ། དངོས་པོའི་ལྡོག་པ་གསུམ་པོ་གང་རུང་ཡིན་པའི་ཕྱིར། མ་གྲུབ་ན། དེ་ཆོས་ཅན། དེར་ཐལ། དངོས་པོའི་གཞི་ལྡོག་ཡིན་པའི་ཕྱིར། མ་གྲུབ་ན། དེ་ཆོས་ཅན། དེར་ཐལ། དངོས་པོའི་མཚན་གཞི་ཡིན་པའི་ཕྱིར། རྩ་བར་འདོད་ན། སྒྲ་ཆོས་ཅན། དངོས་པོའི་ལྡོག་པ་མ་ཡིན་པར་ཐལ། དངོས་པོ་དང་ཐ་དད་ཡིན་པའི་ཕྱིར། མ་གྲུབ་ན། སྒྲ་ཆོས་ཅན། དངོས་པོ་དང་ཐ་དད་ཡིན་པར་ཐལ། སྒྲ་དང་གཅིག་ཡིན་པའི་ཕྱིར། མ་གྲུབ་ན། སྒྲ་ཆོས་ཅན། ཁྱོད་ཁྱོད་དང་གཅིག་ཡིན་པར་ཐལ། ཁྱོད་ཡོད་པ་ཡིན་པའི་ཕྱིར་རོ། །

༢ རང་ལུགས་བཞག་པ།

གཉིས་པ་རང་ལུགས་བཞག་པ་ལ། མཚན་ཉིད་ཀྱི་མཚན་ཉིད། རྫས་ཡོད་ཆོས་གསུམ་ཚང་བ། རྫས་ཡོད་ཀྱི་ཆོས་གསུམ་ནི། ཆོས་དེའི་དོན་ལྡོག་ཡིན་པ། ཆོས་དེའི་མཚན་གཞིའི་སྟེང་དུ་གྲུབ་པ། ཆོས་དེ་མ་ཡིན་པ་རྣམ་པར་གཅོད་པའོ། །བྲུམ་པའི་མཚན་ཉིད་ཀྱི་མཚན་ཉིད། བུམ་པའི་རྫས་ཡོད་ཆོས་གསུམ་ཚང་བ། དེས་གཞན་རྣམས་ལའང་རིགས་འགྲེ། མཚོན་བྱའི་མཚན་ཉིད། བཏགས་ཡོད་ཀྱི་ཆོས་གསུམ་ཚང་བ། བཏགས་ཡོད་ཀྱི་ཆོས་གསུམ་ནི། རང་གི་རྣམ་འཇོག་གི་རྒྱུ་དེ་ཉིད་རྒྱུ་མཚན་དུ་བྱས་ནས་སྒྲ་རྟོག་གཉིས་ཀྱིས་རང་ལ་འཇུག་པ། རང་གི་མཚན་གཞིའི་སྟེང་དུ་གྲུབ་པ། རང་མ་ཡིན་པ་རྣམ་པར་གཅོད་པའོ། །གདུང་གདེགས་ཀྱི་དོན་བྱེད་ནུས་པའི་མཚོན་བྱའི་མཚན་ཉིད། གདུང་གདེགས་ཀྱི་དོན་བྱེད་ནུས་པའི་བཏགས་ཡོད་ཆོས་གསུམ་ཚང་བ། དེས་གཞན་རྣམས་ལའང་རིགས་འགྲེ། མཚན་གཞིའི་མཚན་ཉིད། མཚན་ཉིད་ཀྱི་རྟེན་བྱེད་པ། ཀ་བའི་ལྡོག་པ་གསུམ་ནི། གདུང་གདེགས་པའི་དོན་བྱེད་ནུས་པ་ཀ་བའི་དོན་ལྡོག །ཀ་བ་ཀ་བའི་རང་ལྡོག །གསེར་གྱི་ཀ་བ་དེ་ཀ་བའི་གཞི་ལྡོག་ལ་འཇོག་དགོས་སོ། །

༣ རྩོད་པ་སྤོང་བ།

གསུམ་པ་རྩོད་པ་སྤོང་བ་ལ། ཁ་ཅིག་ན་རེ། ཀ་བུམ་གཉིས་ཆོས་ཅན། ཁྱོད་ཀྱི་མཚན་ཉིད་ཡོད་པར་ཐལ། ཁྱོད་མཚན་ཉིད་ཀྱི་རྟེན་བྱེད་པ་ཡིན་པའི་ཕྱིར་ཟེར་ན། མ་ཁྱབ་སྟེ། ཁྱོད་མཚན་ཉིད་ཀྱི་རྟེན་བྱེད་པ་ཡིན་ན་དེ་འདྲའི་མཚན་ཉིད་དེ་ཁྱོད་ཀྱི་མཚན་ཉིད་ཡིན་མི་དགོས་པའི་ཕྱིར། གོང་དུ་འདོད་མི་ནུས་ཏེ། ཀ་བུམ་གཉིས་ཀྱི་མཚན་གཞི་མེད་པའི་ཕྱིར།

ཁ་ཅིག་ན་རེ། བཏགས་ཡོད་ཆོས་གསུམ་ཚང་བ་ཆོས་ཅན། ཁྱོད་མཚོན་བྱ་ཡིན་པར་ཐལ། ཁྱོད་མཚོན་བྱ་དང་ངོ་བོ་དབྱེར་མེད་ཡིན་པའི་ཡིན་པའི་ཕྱིར་ཟེར་ན། མ་ཁྱབ་བྱས་པ་ལ། ཁོ་ན་

རི་འོ་ན་དེ་གཉིས་ངོ་བོ་དབྱེར་མེད་མ་ཡིན་པར་ཐལ། གཅིག་མཚོན་བྱ་དང་། གཅིག་མཚན་ཉིད་ཡིན་པའི་ཕྱིར་ཟེར་ན། མ་ཁྱབ་ཏེ། ཁྱོད་གཉིས་གཅིག་མཚོན་བྱ་དང་གཅིག་མཚན་ཉིད་དུ་འཇོག་པ་དེ་རང་ལྡོག་གི་སྟེང་ནས་འཇོག་ལ། ངོ་བོ་གཅིག་ཏུ་འདོད་པ་ནི། གཞི་ལ་བཀར་ནས། གཞི་གང་ཡང་རུང་གཅིག་མཚོན་བྱ་ཡིན་ན་བཏགས་ཡོད་ཆོས་གསུམ་ཚང་བ་ཡིན་པས་ཁྱབ་པ་དང་། བཏགས་ཡོད་ཆོས་གསུམ་ཚང་བ་ཡིན་ན། མཚོན་བྱ་ཡིན་པའི་ཁྱབ་པའི་སྒོ་ནས་བཞག་པའི་ཕྱིར། གོང་དུ་འདོད་མི་ནུས་ཏེ། བཏགས་ཡོད་ཆོས་གསུམ་ཚང་བ་དེ་མཚན་ཉིད་ཡིན་པའི་ཕྱིར་ཏེ། མཚོན་བྱའི་མཚན་ཉིད་ཡིན་པའི་ཕྱིར། མཚན་ཉིད་ཆོས་ཅན། རྫས་ཡོད་ཆོས་གསུམ་ཚང་བ་ཡིན་པར་ཐལ། ཁྱོད་དང་རྫས་ཡོད་ཆོས་གསུམ་ཚང་བ་ངོ་བོ་གཅིག་ཡིན་པའི་ཕྱིར་ཟེར་ན། སྐྱོན་སྤྱོང་ཚུལ་སྔ་མ་ལ་དཔག་ཏེ་ཤེས་པར་བྱའོ། །དེས་ན་རྫས་ཡོད་ཆོས་གསུམ་ཚང་བ་དེ་རྫས་ཡོད་ཆོས་གསུམ་ཚང་བ་ཡིན། རྫས་ཡོད་ཆོས་གསུམ་མ་ཚང་བ་རྫས་ཡོད་ཆོས་གསུམ་ཚང་བ་ཡིན། མཚན་ཉིད་མཚོན་བྱ་ཡིན། མཚོན་བྱ་མཚོན་བྱ་ཡིན། མཚོན་བྱ་མ་ཡིན་པ་མཚོན་བྱ་ཡིན། བཏགས་ཡོད་ཆོས་གསུམ་ཚང་བ་རྫས་ཡོད་ཆོས་གསུམ་ཚང་བ་ཡིན། བཏགས་ཡོད་ཆོས་གསུམ་མ་ཚང་བ་རྫས་ཡོད་ཆོས་གསུམ་ཚང་བ་ཡིན་ཞེས་ཁས་ལེན་དགོས་སོ། །

བཞི། སྤྱི་བྱེ་བྲག་ཆུང་བའི་རྣམ་གཞག་བཤད་པ།

༡ གཞན་ལུགས་དགག་པ།

བཞི་པ་སྤྱི་བྱེ་བྲག་ཆུང་བའི་རྣམ་གཞག་བཤད་པ་ལ། དགག་བཞག་སྤང་གསུམ་ལས་དང་པོ་ནི༔ ཁ་ཅིག་ན་རེ། བདག་མེད་ཡིན་ན། སྤྱི་དང་བྱེ་བྲག་གང་རུང་ཡིན་པས་ཁྱབ་ཟེར་ན། མེད་པ་ཆོས་ཅན། སྤྱི་དང་བྱེ་བྲག་གང་རུང་ཡིན་པར་ཐལ། བདག་མེད་ཡིན་པའི་ཕྱིར། ཁྱབ་པ་ཁས། མ་གྲུབ་ན། མེད་པ་ཆོས་ཅན། བདག་མེད་ཡིན་པར་ཐལ། གང་ཟག་གི་བདག་མེད་ཡིན་པའི་

ཕྱིར༑ མ་གྲུབ་ན། མེད་པ་ཆོས་ཅན། ཁྱོད་གང་ཟག་གི་བདག་མེད་ཡིན་པར་ཐལ། ཁྱོད་གང་ཟག་གི་བདག་གིས་སྟོང་པའི་ཕྱིར། མ་གྲུབ་ན། མེད་པ་ཆོས་ཅན། ཁྱོད་གང་ཟག་གི་བདག་གིས་སྟོང་བར་ཐལ། ཁྱོད་ལ་གང་ཟག་གི་བདག་ཚད་མས་མ་དམིགས་པའི་ཕྱིར། རྩ་བར་འདོད་ན། མེད་པ་ཆོས་ཅན། ཁྱོད་སྤྱི་དང་བྱེ་བྲག་གང་རུང་མ་ཡིན་པར་ཐལ། ཁྱོད་དང་བདག་གཅིག་ཏུ་འབྲེལ་བའི་ཆོས་མེད་པའི་ཕྱིར།

ཁ་ཅིག་ན་རེ། གཞི་གྲུབ་ན། སྤྱི་ཡིན་པས་ཁྱབ་ཟེར་ན། ཀ་བ་དང་གཅིག་ཆོས་ཅན། དེར་ཐལ། དེའི་ཕྱིར། མ་གྲུབ་ན། དེ་ཆོས་ཅན། དེར་ཐལ། ཡོད་པའི་ཕྱིར། མ་གྲུབ་ན། ཀ་བ་ཆོས་ཅན། ཁྱོད་དང་གཅིག་ཡོད་པར་ཐལ། ཁྱོད་ཡོད་པའི་ཕྱིར། མ་གྲུབ་ན། དེ་ཆོས་ཅན། དེར་ཐལ། དངོས་པོ་ཡིན་པའི་ཕྱིར། རྩ་བར་འདོད་ན། ཀ་བ་དང་གཅིག་ཆོས་ཅན། ཁྱོད་སྤྱི་མ་ཡིན་པར་ཐལ། ཁྱོད་ཀྱི་བྱེ་བྲག་མེད་པའི་ཕྱིར། མ་གྲུབ་ན། ཀ་བ་དང་གཅིག་ཆོས་ཅན། ཁྱོད་ཀྱི་བྱེ་བྲག་མེད་པར་ཐལ། ཁྱོད་ཀྱི་ཡིན་པ་དུ་མ་མེད་པའི་ཕྱིར། མ་གྲུབ་ན། དེ་ཆོས་ཅན། དེར་ཐལ། ཁྱོད་ཀྱི་ཡིན་པ་ཀ་བ་ཁོ་ན་ལས་བཞག་རྒྱུ་མེད་པའི་ཕྱིར།

ཁ་ཅིག་ན་རེ། སྤྱི་ཡིན་ན། བྱེ་བྲག་ཡིན་པས་ཁྱབ་ཟེར་ན། ཤེས་བྱ་ཆོས་ཅན། དེར་ཐལ། དེའི་ཕྱིར། མ་གྲུབ་ན། ཤེས་བྱ་ཆོས་ཅན། དེར་ཐལ། རང་གི་བྱེ་བྲག་ལ་རྗེས་སུ་འགྲོ་བའི་ཆོས་ཡིན་པའི་ཕྱིར། མ་གྲུབ་ན། དེ་ཆོས་ཅན། དེར་ཐལ། རང་གི་བྱེ་བྲག་དངོས་པོ་ལ་རྗེས་སུ་འགྲོ་བའི་ཆོས་ཡིན་པའི་ཕྱིར། མ་གྲུབ་ན། དེ་ཆོས་ཅན། དེར་ཐལ། དངོས་པོ་དེ་ཁྱོད་ཀྱི་བྱེ་བྲག་ཡིན་པ་གང་ཞིག །ཁྱོད་དེ་ལ་རྗེས་སུ་འགྲོ་བའི་ཆོས་ཡིན་པའི་ཕྱིར། རྟགས་དང་པོ་མ་གྲུབ་ན། དངོས་པོ་ཆོས་ཅན། ཁྱོད་ཤེས་བྱའི་བྱེ་བྲག་ཡིན་པར་ཐལ། ཁྱོད་ཤེས་བྱའི་བྱེ་བྲག་ཏུ་སོང་བའི་སྒོ་གསུམ་གྲུབ་པའི་ཕྱིར། མ་གྲུབ་ན། དེ་ཆོས་ཅན། དེར་ཐལ། ཁྱོད་ཤེས་བྱ་ཡིན། ཁྱོད་ཤེས་བྱ་དང་བདག་གཅིག་ཏུ་འབྲེལ། ཁྱོད་མ་ཡིན་ཞིང་ཤེས་བྱ་ཡིན་པ་གྲུབ་པའི་ཕྱིར། དང་པོ་སླ།

གཉིས་པ་མ་གྲུབ་ན། དངོས་པོ་ཆོས་ཅན། ཁྱོད་ཤེས་བྱ་དང་བདག་གཅིག་ཏུ་འབྲེལ་བར་ཐལ། ཁྱོད་ཤེས་བྱ་དང་བདག་ཉིད་གཅིག་པའི་སྒོ་ནས་ཐ་དད། ཤེས་བྱ་མེད་ན་ཁྱོད་མེད་དགོས་པའི་ཕྱིར༑ དང་པོ་མ་གྲུབ་ན། དངོས་པོ་ཆོས་ཅན། ཁྱོད་ཤེས་བྱ་དང་བདག་ཉིད་གཅིག་པའི་སྒོ་ནས་ཐ་དད་ཡིན་པར་ཐལ། ཁྱོད་ཤེས་བྱ་ཡིན་པ་གང་ཞིག་ཁྱོད་ཤེས་བྱ་དང་གཅིག་མ་ཡིན་པའི་ཕྱིར། རྟགས་སླ། གཉིས་པ་མ་གྲུབ་ན། དངོས་པོ་ཆོས་ཅན། ཤེས་བྱ་མེད་ན་ཁྱོད་མེད་དགོས་པར་ཐལ༑ ཁྱོད་ཤེས་བྱའི་ཁྱབ་བྱ་ཡིན་པའི་ཕྱིར། གོང་རྟགས་གསུམ་པ་མ་གྲུབ་ན། དངོས་པོ་ཆོས་ཅན༑ ཁྱོད་མ་ཡིན་ཞིང་ཤེས་བྱ་ཡིན་པ་གྲུབ་པར་ཐལ། ཀ་བ་དང་གཅིག་དེ་ཡང་དེ་ཡིན། བུམ་པ་དང་གཅིག་དེ་ཡང་དེ་ཡིན་པའི་ཕྱིར། རྩ་བར་འདོད་ན། ཤེས་བྱ་ཆོས་ཅན། ཁྱོད་བྱེ་བྲག་མ་ཡིན་པར་ཐལ། ཁྱོད་མ་ཡིན་པ་མེད་པའི་ཕྱིར། མ་གྲུབ་ན། ཤེས་བྱ་ཆོས་ཅན། ཁྱོད་མ་ཡིན་པ་མེད་པར་ཐལ། ཁྱོད་མ་ཡིན་ན། མེད་པས་ཁྱབ་པའི་ཕྱིར།

ཁ་ཅིག་ན་རེ། སྤྱི་ཡིན་ན། ཁྱོད་ཀྱི་བྱེ་བྲག་ཏུ་མ་གྲུབ་པས་ཁྱབ་ཟེར་ན། བདག་མེད་དང་གཅིག་དང་། ཡོད་པ་དང་གཅིག་དང་། དངོས་པོ་དང་གཅིག་གང་རུང་ཆོས་ཅན། དེར་ཐལ། དེའི་ཕྱིར། མ་གྲུབ་ན། དེ་ཆོས་ཅན། དེར་ཐལ། ཁྱོད་ཀྱི་བྱེ་བྲག་ཡོད་པའི་ཕྱིར། མ་གྲུབ་ན། དེ་ཆོས་ཅན། དེར་ཐལ། དངོས་པོ་དེ་དེ་ཡིན་པ་གང་ཞིག་དེ་ཡོད་པའི་ཕྱིར། རྟགས་ཕྱི་མ་སླ། དང་པོ་མ་གྲུབ་ན། དངོས་པོ་ཆོས་ཅན། ཁྱོད་བདག་མེད་དང་གཅིག་དང་། ཡོད་པ་དང་གཅིག་དང༑ དངོས་པོ་དང་གཅིག་གང་རུང་གི་བྱེ་བྲག་ཡིན་པར་ཐལ། ཁྱོད་དེ་གང་རུང་གི་བྱེ་བྲག་ཏུ་སོང་བའི་སྒོ་གསུམ་གྲུབ་པའི་ཕྱིར། མ་གྲུབ་ན། དེ་ཆོས་ཅན། དེ་གང་རུང་གི་བྱེ་བྲག་ཏུ་སོང་བའི་སྒོ་གསུམ་གྲུབ་པར་ཐལ། ཁྱོད་དེ་གང་རུང་ཡིན། ཁྱོད་དེ་གང་རུང་དང་བདག་གཅིག་ཏུ་འབྲེལ། ཁྱོད་མ་ཡིན་ཞིང་དེ་གང་རུང་ཡིན་པ་གྲུབ་པའི་ཕྱིར། དང་པོ་མ་གྲུབ་ན། དེ་ཆོས་ཅན། དེ་གང་རུང་ཡིན་པར་ཐལ། དངོས་པོ་དང་གཅིག་ཡིན་པའི་ཕྱིར། རྟགས་གཉིས་པ་མ་གྲུབ་ན།

དེ་ཆོས་ཅན། དེ་གང་ཟུང་དང་བདག་གཅིག་ཏུ་འབྲེལ་བར་ཐལ། དེ་གང་ཟུང་དང་བདག་ཉིད་གཅིག་པའི་སྒོ་ནས་ཐ་དད། དེ་གང་ཟུང་མེད་ན་ཁྱོད་མེད་དགོས་པའི་ཕྱིར། རྟགས་གསུམ་པ་མ་གྲུབ་ན། དེ་ཆོས་ཅན། དེར་ཐལ། ཡོད་པ་དེ་ཡང་དེ་ཡིན། བདག་མེད་དེ་ཡང་དེ་ཡིན་པའི་ཕྱིར༑ རྩ་བར་འདོད་ན། དེ་གང་ཟུང་ཆོས་ཅན། ཁྱོད་ཀྱི་བྱེ་བྲག་ཏུ་མ་མ་གྲུབ་པར་ཐལ། ཁྱོད་ཀྱི་བྱེ་བྲག་ལ་དངོས་པོ་དེ་ཁོ་ན་ལས་བཞག་རྒྱུ་མེད་པའི་ཕྱིར། མ་གྲུབ་ན། དེ་གང་ཟུང་ཆོས་ཅན༑ དེར་ཐལ། དེ་ལས་གཞན་པ་བཞག་ན་ཡོད་པ་དང་བདག་མེད་གང་ཟུང་འཛོག་དགོས་པ་གང་ཞིག །དེ་གཉིས་རེ་རེ་ནས་དེ་གང་ཟུང་གི་བྱེ་བྲག་མ་ཡིན་པའི་ཕྱིར། མ་གྲུབ་ན། དེར་ཐལ། དེ་གཉིས་གང་ཟུང་མ་ཡིན་ཞིང་དེ་གང་ཟུང་ཡིན་པ་མ་གྲུབ་པའི་ཕྱིར།

ཁ་ཅིག་ན་རེ། དངོས་པོའི་སྤྱི་ཡིན་ན། དངོས་པོའི་བྱེ་བྲག་མ་ཡིན་པས་ཁྱབ་ཟེར་ན། ཡོད་པར་རྟོགས་པའི་རྗེས་དཔག་ཚད་མ་ཆོས་ཅན། དེར་ཐལ། དེའི་ཕྱིར། མ་གྲུབ་ན། ཡོད་པར་རྟོགས་པའི་རྗེས་དཔག་ཚད་མ་ཆོས་ཅན། ཁྱོད་དངོས་པོའི་སྤྱི་ཡིན་པར་ཐལ། དངོས་པོ་ཁྱོད་ཀྱི་བྱེ་བྲག་ཡིན་པའི་ཕྱིར། མ་གྲུབ་ན། དངོས་པོ་ཆོས་ཅན། ཁྱོད་ཡོད་པར་རྟོགས་པའི་རྗེས་དཔག་ཚད་མའི་བྱེ་བྲག་ཡིན་པར་ཐལ། ཁྱོད་ཡོད་པར་རྟོགས་པའི་རྗེས་དཔག་ཚད་མའི་བྱེ་བྲག་ཏུ་སོང་བའི་སྒོ་གསུམ་གྲུབ་པའི་ཕྱིར། མ་གྲུབ་ན། དེ་ཆོས་ཅན། དེར་ཐལ། ཁྱོད་ཡོད་པར་རྟོགས་པའི་རྗེས་དཔག་ཚད་མ་ཡིན། ཁྱོད་ཡོད་པར་རྟོགས་པའི་རྗེས་དཔག་ཚད་མ་དང་བདག་གཅིག་ཏུ་འབྲེལ། ཁྱོད་མ་ཡིན་ཞིང་ཡོད་པར་རྟོགས་པའི་རྗེས་དཔག་ཚད་མ་ཡིན་པ་ཡོད་པའི་ཕྱིར༑ རྟགས་དང་པོ་མ་གྲུབ་ན། དངོས་པོ་ཡོད་པར་རྟོགས་པའི་རྗེས་དཔག་ཆོས་ཅན། ཚད་མ་ཡིན་པར་ཐལ། བློ་ཡིན་པ་གང་ཞིག་ཚད་མིན་མ་ཡིན་པའི་ཕྱིར། རྟགས་གཉིས་པ་མ་གྲུབ་ན། དངོས་པོ་ཆོས་ཅན། ཁྱོད་ཡོད་པར་རྟོགས་པའི་རྗེས་དཔག་ཚད་མ་དང་བདག་གཅིག་ཏུ་འབྲེལ་བར་ཐལ། ཁྱོད་ཡོད་པར་རྟོགས་པའི་རྗེས་དཔག་ཚད་མ་དང་བདག་ཉིད་གཅིག་པའི་སྒོ་ནས

ཐ་དད། ཡོད་པར་རྟོགས་པའི་རྗེས་དཔག་ཚད་མ་མེད་ན་ཁྱོད་མེད་དགོས་པའི་ཕྱིར། རྟགས་དང་པོ་མ་གྲུབ་ན། དངོས་པོ་ཆོས་ཅན། ཁྱོད་ཡོད་པར་རྟོགས་པའི་རྗེས་དཔག་ཚད་མ་དང་བདག་ཉིད་གཅིག་པའི་སྒོ་ནས་ཐ་དད་ཡིན་པར་ཐལ། ཁྱོད་ཡོད་པར་རྟོགས་པའི་རྗེས་དཔག་ཚད་མ་ཡིན་པ་གང་ཞིག །དེ་དང་གཅིག་མ་ཡིན་པའི་ཕྱིར། རྟགས་གཉིས་པ་མ་གྲུབ་ན། དེར་ཐལ། དེ་མེད་ན་གང་དྲན་དྲན་ཡིན་པས་ཁྱབ་པའི་ཕྱིར། རྟགས་གསུམ་པ་མ་གྲུབ་ན། དངོས་པོ་ཆོས་ཅན། ཁྱོད་མ་ཡིན་པ་གང་ཞིག །ཡོད་པར་རྟོགས་པའི་རྗེས་དཔག་ཚད་མ་ཡིན་པ་ཡོད་པར་ཐལ། ནམ་མཁའ་དེ་དེ་ཡིན་པའི་ཕྱིར། རྩ་བར་འདོད་ན། ཡོད་པར་རྟོགས་པའི་རྗེས་དཔག་ཚད་མ་ཆོས་ཅན། ཁྱོད་དངོས་པོའི་བྱེ་བྲག་ཡིན་པར་ཐལ། ཁྱོད་དངོས་པོའི་བྱེ་བྲག་ཏུ་སོང་བའི་སྒོ་གསུམ་གྲུབ་པའི་ཕྱིར ; མ་གྲུབ་ན། དེ་ཆོས་ཅན། དེར་ཐལ། ཁྱོད་དངོས་པོ་ཡིན། ཁྱོད་དངོས་པོ་དང་བདག་གཅིག་ཏུ་འབྲེལ། ཁྱོད་མ་ཡིན་ཞིང་དངོས་པོ་ཡིན་པ་ཡོད་པའི་ཕྱིར། རྟགས་དང་པོ་མ་གྲུབ་ན། ཡོད་པར་རྟོགས་པའི་རྗེས་དཔག་ཚད་མ་ཆོས་ཅན། ཁྱོད་དངོས་པོ་ཡིན་པར་ཐལ། ཡོད་པ་གང་ཞིག །རྟག་པ་མ་ཡིན་པའི་ཕྱིར། རྟགས་སླ། གོང་རྟགས་གཉིས་པ་མ་གྲུབ་ན། ཡོད་པར་རྟོགས་པའི་རྗེས་དཔག་ཚད་མ་ཆོས་ཅན། ཁྱོད་དངོས་པོ་དང་བདག་གཅིག་ཏུ་འབྲེལ་བར་ཐལ། ཁྱོད་དངོས་པོ་དང་བདག་ཉིད་གཅིག་པའི་སྒོ་ནས་ཐ་དད། དངོས་པོ་མེད་ན་ཁྱོད་མེད་དགོས་པའི་ཕྱིར ; གོང་རྟགས་གསུམ་པ་མ་གྲུབ་ན། ཡོད་པར་རྟོགས་པའི་རྗེས་དཔག་ཚད་མ་མ་ཡིན་ཞིང་དངོས་པོ་ཡིན་པ་ཡོད་པར་ཐལ། དོན་བྱེད་ནུས་པ་ཁོ་ན་དེ་ཡིན་པའི་ཕྱིར། མ་གྲུབ་ན། དོན་བྱེད་ནུས་པ་ཁོ་ན་ཆོས་ཅན། ཁྱོད་ཡོད་པར་རྟོགས་པའི་རྗེས་དཔག་ཚད་མ་མ་ཡིན་ཞིང་དངོས་པོ་ཡིན་པ་ཡིན་པར་ཐལ། ཁྱོད་ཡོད་པར་རྟོགས་པའི་རྗེས་དཔག་ཚད་མ་མ་ཡིན་པ་གང་ཞིག །དངོས་པོ་ཡིན་པའི་ཕྱིར། རྟགས་དང་པོ་མ་གྲུབ་ན། ཤེས་བྱ་ཆོས་ཅན། དོན་བྱེད་ནུས་པ་ཁོ་ན་ཡོད་པར་རྟོགས་པའི་རྗེས་དཔག་ཚད་མ་མ་ཡིན་པར་ཐལ། དོན་བྱེད་ནུས་པ་ཁོ་ན་ཡོད་པར

རྟོགས་པའི་རྗེས་དཔག་མེད་པའི་ཕྱིར། མ་གྲུབ་ན། ཤེས་བྱ་ཆོས་ཅན། དོན་བྱེད་ནུས་པ་ཁོ་ན་ཡོད་པར་རྟོགས་པའི་རྗེས་དཔག་མེད་པར་ཐལ། རྟག་པ་ཡོད་པར་རྟོགས་པའི་རྗེས་དཔག་ཡོད་པའི་ཕྱིར། རྟགས་ཁས། གོང་རྟགས་གཉིས་པ་མ་གྲུབ་ན། དོན་བྱེད་ནུས་པ་ཁོ་ན་ཆོས་ཅན། ཁྱོད་དངོས་པོ་ཡིན་པར་ཐལ། ཁྱོད་དངོས་པོ་ཡིན་ཞེས་བརྗོད་པའི་སྒྲ་དེ་གཞན་ལྡན་རྣམ་གཅོད་ཀྱི་ངག་རྣམ་དག་ཡིན་པའི་ཕྱིར།

ཁ་ཅིག་ན་རེ། ཁྱོད་རྟག་པའི་སྤྱི་ཡིན་ན། རྟག་པ་ཁྱོད་ཀྱི་སྤྱི་མ་ཡིན་པས་ཁྱབ་ཟེར་ན། མཚོན་བྱ་ཆོས་ཅན། དེར་ཐལ། དེའི་ཕྱིར། མ་གྲུབ་ན། མཚོན་བྱ་ཆོས་ཅན། ཁྱོད་རྟག་པའི་སྤྱི་ཡིན་པར་ཐལ༑ རྟག་པ་ཁྱོད་ཀྱི་བྱེ་བྲག་ཡིན་པའི་ཕྱིར། མ་གྲུབ་ན། རྟག་པ་ཆོས་ཅན། ཁྱོད་མཚོན་བྱའི་བྱེ་བྲག་ཡིན་པར་ཐལ། ཁྱོད་མཚོན་བྱའི་བྱེ་བྲག་ཏུ་སོང་བའི་སྒོ་གསུམ་གྲུབ་པའི་ཕྱིར། མ་གྲུབ་ན། དེ་ཆོས་ཅན། དེར་ཐལ། ཁྱོད་རྟག་པ་ཡིན། ཁྱོད་རྟག་པ་དང་བདག་གཅིག་ཏུ་འབྲེལ། ཁྱོད་མ་ཡིན་ཞིང་རྟག་པ་ཡིན་པ་ཡོད་པའི་ཕྱིར། རྟགས་ཁས། རྩ་བར་འདོད་ན། མཚོན་བྱ་ཆོས་ཅན། རྟག་པ་ཁྱོད་ཀྱི་སྤྱི་ཡིན་པར་ཐལ། ཁྱོད་རྟག་པའི་བྱེ་བྲག་ཡིན་པའི་ཕྱིར། མ་གྲུབ་ན། མཚོན་བྱ་ཆོས་ཅན། ཁྱོད་རྟག་པའི་བྱེ་བྲག་ཡིན་པར་ཐལ། ཁྱོད་རྟག་པའི་བྱེ་བྲག་ཏུ་སོང་བའི་སྒོ་གསུམ་གྲུབ་པའི་ཕྱིར། མ་གྲུབ་ན། དེ་ཆོས་ཅན། དེར་ཐལ། ཁྱོད་རྟག་པ་ཡིན། ཁྱོད་རྟག་པ་དང་བདག་གཅིག་ཏུ་འབྲེལ། ཁྱོད་མ་ཡིན་ཞིང་རྟག་པ་ཡིན་པ་ཡོད་པའི་ཕྱིར། རྟགས་དང་པོ་གཉིས་གོང་ལྟར་བསྒྲུབས། རྟགས་གསུམ་པ་མ་གྲུབ་ན། མཚོན་བྱ་ཆོས་ཅན། ཁྱོད་མ་ཡིན་ཞིང་རྟག་པ་ཡིན་པ་ཡོད་པར་ཐལ། རང་གི་རྒྱུ་རྐྱེན་ལས་མ་སྐྱེས་པ་དེ་དེ་ཡིན་པའི་ཕྱིར།

ཁ་ཅིག་ན་རེ། ཁྱོད་ཆོས་དེའི་བྱེ་བྲག་ཡིན་ན། ཁྱོད་མ་ཡིན་ཞིང་ཆོས་དེ་ཡིན་པ་དུ་མ་གྲུབ་པས་ཁྱབ་ཟེར་ན། དངོས་པོ་ཆོས་ཅན། ཁྱོད་མ་ཡིན་ཞིང་ཤེས་བྱ་དང་གཅིག་དང་། དངོས་པོ་གང་རུང་ཡིན་པ་དུ་མ་ཡོད་པར་ཐལ། ཁྱོད་ཤེས་བྱ་དང་གཅིག་དང་དངོས་པོ་གང་རུང་གི་བྱེ་

བྲག་ཡིན་པའི་ཕྱིར། མ་གྲུབ་ན། དེ་ཆོས་ཅན། དེར་ཐལ། ཀ་བ་ཆོས་ཅན། ཤེས་བྱ་དང་གཅིག་དང་དངོས་པོ་གང་རུང་ཡིན་པར་ཐལ། དངོས་པོ་ཡིན་པའི་ཕྱིར་ཞེས་པའི་རྟགས་དེ་ཡིན་སྒྲུབ་ཀྱི་དབང་དུ་བྱས་པའི་ཁྱེ་བྲག་སྒྲུབ་ནས་སྤྱི་སྒྲུབ་པའི་གཏན་ཚིགས་རྣམ་དག་ཡིན་པའི་ཕྱིར། རྒྱ་བར་འདོད་ན་སླའོ། །

༢ རང་ལུགས་བཞག་པ།

གཉིས་པ་རང་ལུགས་བཞག་པ་ལ། སྤྱིའི་མཚན་ཉིད། རང་གི་ཁྱེ་བྲག་ལ་རྗེས་སུ་འགྲོ་བའི་ཆོས༔ དེ་ལ་སྒྲ་བརྗོད་རིགས་ཀྱི་སྒོ་ནས་དབྱེ་ན། རིགས་སྤྱི་དོན་སྤྱི་ཚོགས་སྤྱི་གསུམ། དང་པོའི་མཚན་ཉིད། རང་གི་གསལ་བ་ལ་རྗེས་སུ་འགྲོ་བའི་ཆོས། མཚན་གཞི་ནི། ཤེས་བྱ་ལྟ་བུ། གཉིས་པའི་མཚན་ཉིད། སྣང་བརྟགས་གཅིག་ཏུ་འབྲུལ་བའི་སྒྲོ་བཏགས། མཚན་གཞི་ནི། བུམ་པའི་དོན་སྤྱི་ལྟ་བུ། གསུམ་པའི་མཚན་ཉིད། རྟུལ་རྫས་དུ་མ་འདུས་པའི་གཟུགས་རགས་པ། མཚན་གཞི་ནི། ཀ་བུམ་གཉིས་ལྟ་བུ། ཁྱེ་བྲག་གི་མཚན་ཉིད། རང་མ་ཡིན་པ་གྲུབ་པའི་ཆོས། མཚན་གཞི་ནི་ཤེས་པ་ལྟ་བུ།

༣ རྩོད་པ་སྤོང་བ།

གསུམ་པ་རྩོད་པ་སྤོང་བ་ལ། ཁ་ཅིག་ན་རེ། ཤེས་བྱ་ཆོས་ཅན། ཁྱེ་བྲག་ཡིན་པར་ཐལ། བདག་མེད་ཀྱི་ཁྱེ་བྲག་ཡིན་པའི་ཕྱིར་ཟེར་ན་རྟགས་མ་གྲུབ་བྱས་པ་ལ། ཁོ་ན་རེ། ཤེས་བྱ་ཆོས་ཅན། བདག་མེད་ཀྱི་ཁྱེ་བྲག་ཡིན་པར་ཐལ། ཁྱོད་བདག་མེད་ཡིན་པ་གང་ཞིག་བདག་མེད་ལས་ཁྱབ་ཆུང་བའི་ཕྱིར་ཟེར་ན་མ་ཁྱབ། ཀ་བུམ་གཉིས་ཆོས་ཅན། སྤྱི་ཡིན་པར་ཐལ། ཚོགས་སྤྱི་ཡིན་པའི་ཕྱིར་ཟེར་ན། མ་ཁྱབ་བྱས་པ་ལ། ཁོ་ན་རེ། དེ་ལྟར་ཁྱབ་པ་ཡོད་པར་ཐལ། ཚོགས

སྒྱུ་དེ་སྒྱུའི་སྒྲ་བརྗོད་རིགས་ཀྱི་དབྱེ་བ་ཡིན་པའི་ཕྱིར་ཟེར་ན། མ་ཁྱབ། ཡང་ཁོ་ན་རེ། འོན་རིགས་ཀྱི་ཆོས་ཅན། ཁྱོད་ཡིན་ན། སྒྱུ་ཡིན་པས་མ་ཁྱབ་པར་ཐལ། ཁྱོད་སྒྱུའི་སྒྲ་བརྗོད་རིགས་ཀྱི་དབྱེ་བའི་ཁོངས་སུ་བགྲང་བའི་ཕྱིར་ཟེར་ན། མ་ཁྱབ།

ཁ་ཅིག་ན་རེ། དོན་བྱེད་ནུས་པ་ཁོ་ན་ཆོས་ཅན། ཡོད་པར་ཐལ། དངོས་པོ་ཡིན་པའི་ཕྱིར། ཟེར་ན་ཆོས་ཅན་སྐྱོན་ཅན་ཞེས་པའི་ལན་འདེབས་དགོས་སོ། །

ལྔ། རྒྱུ་འབྲས་ཆུང་བའི་རྣམ་གཞག་བཤད་པ།

༡ གཞན་ལུགས་དགག་པ།

ལྔ་པ་རྒྱུ་འབྲས་ཆུང་བའི་རྣམ་གཞག་བཤད་པ་ལ། དགག་བཞག་སྤང་གསུམ་ལས། དང་པོ་ལ་ཁ་ཅིག་ན་རེ། རྒྱུ་དྲུག་པོ་གང་རུང་ཡིན་ན། རྒྱུ་ཡིན་པས་ཁྱབ་ཟེར་ན། ཤེས་བྱ་ཆོས་ཅན། རྒྱུ་ཡིན་པར་ཐལ། རྒྱུ་དྲུག་པོ་གང་རུང་ཡིན་པའི་ཕྱིར། མ་གྲུབ་ན། ཤེས་བྱ་ཆོས་ཅན། རྒྱུ་དྲུག་པོ་གང་རུང་ཡིན་པར་ཐལ། བྱེད་རྒྱུ་ཡིན་པའི་ཕྱིར། མ་གྲུབ་ན། ཤེས་བྱ་ཆོས་ཅན། བྱེད་རྒྱུ་ཡིན་པར་ཐལ། ཐུམ་པའི་བྱེད་རྒྱུ་ཡིན་པའི་ཕྱིར། མ་གྲུབ་ན། ཤེས་བྱ་ཆོས་ཅན། ཐུམ་པའི་བྱེད་རྒྱུ་ཡིན་པར་ཐལ། ཐུམ་པ་སྐྱེ་བ་ལ་གེགས་མི་བྱེད་པའི་ཆོས་ཡིན་པའི་ཕྱིར། རྩ་བར་འདོད་ན། ཤེས་བྱ་ཆོས་ཅན། རྒྱུ་མ་ཡིན་པར་ཐལ། རང་འབྲས་ལ་ཕན་འདོགས་བྱེད་མ་ཡིན་པའི་ཕྱིར། མ་གྲུབ་ན། ཤེས་བྱ་ཆོས་ཅན། རང་འབྲས་ལ་ཕན་འདོགས་བྱེད་མ་ཡིན་པར་ཐལ། དོན་བྱེད་ནུས་པ་མ་ཡིན་པའི་ཕྱིར། མ་གྲུབ་ན། ཤེས་བྱ་ཆོས་ཅན། དོན་བྱེད་ནུས་པ་མ་ཡིན་པར་ཐལ། དངོས་པོ་མ་ཡིན་པའི་ཕྱིར། མ་གྲུབ་ན། ཤེས་བྱ་ཆོས་ཅན། དངོས་པོ་མ་ཡིན་པར་ཐལ། མི་རྟག་པ་མ་ཡིན་པའི་ཕྱིར།

ཁ་ཅིག་ན་རེ། རྒྱུ་ཡིན་ན། རྣམ་སྨིན་གྱི་རྒྱུ་ཡིན་པས་ཁྱབ་ཟེར་ན། ཀ་བ་ཆོས་ཅན། དེར

ཐལ༑ དེའི་ཕྱིར། མ་གྲུབ་ན། དེ་ཆོས་ཅན། དེར་ཐལ། སྐྱེད་བྱེད་ཡིན་པའི་ཕྱིར། མ་གྲུབ་ན། དེ་ཆོས་ཅན། དེར་ཐལ། རང་འབྲས་སྐྱེད་བྱེད་ཡིན་པའི་ཕྱིར། མ་གྲུབ་ན། དེ་ཆོས་ཅན། དེར་ཐལ༑ རང་འབྲས་མིག་ཤེས་སྐྱེད་བྱེད་ཡིན་པའི་ཕྱིར། མ་གྲུབ་ན། དེ་ཆོས་ཅན། དེར་ཐལ། རང་འབྲས་མིག་ཤེས་ཡོད་པའི་ཕྱིར། མ་གྲུབ་ན། དེ་ཆོས་ཅན། དེར་ཐལ། གཟུགས་ཀྱི་སྐྱེ་མཆེད་ཡིན་པའི་ཕྱིར། རྩ་བར་འདོད་ན། ཀ་བ་ཆོས་ཅན། རྣམ་སྨིན་གྱི་རྒྱུ་མ་ཡིན་པར་ཐལ། ཟག་བཅས་ཀྱི་དགེ་མི་དགེ་གང་རུང་མ་ཡིན་པའི་ཕྱིར། མ་གྲུབ་ན། དེ་ཆོས་ཅན། དེར་ཐལ། དགེ་མི་དགེ་གང་རུང་མ་ཡིན་པའི་ཕྱིར། མ་གྲུབ་ན། དེ་ཆོས་ཅན། དེར་ཐལ། ལས་མ་ཡིན་པའི་ཕྱིར།

ཁ་ཅིག་ན་རེ། རྒྱུ་ཡིན་ན། འབྲས་བུའི་སྔ་ལོགས་སུ་བྱུང་བས་ཁྱབ་ཟེར་ན། འབྲས་བུ་ཆོས་ཅན། དེར་ཐལ། དེའི་ཕྱིར། མ་གྲུབ་ན། དེ་ཆོས་ཅན། དེར་ཐལ། དངོས་པོ་ཡིན་པའི་ཕྱིར། མ་གྲུབ་ན། འབྲས་བུ་ཆོས་ཅན། དངོས་པོ་ཡིན་པར་ཐལ། ཡོད་པ་གང་ཞིག་རྟག་པ་མ་ཡིན་པའི་ཕྱིར། རྩ་བར་འདོད་ན། འབྲས་བུ་ཆོས་ཅན། ཁྱོད་ཁྱོད་ཀྱི་སྔ་ལོགས་སུ་བྱུང་བ་མ་ཡིན་པར་ཐལ། བདག་མེད་ཡིན་པའི་ཕྱིར།

ཁ་ཅིག་ན་རེ། འབྲས་བུ་ཡིན་ན། རྒྱུའི་ཕྱི་ལོགས་སུ་བྱུང་བས་ཁྱབ་ཟེར་ན། རྒྱུ་ཆོས་ཅན། དེར་ཐལ། དེའི་ཕྱིར། མ་གྲུབ་ན། དེ་ཆོས་ཅན། དེར་ཐལ། ཁྱོད་ཀྱི་རྒྱུ་ཡོད་པའི་ཕྱིར། མ་གྲུབ་ན༑ དེ་ཆོས་ཅན། དེར་ཐལ། འདུས་བྱས་ཡིན་པའི་ཕྱིར། རྩ་བར་འདོད་ན། རྒྱུ་ཆོས་ཅན། ཁྱོད་ཁྱོད་ཀྱི་ཕྱི་ལོགས་སུ་བྱུང་བ་མ་ཡིན་པར་ཐལ། ཁྱོད་གཞི་གྲུབ་པའི་ཕྱིར། རྟགས་སླ།

ཁ་ཅིག་ན་རེ། རྒྱུ་ཡིན་ན་ཉེར་ལེན་གྱི་རྒྱུ་ཡིན་པས་ཁྱབ་ཟེར་ན། སྒྲ་ཆོས་ཅན། དེར་ཐལ། དེའི་ཕྱིར། མ་གྲུབ་ན། སྒྲ་ཆོས་ཅན། དེར་ཐལ། རང་འབྲས་རྣ་བའི་རྣམ་ཤེས་ཀྱི་རྒྱུ་ཡིན་པའི་ཕྱིར། མ་གྲུབ་ན། དེ་ཆོས་ཅན། དེར་ཐལ། རང་འབྲས་རྣ་བའི་རྣམ་ཤེས་ཀྱི་དམིགས་རྐྱེན་ཡིན་པའི་ཕྱིར༑ མ་གྲུབ་ན། དེ་ཆོས་ཅན། དེར་ཐལ། སྒྲའི་སྐྱེ་མཆེད་ཡིན་པའི་ཕྱིར། རྩ་བར་འདོད་ན། སྒྲ་

ཆོས་ཅན། ཁྱོད་ཉེར་ལེན་གྱི་རྒྱུ་མ་ཡིན་པར་ཐལ། ཁྱོད་རང་གི་རྫས་རྒྱུན་སྐྱེད་བྱེད་མ་ཡིན་པའི་ཕྱིར། མ་གྲུབ་ན། དེ་ཆོས་ཅན། དེར་ཐལ། ཁྱོད་ཀྱི་རྫས་རྒྱུན་མེད་པའི་ཕྱིར།

ཁ་ཅིག་ན་རེ། རྒྱུ་ཡིན་ན་འབྲས་བུ་མ་ཡིན་པས་ཁྱབ་ཟེར་ན། རྣམ་མཁྱེན་ཆོས་ཅན། དེར་ཐལ། དེའི་ཕྱིར། མ་གྲུབ་ན། དེ་ཆོས་ཅན། དེར་ཐལ། ཡང་དག་པའི་དོན་ལ་སྒོམ་བྱུང་གཙོ་བོར་གྱུར་པའི་ཏིང་ངེ་འཛིན་གྱི་འབྲས་བུ་ཡིན་པའི་ཕྱིར། མ་གྲུབ་ན། དེ་ཆོས་ཅན། དེར་ཐལ། རྣལ་འབྱོར་མངོན་སུམ་ཡིན་པའི་ཕྱིར། རྩ་བར་འདོད་ན། རྣམ་མཁྱེན་ཆོས་ཅན། རྒྱུ་ཡིན་པར་ཐལ༑ ཆོས་འཁོར་བསྐོར་བའི་རྒྱུ་ཡིན་པའི་ཕྱིར། མ་གྲུབ་ན། དེ་ཆོས་ཅན། དེར་ཐལ། ཆོས་འཁོར་བསྐོར་བའི་བདག་རྐྱེན་ཡིན་པའི་ཕྱིར།

ཁ་ཅིག་ན་རེ། ཆོས་དེའི་འབྲས་བུ་ཡིན་ན། ཆོས་དེའི་ཉེར་ལེན་གྱི་འབྲས་བུ་ཡིན་པས་ཁྱབ་ཟེར་ན། རྫ་བུམ་ཆོས་ཅན། ཁྱོད་ཁྱོད་བཟོ་བ་པོའི་གང་ཟག་གི་ཉེར་ལེན་གྱི་འབྲས་བུ་ཡིན་པར་ཐལ༑ དེའི་འབྲས་བུ་ཡིན་པའི་ཕྱིར། མ་གྲུབ་ན། དེ་ཆོས་ཅན། དེར་ཐལ། དེའི་ལྷན་གཅིག་བྱེད་འབྲས་ཡིན་པའི་ཕྱིར། མ་གྲུབ་ན། དེ་ཆོས་ཅན། དེར་ཐལ། དེ་ཁྱོད་ཀྱི་ལྷན་གཅིག་བྱེད་རྐྱེན་ཡིན་པའི་ཕྱིར། མ་གྲུབ་ན། རྫ་བུམ་བཟོ་བ་པོའི་གང་ཟག་ཆོས་ཅན། ཁྱོད་རྫ་བུམ་གྱི་ལྷན་གཅིག་བྱེད་རྐྱེན་ཡིན་པར་ཐལ། རྫ་བུམ་གྱི་ཁྱད་པར་ལ་གཙོ་བོར་ཕན་འདོགས་བྱེད་ཡིན་པའི་ཕྱིར༑ རྩ་བར་འདོད་ན། རྫ་བུམ་ཆོས་ཅན། ཁྱོད་རྫ་བུམ་བཟོ་བ་པོའི་གང་ཟག་གི་ཉེར་ལེན་གྱི་འབྲས་བུ་མ་ཡིན་པར་ཐལ། ཁྱོད་དེའི་རྫས་རྒྱུན་མ་ཡིན་པའི་ཕྱིར། མ་གྲུབ་ན། རྫ་བུམ་ཆོས་ཅན། ཁྱོད་རྫ་བུམ་བཟོ་བ་པོའི་གང་ཟག་གི་རྫས་རྒྱུན་མ་ཡིན་པར་ཐལ། བེམ་པོ་ཡིན་པའི་ཕྱིར་རོ། །

༢ རང་ལུགས་བཞག་པ།

གཉིས་པ་རང་ལུགས་བཞག་པ་ལ། རྒྱུའི་མཚན་ཉིད། སྐྱེད་བྱེད། དེ་ལ་དུས་ཀྱི་སྒོ་ནས

དབྱེ་ན། དངོས་རྒྱུ་དང་། བརྒྱུད་རྒྱུ་གཉིས། ཆོས་དེའི་དངོས་རྒྱུའི་མཚན་ཉིད། ཆོས་དེ་དངོས་སུ་སྐྱེད་བྱེད། གཉིས་པའི་མཚན་ཉིད། ཆོས་དེ་བརྒྱུད་ནས་སྐྱེད་བྱེད། མཚན་གཞི་རིམ་བཞིན། ཀ་བ་སྐད་གཅིག་མ་དང་པོ་དེ་དེའི་རིགས་རྒྱུན་དུ་གྱུར་པའི་ཀ་བ་སྐད་ཅིག་མ་གཉིས་པའི་དངོས་རྒྱུ་དང་། དེ་སྐད་ཅིག་གསུམ་པའི་བརྒྱུད་རྒྱུ་ཡིན་པ་ལྟ་བུ། རྒྱུ་ལ་ངོ་བོའི་སྒོ་ནས་དབྱེ་ན། ལྷན་ཅིག་བྱེད་རྐྱེན་དང་། ཉེར་ལེན་གྱི་རྒྱུ་གཉིས། ཆོས་དེའི་ཉེར་ལེན་གྱི་རྒྱུའི་མཚན་ཉིད། ཆོས་དེའི་ངོ་བོ་ལ་གཙོ་བོར་ཕན་འདོགས་བྱེད། གཉིས་པའི་མཚན་ཉིད། ཆོས་དེའི་ཁྱད་པར་གཙོ་བོར་ཕན་འདོགས་བྱེད། མཚན་གཞི་རིམ་བཞིན། འཇིམ་པ་དེ་དེའི་འབྲས་བུར་གྱུར་པའི་རྫ་བུམ་གྱི་ཉེར་ལེན་གྱི་རྒྱུ་དང་། རྫ་མཁན་དེ་དེའི་འབྲས་བུར་གྱུར་པའི་རྫ་བུམ་གྱི་ལྷན་ཅིག་བྱེད་རྐྱེན་ཡིན་པ་ལྟ་བུ། འབྲས་བུའི་མཚན་ཉིད། སྐྱེད་བྱ། དེ་ལ་དབྱེ་ན་མཚན་གཞིའི་སྒོ་ནས་དབྱེ་བ་དང་། བྱེད་ལས་ཀྱི་སྒོ་ནས་དབྱེ་བ་གཉིས། དང་པོ་ལ། དངོས་འབྲས་དང་བརྒྱུད་འབྲས་གཉིས། ཆོས་དེའི་དངོས་འབྲས་ཀྱི་མཚན་ཉིད། ཆོས་དེས་དངོས་སུ་སྐྱེད་བྱ། ཆོས་དེའི་བརྒྱུད་འབྲས་ཀྱི་མཚན་ཉིད། ཆོས་དེས་བརྒྱུད་ནས་སྐྱེད་བྱ། མཚན་གཞི་ནི་རིམ་བཞིན། དབང་ཤེས་སྐད་ཅིག་མ་གཉིས་པ་དེ་དེའི་རིགས་འདྲ་སྐད་ཅིག་མ་དང་པོའི་དངོས་འབྲས་ཡིན་པ་ལྟ་བུ་དང་། དེ་སྐད་ཅིག་མ་གསུམ་པ་དེ་དེའི་བརྒྱུད་འབྲས་ཡིན་པ་ལྟ་བུ། བྱེད་ལས་ཀྱི་སྒོ་ནས་དབྱེ་ན། རྣམ་སྨིན་གྱི་འབྲས་བུ་དང་། བདག་པོའི་འབྲས་བུ། རྒྱུ་མཐུན་གྱི་འབྲས་བུ། བྲལ་བའི་འབྲས་བུ། སྐྱེས་བུ་བྱེད་པའི་འབྲས་བུ་དང་ལྔ། མཚན་གཞི་རིམ་བཞིན། ད་ལྟར་གྱི་བདེ་བ་དེ་སྔར་གྱི་དགེ་བའི་རྣམ་སྨིན་གྱི་འབྲས་བུ་དང་། མིག་གི་རྣམ་པར་ཤེས་པ་དེ་དེའི་རྐྱེར་གྱུར་པའི་དབང་པོ་གཟུགས་ཅན་པའི་བདག་འབྲས། མངོན་སུམ་སྐད་གཅིག་མ་དང་པོ་དེ་དེའི་འབྲས་བུར་གྱུར་པའི་མངོན་སུམ་སྐད་གཅིག་མ་གཉིས་པའི་རྒྱུ་མཐུན་གྱི་འབྲས་བུ། འགོག་པའི་བདེན་པ་དེ་རང་རྒྱུ་བར་ཆད་མེད་ལམ་གྱི་བྲལ་འབྲས། སོ་ནམ་ཚུལ་བཞིན་བྱས་པ་ལས་འབྲས་བུ་ལོ་ཏོག་འབྱུང་བ་དེ་སྐྱེས་བུ་བྱེད་པའི་འབྲས་བུ་ཡིན་པ་ལྟ་བུའོ། །

༣ རྟོད་པ་སྤོང་བ།

གསུམ་པ་རྟོད་པ་སྤོང་བ་ལ། ཁ་ཅིག་ན་རེ། བུམ་པ་ཆོས་ཅན། རང་རྒྱུའི་འབྲས་བུ་ཡིན་པར་ཐལ། རང་རྒྱུས་སྐྱེད་བྱ་ཡིན་པའི་ཕྱིར་ཟེར་ན། འདོད་བྱས་པ་ལ། ཁོ་ན་རེ། རང་རྒྱུ་ཆོས་ཅན༑ ཁྱོད་བུམ་པའི་རྒྱུ་ཡིན་པར་ཐལ། བུམ་པ་ཁྱོད་ཀྱི་འབྲས་བུ་ཡིན་པའི་ཕྱིར་ཟེར་ན་རྟགས་མ་གྲུབ། འོ་ན་གོང་དུ་འདོད་པ་དང་འགལ་ལོ་ཟེར་ན། མི་འགལ་ཏེ། གོང་དུ་རང་སྒྲ་ལ་ཆོས་ཅན་སྐྱེགས་ནས། བུམ་པ། བུམ་པའི་རྒྱུའི་འབྲས་བུ་ཡིན་པ་འདོད་ཅེས་བརྗེ། འདིར་བུམ་པ་ཆོས་ཅན་མ་ཡིན་པས་བུམ་པ་རང་རྒྱུའི་འབྲས་བུ་ཡིན་པ་རྟགས་མ་གྲུབ་ཅེས་བརྗེ་དགོས་པའི་ཕྱིར།

ཁ་ཅིག་ན་རེ། འབྲས་བུ་ཡིན་ན་སྐྱེད་བྱ་ཡིན་པས་མ་ཁྱབ་པར་ཐལ། མ་སྐྱེས་པའི་འབྲས་བུ་ཡོད་པའི་ཕྱིར་ཟེར་ན། རྟགས་མ་གྲུབ་བྱས་པ་ལ་ཁོ་ན་རེ། དེར་ཐལ། མ་སྐྱེས་པའི་མི་ཡོད་པའི་ཕྱིར་ཟེར་ན། རྟགས་མ་གྲུབ། མ་སྐྱེས་པའི་མི་ཡོད་པར་ཐལ། མ་སྐྱེས་པའི་བྱིས་པ་ཡོད་པའི་ཕྱིར་ཟེར་ན་རྟགས་མ་གྲུབ། མ་སྐྱེས་པའི་བྱིས་པ་ཡོད་པར་ཐལ། མངལ་ན་གནས་པའི་བྱིས་པ་ཡོད་པའི་ཕྱིར་ཟེར་ན་མ་ཁྱབ་ཏེ། མངལ་ན་གནས་པའི་བྱིས་པ་དེ་ཉིད་མངལ་སྒོ་ལས་མ་བཙས་པ་ལ་འཇིག་རྟེན་པ་རྣམས་ཀྱི་མ་སྐྱེས་ཞེས་ཐ་སྙད་བྱེད་ཀྱང་བསྟན་བཅོས་ལ་གྲགས་པའི་སྐྱེ་བ་གྲུབ་པའི་ཕྱིར་ཏེ་བྱས་པ་ཡིན་པའི་ཕྱིར།

ཁ་ཅིག་ན་རེ། སྒྲ་ཆོས་ཅན། ཁྱོད་ལ་རྒྱུན་ཡོད་པར་ཐལ། ཡི་གེའི་ཐུང་མཐའ་ཨ་ཐུང་ལྔ་བུ་ཡང་མིག་འཛུམ་གཅིག་གི་ཡུན་ཚད་དུ་གནས་པ་ཡིན་པའི་ཕྱིར་ཟེར་ན། མ་ཁྱབ་ཏེ། དེ་མིག་འཛུམ་གཅིག་གི་ཡུན་ཚད་དུ་གནས་པའི་ཚེ་དེ་སྐད་ཅིག་རེ་རེ་ཡང་རང་རྒྱུ་བྱེད་པ་ལྟེ་སྐན་ལ་རྟེན་ནས་སྐྱེ་བ་ལས་སྒྲ་སྔ་མ་ལས་ཕྱི་མ་སྐྱེ་བ་མ་ཡིན་པའི་ཕྱིར་རོ། །

དྲུག །ཡུལ་དང་ཡུལ་ཅན་གྱི་རྣམ་གཞག་བཤད་པ།

༡ གཞན་ལུགས་དགག་པ།

དྲུག་པ་ཡུལ་དང་ཡུལ་ཅན་གྱི་རྣམ་གཞག་བཤད་པ་ལ། དགག་བཞག་སྤང་གསུམ་ལས། དང་པོ་ལ། ཁ་ཅིག་ན་རེ། ཡུལ་ཡིན་ན། བཟུང་ཡུལ་ཡིན་པས་ཁྱབ་ཟེར་ན། བུམ་པའི་དོན་སྤྱི་ཆོས་ཅན། བཟུང་ཡུལ་ཡིན་པར་ཐལ། ཡུལ་ཡིན་པའི་ཕྱིར། མ་གྲུབ་ན། བུམ་པའི་དོན་སྤྱི་ཆོས་ཅན༑ ཡུལ་ཡིན་པར་ཐལ། ཡུལ་བཞི་པོ་གང་རུང་ཡིན་པའི་ཕྱིར། མ་གྲུབ་ན། བུམ་པའི་དོན་སྤྱི་ཆོས་ཅན། ཡུལ་བཞི་པོ་གང་རུང་ཡིན་པར་ཐལ། སྣང་ཡུལ་ཡིན་པའི་ཕྱིར། མ་གྲུབ་ན། བུམ་པའི་དོན་སྤྱི་ཆོས་ཅན། སྣང་ཡུལ་ཡིན་པར་ཐལ། རྟོག་པའི་སྣང་ཡུལ་ཡིན་པའི་ཕྱིར། མ་གྲུབ་ན། བུམ་པའི་དོན་སྤྱི་ཆོས་ཅན། རྟོག་པའི་སྣང་ཡུལ་ཡིན་པར་ཐལ། དོན་སྤྱི་ཡིན་པའི་ཕྱིར། རྩ་བར་འདོད་ན། བུམ་པའི་དོན་སྤྱི་ཆོས་ཅན། བཟུང་ཡུལ་མ་ཡིན་པར་ཐལ། རྣམ་པ་གཏོད་བྱེད་ཀྱི་རྒྱུ་མ་ཡིན་པའི་ཕྱིར། མ་གྲུབ་ན། བུམ་པའི་དོན་སྤྱི་ཆོས་ཅན། རྣམ་པ་གཏོད་བྱེད་ཀྱི་རྒྱུ་མ་ཡིན་པར་ཐལ། རྒྱུ་མ་ཡིན་པའི་ཕྱིར། མ་གྲུབ་ན། བུམ་པའི་དོན་སྤྱི་ཆོས་ཅན། རྒྱུ་མ་ཡིན་པར་ཐལ། རང་མཚན་མ་ཡིན་པའི་ཕྱིར།

ཁ་ཅིག་ན་རེ། བློ་དེའི་སྣང་ཡུལ་ཡིན་ན། བློ་དེའི་ཞེན་ཡུལ་ཡིན་པས་ཁྱབ་ཟེར་ན། སྔོན་པོ་ཆོས་ཅན། སྔོན་འཛིན་དབང་སྔོན་གྱི་ཞེན་ཡུལ་ཡིན་པར་ཐལ། སྔོན་འཛིན་དབང་སྔོན་གྱི་སྣང་ཡུལ་ཡིན་པའི་ཕྱིར། མ་གྲུབ་ན། དེ་ཆོས་ཅན། དེར་ཐལ། དེའི་འཇུག་ཡུལ་ཡིན་པའི་ཕྱིར། མ་ཁྱབ་ཟེར་ན། ཁྱབ་པ་ཡོད་པར་ཐལ། མངོན་སུམ་དེའི་འཇུག་ཡུལ་དང་དེའི་སྣང་ཡུལ་དོན་ཅིག་ཡིན་པའི་ཕྱིར། གོང་དུ་རྟགས་མ་གྲུབ་ཟེར་ན། སྔོན་འཛིན་དབང་མངོན་ཆོས་ཅན། སྔོན་པོ་དེ་ཁྱོད་ཀྱི་འཇུག་ཡུལ་ཡིན་པར་ཐལ། ཁྱོད་ཀྱི་འཇུག་ཡུལ་ཡོད་པ་གང་ཞིག །སྔོན་པོ་ལས

གཞན་བཞག་རྒྱུ་མེད་པའི་ཕྱིར། རྟགས་དང་པོ་མ་གྲུབ་ན། སྔོན་འཛིན་དབང་སྔོན་ཆོས་ཅན། ཁྱོད་ཀྱི་འཇུག་ཡུལ་ཡོད་པར་ཐལ། ཁྱོད་ཚད་མ་ཡིན་པའི་ཕྱིར། རྟགས་གཉིས་པ་སླ། རྩ་བར་འདོད་ན། སྔོན་པོ་ཆོས་ཅན། ཁྱོད་སྔོན་འཛིན་དབང་སྔོན་གྱི་ཞེན་ཡུལ་མ་ཡིན་པར་ཐལ། སྔོན་འཛིན་དབང་སྔོན་དེ་ཁྱོད་ལ་རྟོག་པ་མ་ཡིན་པའི་ཕྱིར།

ཁ་ཅིག་ན་རེ། ཁྱོད་ཡུལ་ཅན་ཡིན་ན། ཁྱོད་ཀྱི་ཡུལ་ཡོད་པས་ཁྱབ་ཟེར་ན། ཟླ་བ་གཉིས་སྣང་གི་དབང་ཤེས་ཆོས་ཅན། དེར་ཐལ། དེའི་ཕྱིར། མ་གྲུབ་ན། དེ་ཆོས་ཅན། དེར་ཐལ། རང་ཡུལ་ལ་འཇུག་པའི་ཆོས་ཡིན་པའི་ཕྱིར། མ་གྲུབ་ན། དེ་ཆོས་ཅན། དེར་ཐལ། བློ་ཡིན་པའི་ཕྱིར། མ་གྲུབ་ན། འཁྲུལ་ཤེས་ཡིན་པའི་ཕྱིར། རྩ་བར་འདོད་ན། ཟླ་བ་གཉིས་སྣང་གི་དབང་ཤེས་ཆོས་ཅན། ཁྱོད་ཀྱི་ཡུལ་མེད་པར་ཐལ། ཁྱོད་རྟོག་མེད་ལོག་ཤེས་ཡིན་པའི་ཕྱིར། མ་གྲུབ་ན། ཟླ་བ་གཉིས་སྣང་གི་དབང་ཤེས་ཆོས་ཅན། རྟོག་མེད་ལོག་ཤེས་ཡིན་པར་ཐལ། དབང་ཤེས་འཁྲུལ་པ་ཡིན་པའི་ཕྱིར།

ཁ་ཅིག་ན་རེ། ཡུལ་ཅན་ཡིན་ན། ཤེས་པ་ཡིན་པས་ཁྱབ་ཟེར་ན། ཀ་བ་ཞེས་བརྗོད་པའི་སྒྲ་ཆོས་ཅན། དེར་ཐལ། དེའི་ཕྱིར། མ་གྲུབ་ན། དེ་ཆོས་ཅན། དེར་ཐལ། ཁྱོད་ཀྱི་ཡུལ་ཡོད་པའི་ཕྱིར། མ་གྲུབ་ན། དེ་ཆོས་ཅན། དེར་ཐལ། ཀ་བ་དེ་དེ་ཡིན་པའི་ཕྱིར། མ་གྲུབ་ན། ཀ་བ་ཆོས་ཅན། ཁྱོད་ཁྱོད་ཅེས་བརྗོད་པའི་སྒྲའི་ཡུལ་ཡིན་པར་ཐལ། ཁྱོད་ཁྱོད་ཅེས་བརྗོད་པའི་སྒྲའི་བརྗོད་བྱ་ཡིན་པའི་ཕྱིར། མ་གྲུབ་ན། ཀ་བ་ཆོས་ཅན། ཁྱོད་ཁྱོད་ཅེས་བརྗོད་པའི་སྒྲའི་བརྗོད་བྱ་ཡིན་པར་ཐལ། གཞི་གྲུབ་པའི་ཕྱིར། མ་གྲུབ་ན་སླ། རྩ་བར་འདོད་ན། ཀ་བ་ཞེས་བརྗོད་པའི་སྒྲ་ཆོས་ཅན། ཤེས་པ་མ་ཡིན་པར་ཐལ། བེམ་པོ་ཡིན་པའི་ཕྱིར། མ་གྲུབ་ན། དེ་ཆོས་ཅན། དེར་ཐལ། སྒྲ་ཡིན་པའི་ཕྱིར།

ཁ་ཅིག་ན་རེ། སྐྱེས་བུ་ཡིན་ན། སོ་སྐྱེ་ཡིན་པས་ཁྱབ་ཟེར་ན། བདག་ཅག་གི་སྟོན་པ་ཆོས་ཅན། དེར་ཐལ། སྐྱེས་བུ་ཡིན་པའི་ཕྱིར། མ་གྲུབ་ན། དེ་ཆོས་ཅན། དེར་ཐལ། གང་ཟག་ཡིན་པའི་ཕྱིར། མ་གྲུབ་ན། དེ་ཆོས་ཅན། དེར་ཐལ། རྣམ་ཤེས་རྒྱུད་ལྡན་གྱི་དངོས་པོ་ཡིན་པའི་ཕྱིར། མ་གྲུབ་ན།

དེ་ཆོས་ཅན། དེར་ཐལ། རྣམ་མཁྱེན་རྒྱུད་ལྡན་གྱི་གང་ཟག་ཡིན་པའི་ཕྱིར། མ་གྲུབ་ན། དེ་ཆོས་ཅན༑ དེར་ཐལ། སངས་རྒྱས་ཡིན་པའི་ཕྱིར། རྩ་བར་འདོད་ན། བདག་ཅག་གི་སྟོན་པ་ཆོས་ཅན། སོ་སྐྱེ་མ་ཡིན་པར་ཐལ། འཕགས་པ་ཡིན་པའི་ཕྱིར། མ་གྲུབ་ན། དེ་ཆོས་ཅན། དེར་ཐལ། མཐོང་སྒོམ་མི་སློབ་ལམ་གང་རུང་ལ་གནས་པའི་གང་ཟག་ཡིན་པའི་ཕྱིར། མ་གྲུབ་ན། དེ་ཆོས་ཅན། དེར་ཐལ། མི་སློབ་ལམ་ལ་གནས་པའི་གང་ཟག་ཡིན་པའི་ཕྱིར།

ཁ་ཅིག་ན་རེ། བརྗོད་བྱེད་ཀྱི་སྒྲ་ཡིན་ན། ཁྱོད་ཀྱི་འཇུག་ཡུལ་ཡོད་པས་ཁྱབ་ཟེར་ན། རི་བོང་གི་རྭ་ཞེས་བརྗོད་པའི་རྗོད་བྱེད་ཀྱི་སྒྲ་ཆོས་ཅན། དེར་ཐལ། དེའི་ཕྱིར། མ་གྲུབ་ན། དེ་ཆོས་ཅན། དེར་ཐལ། དོན་གོ་བར་བྱེད་པའི་སྒྲ་ཡིན་པའི་ཕྱིར། མ་གྲུབ་ན། དེ་ཆོས་ཅན། དེར་ཐལ། བརྗོད་བྱ་སྟོན་པའི་སྒྲ་ཡིན་པའི་ཕྱིར། རྩ་བར་འདོད་ན། རི་བོང་གི་རྭ་ཞེས་བརྗོད་པའི་རྗོད་བྱེད་ཀྱི་སྒྲ་ཆོས་ཅན། ཁྱོད་ཀྱི་འཇུག་ཡུལ་མེད་པར་ཐལ། ཁྱོད་རྗོད་བྱེད་ཀྱི་སྒྲ་དོན་མི་མཐུན་ཡིན་པའི་ཕྱིར། མ་གྲུབ་ན། དེ་ཆོས་ཅན། དེར་ཐལ། ཁྱོད་ཀྱི་བརྗོད་བྱ་མེད་པའི་ཕྱིར།

ཁ་ཅིག་ན་རེ། ཤེས་པ་ཡིན་ན། རྟོག་པ་ཡིན་པས་ཁྱབ་ཟེར་ན། ཡིད་མངོན་ཆོས་ཅན། དེར་ཐལ། དེའི་ཕྱིར། མ་གྲུབ་ན། དེ་ཆོས་ཅན། དེར་ཐལ། གསལ་ཞིང་རིག་པ་ཡིན་པའི་ཕྱིར། མ་གྲུབ་ན། དེ་ཆོས་ཅན། དེར་ཐལ། བློ་ཡིན་པའི་ཕྱིར། མ་གྲུབ་ན། དེ་ཆོས་ཅན། དེར་ཐལ། རིག་པ་ཡིན་པའི་ཕྱིར། རྩ་བར་འདོད་ན། ཡིད་མངོན་ཆོས་ཅན། རྟོག་པ་མ་ཡིན་པར་ཐལ། མངོན་སུམ་ཡིན་པའི་ཕྱིར། མ་གྲུབ་ན། ཡིད་མངོན་ཆོས་ཅན། མངོན་སུམ་ཡིན་པར་ཐལ། མ་འཁྲུལ་བའི་རིག་པ་ཡིན་པའི་ཕྱིར།

ཁ་ཅིག་ན་རེ། འཁྲུལ་ཤེས་ཡིན་ན། ཁྱོད་ཀྱི་ཡུལ་མེད་པས་ཁྱབ་ཟེར་ན། སྒྲ་མི་རྟག་པར་རྟོགས་པའི་རྗེས་དཔག་ཆོས་ཅན། དེར་ཐལ། དེའི་ཕྱིར། མ་གྲུབ་ན། དེ་ཆོས་ཅན། དེར་ཐལ། ཁྱོད་ཀྱི་ཡུལ་གང་ཡང་རུང་བ་ཅིག་ལ་འཁྲུལ་ཤེས་ཡིན་པའི་ཕྱིར། མ་གྲུབ་ན། དེ་ཆོས་ཅན།

དེར་ཐལ། ཁྱོད་ཀྱི་སྣང་ཡུལ་ལ་འཁྲུལ་ཤེས་ཡིན་པའི་ཕྱིར་ཏེ། ཁྱོད་ཀྱི་སྣང་ཡུལ་དངོས་པོར་མེད་པ་ལ་དངོས་པོར་འཛིན་པའི་ཕྱིར། རྩ་བར་འདོད་ན། རྗེས་དཔག་ཆོས་ཅན། ཁྱོད་ཀྱི་ཡུལ་ཡོད་པར་ཐལ། ཁྱོད་ཀྱི་འཇུག་ཡུལ་ཡོད་པའི་ཕྱིར། མ་གྲུབ་ན། དེ་ཆོས་ཅན། དེར་ཐལ། ཚད་མ་ཡིན་པའི་ཕྱིར། མ་གྲུབ་ན། དེ་ཆོས་ཅན། དེར་ཐལ། མི་བསླུ་བའི་རིག་པ་ཡིན་པའི་ཕྱིར་རོ། །

༢ རང་ལུགས་བཞག་པ།

གཉིས་པ་རང་ལུགས་བཞག་པ་ལ། ཡུལ་གྱི་མཚན་ཉིད། བློས་རིག་པར་བྱ་བ། དེ་ལ་བྱེས་ཚུལ་གྱི་སྒོ་ནས་དབྱེ་ན། སྣང་ཡུལ། བཟུང་ཡུལ། ཞེན་ཡུལ། འཇུག་ཡུལ་དང་བཞི། དང་པོའི་མཚན་ཉིད། ཡུལ་ཅན་དེ་ལ་རྣམ་པ་གཏད་པ་དང་མ་གཏད་པ་གང་རུང་དུ་སྣང་བའི་ཡུལ། དེ་ལ་དབྱེ་ན། རྣམ་པ་གཏད་པའི་སྒོ་ནས་དང་། རྣམ་པ་མ་གཏད་པའི་སྒོ་ནས་སྣང་བའི་ཡུལ་གཉིས། དང་པོ་ནི་དོན་རིག་མངོན་སུམ་གྱི་བཟུང་དོན་རྣམས་སོ། །གཉིས་པ་ནི་རང་རིག་མངོན་སུམ་གྱི་མྱང་བྱ་དང་རྟོག་པའི་སྣང་ཡུལ་རྣམས་སོ། །བཟུང་ཡུལ་གྱི་མཚན་ཉིད། རང་འཛིན་མངོན་སུམ་ལ་རང་འདྲའི་རྣམ་པ་དངོས་སུ་གཏོད་བྱེད་ཀྱི་ཕྱི་དོན། དེ་ལ་ཡུལ་ཅན་གྱི་སྒོ་ནས་དབྱེ་ན། དབང་མངོན་གྱི་བཟུང་ཡུལ་དང་། ཡིད་མངོན་གྱི་བཟུང་ཡུལ་རྣམ་པ་གཉིས་ཡོད། ཡུལ་གྱི་སྒོ་ནས་དབྱེ་ན། གཟུགས་སྒྲ་དྲི་རོ་རེག་བྱའི་སྐྱེ་མཆེད་ལྔ། ཞེན་ཡུལ་གྱི་མཚན་ཉིད། རང་འཛིན་སྟངས་ཀྱི་གཙོ་བོར་བྱེད་པའི་བློས་ཞེན་ནས་རིག་པར་བྱ་བ། དེ་ལ་དབྱེ་ན། རྟོག་པ་ཚད་མའི་ཞེན་ཡུལ་དང་། བཅད་ཤེས་ཀྱི་ཞེན་ཡུལ། ཐེ་ཚོམ་དོན་འགྱུར་གྱི་ཞེན་ཡུལ་དང་བཅས་ཏེ་གསུམ་ཡོད། མཚན་གཞི་རིམ་བཞིན། སྒྲ་མི་རྟག་པ་དེ་དེ་ལྟར་རྟོགས་པའི་རྗེས་དཔག་ཚད་མའི་ཞེན་ཡུལ་དང་། སྔོན་པོ་དེ་སྔོན་འཛིན་དབང་མངོན་གྱིས་དྲངས་པའི་སྔོན་པོ་ངེས་པའི་བཅད་ཤེས་ཀྱི་ཞེན་ཡུལ། སྒྲ་མི་རྟག་པ་དེ་གཞལ་བྱའི་རྟགས་ལས་སྒྲ་མི་རྟག་པར་འཛིན་པའི་ཐེ་ཚོམ་གྱི་ཞེན་ཡུལ་ཡིན་པ་ལྟ་བུ།

འཇུག་ཡུལ་གྱི་མཚན་ཉིད། ཡུལ་ཅན་དོན་མཐུན་གྱི་བྱེད་པ་འཇུག་པའི་གཞིར་གྱུར་པའི་ཡུལ་གྱི་གཙོ་བོ། དེ་ལ་དབྱེ་ན། ཚད་མའི་འཇུག་ཡུལ་དང་། རྗོད་བྱེད་ཀྱི་སྒྲའི་འཇུག་ཡུལ། སྐྱེས་བུའི་འཇུག་ཡུལ་དང་གསུམ། དང་པོ་ལ་དབྱེ་ན། མངོན་སུམ་ཚད་མའི་འཇུག་ཡུལ་དང་། རྗེས་དཔག་གི་འཇུག་ཡུལ་གཉིས། དང་པོ་ལ། རྣལ་འབྱོར་མངོན་སུམ་གྱི་འཇུག་ཡུལ་དང་། དབང་མངོན། ཡིད་མངོན། རང་རིག་མངོན་སུམ་གྱི་འཇུག་ཡུལ་དང་བཞི། མཚན་གཞི་རིམ་བཞིན། བདག་མེད་པས་ཁྱད་པར་དུ་བྱས་པའི་ཕུང་པོ་རང་མཚན་པ་དང་། སྒྲ་སྐད་གཅིག་མ་དང་པོ་དེ་སྒྲ་འཛིན་དབང་མངོན་སྐད་ཅིག་མ་དང་པོའི་འཇུག་ཡུལ་དང་དེ་སྐད་ཅིག་མ་གཉིས་པ་དེ་སྒྲ་འཛིན་ཡིད་མངོན་སྐད་ཅིག་མ་དང་པོའི་འཇུག་ཡུལ་ཡིན་པ་ལྟ་བུ་དང་། ཤེས་པ་ལྟ་བུ། རྗེས་དཔག་གི་འཇུག་ཡུལ་ལ་དབྱེ་ན། དངོས་སྟོབས་རྗེས་དཔག །ཡིད་ཆེས་རྗེས་དཔག །གྲགས་པའི་རྗེས་དཔག་གི་འཇུག་ཡུལ་དང་བཞི། མཚན་གཞི་རིམ་བཞིན། དུ་ལྡན་ལ་ན་མེ་ཡོད་པ་དེ་དུ་བའི་རྟགས་ལས་ལ་མེ་ཡོད་དུ་རྟོགས་པའི་རྗེས་དཔག་གི་འཇུག་ཡུལ་དང་། བཀའ་བརྒྱུད་སྟོང་པ་རང་གི་བསྟན་དོན་རྟོགས་པའི་ཚད་མ་སྔོན་དུ་སོང་བ་དེ་དཔྱད་གསུམ་དག་པའི་ལུང་གི་རྟགས་ལས། དེ་ལྟར་རྟོགས་པའི་རྗེས་དཔག་ཚད་མའི་འཇུག་ཡུལ་ཡིན་པ་ལྟ་བུ། རི་བོང་ཅན་ལ་ཟླ་བ་ཞེས་པའི་སྒྲས་བརྗོད་དུ་རུང་བ་དེ་རྟོགས་ཡུལ་ན་ཡོད་པའི་རྟགས་ལས་རི་བོང་ཅན་ལ་ཟླ་བ་ཞེས་པའི་སྒྲས་བརྗོད་རུང་དུ་རྟོགས་པའི་རྗེས་དཔག་ཚད་མའི་འཇུག་ཡུལ་ཡིན་པ་ལྟ་བུ། ཡུལ་ཅན་གྱི་མཚན་ཉིད། རང་ཡུལ་ལ་འཇུག་པའི་ཆོས། དེ་ལ་ངོ་བོའི་སྒོ་ནས་དབྱེ་ན། ཤེས་པ་དང་། རྗོད་བྱེད་ཀྱི་སྒྲ། སྐྱེས་བུ་དང་གསུམ། དང་པོའི་མཚན་ཉིད་གསལ་ཞིང་རིག་པ། དེ་ལ་ངོ་བོའི་སྒོ་ནས་དབྱེ་ན། འཁྲུལ་བ་དང་མ་འཁྲུལ་བའི་ཤེས་པ་གཉིས། ཡུལ་གྱི་སྒོ་ནས་རྟོག་པ་དང་རྟོག་མེད་གཉིས། དང་པོའི་མཚན་ཉིད། སྣང་བཏགས་གཅིག་འཁྲུལ་གྱི་ཞེན་བློ། དེ་ལ་དབྱེ་ན། རྟོག་པ་དོན་མཐུན་དང་དོན་མི་མཐུན་གཉིས། དང་པོའི་མཚན་ཉིད། ཞེན་སྟངས

དོན་མཐུན་གྱི་བློ། དེ་ལ་དབྱེ་ན། རྗེས་དཔག་ཚད་མ་དང་། བཅད་ཤེས། དོན་གྱུར་གྱི་ཐེ་ཚོམ་དང་གསུམ་ཡོད། གཉིས་པའི་མཚན་ཉིད། ཞེན་སྣང་དོན་མི་མཐུན་གྱི་བློ། དེ་ལ་དབྱེ་ན། རྟོག་པ་ལོག་ཤེས་དང་། དོན་མི་འགྱུར་གྱི་ཐེ་ཚོམ། མ་གྲུབ་པའི་རྟགས་ལ་བརྟེན་ནས་སྒྲུབ་བྱ་ཕྱིན་ཅི་ལོག་ཏུ་འཛིན་པའི་བློ་དང་གསུམ་ཡོད། རྟོག་མེད་ཤེས་པའི་མཚན་ཉིད། རང་ཡུལ་གསལ་བར་སྣང་བའི་བློ། དེ་ལ་དབྱེ་ན། རྟོག་མེད་མ་འཁྲུལ་བའི་ཤེས་པ་དང་རྟོག་མེད་འཁྲུལ་ཤེས་པ་གཉིས་ཡོད། རྗོད་བྱེད་ཀྱི་སྒྲའི་མཚན་ཉིད། རང་གི་བརྗོད་དོན་གོ་བར་བྱེད་པའི་རིགས་སུ་གནས་པའི་སྒྲ། དེ་ལ་དབྱེ་ན། ཡི་གེ། མིང་། ཚིག །ངག་དང་བཅས་ཏེ་བཞི་ཡོད། ཡི་གེའི་མཚན་ཉིད། རང་གི་ངོ་བོའི་སྒོ་ནས་བརྗོད་དོན་མི་སྟོན་པར་བརྗོད་དོན་སྟོན་པའི་མིང་ཚིག་གཉིས་ཀྱི་རྩོམ་གཞིར་གྱུར་པའི་སྒྲ། དེ་ལ་དབྱེ་ན། དབྱངས་བཞི་དང་གསལ་བྱེད་སུམ་ཅུ་ཡོད། མིང་གི་མཚན་ཉིད། ཡི་གེ་དུ་མ་འདུས་པ་ལས་དོན་གྱི་ངོ་བོ་ཙམ་སྟོན་པའི་སྒྲ། མཚན་གཞི་ནི་བུམ་པ་ཞེས་བརྗོད་པའི་སྒྲ་ལྟ་བུ། ཚིག་གི་མཚན་ཉིད། མིང་དུ་མ་འདུས་པ་ལས་དོན་གྱི་ཁྱད་པར་སྟོན་པའི་སྒྲ། ངག་ཚིག་གཉིས་ཀྱི་བྱླས་ཕྱེ་བའི་ངག་གི་མཚན་ཉིད། ཚིག་དུ་མ་འདུས་པ་ལས་དོན་གྱི་ཁྱད་པར་སྟོན་པའི་སྒྲ། བརྗོད་བྱའི་མཚན་ཉིད། སྒྲ་ལས་གོ་བར་བྱ་དོན། གང་ཟག་གི་མཚན་ཉིད། རྣམ་ཤེས་རྒྱུད་ལྡན་གྱི་དངོས་པོ། དེ་ལ་དབྱེ་ན། སོ་སྐྱེ་དང་འཕགས་པ་གཉིས། སོ་སྐྱེའི་མཚན་ཉིད། ལམ་བདེན་རྒྱུད་ལ་མི་ལྡན་པའི་གང་ཟག །དེ་ལ་དབྱེ་ན། ལམ་ཞུགས་དང་། ལམ་མ་ཞུགས་གཉིས། དང་པོའི་མཚན་ཉིད། ཐེག་གསུམ་གང་རུང་གི་སེམས་སྐྱེད་རྒྱུད་ལ་ལྡན་པའི་སོ་སྐྱེ། དེ་ལ་དབྱེ་ན། ཉན་ཐོས། རང་རྒྱལ་གྱི་རིགས་ཅན། ཐེག་ཆེན་སོ་སྐྱེ་གསུམ། དང་པོའི་མཚན་ཉིད། ཉན་ཐོས་ཀྱི་སེམས་སྐྱེད་རྒྱུད་ལ་ལྡན་པའི་སོ་སྐྱེ། དབྱེ་ན། ཚོགས་ལམ་པ་དང་སྦྱོར་ལམ་པ་གཉིས། དེས་གཞན་གཉིས་ལའང་རིགས་འགྲེ། འཕགས་པའི་མཚན་ཉིད། ལམ་བདེན་རྒྱུད་ལྡན་གྱི་གང་ཟག །དེ་ལ་དབྱེ་ན། ཐེག་གསུམ་གྱི་འཕགས་པ་གསུམ།

དང་པོའི་མཚན་ཉིད། ཉན་ཐོས་ཀྱི་སེམས་སྐྱེད་རྒྱུད་ལ་ལྡན་པའི་འཕགས་པ། དབྱེ་ན། མཐོང་ལམ་པ་དང་། སྒོམ་ལམ་པ། མི་སློབ་ལམ་པ་གསུམ། དེས་གཞན་གཉིས་ལའང་རིགས་འགྲེའོ། །

༣ རྩོད་པ་སྤོང་བ།

གསུམ་པ་རྩོད་པ་སྤོང་བ་ལ། ཁ་ཅིག་ན་རེ། རི་བོང་གི་རྭ་ཆོས་ཅན། ཡུལ་ཡིན་པར་ཐལ། བློས་རིག་པར་བྱ་བ་ཡིན་པའི་ཕྱིར་ཏེ། རི་བོང་རྭ་འཛིན་རྟོག་པས་རིག་པར་བྱ་བ་ཡིན་པའི་ཕྱིར་ཟེར་ན། རྟགས་མ་གྲུབ་བྱས་པ་ལ། ཁོ་ན་རེ། དེར་ཐལ། རི་བོང་རྭ་འཛིན་རྟོག་པའི་ཡུལ་ཡིན་པའི་ཕྱིར་ཟེར་ན། མ་ཁྱབ་བོ། །

ཁ་ཅིག་ན་རེ། ཟླ་བ་གཉིས་སྣང་གི་དབང་ཤེས་ཆོས་ཅན། ཁྱོད་ཀྱི་ཡུལ་ཡོད་པར་ཐལ། ཁྱོད་ཡུལ་ཅན་ཡིན་པའི་ཕྱིར་ཟེར་ན། མ་ཁྱབ་བོ། །

བདུན། སེམས་དང་སེམས་བྱུང་གི་རྣམ་གཞག་བཤད་པ།

༡ གཞན་ལུགས་དགག་པ།

བདུན་པ་སེམས་དང་སེམས་བྱུང་གི་རྣམ་གཞག་བཤད་པ་ལ། དགག་བཞག་སྤང་གསུམ་ལས། དང་པོ་གཞན་ལུགས་དགག་པ་ནི། ཁ་ཅིག་ན་རེ། ཤེས་པ་ཡིན་ན། རྣམ་ཤེས་ཡིན་པས་ཁྱབ་ཟེར་ན། འདུན་པ་ཆོས་ཅན། རྣམ་ཤེས་ཡིན་པར་ཐལ། ཤེས་པ་ཡིན་པའི་ཕྱིར། མ་གྲུབ་ན། འདུན་པ་ཆོས་ཅན། ཤེས་པ་ཡིན་པར་ཐལ། གསལ་ཞིང་རིག་པ་ཡིན་པའི་ཕྱིར། མ་གྲུབ་ན། འདུན་པ་ཆོས་ཅན། གསལ་ཞིང་རིག་པ་ཡིན་པར་ཐལ། བློ་ཡིན་པའི་ཕྱིར། མ་གྲུབ་ན། འདུན་པ་ཆོས་ཅན། བློ་ཡིན་པར་ཐལ། རིག་པ་ཡིན་པའི་ཕྱིར། རྩ་བར་འདོད་ན། འདུན་པ་ཆོས་ཅན། རྣམ་ཤེས་མ་ཡིན་པར་ཐལ། གཙོ་སེམས་མ་ཡིན་པའི་ཕྱིར། མ་ཁྱབ་ཟེར་ན། ཁྱབ་པ་ཡོད་པར་ཐལ༑ གཙོ་སེམས་དང་རྣམ་ཤེས་གཉིས་དོན་གཅིག་ཡིན་པའི་ཕྱིར། གོང་དུ་རྟགས་མ་གྲུབ་ཟེར་ན།

འདུན་པ་ཆོས་ཅན། གཙོ་སེམས་མ་ཡིན་པར་ཐལ། སེམས་བྱུང་ཡིན་པའི་ཕྱིར། མ་གྲུབ་ན། འདུན་པ་ཆོས་ཅན། སེམས་བྱུང་ཡིན་པར་ཐལ། སེམས་བྱུང་ལྔ་བཅུ་རྩ་གཅིག་པོ་གང་རུང་ཡིན་པའི་ཕྱིར།

ཁ་ཅིག་ན་རེ། ཤེས་པ་ཡིན་ན། སེམས་བྱུང་ཡིན་པས་ཁྱབ་ཟེར་ན། མིག་གི་རྣམ་ཤེས་ཆོས་ཅན། དེར་ཐལ། དེའི་ཕྱིར། མ་གྲུབ་ན། དེ་ཆོས་ཅན། དེར་ཐལ། རྟོག་པ་དང་རྟོག་མེད་གང་རུང་ཡིན་པའི་ཕྱིར། མ་གྲུབ་ན། དེ་ཆོས་ཅན། དེར་ཐལ། རྟོག་མེད་ཡིན་པའི་ཕྱིར། མ་གྲུབ་ན། དེ་ཆོས་ཅན། དེར་ཐལ། དབང་ཤེས་ཡིན་པའི་ཕྱིར། རྩ་བར་འདོད་ན། མིག་གི་རྣམ་ཤེས་ཆོས་ཅན། སེམས་བྱུང་མ་ཡིན་པར་ཐལ། གཙོ་སེམས་ཡིན་པའི་ཕྱིར། མ་གྲུབ་ན། དེ་ཆོས་ཅན། དེར་ཐལ། ཡུལ་གྱི་ངོ་བོ་རིག་པའི་ཆ་ནས་བཞག་པའི་ཤེས་པ་ཡིན་པའི་ཕྱིར།

ཁ་ཅིག་ན་རེ། ཚོར་བ་ཡིན་ན། ཀུན་འགྲོ་ཡིན་པས་ཁྱབ་ཟེར་ན། ཚོར་བ་བཏང་སྙོམས་ཆོས་ཅན། དེར་ཐལ། དེའི་ཕྱིར། མ་གྲུབ་ན་སླ། འདོད་ན། ཚོར་བ་བཏང་སྙོམས་ཆོས་ཅན། ཀུན་འགྲོ་མ་ཡིན་པར་ཐལ། གཙོ་སེམས་ཀུན་གྱི་འཁོར་དུ་འགྲོ་བའི་ཆ་ནས་བཞག་པའི་ཤེས་པ་ཡིན་པའི་ཕྱིར། མ་གྲུབ་ན། དེ་ཆོས་ཅན། དེར་ཐལ། ཚོར་བ་སྡུག་བསྔལ་དང་མཚུངས་ལྡན་དུ་གྱུར་པའི་གཙོ་སེམས་ཀྱི་འཁོར་དུ་མི་འགྲོ་བའི་ཕྱིར། མ་གྲུབ་ན། དེར་ཐལ། གཙོ་སེམས་གཅིག་གི་འཁོར་དུ་ཚོར་བ་སྡུག་བསྔལ་དང་བཏང་སྙོམས་གཉིས་མི་སྲིད་པའི་ཕྱིར།

ཁ་ཅིག་ན་རེ། རྩ་ཉོན་ཡིན་ན། སྲིད་པའི་རྩ་བར་གྱུར་པའི་ཉོན་མོངས་ཡིན་པས་ཁྱབ་ཟེར་ན། ཕྱིར་མི་འོང་བ་མཐོང་ཆོས་ཞིའི་རྒྱུད་ཀྱི་ཉོན་མོངས་ཅན་གྱི་མ་རིག་པ་ཆོས་ཅན། དེར་ཐལ། དེའི་ཕྱིར། མ་གྲུབ་ན། དེ་ཆོས་ཅན། དེར་ཐལ། རྩ་ཉོན་དྲུག་པོ་གང་རུང་ཡིན་པའི་ཕྱིར། མ་གྲུབ་ན། དེ་ཆོས་ཅན། དེར་ཐལ། རྩ་ཉོན་དུ་གྱུར་པའི་མ་རིག་པ་ཡིན་པའི་ཕྱིར། མ་གྲུབ་ན། དེ་ཆོས་ཅན། དེར་ཐལ། ཉོན་མོངས་ཅན་གྱི་མ་རིག་པ་ཡིན་པའི་ཕྱིར། མ་གྲུབ་ན། ཕྱིར་མི་འོང་བ་མཐོང་ཆོས་ཞི་ཆོས་ཅན། ཁྱོད་ཀྱི་རྒྱུད་ཀྱི་ཉོན་མོངས་ཅན་གྱི་མ་རིག་པ་དེ་ཉོན་མོངས་ཅན་གྱི་

མ་རིག་པ་ཡིན་པར་ཐལ། ཁྱོད་ཀྱི་རྒྱུད་ལ་ཉོན་མོངས་ཅན་གྱི་མ་རིག་པ་ཡོད་པའི་ཕྱིར། མ་གྲུབ་ན། དེ་ཆོས་ཅན། དེར་ཐལ། སྲིད་ཉོན་དུ་གྱུར་བའི་མ་རིག་པ་ཡོད་པའི་ཕྱིར། རྩ་བར་འདོད་ན༑ ཕྱིར་མི་འོང་བ་མཐོང་ཆོས་ཞིའི་རྒྱུད་ཀྱི་ཉོན་མོངས་ཅན་གྱི་མ་རིག་པ་ཆོས་ཅན། སྲིད་པའི་རྩ་བར་གྱུར་བའི་ཉོན་མོངས་མ་ཡིན་པར་ཐལ། ཁྱོད་རྒྱུད་ལྡན་གྱི་གང་ཟག་དེ་ཡང་སྲིད་ལེན་པ་མི་སྲིད་པའི་ཕྱིར། མ་གྲུབ་ན། དེ་ཆོས་ཅན། དེར་ཐལ། ཁྱོད་རྒྱུད་ལྡན་གྱི་གང་ཟག་དེ་ཚེ་འདི་ཉིད་ལ་དགྲ་བཅོམ་གྱི་འབྲས་བུ་མངོན་དུ་བྱས་ནས། སྐུ་ཚེའི་འདུ་བྱེད་བཏང་བ་དང་ལྷག་མེད་དུ་མྱ་ངན་ལས་འདའ་བ་ཡིན་པའི་ཕྱིར།

ཁ་ཅིག་ན་རེ། ཐེ་ཚོམ་ཡིན་ན། རྩ་ཉོན་ཡིན་པས་ཁྱབ་ཟེར་ན། ཉན་ཐོས་དགྲ་བཅོམ་པའི་རྒྱུད་ཀྱི་ཤེས་སྒྲིབ་གི་དོན་འགའ་ཞིག་ལ་ཡིད་གཉིས་ཟ་བའི་ཐེ་ཚོམ་ཆོས་ཅན། དེར་ཐལ། དེའི་ཕྱིར༑ མ་གྲུབ་ན། ཉན་ཐོས་དགྲ་བཅོམ་པ་ཆོས་ཅན། ཁྱོད་ཀྱི་རྒྱུད་ཀྱི་ཤེས་སྒྲིབ་གྱི་དོན་འགའ་ཞིག་ལ་ཡིད་གཉིས་ཟ་བའི་ཐེ་ཚོམ་དེ་ཐེ་ཚོམ་ཡིན་པར་ཐལ། ཁྱོད་ཀྱི་རྒྱུད་ལ་ཤེས་སྒྲིབ་གི་དོན་འགའ་ཞིག་ལ་ཡིད་གཉིས་ཟ་བའི་ཐེ་ཚོམ་ཡོད་པའི་ཕྱིར། མ་གྲུབ་ན། དེ་ཆོས་ཅན། དེར་ཐལ། ཁྱོད་ཀྱི་རྒྱུད་ལ་རྨ་བྱའི་གདོངས་དབྱིབས་རེ་རེའི་རྒྱུ་དགེ་བ་ལས་བྱུང་ངམ་མི་དགེ་བ་ལས་བྱུང་སྙམ་པའི་ཐེ་ཚོམ་ཡོད་པའི་ཕྱིར། རྩ་བར་འདོད་ན། དེ་ཆོས་ཅན། རྩ་ཉོན་མ་ཡིན་པར་ཐལ། དེའི་རྒྱུད་ལ་རྩ་ཉོན་མེད་པའི་ཕྱིར། མ་གྲུབ་ན། དེ་ཆོས་ཅན། ཁྱོད་ཀྱི་རྒྱུད་ལ་རྩ་ཉོན་མེད་པར་ཐལ། ཁྱོད་དགྲ་བཅོམ་པ་ཡིན་པའི་ཕྱིར།

ཁ་ཅིག་ན་རེ། སེམས་བྱུང་དགེ་བ་ཡིན་ན། སེམས་བྱུང་དགེ་བ་བཅུ་གཅིག་པོ་གང་རུང་ཡིན་པས་ཁྱབ་ཟེར། དད་པ་དང་མཚུངས་ལྡན་དུ་གྱུར་བའི་སེམས་པ་ཆོས་ཅན། དེར་ཐལ། དེའི་ཕྱིར། མ་གྲུབ་ན། དེ་ཆོས་ཅན། དེར་ཐལ། སེམས་བྱུང་གང་ཞིག །དགེ་བ་ཡིན་པའི་ཕྱིར། རྟགས་དང་པོ་མ་གྲུབ་ན། དེ་ཆོས་ཅན། དེར་ཐལ། ཡུལ་གྱི་ཁྱད་པར་རིག་པའི་ཆ་ནས་བཞག་པའི་ཤེས

པ་ཡིན་པའི་ཕྱིར། གཉིས་པ་མ་གྲུབ་ན། དེ་ཆོས་ཅན། དེར་ཐལ། མཚུངས་ལྡན་གྱི་དགེ་བ་ཡིན་པའི་ཕྱིར། མ་གྲུབ་ན། དེ་ཆོས་ཅན། དེར་ཐལ། དད་པ་དང་མཚུངས་ལྡན་དུ་གྱུར་པའི་ཤེས་པ་ཡིན་པའི་ཕྱིར། རྩ་བར་འདོད་ན། དེ་ཆོས་ཅན། སེམས་བྱུང་དགེ་བ་བཅུ་གཅིག་པོ་གང་རུང་མ་ཡིན་པར་ཐལ། སེམས་པ་ཡིན་པའི་ཕྱིར་རོ། །

༢ རང་ལུགས་བཞག་པ།

གཉིས་པ་རང་ལུགས་བཞག་པ་ལ། སེམས་ཀྱི་མཚན་ཉིད། རང་ཡུལ་གྱི་ངོ་བོ་རིག་པའི་ཆ་ནས་བཞག་པའི་ཤེས་པ། དེ་ལ་དབྱེ་ན། མིག་གི་རྣམ་པར་ཤེས་པ་ནས་ཡིད་ཀྱི་རྣམ་པར་ཤེས་པའི་བར་དྲུག །མིག་གི་རྣམ་པར་ཤེས་པའི་མཚན་ཉིད། བདག་རྐྱེན་མིག་དབང་ལ་བརྟེན་ནས་རང་ཡུལ་གྱི་ངོ་བོ་རིག་པའི་ཆ་ནས་བཞག་པའི་ཤེས་པ། དེས་གཞན་རྣམས་ལའང་རིགས་འགྲེ། སེམས་བྱུང་གི་མཚན་ཉིད། ཡུལ་གྱི་ཁྱད་པར་རིག་པའི་ཆ་ནས་བཞག་པའི་ཤེས་པ། དེ་ལ་དབྱེ་ན༑ སྔེ་མཚན་དྲུག་ཡོད་པ་ལས་སྔེ་ཚན་དང་པོ་ཀུན་འགྲོའི་མཚན་ཉིད། གཙོ་སེམས་ཀུན་གྱི་འཁོར་དུ་འགྲོ་བའི་སེམས་བྱུང་།དེའི་དབྱེ་བ་སྡོམ་ཚིག་གི་སྒོ་ནས་བསྟན་ན། ཚོར་འདུ་སེམས་པ་ཡིད་བྱེད་དང༑ ༑རིག་པ་ལྔ་ནི་ཀུན་འགྲོའོ། །ཚོར་བའི་མཚན་ཉིད། སེམ་གདུང་བར་མ་གསུམ་གང་རུང་ཉམས་སུ་མྱོང་བའི་ཆ་ནས་བཞག་པའི་ཤེས་པ། དེ་ལ་ངོ་བོའི་སྒོ་ནས་དབྱེ་ན། ཚོར་བ་བདེ་དང་སྡུག་བསྔལ་དང་། །ཡིད་བདེ་མི་བདེ་བཏང་སྙོམས་ལྔ། །ཚོར་བ་བདེ་བའི་མཚན་ཉིད། བསམ་གཏན་གསུམ་པའི་དངོས་གཞིས་བསྡུས་པའི་ཕན་ཡོན་གྱི་ཡན་ལག་གམ། སྒོ་ལྔའི་རྣམ་ཤེས་གང་རུང་གི་འཁོར་དུ་བྱུང་བའི་སིམ་པར་ཉམས་སུ་མྱོང་བའི་ཆ་ནས་བཞག་པའི་ཤེས་པ། ཚོར་བ་སྡུག་བསྔལ་གྱི་མཚན་ཉིད། སྒོ་ལྔའི་རྣམ་ཤེས་གང་རུང་གི་འཁོར་དུ་བྱུང་བའི་སིམ་པར་ཉམས་སུ་མྱོང་བའི་ཆ་ནས་བཞག་པའི་ཤེས་པ། ཡིད་བདེའི་མཚན་ཉིད། བསམ་གཏན་གསུམ་པའི་དངོས་གཞིའི་སེམས

ལས་གཞན་པའི་ཡིད་ཀྱི་རྣམ་ཤེས་ཀྱི་འཁོར་དུ་བྱུང་བའི་སེམས་པར་ཉམས་སུ་མྱོང་བའི་ཆ་ནས་བཞག་པའི་ཤེས་པ། ཡིད་མི་བདེའི་མཚན་ཉིད། ཡིད་ཀྱི་རྣམ་ཤེས་ཀྱི་འཁོར་དུ་བྱུང་བའི་གདུང་བར་ཉམས་སུ་མྱོང་བའི་ཆ་ནས་བཞག་པའི་ཤེས་པ། ཚོར་བ་བཏང་སྙོམས་ཀྱི་མཚན་ཉིད། སེམ་གདུང་བར་མ་ཉམས་སུ་མྱོང་བའི་ཆ་ནས་བཞག་པའི་ཤེས་པ། ཚོར་བ་ལ་རྟེན་གྱི་སྒོ་ནས་དབྱེ་ན། ལུས་ཚོར་དང་སེམས་ཚོར་གཉིས་སམ། ཡང་ན་མིག་གི་འདུས་ཏེ་རེག་པའི་རྐྱེན་གྱིས་ཚོར་བ་ནས། ཡིད་ཀྱི་འདུས་ཏེ་རེག་པའི་རྐྱེན་གྱིས་ཚོར་བའི་བར་དྲུག་ཡོད། ལུས་ཚོར་ནི། སྒོ་ལྔའི་རྣམ་ཤེས་ཀྱི་འཁོར་དུ་བྱུང་བའི་ཚོར་བ་རྣམས་སོ། །སེམས་ཚོར་ནི། ཡིད་ཀྱི་རྣམ་ཤེས་ཀྱི་འཁོར་དུ་བྱུང་བའི་ཚོར་བ་རྣམས་སོ། །འདུ་ཤེས་ཀྱི་མཚན་ཉིད། རང་ཡུལ་གྱི་མཚན་མ་སོ་སོར་འབྱེད་པའི་ཆ་ནས་བཞག་པའི་ཤེས་པ། དེ་ལ་དབྱེ་ན། རྟོག་མེད་དུ་གྱུར་བའི་འདུ་ཤེས་དང་། རྟོག་པར་གྱུར་བའི་འདུ་ཤེས་གཉིས། དང་པོའི་མཚན་ཉིད། རང་ཡུལ་གྱི་མཚན་མ་སོ་སོར་འབྱེད་པའི་ཆ་ནས་བཞག་པའི་གསལ་སྣང་ཅན་གྱི་ཤེས་པ། དེ་ལ་དབྱེ་ན། ཕྱིན་ཅི་ལོག་མ་ལོག་གཉིས། དང་པོ་ལ་དབྱེ་ན། དབང་ཤེས་འཁྲུལ་བའི་འཁོར་དུ་བྱུང་བའི་འདུ་ཤེས་དང་། ཡིད་ཤེས་འཁྲུལ་བའི་འཁོར་དུ་བྱུང་བའི་འདུ་ཤེས་གཉིས། དང་པོའི་མཚན་གཞི་ནི། གངས་རི་སྔོར་སྣང་གི་དབང་ཤེས་ཀྱི་འཁོར་དུ་བྱུང་བའི་འདུ་ཤེས་ལྟ་བུ། གཉིས་པ་ནི། རྨི་ལམ་གསལ་སྣང་གི་ཤེས་པའི་འཁོར་དུ་བྱུང་བའི་འདུ་ཤེས་ལྟ་བུ། གཉིས་པ་ལ་དབྱེ་ན། གཙོ་སེམས་སུ་གྱུར་བའི་དབང་མངོན་གྱི་འཁོར་དུ་བྱུང་བའི་འདུ་ཤེས་དང་། ཡིད་མངོན་གྱི་འཁོར་དུ་བྱུང་བའི་འདུ་ཤེས། རྣལ་འབྱོར་མངོན་སུམ་གྱི་འཁོར་དུ་བྱུང་བའི་འདུ་ཤེས། རང་རིག་མངོན་སུམ་གྱི་འཁོར་དུ་བྱུང་བའི་འདུ་ཤེས་དང་བཞི། །རྟོག་པར་གྱུར་བའི་འདུ་ཤེས་ཀྱི་མཚན་ཉིད། རང་ཡུལ་གྱི་མཚན་མ་སོ་སོར་འབྱེད་པའི་ཆ་ནས་བཞག་པའི་ཞེན་བློ། དེ་ལ་དབྱེ་ན། སྤྱར་ལྟར་ཕྱིན་ཅི་ལོག་མ་ལོག་གཉིས། དང་པོ་ལ་དབྱེ་ན། མི་གཙང་བ་ལ་གཙང་བར་འཛིན་པ། སྡུག་བསྔལ་ལ་བདེ་བར་འཛིན་པ། བདག་མེད་པ་ལ་བདག་

ཏུ་འཛིན་པ། མི་རྟག་པ་ལ་རྟག་པར་འཛིན་པ་དང་བཞི་ཡོད། གཉིས་པ་ལ་དབྱེ་ན། དེ་དག་ལས་ལོག་པར་འཛིན་པ་བཞི་ཡོད། འདུ་ཤེས་ལ་མཚན་མ་འབྱེད་ཚུལ་གྱི་སྒོ་ནས་དབྱེ་ན། དོན་གྱི་མཚན་མ་དང་། ཐ་སྙད་ཀྱི་མཚན་མ། གསལ་བའི་མཚན་མ་འབྱེད་པའི་འདུ་ཤེས་དང་གསུམ། དང་པོ་ནི། རྟོག་མེད་དུ་གྱུར་པའི་འདུ་ཤེས་ཐམས་ཅད་དང་། དོན་དེའི་བརྡ་ཆད་མི་ཤེས་པའི་གང་ཟག་གི་རྒྱུད་ཀྱི་དོན་དེ་འཛིན་པའི་རྟོག་པར་གྱུར་པའི་འདུ་ཤེས་རྣམས་སོ། །གཉིས་པ་ནི། དོན་དེའི་སྒྲ་དོན་འདྲེས་ནས་འཛིན་པའི་རྟོག་པར་གྱུར་པའི་འདུ་ཤེས་རྣམས་སོ། །གསུམ་པ་ནི། སེམས་མེད་པའི་གནས་སྐབས་ལྔ་ལས་གཞན་པའི་གཙོ་སེམས་ཀྱི་འཁོར་དུ་བྱུང་བའི་འདུ་ཤེས་རྣམས་སོ། །སེམས་མེད་པའི་གནས་སྐབས་ལྔ་ནི། འདུ་ཤེས་མེད་པ་དང་། འདུ་ཤེས་མེད་པའི་སྙོམས་འཇུག །འགོག་པའི་སྙོམས་འཇུག །གཉིད། བརྒྱལ་བ་རྣམས་སོ། །བྱེ་བྲག་ཏུ་སྨྲ་བས་དེ་དག་གི་གནས་སྐབས་སུ་སེམས་གཏན་མེད་དུ་འདོད་ཀྱང་མདོ་སྡེ་པ་ཡན་ཆད་ཀྱི་གྲུབ་མཐའ་ལ་རྒྱུ་བ་མི་གསལ་ལ་སེམས་མེད་ཅེས་དམན་པ་ལ་དགག་སྒྲ་སྦྱར་བ་ཡིན་གྱི་སེམས་གཏན་མེད་པར་འདོད་པ་མ་ཡིན་ནོ། །སེམས་པའི་མཚན་ཉིད། སེམས་ཡུལ་ལ་གཡོ་བར་བྱེད་པའི་ཆ་ནས་བཞག་པའི་ཤེས་པ། དེ་ལ་རྟེན་གྱི་སྒོ་ནས་དབྱེ་ན། མིག་གི་རྣམ་ཤེས་ཀྱི་འཁོར་དུ་བྱུང་བའི་སེམས་པ་ནས་ཡིད་ཀྱི་རྣམ་ཤེས་ཀྱི་འཁོར་དུ་བྱུང་བའི་སེམས་པའི་བར་དྲུག །ཡིད་བྱེད་ཀྱི་མཚན་ཉིད། ཡུལ་དབང་རྣམ་ཤེས་གསུམ་འདུས་པ་ལས་ཡུལ་གྱི་འགྱུར་བ་ཡོངས་སུ་གཅོད་པའི་ཆ་ནས་བཞག་པའི་ཤེས་པ། དེ་ལ་རྟེན་གྱི་སྒོ་ནས་དབྱེ་ན། མིག་གི་འདུས་ཏེ་རེག་པ་ནས་ཡིད་ཀྱི་འདུས་ཏེ་རེག་པའི་བར་དྲུག་ཡོད། སྔོ་མཚན་གཉིས་པ། ཡུལ་ངེས་ཀྱི་མཚན་ཉིད། ཡུལ་སོ་སོར་ངེས་པར་བྱེད་པའི་ཆ་ནས་བཞག་པའི་སེམས་བྱུང་། དེ་ལ་དབྱེ་ན། འདུན་པ་མོས་པ་དྲན་པ་དང་། །ཏིང་འཛིན་ཤེས་རབ་ཡུལ་ངེས་ལྔ། །འདུན་པའི་མཚན་ཉིད། ཇི་ལྟར་འདོད་པ་བཞིན་མངོན་དུ་འགྱུར་བར་འདོད་པའི་ཆ་ནས་བཞག་པའི་ཤེས་པ། དེ་ལ་དབྱེ་ན། ཐོབ་པར་འདོད་པའི་འདུན་པ་དང་། བྲལ་བར

འདོད་པའི་འདུན་པ་གཉིས། དང་པོ་ནི། སེམས་ཅན་ཐམས་ཅད་ཀྱི་དོན་དུ་སངས་རྒྱས་ཐོབ་པར་འདོད་པའི་འདུན་པ་ལྟ་བུ། གཉིས་པ་ནི། སེམས་ཅན་ཐམས་ཅད་སྡུག་བསྔལ་ལས་བྲལ་འདོད་ཀྱི་འདུན་པ་ལྟ་བུ། མོས་པའི་མཚན་ཉིད། ངེས་པའི་དོན་དེ་ཉིད་ཇི་ལྟར་ངེས་པ་ལྟར་དུ་འཛིན་པའི་ཆ་ནས་བཞག་པའི་ཤེས་པ། དྲན་པའི་མཚན་ཉིད། དམིགས་རྣམ་མི་འབྱེད་པར་འཛིན་པའི་ཆ་ནས་བཞག་པའི་ཤེས་པ། ཏིང་ངེ་འཛིན་གྱི་མཚན་ཉིད། དམིགས་པ་རྩེ་གཅིག་ཏུ་འཛིན་པའི་ཆ་ནས་བཞག་པའི་ཤེས་པ། ཤེས་རབ་ཀྱི་མཚན་ཉིད། ཆོས་རབ་ཏུ་རྣམ་པར་འབྱེད་པའི་ཆ་ནས་བཞག་པའི་ཤེས་པ། སྡེ་ཚན་གསུམ་པ་དགེ་བའི་མཚན་ཉིད། ལུང་དུ་བསྟན་པ་གང་ཞིག་མི་དགེ་བའི་གཉེན་པོ་བྱེད་པའི་ཆ་ནས་བཞག་པའི་སེམས་བྱུང་། དེ་ལ་དབྱེ་ན། འདོད་ཆགས་ཞེ་སྡང་གཏི་མུག་མེད། །དད་དང་བག་ཡོད་ཤིན་ཏུ་སྦྱངས། །བཏང་སྙོམས་ངོ་ཚ་ཤེས་ཁྲེལ་ཡོད། །རྣམ་པར་མི་འཚེ་བརྩོན་འགྲུས་སོ། །འདོད་ཆགས་མེད་པའི་སེམས་བྱུང་གི་མཚན་ཉིད། ཟག་བཅས་ཀྱི་དངོས་པོ་ལ་སྲེད་པ་མེད་པའི་ཆ་ནས་བཞག་པའི་ཤེས་པ། ཞེ་སྡང་མེད་པའི་སེམས་བྱུང་གི་མཚན་ཉིད། ཀུན་ནས་མནར་སེམས་མེད་པའི་ཆ་ནས་བཞག་པའི་ཤེས་པ། གཏི་མུག་མེད་པའི་སེམས་བྱུང་གི་མཚན་ཉིད། གནས་ཚུལ་ལ་མ་རྨོངས་པའི་ཆ་ནས་བཞག་པའི་ཤེས་པ། དད་པའི་མཚན་ཉིད། ཡོན་ཏན་དང་ཡོན་ཏན་གྱི་ཞིང་ཁྱད་པར་ཅན་ལ་མཆོག་ཏུ་འཛིན་པའི་ཆ་ནས་བཞག་པའི་ཤེས་པ། དེ་ལ་དབྱེ་ན། དང་འདོད་ཡིད་ཆེས་ཀྱི་དད་པ་གསུམ། བག་ཡོད་པའི་མཚན་ཉིད། ཁ་ན་མ་ཐོ་བ་ལས་སེམས་སྲུང་ཞིང་ཡོན་ཏན་ལ་གཅེས་སྤྲས་སུ་བྱེད་པའི་ཆ་ནས་བཞག་པའི་ཤེས་པ། ཤིན་སྦྱངས་ཀྱི་མཚན་ཉིད། ལུས་སེམས་ལས་སུ་རུང་བར་བྱེད་པའི་ཆ་ནས་བཞག་པའི་ཤེས་པ། བཏང་སྙོམས་ཀྱི་མཚན་ཉིད། དགེ་བ་ལ་མངོན་པར་སྦྱོ་བའི་སྒོ་ནས་སེམས་ཞི་བར་གནས་པའི་ཆ་ནས་བཞག་པའི་ཤེས་པ། ངོ་ཚ་ཤེས་པའི་མཚན་ཉིད། རང་རྒྱུ་མཚན་དུ་བྱས་ནས་ཁ་ན་མ་ཐོ་བ་ལ་འཛེམས་པའི་ཆ་ནས་བཞག་པའི་ཤེས་པ། ཁྲེལ་ཡོད་པའི་མཚན་ཉིད། གཞན་

རྒྱུ་མཚན་དུ་བྱས་ནས་ཁ་ན་མ་ཐོ་བ་ལ་འཛེམས་པའི་ཆ་ནས་བཞག་པའི་ཤེས་པ། རྣམ་པར་མི་འཚེ་བའི་མཚན་ཉིད། གཞན་ལ་ཐོ་མི་འཚམ་པར་སྡུག་བསྔལ་ལས་སྐྱོབ་འདོད་ཀྱི་ཆ་ནས་བཞག་པའི་ཤེས་པ། བརྩོན་འགྲུས་ཀྱི་མཚན་ཉིད། དགེ་བ་ལ་མངོན་པར་སྤྲོ་བའི་ཆ་ནས་བཞག་པའི་ཤེས་པ། སྔེ་ཚན་བཞི་པ་རྩ་ཉོན་གྱི་མཚན་ཉིད། སྲིད་པའི་རྩ་བ་བྱེད་པའི་རིགས་སུ་གནས་པའི་ཉོན་མོངས། དེ་ལ་དབྱེ་ན། འདོད་ཆགས་ཁོང་ཁྲོ་ང་རྒྱལ་དང་། །མ་རིག་ཐེ་ཚོམ་ལྟ་བ་དྲུག །འདོད་ཆགས་ཀྱི་མཚན་ཉིད། ཟག་བཅས་ཀྱི་དངོས་པོ་ལ་སྲེད་པའི་ཆ་ནས་བཞག་པའི་ཤེས་པ། ཁོང་ཁྲོའི་མཚན་ཉིད། གནོད་བྱེད་སོགས་ཀྱི་གཞི་ལ་ཀུན་ནས་མནར་སེམས་པའི་ཆ་ནས་བཞག་པའི་ཤེས་པ། ང་རྒྱལ་གྱི་མཚན་ཉིད། འཇིག་ལྟའི་དབང་གིས་སེམས་ཁེངས་པའི་ཆ་ནས་བཞག་པའི་ཤེས་པ། རྩ་ཉོན་གྱི་ནང་ཚན་དུ་གྱུར་པའི་མ་རིག་པའི་མཚན་ཉིད། རིག་པ་ཡེ་ཤེས་ཀྱི་འགལ་ཟླར་གྱུར་པའི་ཉོན་མོངས་ཅན་གྱི་སེམས་བྱུང་རྨོངས་པ། རྩ་ཉོན་གྱི་ནང་ཚན་དུ་གྱུར་པའི་ཐེ་ཚོམ་གྱི་མཚན་ཉིད། བདེན་པ་ལ་རྩེ་གཉིས་སུ་དོགས་པའི་ཆ་ནས་བཞག་པའི་ཉོན་མོངས་ཅན་གྱི་སེམས་བྱུང་། རྩ་ཉོན་གྱི་ནང་ཚན་དུ་གྱུར་པའི་ལྟ་བའི་མཚན་ཉིད། རང་ཡུལ་ལ་ཀུན་ཏུ་རྟོག་པའི་བདག་ཉིད་དུ་གྱུར་པའི་ཆ་ནས་བཞག་པའི་སེམས་བྱུང་ཉོན་མོངས་ཅན། དེ་ལ་དབྱེ་ན། འཇིག་ཐར་ལོག་པར་ལྟ་བ་དང་། །ཚུལ་བརྟུལ་ལྟ་བ་མཆོག་འཛིན་ནོ། །འཇིག་ལྟའི་མཚན་ཉིད། ཉེར་ལེན་གྱི་ཕུང་པོ་ལ་བདག་དང་བདག་གིར་འཛིན་པའི་ཆ་ནས་བཞག་པའི་ཤེས་པ། ཐར་ལྟའི་མཚན་ཉིད། ཕུང་པོའམ་བདག་དེ་ཉིད་རྟག་ཆད་གང་རུང་དུ་ལྟ་བའི་ཆ་ནས་བཞག་པའི་ཤེས་པ། ལོག་ལྟའི་མཚན་ཉིད། ཡོད་མེད་གང་རུང་གི་དོན་ལ་དེ་ལས་ལོག་པར་ལྟ་བའི་ཆ་ནས་བཞག་པའི་ཤེས་རབ་ཉོན་མོངས་ཅན། དེ་ལ་དབྱེ་ན་སྒྲོ་འདོགས་དང་། སྐུར་འདེབས་གཉིས། ལོག་ལྟའི་ནང་ཚན་དུ་གྱུར་པའི་སྒྲོ་འདོགས་ཀྱི་མཚན་ཉིད། མེད་པ་ལ་ཡོད་པར་འཛིན་པའི་ཆ་ནས་བཞག་པའི་ཤེས་རབ་ཉོན་མོངས་ཅན། མཚན་གཞི་ནི། ཕྱུགས་བསད་ནས་མཆོད་

སྨིན་བྱས་པ་ལས། ཐར་པའི་བདེ་བ་ཐོབ་པར་འཛིན་པ་ལྟ་བུ། ལོག་ལྟའི་ནང་ཚན་དུ་གྱུར་པའི་སྐུར་འདེབས་ཀྱི་མཚན་ཉིད། ཡོད་པ་ལ་མེད་པར་འཛིན་པའི་ཆ་ནས་བཞག་པའི་ཤེས་རབ་ཉོན་མོངས་ཅན། མཚན་གཞི་ནི། མཆོག་གསུམ་མེད་པར་ལྟ་བ་ལྟ་བུ། ཚུལ་ཁྲིམས་དང་བརྟུལ་ཞུགས་མཆོག་འཛིན་གྱི་ལྟ་བའི་མཚན་ཉིད། ཚུལ་ཁྲིམས་དང་བརྟུལ་ཞུགས་ལ་བདག་གྲོལ་དུ་ལྟ་བའི་ཆ་ནས་བཞག་པའི་ཤེས་རབ་ཉོན་མོངས་ཅན། ལྟ་བ་མཆོག་འཛིན་གྱི་མཚན་ཉིད། ལྟ་བ་དང་ལྟ་བའི་གནས་ལ་མཆོག་ཏུ་འཛིན་པའི་ཆ་ནས་བཞག་པའི་ཤེས་རབ་ཉོན་མོངས་ཅན། སྡེ་ཚན་ལྟ་པ་ཉེ་ཉོན་གྱི་མཚན་ཉིད། རྩ་ཉོན་དང་ཉེ་བར་གྱུར་པའི་ཉོན་མོངས། དེ་ལ་དབྱེ་ན། ཁྲོ་བ་འཁོན་འཛིན་འཚབ་པ་དང་། །ཚིག་པ་ཕྲག་དོག་སེར་སྣ་སྒྱུ། །གཡོ་རྒྱགས་རྣམ་འཚེ་ངོ་ཚ་མེད། །ཁྲེལ་མེད་རྨུགས་རྒོད་མ་དད་དང་། །ལེ་ལོ་བག་མེད་བརྗེད་ངེས་དང་། །ཤེས་བཞིན་མ་ཡིན་རྣམ་གཡེང་ངོ་། །ཁྲོ་བའི་མཚན་ཉིད། ཀུན་ནས་མནར་སེམས་པའི་ཆ་ནས་བཞག་པའི་སེམས་བྱུང་བཏགས་ཡོད། ཁོན་འཛིན་གྱི་མཚན་ཉིད། གནོད་བྱེད་ལ་ཤ་གཉེར་མི་གཏོང་བའི་ཆ་ནས་བཞག་པའི་ཤེས་པ། འཚབ་པའི་མཚན་ཉིད། ཁ་ན་མ་ཐོ་བ་ཟུར་གྱིས་སྦེད་པའི་ཆ་ནས་བཞག་པའི་ཤེས་པ། འཚིག་པའི་མཚན་ཉིད། ཁྲོ་བ་དང་ཁོན་འཛིན་སྔོན་དུ་འགྲོ་བའི་ཀུན་ནས་མནར་སེམས་པའི་སེམས་བྱུང་བཏགས་ཡོད། ཕྲག་དོག་གི་མཚན་ཉིད། གཞན་གྱི་ཕུན་ཚོགས་ལ་ཡིད་འཁྲུགས་པའི་ཆ་ནས་བཞག་པའི་ཤེས་པ། སེར་སྣའི་མཚན་ཉིད། ཉོན་མོངས་ཀྱིས་ཀུན་ནས་བསླངས་ཏེ་དངོས་པོ་ལ་དམ་དུ་འཛིན་པའི་ཆ་ནས་བཞག་པའི་ཤེས་པ། སྒྱུའི་མཚན་ཉིད། ཡོན་ཏན་གྱི་ཁྱད་ཆོས་དང་མི་ལྡན་བཞིན་དུ་ལྡན་པར་སྟོན་པའི་ཆ་ནས་བཞག་པའི་ཤེས་པ། གཡོ་བའི་མཚན་ཉིད། ཉེས་པ་ལ་ཡོན་ཏན་ལྟར་བཅོས་ནས་དེ་ཉིད་ཡོངས་སུ་འཛིན་པའི་ཆ་ནས་བཞག་པའི་ཤེས་པ། རྒྱགས་པའི་མཚན་ཉིད། ཟག་བཅས་ཀྱི་ཕུན་ཚོགས་ལ་དམིགས་ཏེ་སེམས་ཁེངས་པའི་ཆ་ནས་བཞག་པའི་ཤེས་པ། རྣམ་འཚེའི་མཚན་ཉིད། གཞན་ལ་

ཐོ་འཚམ་པའི་ཆ་ནས་བཞག་པའི་སེམས་བྱུང་བདུན་ཡོད། ངོ་ཚ་མེད་པའི་སེམས་བྱུང་གི་མཚན་ཉིད། རང་རྒྱུ་མཚན་དུ་བྱས་ནས་ཁ་ན་མ་ཐོ་བ་ལ་མི་འཛེམས་པའི་ཆ་ནས་བཞག་པའི་ཤེས་པ། ཁྲེལ་མེད་པའི་མཚན་ཉིད། གཞན་རྒྱུ་མཚན་དུ་བྱས་ནས་ཁ་ན་མ་ཐོ་བ་ལ་མི་འཛེམས་པའི་ཆ་ནས་བཞག་པའི་ཤེས་པ། རྨུགས་པའི་མཚན་ཉིད། སེམས་ལྗིད་ལྗིད་པོར་བྱེད་པའི་ཆ་ནས་བཞག་པའི་ཤེས་པ། རྒོད་པའི་མཚན་ཉིད། སྡུག་པའི་མཚན་མ་ཡིད་ལ་བྱེད་པའི་སྒོ་ནས་སེམས་མ་ཞི་བར་བྱེད་པའི་ཆ་ནས་བཞག་པའི་ཤེས་པ། མ་དད་པའི་མཚན་ཉིད། ཡོན་ཏན་དང་ཡོན་ཏན་གྱི་ཞིང་ཁྱད་པར་ཅན་ལ་ཁྱད་པར་ཅན་མ་ཡིན་པར་འཛིན་པའི་ཆ་ནས་བཞག་པའི་ཤེས་པ། ལེ་ལོའི་མཚན་ཉིད། དགེ་བ་ལ་མི་སྤྲོ་བའི་ཆ་ནས་བཞག་པའི་ཤེས་པ། དེ་ལ་དབྱེ་ན། བྱ་བ་ངན་ཞེན་གྱི་ལེ་ལོ། སེམས་ཞུམ་པའི་ལེ་ལོ། སྙོམ་ལུས་པའི་ལེ་ལོ་དང་གསུམ། དང་པོའི་མཚན་ཉིད། མི་དགེ་བ་དང་ལུང་མ་བསྟན་གྱི་བྱ་བ་ལ་གཅིག་ཏུ་བྲེལ་ནས་དགེ་བ་ལ་མི་སྤྲོ་བའི་ཆ་ནས་བཞག་པའི་ཤེས་པ། གཉིས་པའི་མཚན་ཉིད། རང་སེམས་ལ་དམན་པར་ལྟ་བའི་སྒོ་ནས་དགེ་བ་ལ་མི་སྤྲོ་བའི་ཆ་ནས་བཞག་པའི་ཤེས་པ། གསུམ་པའི་མཚན་ཉིད། དགེ་བ་སྒྲུབ་མི་འདོད་པའམ་དུས་རྒྱང་དུ་བཏང་ཏེ་དགེ་བ་ལ་མི་སྤྲོ་བའི་ཆ་ནས་བཞག་པའི་ཤེས་པ། བག་མེད་པའི་མཚན་ཉིད། དུག་གསུམ་དང་ལེ་ལོ་གང་རུང་གིས་ཀུན་ནས་བསླངས་ཏེ་ཟག་བཅས་ཀྱི་ཆོས་རྣམས་ལས་སེམས་མི་བསྲུང་བའི་ཆ་ནས་བཞག་པའི་ཤེས་པ། བརྗེད་ངས་ཀྱི་མཚན་ཉིད། དགེ་བའི་དམིགས་རྣམ་བརྗེད་པར་བྱེད་པའི་ཆ་ནས་བཞག་པའི་ཤེས་པ། ཤེས་བཞིན་མ་ཡིན་པའི་མཚན་ཉིད། བྱ་བ་དེ་མི་ཤེས་པའམ། དྲན་པ་གཡེངས་བཞིན་དུ་འཇུག་པའི་ཆ་ནས་བཞག་པའི་ཤེས་པ། རྣམ་གཡེང་གི་མཚན་ཉིད། དགེ་བའི་དམིགས་པ་ལས་ཡིད་ཕྱིར་འཕྲོ་བར་བྱེད་པའི་ཆ་ནས་བཞག་པའི་ཤེས་པ། སྔ་ཚན་དྲུག་པ་གཞན་འགྱུར་གྱི་མཚན་ཉིད། དགེ་མི་དགེ་ལུང་མ་བསྟན་གསུམ་པོ་གང་རུང་གཅིག་ཏུ་མ་ངེས་པར་འགྱུར་སྲིད་པའི་རིགས་སུ་གནས་པའི་སེམས་བྱུང་། དེ་ལ་དབྱེ་ན། གཉིད་འགྱོད་

རྟོག་དཔྱོད་གཞན་འགྱུར་བཞི། །གཉིད་ཀྱི་མཚན་ཉིད། ཟས་ཀྱིས་རྒྱགས་པ་དང་ཐང་ཆད་པ་སོགས་ཀྱི་རྒྱུས་ལུས་སེམས་ནང་དུ་སྡུད་པའི་ཆ་ནས་བཞག་པའི་ཤེས་པ། འགྱོད་པའི་མཚན་ཉིད། བྱས་ཟིན་གྱི་བྱ་བ་ལ་ཡིད་འགྱོ་བའི་ཆ་ནས་བཞག་པའི་ཤེས་པ། རྟོག་པའི་མཚན་ཉིད། དམིགས་པ་ལ་སེམས་རྩིང་པོར་འཇུག་པའི་ཆ་ནས་བཞག་པའི་ཤེས་པ། དཔྱོད་པའི་མཚན་ཉིད། དམིགས་པ་ལ་སེམས་ཞིབ་མོར་འཇུག་པའི་ཆ་ནས་བཞག་པའི་ཤེས་པ། དེ་དག་རེ་རེ་ལ་ཡང་གནས་སྐབས་ཀྱི་སྒོ་ནས་དགེ་མི་དགེ་ལུང་མ་བསྟན་སོགས་མང་དུ་ཡོད་པ་ནི་ངག་ལས་ཤེས་པར་བྱའོ། །

༣ རྩོད་པ་སྤོང་བ།

གསུམ་པ་རྩོད་པ་སྤོང་བ་ལ། ཁ་ཅིག་ན་རེ། དགེ་རྩ་དང་མཚུངས་ལྡན་དུ་གྱུར་པའི་མ་རིག་པ་ཆོས་ཅན། ཉོན་མོངས་ཡིན་པར་ཐལ། རྩ་བའི་ཉོན་མོངས་ཡིན་པའི་ཕྱིར་ཟེར་ན། རྟགས་མ་གྲུབ༏ དེ་ཆོས་ཅན། རྩ་བའི་ཉོན་མོངས་པ་ཡིན་པར་ཐལ། མ་རིག་པ་ཡིན་པའི་ཕྱིར་ཟེར་ན། མ་ཁྱབ། གོང་དུ་འདོད་མི་ནུས་ཏེ། དགེ་རྩ་དང་མཚུངས་ལྡན་དུ་གྱུར་པའི་ཉོན་མོངས་མི་སྲིད་པའི་ཕྱིར།

ཁ་ཅིག་ན་རེ། དངོས་པོ་མ་ཡིན་པ་ལ་ཡིན་པར་འཛིན་པའི་རྟོག་པར་གྱུར་པའི་འདུ་ཤེས་ཆོས་ཅན། འདུ་ཤེས་ཕྱིན་ཅི་ལོག་བཞི་པོ་གང་རུང་ཡིན་པར་ཐལ། རྟོག་པར་གྱུར་བའི་འདུ་ཤེས་ཕྱིན་ཅི་ལོག་ཡིན་པའི་ཕྱིར་ཟེར་ན། མ་ཁྱབ། འོ་ན་གོང་དུ་རྟོག་པར་གྱུར་བའི་འདུ་ཤེས་ཕྱིན་ཅི་ལོག་དེ་ལ་བཞིར་གྲངས་ངེས་བྱས་པ་དང་འགལ་ལོ་སྙམ་ན། མི་འགལ་ཏེ་དེ་ཕྱེ་བ་དེ་དགོས་པ་ལ་ལྟོས་པའི་གྲངས་ངེས་ཡིན་གྱི་ངོ་བོའི་གྲངས་ངེས་མ་ཡིན་པའི་ཕྱིར། འོ་ན་དེ་ལྟར་ཕྱེ་བ་ལ་དགོས་པ་གང་ཡོད་ཟེར་ན། འདུ་ཤེས་དེ་དག་ནི་སེམས་ཅན་རྣམས་འཁོར་བར་འཆིང་བྱེད་ཀྱི་རྒྱུའི་གཙོ་བོ་ཡིན་པས་འཁོར་བ་ལས་གྲོལ་བ་ལ་འདུ་ཤེས་ཕྱིན་ཅི་ལོག་དེ་དག་སྤོང་དགོས

སོ་ཞེས་ཤེས་པའི་ཆེད་དུའོ། །

ཁ་ཅིག་ན་རེ། བསམ་གཏན་བཞི་པའི་གཉེན་པོའི་ཡན་ལག་ཏུ་གྱུར་པའི་བཏང་སྙོམས་ཆོས་ཅན། ཚོར་བ་ཡིན་པར་ཐལ། བཏང་སྙོམས་ཡིན་པའི་ཕྱིར་ཟེར་ན། མ་ཁྱབ། འདོད་མི་ནུས་ཏེ། དེའི་ཕན་ཡོན་གྱི་ཡན་ལག་ཏུ་གྱུར་བའི་བཏང་སྙོམས་དེ་ཚོར་བ་ཡིན་པ་གང་ཞིག །གཙོ་སེམས་གཅིག་གི་འཁོར་དུ་ཚོར་བ་གཉིས་མི་སྲིད་པའི་ཕྱིར། དེས་ན་དེའི་ཕན་ཡོན་གྱི་ཡན་ལག་ཏུ་གྱུར་བའི་བཏང་སྙོམས་དེ་ཚོར་བ་དང་། གཉེན་པོའི་ཡན་ལག་ཏུ་གྱུར་བའི་བཏང་སྙོམས་དེ་འདུ་བྱེད་དུ་ཁས་ལེན་དགོས་སོ། །

བརྒྱད། ཚད་མ་དང་ཚད་མིན་གྱི་རྣམ་གཞག་བཤད་པ།

༡ གཞན་ལུགས་དགག་པ།

བརྒྱད་པ་ཚད་མ་དང་ཚད་མིན་གྱི་རྣམ་གཞག་བཤད་པ་ལ། དགག་བཞག་སྤང་གསུམ་ལས། དང་པོ་གཞན་ལུགས་དགག་པ་ནི། ཁ་གཅིག་ན་རེ། བློ་ཡིན་ན། ཚད་མ་ཡིན་པས་ཁྱབ་ཟེར་ན། གངས་རི་སྔོར་སྣང་གི་དབང་ཤེས་ཆོས་ཅན། ཚད་མ་ཡིན་པར་ཐལ། བློ་ཡིན་པའི་ཕྱིར། མ་གྲུབ་ན། གངས་རི་སྔོར་སྣང་གི་དབང་ཤེས་ཆོས་ཅན། བློ་ཡིན་པར་ཐལ། རིག་པ་ཡིན་པའི་ཕྱིར། མ་གྲུབ་ན། གངས་རི་སྔོར་སྣང་གི་དབང་ཤེས་ཆོས་ཅན། རིག་པ་ཡིན་པར་ཐལ། ཤེས་པ་ཡིན་པའི་ཕྱིར། མ་གྲུབ་ན། གངས་རི་སྔོར་སྣང་གི་དབང་ཤེས་ཆོས་ཅན། ཤེས་པ་ཡིན་པར་ཐལ། དབང་ཤེས་ཡིན་པའི་ཕྱིར། རྩ་བར་འདོད་ན། གངས་རི་སྔོར་སྣང་གི་དབང་ཤེས་ཆོས་ཅན། ཚད་མ་མ་ཡིན་པར་ཐལ། མི་བསླུ་བའི་རིག་པ་མ་ཡིན་པའི་ཕྱིར། མ་གྲུབ་ན། གངས་རི་སྔོར་སྣང་གི་དབང་ཤེས་ཆོས་ཅན། མི་བསླུ་བའི་རིག་པ་མ་ཡིན་པར་ཐལ། ལོག་ཤེས་ཡིན་པའི་ཕྱིར།

ཁ་ཅིག་ན་རེ། བློ་ཡིན་ན། ཚད་མིན་ཡིན་པས་ཁྱབ་ཟེར་ན། ལས་འབྲས་ཡོད་པར་རྟོགས་

པའི་རྗེས་དཔག་ཚད་མ་ཆོས་ཅན། དེར་ཐལ། དེའི་ཕྱིར། མ་གྲུབ་ན། དེ་ཆོས་ཅན། དེར་ཐལ། རྟོག་པ་དང་རྟོག་མེད་གང་རུང་ཡིན་པའི་ཕྱིར། མ་གྲུབ་ན། དེ་ཆོས་ཅན། དེར་ཐལ། རྟོག་པ་ཡིན་པའི་ཕྱིར། མ་གྲུབ་ན། དེ་ཆོས་ཅན། དེར་ཐལ། རྗེས་དཔག་ཡིན་པའི་ཕྱིར། རྩ་བར་འདོད་ན། དེ་ཆོས་ཅན། ཚད་མིན་མ་ཡིན་པར་ཐལ། མི་བསླུ་བའི་རིག་པ་ཡིན་པའི་ཡིན་པའི་ཕྱིར། མ་གྲུབ་ན། དེ་ཆོས་ཅན། དེར་ཐལ། བྱ་བྱེད་ལས་གསུམ་གྱི་མི་བསླུ་བའི་རིག་པ་ཡིན་པའི་ཕྱིར། མ་གྲུབ་ན། དེ་ཆོས་ཅན། དེར་ཐལ། བྱ་བ་མི་བསླུ་བ་ཡིན་པ་གང་ཞིག །བྱེད་པ་པོ་མི་བསླུ་བ་ཡིན། ལས་མི་བསླུ་བ་ཡང་ཡིན་པའི་ཕྱིར། རྟགས་དང་པོ་མ་གྲུབ་ན། དེ་ཆོས་ཅན། དེར་ཐལ། ཁྱོད་ཀྱིས་རང་ཡུལ་ཇི་ལྟར་འཛིན་པ་ལྟར་བླང་དོར་ལ་འཇུག་ན་མི་འབྲུལ་བ་ཡིན་པའི་ཕྱིར། གཉིས་པ་མ་གྲུབ་ན། དེ་ཆོས་ཅན། དེར་ཐལ། རང་ཡུལ་དོན་དང་མཐུན་པར་གསར་དུ་ངེས་པའི་བློ་ཡིན་པའི་ཕྱིར། གསུམ་པ་མ་གྲུབ་ན། དེ་ཆོས་ཅན། དེར་ཐལ། རང་ཡུལ་དེ་ཡོད་པའི་ཕྱིར།

ཁ་ཅིག་ན་རེ། ཡུལ་མི་བསླུ་བའི་རིག་པ་ཡིན་ན། མི་བསླུ་བའི་རིག་པ་ཡིན་པས་ཁྱབ་ཟེར་ན། སྔོར་སྣང་དབང་ཤེས་ཀྱི་རྗེས་སུ་སྐྱེས་པའི་སྔོན་པོ་ངེས་པའི་ངེས་ཤེས་ཆོས་ཅན། དེར་ཐལ། དེའི་ཕྱིར; མ་གྲུབ་ན། དེ་ཆོས་ཅན། དེར་ཐལ། ཁྱོད་ཀྱི་ཞེན་ཡུལ་དེ་ཡོད་པའི་ཕྱིར། མ་གྲུབ་ན། དེ་ཆོས་ཅན། དེར་ཐལ། ཁྱོད་ཀྱི་ཞེན་ཡུལ་དེ་དབྱིབས་དང་ཁ་དོག་གང་རུང་ཡིན་པའི་ཕྱིར། མ་གྲུབ་ན། དེ་ཆོས་ཅན། དེར་ཐལ། ཁྱོད་ཀྱི་ཞེན་ཡུལ་དེ་ཁ་དོག་ཡིན་པའི་ཕྱིར། མ་གྲུབ་ན། དེ་ཆོས་ཅན། དེར་ཐལ། ཁྱོད་ཀྱི་ཞེན་ཡུལ་དེ་སྔོན་པོ་ཡིན་པའི་ཕྱིར། རྩ་བར་འདོད་ན། སྔོར་སྣང་དབང་ཤེས་ཀྱི་རྗེས་སུ་སྐྱེས་པའི་སྔོན་པོ་ངེས་པའི་ངེས་ཤེས་ཆོས་ཅན། མི་བསླུ་བའི་རིག་པ་མ་ཡིན་པར་ཐལ། ཚད་མ་མ་ཡིན་པའི་ཕྱིར། མ་གྲུབ་ན། དེ་ཆོས་ཅན། དེར་ཐལ། མ་རྟོགས་པའི་བློ་ཡིན་པའི་ཕྱིར། མ་གྲུབ་ན། དེ་ཆོས་ཅན། དེར་ཐལ། བཅད་ཤེས་ཡིན་པའི་ཕྱིར།

ཁ་ཅིག་ན་རེ། ཐེ་ཚོམ་ཡིན་ན། རྩེ་གཉིས་སུ་དོགས་པའི་བློ་ཡིན་པས་ཁྱབ་ཟེར་ན། གཞལ་

བྱའི་རྟགས་ལས་སྒྲ་རྟག་པར་མཐའ་གཅིག་ཏུ་འཛིན་པའི་བློ་ཆོས་ཅན། དེར་ཐལ། དེའི་ཕྱིར། མ་གྲུབ་ན། དེ་ཆོས་ཅན། དེར་ཐལ། མ་ངེས་པའི་རྟགས་ལ་བརྟེན་ནས་སྒྲུབ་བྱ་མཐའ་གཅིག་ཏུ་འཛིན་པའི་བློ་ཡིན་པའི་ཕྱིར། མ་གྲུབ་ན། དེ་ཆོས་ཅན། དེར་ཐལ། ཁྱོད་ཀྱི་རྟེན་གཞིར་གྱུར་པའི་རྟགས་དེ་མ་ངེས་པའི་རྟགས་ཡིན་པ་གང་ཞིག །དེ་ལ་བརྟེན་ནས་སྒྲུབ་བྱ་མཐའ་གཅིག་ཏུ་འཛིན་པའི་བློ་ཡིན་པའི་ཕྱིར། རྟགས་ཕྱི་མ་སླ། དང་པོ་མ་གྲུབ་ན། དེ་ཆོས་ཅན། དེར་ཐལ། ཁྱོད་ཀྱི་རྟེན་གཞིར་གྱུར་པའི་རྟགས་དེ་གཞལ་བྱའི་རྟགས་ལས་སྒྲ་རྟག་པར་སྒྲུབ་པའི་རྟགས་དེ་ཡིན་པ་གང་ཞིག །དེ་མ་ངེས་པའི་རྟགས་ཡིན་པའི་ཕྱིར། རྟགས་དང་པོ་སླ། གཉིས་པ་མ་གྲུབ་ན། དེ་ཆོས་ཅན། དེར་ཐལ། ཁྱབ་ཆུལ་རྣལ་མ་དང་ཕྱིན་ཅི་ལོག་གང་རུང་དུ་མ་ངེས་པའི་ཕྱོགས་ཆོས་ཅན་གྱི་གཏན་ཚིགས་ཡིན་པའི་ཕྱིར། རྩ་བར་འདོད་ན། དེ་ཆོས་ཅན། རང་ཡུལ་ལ་རྩེ་གཉིས་སུ་དོགས་པའི་བློ་མ་ཡིན་པར་ཐལ། རང་ཡུལ་མཐའ་གཅིག་ཏུ་འཛིན་པའི་བློ་ཡིན་པའི་ཕྱིར།

ཁ་ཅིག་ན་རེ། མངོན་སུམ་ཡིན་ན། ཁྱོད་ཀྱིས་རང་ཡུལ་དངོས་སུ་རྟོགས་པས་ཁྱབ་ཟེར་ན། ཚུར་མཐོང་རྒྱུད་ཀྱི་གཟུགས་འཛིན་དབང་མངོན་ཆོས་ཅན། དེར་ཐལ། དེའི་ཕྱིར། མ་གྲུབ་ན། དེ་ཆོས་ཅན། དེར་ཐལ། དོན་རིག་མངོན་སུམ་ཡིན་པའི་ཕྱིར། མ་གྲུབ་ན། དེ་ཆོས་ཅན། དེར་ཐལ༑ དབང་མངོན་ཡིན་པའི་ཕྱིར། རྩ་བར་འདོད་ན། ཚུར་མཐོང་རྒྱུད་ཀྱི་གཟུགས་འཛིན་དབང་མངོན་ཆོས་ཅན། ཁྱོད་ཀྱིས་རང་ཡུལ་དངོས་སུ་མ་རིག་པར་ཐལ། ཁྱོད་ཀྱི་ཡུལ་དེ་ཁྱོད་ཀྱི་རང་དུས་སུ་འགགས་ཟིན་ནས་མེད་པའི་ཕྱིར། མ་གྲུབ་ན། དེ་ཆོས་ཅན། དེར་ཐལ། དེ་ཁྱོད་ཀྱི་རྒྱུ་ཡིན་པའི་ཕྱིར།

ཁ་ཅིག་ན་རེ། ཁྱོད་རྗེས་དཔག་ཚད་མས་རྟོགས་ན། ཁྱོད་སྒྲུབ་བྱ་ཡིན་པས་ཁྱབ་ཟེར་ན། རྗེས་དཔག་ཚད་མའི་ངོ་བོ་ཆོས་ཅན། དེར་ཐལ། དེའི་ཕྱིར། མ་གྲུབ་ན། རྗེས་དཔག་ཚད་མ་ཆོས་ཅན། ཁྱོད་ཀྱི་ངོ་བོ་དེ་ཁྱོད་ཀྱིས་རྟོགས་པར་ཐལ། ཁྱོད་ཀྱི་ངོ་བོ་དེ་ཁྱོད་ཀྱིས་མངོན་སུམ་དུ་རྟོགས་པའི་ཕྱིར། མ་གྲུབ་ན། དེ་ཆོས་ཅན། དེར་ཐལ། ཁྱོད་ཤེས་པ་ཡིན་པའི་ཕྱིར། རྩ་

བར་འདོད་ན། རྗེས་དཔག་ཚད་མའི་ངོ་བོ་ཆོས་ཅན། སྒྲུབ་བྱ་མ་ཡིན་པར་ཐལ། ཆོགས་དོན་མ་ཡིན་པའི་ཕྱིར། མ་གྲུབ་ན། དེ་ཆོས་ཅན། དེར་ཐལ། ཆོས་ཅན་ཡན་གར་བ་ཡིན་པའི་ཕྱིར་རོ། །

༢ རང་ལུགས་བཞག་པ།

གཉིས་པ་རང་ལུགས་བཞག་པ་ལ། ཚད་མའི་མཚན་ཉིད། མི་བསླུ་བའི་རིག་པ། དེ་ལ་དབྱེ་ན། མངོན་སུམ་ཚད་མ་དང་། རྗེས་དཔག་ཚད་མ་གཉིས། དང་པོའི་མཚན་ཉིད། རྟོག་བྲལ་མ་འཁྲུལ་བའི་རིག་པ། དེ་ལ་དབྱེ་ན། དབང་མངོན། ཡིད་མངོན། རང་རིག་མངོན་སུམ། རྣལ་འབྱོར་མངོན་སུམ་དང་བཞི་ཡོད། དང་པོའི་མཚན་ཉིད། རང་གི་བདག་རྐྱེན་དབང་པོ་གཟུགས་ཅན་པ་ལས་སྐྱེས་པའི་མ་འཁྲུལ་བའི་རིག་པ། དེ་ལ་རྐྱེན་གྱི་སྒོ་ནས་དབྱེ་ན། མིག་གི་དབང་པོའི་མངོན་སུམ་ནས་ལུས་ཀྱི་དབང་པོའི་མངོན་སུམ་གྱི་བར་ལྔ། དང་པོའི་མཚན་ཉིད། རང་གི་བདག་རྐྱེན་མིག་དབང་ལས་སྐྱེས་པའི་མ་འཁྲུལ་བའི་རིག་པ། དབང་མངོན་ལ་ཡུལ་གྱི་སྒོ་ནས་དབྱེ་ན། གཟུགས་འཛིན་དབང་མངོན་ནས་རེག་འཛིན་དབང་མངོན་བར་ལྔ་ཡོད། ཡིད་མངོན་གྱི་མཚན་ཉིད༑ རང་གི་བདག་རྐྱེན་ཡིད་དབང་ལས་སྐྱེས་པའི་མ་འཁྲུལ་བའི་རིག་པ། དེ་ལ་ཡུལ་གྱི་སྒོ་ནས་དབྱེ་ན། གཟུགས་འཛིན་ཡིད་མངོན་ནས་རེག་འཛིན་ཡིད་མངོན་གྱི་བར་ལྔ་ཡོད། རང་རིག་མངོན་སུམ་གྱི་མཚན་ཉིད། རང་གི་ངོ་བོ་མྱོང་བྱེད་ཀྱི་འཛིན་རྣམ། རྣལ་འབྱོར་མངོན་སུམ་གྱི་མཚན་ཉིད། རང་གི་ཐུན་མོང་མ་ཡིན་པའི་བདག་རྐྱེན་ཏིང་ངེ་འཛིན་ལ་རྟེན་ནས་བདག་མེད་པའི་དོན་ལ་རྟོག་བྲལ་མ་འཁྲུལ་བའི་རིག་པ། དེ་ལ་དབྱེ་ན། ཉན་ཐོས་སློབ་པ་དང་མི་སློབ་པ། རང་རྒྱལ་མི་སློབ་པ། ཐེག་ཆེན་སློབ་པ་དང་མི་སློབ་པའི་རྣལ་འབྱོར་མངོན་སུམ་དང་ལྔ། དེ་རེ་རེ་ལ་ཡང་སྣང་བཅས་དང་སྣང་མེད་གཉིས་གཉིས་ཏེ་བཅུ་ཡོད། དེ་དག་མ་འཁྲུལ་བའི་དོན་ནི་འཁྲུལ་རྒྱུ་བཞི་པོ་གང་རུང་གི་འཁྲུལ་པར་མ་སྐྱེད་པའོ། །འཁྲུལ་རྒྱུ་བཞི་ནི། དབང་པོ་སླད་པ་དང་། བྱ་

བ་དང་། ཡུལ་དང་། ཐོག་མ་མེད་པའི་བག་ཆགས་དང་བཞི། དབང་པོ་སྣོད་པའི་རྐྱེན་གྱིས་འཁྲུལ་བ་ནི། དུང་དཀར་སེར་འཛིན་གྱི་དབང་ཤེས་དང་། གངས་རི་སྔོར་སྣང་གི་དབང་ཤེས་ལྟ་བུ། བྱ་བའི་སྒོ་ནས་འཁྲུལ་བ་ལ་རྟོག་པ་དང་རྟོག་མེད་གཉིས་ལས། མཚན་གཞི་རིམ་བཞིན། འགལ་མེའི་རྩེ་མོ་མྱུར་དུ་སྐོར་བ་ན་དེ་ཉིད་དབང་ཤེས་ལ་མེའི་འཁོར་ལོ་ལྟ་བུར་སྣང་བ་དང་། དེའི་རྗེས་སུ་སྐྱེས་པའི་རྟོག་པས་མེའི་འཁོར་ལོར་འཛིན་པ་ལྟ་བུ། ཡུལ་གྱི་སྒོ་ནས་འཁྲུལ་བ་ལ་ཡང་སྔར་ལྟར་གཉིས་ལས། དང་པོ་ནི། གྲུར་བཞུགས་པ་ན། ལྗོན་ཤིང་འགྲོ་བར་སྣང་བ་ལྟ་བུ་དང་། སྨིག་རྒྱུ་ལ་ཆུར་འཛིན་པའི་རྟོག་པ་ལྟ་བུ། བག་ཆགས་ཀྱི་སྒོ་ནས་ཀྱིས་འཁྲུལ་བ་ནི་རྟོག་པ་ཁོ་ན་ཡིན་ལ། མཚན་གཞི། རྟོག་པ་དོན་མཐུན་ཐམས་ཅད་དོ། །རྗེས་དཔག་ཚད་མའི་མཚན་ཉིད། ཚུལ་གསུམ་ཚང་བའི་རྟགས་ལས་སྒྲུབ་བྱ་རྟོགས་པའི་བློ། དེ་ལ་དབྱེ་ན། དངོས་སྟོབས་རྗེས་དཔག །ཡིད་ཆེས་རྗེས་དཔག །གྲགས་པའི་རྗེས་དཔག་དང་གསུམ། དངོས་སྟོབས་རྗེས་དཔག་གི་མཚན་ཉིད་ནི། དངོས་སྟོབས་ཀྱི་རྟགས་ལ་བརྟེན་ནས་སྒྲུབ་བྱ་རྟོགས་པའི་བློ། དེས་གཞན་གཉིས་ལའང་རིགས་འགྲེ། ཚད་མིན་གྱི་བློའི་མཚན་ཉིད། བསླུ་བའི་ཤེས་པ། དེ་ལ་དབྱེ་ན་མ་རྟོགས་ལོག་རྟོག་ཐེ་ཚོམ་གསུམ། དང་པོའི་མཚན་ཉིད། རང་འབྲེན་བྱེད་ཀྱི་བློའི་བྱེད་པ་ལ་བརྟེན་ནས་རང་ཡུལ་ལ་འཇུག་པའམ། མ་གྲུབ་པའི་རྟགས་ལ་བརྟེན་ནས་སྒྲུབ་བྱ་འཛིན་པའི་བློ་གང་རུང་དུ་གྱུར་པ། ལོག་ཤེས་ཀྱི་མཚན་ཉིད། འགལ་རྟགས་ལ་བརྟེན་པའམ། སྣང་ཙམ་གྱི་སྒོ་ནས་རང་ཡུལ་ཕྱིན་ཅི་ལོག་ཏུ་འཛིན་པའི་བློ། དེ་ལ་དབྱེ་ན། རྟོག་པ་ལོག་ཤེས་དང་། རྟོག་མེད་ལོག་ཤེས་གཉིས། དང་པོའི་མཚན་ཉིད། འགལ་རྟགས་ལ་བརྟེན་ནས་རང་ཡུལ་ཕྱིན་ཅི་ལོག་ཏུ་འཛིན་པའི་བློ། དེ་ལ་དབྱེ་ན། ཡུལ་དུས་རྣམ་པ་ལ་འཁྲུལ་བ་གསུམ། མཚན་གཞི་རིམ་བཞིན། ཡལ་ག་ལོ་འདབ་དང་ལྡན་པར་མཚུངས་པའི་རྟགས་ལས་ཤ་ཤུག་གཉིས་གཅིག་ཏུ་འཛིན་པ་དང་། དེ་རིང་གི་བུམ་པ་དེ་ཁ་སང་གི་བུམ་པ་དང་འདྲ་བའི་རྟགས་ལས་ཁ་སང་གི་བུམ་པར་འཛིན་པ་དང་། མི་དང་འདྲ་བའི་རྟགས་ལས་ཐོ་

ཡོར་ལ་མིར་འཛིན་པ་ལྟ་བུ། རྟོག་མེད་ལོག་ཤེས་ཀྱི་མཚན་ཉིད། སྣང་ཙམ་གྱི་སྒོ་ནས་རང་ཡུལ་ཕྱིན་ཅི་ལོག་ཏུ་འཛིན་པའི་བློ། དེ་ལ་དབྱེ་ན་དབང་ཤེས་འཁྲུལ་པ་དང་ཡིད་ཤེས་འཁྲུལ་པ་གཉིས། དང་པོའི་མཚན་གཞི་ནི། དུང་དཀར་སེར་འཛིན་གྱི་དབང་ཤེས་ལྟ་བུ། གཉིས་པའི་མཚན་གཞི་ནི། རྨི་ལམ་གསལ་སྣང་གི་ཤེས་པ་ལྟ་བུ། ཐེ་ཚོམ་གྱི་མཚན་ཉིད། མ་ངེས་པའི་རྟགས་དང་དམ་བཅས་ཙམ་གང་རུང་ལ་བརྟེན་ནས་རང་ཡུལ་མཐའ་གཅིག་ཏུ་འཛིན་པའམ། རང་ཡུལ་ལ་རྩེ་གཉིས་སུ་དོགས་པའི་བློ་གང་རུང་དུ་གྱུར་པ། དབྱེ་ན། ཐེ་ཚོམ་བག་ཉལ་དང་མངོན་གྱུར་གཉིས། ཐེ་ཚོམ་བག་ཉལ་གྱི་མཚན་ཉིད། མ་ངེས་པའི་རྟགས་དང་དམ་བཅས་ཙམ་གང་རུང་ལ་བརྟེན་ནས་རང་ཡུལ་མཐའ་གཅིག་ཏུ་འཛིན་པའི་བློ། དེ་ལ་དབྱེ་ན་གཉིས་ལས། མ་ངེས་པའི་རྟགས་ལ་བརྟེན་པའི་ཐེ་ཚོམ་གྱི་མཚན་གཞི་ནི། གཞལ་བྱའི་རྟགས་ལས་སྒྲ་རྟག་པར་མཐའ་གཅིག་ཏུ་འཛིན་པའི་བློ་ལྟ་བུ། དམ་བཅའ་ཙམ་ལ་བརྟེན་པ་ནི། སྒྲུབ་པ་དང་རྟགས་གང་རུང་ལ་མ་བརྟེན་པར་ཕ་མེས་ཀྱི་ཁྲིན་པ་སྙིང་པ་ན་རྒྱུ་ཡོད་དོ་སྙམ་དུ་འཛིན་པ་ལྟ་བུ། ཐེ་ཚོམ་མངོན་གྱུར་གྱི་མཚན་ཉིད། རང་ཡུལ་ལ་རྩེ་གཉིས་སུ་དོགས་པའི་བློ། དེ་ལ་དབྱེ་ན་ཆ་མཉམ་པ་དང་ཤས་ཆེར་འཛིན་པ་གཉིས་ཡོད་པ་ལས་མཚན་གཞི་ནི་རིམ་བཞིན། སྒྲ་རྟག་གམ་མི་རྟག་སྙམ་པ་ལྟ་བུ་དང་། གཉིས་པ་ལ་ཡང་དོན་གྱུར་དང་དོན་མི་གྱུར་གཉིས་ལས་མཚན་གཞི་ནི། སྒྲ་རྟག་གམ་མི་རྟག་ཕལ་ཆེར་མི་རྟག་ལས་ཆེ་སྙམ་པ་དང་། ཕལ་ཆེར་རྟག་ལས་ཆེ་སྙམ་པ་ལྟ་བུའོ། །

༣ རྟོད་པ་སྤོང་བ།

གསུམ་པ་རྟོད་པ་སྤོང་བ་ནི། ཁ་ཅིག་ན་རེ། ནོར་བུའི་འོད་ལ་ནོར་བུར་འཛིན་པའི་བློ་དེ་ཆོས་ཅན༑ མི་བསླུ་བ་ཡིན་པར་ཐལ། བྱ་བའི་མི་བསླུ་བ་ཡིན་པའི་ཕྱིར་ཟེར་ན། མ་ཁྱབ། རྟགས་གྲུབ་དེ། འོད་ལ་བརྟེན་ནས་ནོར་བུ་རང་མཚན་པ་ལེན་པ་ལ་འཇུག་ན་ནོར་བུ་རང་མཚན་པ་ཐོབ་

པའི་ཕྱིར། འདོད་མི་ནུས་ཏེ། རང་ཡུལ་ཕྱིན་ཅི་ལོག་ཏུ་འཛིན་པའི་བློ་ཡིན་པའི་ཕྱིར།

ཁ་ཅིག་ན་རེ། སྔོན་པོ་ངེས་པའི་བཅད་ཤེས་ཆོས་ཅན། ཚད་མ་ཡིན་པར་ཐལ། རང་ཡུལ་དོན་དང་མཐུན་པར་འཛིན་པའི་བློ་ཡིན་པའི་ཕྱིར་ཟེར་ན། མ་ཁྱབ། རྟགས་གྲུབ་སྟེ། རང་ཡུལ་སྔོན་པོ་ལ་སྔོན་པོར་འཛིན་པའི་བློ་ཡིན་པའི་ཕྱིར། འདོད་མི་ནུས་ཏེ། རང་ཡུལ་རྟོགས་པའི་བྱ་བ་མི་བྱེད་པའི་ཕྱིར།

ཁ་ཅིག་ན་རེ། ཟླ་བ་གཉིས་སྣང་གི་དབང་ཤེས་ཆོས་ཅན། མ་རྟོགས་པའི་བློ་ཡིན་པར་ཐལ། ཁྱོད་ཀྱི་རང་ཡུལ་མ་རྟོགས་པའི་ཕྱིར་ན། མ་ཁྱབ། རྟགས་གྲུབ་སྟེ། རང་ཡུལ་རྟོགས་རྒྱུ་མེད་པའི་ཕྱིར་ཏེ། རང་ཡུལ་མེད་པའི་ཕྱིར། འདོད་མི་ནུས་ཏེ། ལོག་ཤེས་ཡིན་པའི་ཕྱིར།

ཁ་ཅིག་ན་རེ། གཞལ་བྱའི་རྟགས་ལས་སྒྲ་རྟག་པར་མཐའ་གཅིག་ཏུ་འཛིན་པའི་བློ་ཆོས་ཅན། ལོག་ཤེས་ཡིན་པར་ཐལ། རང་ཡུལ་ཕྱིན་ཅི་ལོག་ཏུ་འཛིན་པའི་བློ་ཡིན་པའི་ཕྱིར་ཟེར་ན། མ་ཁྱབ། རྟགས་གྲུབ་སྟེ། སྒྲ་མི་རྟག་པ་ཡིན་པ་ལ་ཁྱོད་ཀྱིས་སྒྲ་རྟག་པར་འཛིན་པའི་ཕྱིར། འདོད་མི་ནུས་ཏེ་མ་ངེས་པའི་བློ་ཡིན་པའི་ཕྱིར་རོ། །

དེ་ཡན་གྱིས་དབང་པོ་ཐ་མར་རིགས་ལམ་ཆུང་ངུའི་རྣམ་པར་གཞག་པ་བསྡུས་པའི་ཚུལ་གྱི་སྐོར་ནས་བསྟན་ཟིན་ཏོ།། །།

སྐྱོའི་གཉིས་པ། རིགས་ལམ་འཕྲིང་གི་རྣམ་གཞག་བཤད་པ།

གཅིག །མཚན་མཚོན་ཆེ་བའི་རྣམ་གཞག་བཤད་པ།

སྐྱོའི་གཉིས་པ་དབང་པོ་འབྲིང་ལ་རིགས་ལམ་འཕྲིང་གི་རྣམ་གཞག་རྣམས་བློ་ལ་བཟུང་བདེ་ཞིང་། མཐའ་ཚོད་པའི་ཆེད་དུ་རྐང་ཁྲབ་སྡོམ་ཚིག་གི་ཚིག་རྐང་ཇི་བཞིན་ཐད་སོར་དྲངས་ཏེ་བཤད་པ་ལ། མཚན་མཚོན་ཆེ་བའི་རྣམ་གཞག་བཤད་པ། རྫས་ལྡོག་གི་རྣམ་གཞག་བཤད་པ། འགལ་འབྲེལ་གྱི་རྣམ་གཞག་བཤད་པ། སྤྱི་དང་བྱེ་བྲག་གི་རྣམ་གཞག་བཤད་པ། ཡོད་རྟོག་མེད་རྟོག་གི་རྣམ་གཞག་བཤད་པ། ཡིན་ལོག་མིན་ལོག་གི་རྣམ་གཞག་བཤད་པ། ཧྲག་རྟོག་དངོས་རྟོག་གི་རྣམ་གཞག་བཤད་པ། རྗེས་འགྲོ་ལྡོག་ཁྱབ་ཀྱི་རྣམ་གཞག་བཤད་པ། ཕྱིར་ཞེས་མའི་རྣམ་གཞག་བཤད་པ་དང་དགུ་ལས། དང་པོ་མཚན་མཚོན་ཆེ་བའི་རྣམ་གཞག་བཤད་པ་ནི།

མཚོན་བྱའི་སྟེང་ནས་རང་ལྡོག་དང་། །
ཁྱབ་མཉམ་མཚན་ཉིད་གཞི་མཐུན་ནི། །
རང་གི་མཚན་ཉིད་གང་ཡིན་དེའི། །
བཏགས་ཡོད་འཛིན་པར་ཤེས་པར་བྱ། །

ཁ་ཅིག་ན་རེ། དངོས་པོའི་ལྡོག་པ་དང་ཡིན་ཁྱབ་མཉམ་ཡང་ཡིན། མཚན་ཉིད་ཀྱང་ཡིན་པའི་གཞི་མཐུན་པ་དང་ཡིན་ཁྱབ་མཉམ་ཡིན་ན། མཚོན་བྱ་ཡིན་པས་ཁྱབ་ཟེར་ན། དོན་བྱེད་ནུས་པའི་མཚོན་བྱའི་རྫས་ཡོད་ཆོས་གསུམ་ཚང་བ་ཆོས་ཅན། མཚོན་བྱ་ཡིན་པར་ཐལ། དངོས་པོའི་ལྡོག་པ་དང་ཡིན་ཁྱབ་མཉམ་ཡང་ཡིན། མཚན་ཉིད་ཀྱང་ཡིན་པའི་གཞི་མཐུན་པ་དང་ཡིན་ཁྱབ་མཉམ་ཡིན་པའི་ཕྱིར། ཁྱབ་པ་ཁས། རྟགས་མ་གྲུབ་ཟེར་ན། དོན་བྱེད་ནུས་པའི་མཚོན་བྱའི་རྫས་ཡོད་

ཆོས་གསུམ་ཚང་བ་ཆོས་ཅན། དངོས་པོའི་ལྡོག་པ་དང་ཡིན་ཁྱབ་མཉམ་ཡང་ཡིན། མཚན་ཉིད་ཀྱང་ཡིན་པའི་གཞི་མཐུན་པ་དང་ཡིན་ཁྱབ་མཉམ་ཡིན་པར་ཐལ། ཁྱོད་དེ་འདྲའི་གཞི་མཐུན་པ་དང་ཐ་དད་གང་ཞིག །དེ་འདྲའི་གཞི་མཐུན་པ་ཡིན་ན། ཁྱོད་ཡིན་པས་ཁྱབ། ཁྱོད་ཡིན་ན་དེ་འདྲའི་གཞི་མཐུན་པ་ཡིན་པས་ཁྱབ་པའི་ཕྱིར། རྟགས་དང་པོ་མ་གྲུབ་ན། དོན་བྱེད་ནུས་པའི་མཚོན་བྱའི་རྫས་ཡོད་ཆོས་གསུམ་ཚང་བ་ཆོས་ཅན། དངོས་པོའི་ལྡོག་པ་དང་ཡིན་ཁྱབ་མཉམ་ཡང་ཡིན། མཚན་ཉིད་ཀྱང་ཡིན་པའི་གཞི་མཐུན་པ་དང་ཐ་དད་ཡིན་པར་ཐལ། ཡོད་པ་གང་ཞིག་དེ་འདྲའི་གཞི་མཐུན་པ་དང་གཅིག་མ་ཡིན་པའི་ཕྱིར། གོང་རྟགས་གཉིས་པ་མ་གྲུབ་ན། དངོས་པོའི་ལྡོག་པ་དང་ཡིན་ཁྱབ་མཉམ་ཡང་ཡིན། མཚན་ཉིད་ཀྱང་ཡིན་པའི་གཞི་མཐུན་པ་ཆོས་ཅན། ཁྱོད་ཡིན་ན། དོན་བྱེད་ནུས་པའི་མཚོན་བྱའི་རྫས་ཡོད་ཆོས་གསུམ་ཚང་བ་ཡིན་པས་ཁྱབ་པར་ཐལ། དོན་བྱེད་ནུས་པའི་བཏགས་ཡོད་ཆོས་གསུམ་ཚང་བ་དེ་དོན་བྱེད་ནུས་པའི་མཚོན་བྱའི་རྫས་ཡོད་ཆོས་གསུམ་ཚང་བ་ཡིན་པའི་ཕྱིར། གོང་རྟགས་གསུམ་པ་མ་གྲུབ་ན༑ དོན་བྱེད་ནུས་པའི་མཚོན་བྱའི་རྫས་ཡོད་ཆོས་གསུམ་ཚང་བ་ཆོས་ཅན། ཁྱོད་ཡིན་ན། དངོས་པོའི་ལྡོག་པ་དང་ཡིན་ཁྱབ་མཉམ་ཡང་ཡིན། མཚན་ཉིད་ཀྱང་ཡིན་པའི་གཞི་མཐུན་པ་ཡིན་པས་ཁྱབ་པར་ཐལ། དོན་བྱེད་ནུས་པའི་བཏགས་ཡོད་ཆོས་གསུམ་ཚང་བ་དེ་དེ་ཡིན་པའི་ཕྱིར༑ མ་གྲུབ་ན། དོན་བྱེད་ནུས་པའི་བཏགས་ཡོད་ཆོས་གསུམ་ཚང་བ་ཆོས་ཅན། དངོས་པོའི་ལྡོག་པ་དང་ཡིན་ཁྱབ་མཉམ་ཡང་ཡིན། མཚན་ཉིད་ཀྱང་ཡིན་པའི་གཞི་མཐུན་པ་ཡིན་པར་ཐལ༑ དངོས་པོའི་ལྡོག་པ་དང་ཡིན་ཁྱབ་མཉམ་ཡིན་པ་གང་ཞིག །མཚན་ཉིད་ཡིན་པའི་ཕྱིར། རྟགས་རེ་རེ་ནས་སླ། རྩ་བར་འདོད་ན། དོན་བྱེད་ནུས་པའི་མཚོན་བྱའི་རྫས་ཡོད་ཆོས་གསུམ་ཚང་བ་ཆོས་ཅན། མཚོན་བྱ་མ་ཡིན་པར་ཐལ། མཚན་ཉིད་ཡིན་པའི་ཕྱིར། མ་གྲུབ་ན། དོན་བྱེད་ནུས་པའི་མཚོན་བྱའི་རྫས་ཡོད་ཆོས་གསུམ་ཚང་བ་ཆོས་ཅན། མཚན་ཉིད་ཡིན་པར་ཐལ། དོན་

བྱེད་ནུས་པའི་མཚོན་བྱའི་མཚན་ཉིད་ཀྱི་མཚན་ཉིད་ཡིན་པའི་ཕྱིར། མ་གྲུབ་ན། དོན་བྱེད་ནུས་པའི་མཚོན་བྱ་ཆོས་ཅན། ཁྱོད་ཀྱི་རྫས་ཡོད་ཆོས་གསུམ་ཚང་བ་ཁྱོད་ཀྱི་མཚན་ཉིད་ཀྱི་མཚན་ཉིད་ཡིན་པར་ཐལ། ཁྱོད་མཚོན་བྱ་ཡིན་པའི་ཕྱིར། མ་གྲུབ་ན། དོན་བྱེད་ནུས་པ་ཆོས་ཅན། ཁྱོད་ཀྱི་མཚོན་བྱ་མཚོན་བྱ་ཡིན་པར་ཐལ། ཁྱོད་མཚན་ཉིད་ཡིན་པའི་ཕྱིར།

མཚོན་བྱའི་སྟེང་ནས་རང་ལྡོག་དང་། །
ཁྱབ་མཉམ་མཚོན་བྱའི་གཞི་མཐུན་ནི། །
རང་གི་མཚན་ཉིད་གང་ཡིན་དེའི། །
མཚོན་བྱ་འཛིན་པར་ཤེས་པར་བྱ། །

ཁ་ཅིག་ན་རེ། ཤེས་བྱའི་ལྡོག་པ་དང་ཡིན་ཁྱབ་མཉམ་ཡང་ཡིན། མཚོན་བྱ་ཡང་ཡིན་པའི་གཞི་མཐུན་པ་དང་ཡིན་ཁྱབ་མཉམ་ཡིན་ན། མཚན་ཉིད་ཡིན་པས་ཁྱབ་ཟེར་ན། བློའི་ཡུལ་དུ་བྱ་རུང་གི་བཏགས་ཡོད་ཆོས་གསུམ་ཚང་བའི་མཚོན་བྱ་ཆོས་ཅན། དེར་ཐལ། དེའི་ཕྱིར། མ་གྲུབ་ན། དེ་ཆོས་ཅན། དེར་ཐལ། ཁྱོད་དེ་འདྲའི་གཞི་མཐུན་པ་དང་ཐ་དད་གང་ཞིག །ཁྱོད་ཡིན་ན༑ དེ་འདྲའི་གཞི་མཐུན་པ་ཡིན་པས་ཁྱབ། དེ་འདྲའི་གཞི་མཐུན་པ་ཡིན་ན། ཁྱོད་ཡིན་པས་ཁྱབ་པའི་ཕྱིར། རྟགས་དང་པོ་སླ། རྟགས་གཉིས་པ་མ་གྲུབ་ན། དེ་ཆོས་ཅན། དེར་ཐལ། བློའི་ཡུལ་དུ་བྱ་རུང་གི་མཚོན་བྱ་དེ་དེ་འདྲའི་གཞི་མཐུན་པ་ཡིན་པའི་ཕྱིར། མ་གྲུབ་ན། བློའི་ཡུལ་དུ་བྱ་རུང་གི་མཚོན་བྱ་ཆོས་ཅན། དེ་འདྲའི་གཞི་མཐུན་པ་ཡིན་པར་ཐལ། ཤེས་བྱའི་ལྡོག་པ་དང་ཡིན་ཁྱབ་མཉམ་ཡིན་པ་གང་ཞིག །མཚོན་བྱ་ཡིན་པའི་ཕྱིར། རྟགས་དང་པོ་མ་གྲུབ་ན། དེ་ཆོས་ཅན། དེར་ཐལ། ཁྱོད་ཤེས་བྱའི་ལྡོག་པ་དང་ཐ་དད་གང་ཞིག །ཁྱོད་ཡིན་ན། ཤེས་བྱའི་ལྡོག་པ་ཡིན་པས་ཁྱབ། ཤེས་བྱའི་ལྡོག་པ་ཡིན་ན། ཁྱོད་ཡིན་པས་ཁྱབ་པའི་ཕྱིར། རྟགས་རེ་རེ་

ནས་སློ། གོང་རྟགས་གཉིས་པ་མ་གྲུབ་ན། དེ་ཆོས་ཅན། དེར་ཐལ། ཁྱོད་ཀྱི་མཚན་ཉིད་ཡོད་པའི་ཕྱིར། མ་གྲུབ་ན། དེ་ཆོས་ཅན། དེར་ཐལ། བློའི་ཡུལ་དུ་བྱ་རུང་གི་བཏགས་ཡོད་ཆོས་གསུམ་ཚང་བ་དེ་དེ་ཡིན་པའི་ཕྱིར། མ་གྲུབ་ན། བློའི་ཡུལ་དུ་བྱ་རུང་ཆོས་ཅན། ཁྱོད་ཀྱི་བཏགས་ཡོད་ཆོས་གསུམ་ཚང་བ་ཁྱོད་ཀྱི་མཚོན་བྱའི་མཚན་ཉིད་ཡིན་པར་ཐལ། ཁྱོད་མཚན་ཉིད་ཡིན་པའི་ཕྱིར། རྩ་བར་འདོད་ན། བློའི་ཡུལ་དུ་བྱ་རུང་གི་བཏགས་ཡོད་ཆོས་གསུམ་ཚང་བའི་མཚོན་བྱ་ཆོས་ཅན། མཚན་ཉིད་མ་ཡིན་པར་ཐལ། མཚོན་བྱ་ཡིན་པའི་ཕྱིར། མ་གྲུབ་ན། དེ་ཆོས་ཅན། དེར་ཐལ། བློའི་ཡུལ་དུ་བྱ་རུང་གི་བཏགས་ཡོད་ཆོས་གསུམ་ཚང་བའི་བཏགས་ཡོད་ཆོས་གསུམ་ཚང་བའི་མཚོན་བྱ་ཡིན་པའི་ཕྱིར།

མཚན་ཉིད་སྟེང་ནས་རང་ལྡོག་དང་། །
ཁྱབ་མཉམ་མཚན་ཉིད་གཞི་མཐུན་ནི། །
རང་གི་མཚོན་བྱ་གང་ཡིན་དེའི། །
རྫས་ཡོད་འཛིན་པར་ཤེས་པར་བྱ། །

ཁ་ཅིག་ན་རེ། མི་འཇིག་པའི་ལྡོག་པ་དང་ཡིན་ཁྱབ་མཉམ་ཡང་ཡིན། མཚན་ཉིད་ཀྱང་ཡིན་པའི་གཞི་མཐུན་པ་དང་ཡིན་ཁྱབ་མཉམ་ཡིན་ན། མཚོན་བྱ་ཡིན་པས་ཁྱབ་ཟེར་ན། རྟག་པའི་མཚན་ཉིད་ཀྱི་རྫས་ཡོད་ཆོས་གསུམ་ཚང་བ་ཆོས་ཅན། དེར་ཐལ། དེའི་ཕྱིར། མ་གྲུབ་ན། དེ་ཆོས་ཅན༏ དེར་ཐལ། ཁྱོད་དེ་འདྲའི་གཞི་མཐུན་པ་དང་ཐ་དད་གང་ཞིག །དེ་འདྲའི་གཞི་མཐུན་པ་ཡིན་ན། ཁྱོད་ཡིན་པས་ཁྱབ། ཁྱོད་ཡིན་ན། དེ་འདྲའི་གཞི་མཐུན་པ་ཡིན་པས་ཁྱབ་པའི་ཕྱིར། རྟགས་དང་པོ་སློ། གཉིས་པ་མ་གྲུབ་ན། དེ་ཆོས་ཅན། དེར་ཐལ། རྟག་པའི་རྫས་ཡོད་ཆོས་གསུམ་ཚང་བ་དེ་དེ་འདྲའི་གཞི་མཐུན་པ་ཡིན་པའི་ཕྱིར། མ་གྲུབ་ན། རྟག་པའི་རྫས་ཡོད་ཆོས་གསུམ་

ཚང་བ་ཆོས་ཅན། དེ་འདྲའི་གཞི་མཐུན་པ་ཡིན་པར་ཐལ། མི་འཇིག་པའི་ལྡོག་པ་དང་ཡིན་ཁྱབ་མཉམ་ཡིན་པ་གང་ཞིག །མཚན་ཉིད་ཡིན་པའི་ཕྱིར། མ་གྲུབ་ན། དེ་ཆོས་ཅན། དེར་ཐལ། དེ་དང་ཐ་དད་གང་ཞིག །ཁྱོད་ཡིན་ན། དེ་ཡིན་པས་ཁྱབ། དེ་ཡིན་ན། ཁྱོད་ཡིན་པས་ཁྱབ་པའི་ཕྱིར། རྟགས་རེ་རེ་ནས་སླ། རྩ་བར་འདོད་ན། རྟག་པའི་མཚན་ཉིད་ཀྱི་རྫས་ཡོད་ཆོས་གསུམ་ཚང་བ་ཆོས་ཅན། མཚོན་བྱ་མ་ཡིན་པར་ཐལ། མཚན་ཉིད་ཡིན་པའི་ཕྱིར། མ་གྲུབ་ན། དེ་ཆོས་ཅན། དེར་ཐལ། རྟག་པའི་མཚན་ཉིད་ཀྱི་མཚན་ཉིད་ཡིན་པའི་ཕྱིར། མ་གྲུབ་ན། རྟག་པའི་མཚན་ཉིད་ཆོས་ཅན། ཁྱོད་ཀྱི་རྫས་ཡོད་ཆོས་གསུམ་ཚང་བ་ཁྱོད་ཀྱི་མཚན་ཉིད་ཀྱི་མཚན་ཉིད་ཀྱི་མཚན་ཉིད་ཡིན་པར་ཐལ། ཁྱོད་མཚོན་བྱ་ཡིན་པའི་ཕྱིར།

མཚན་ཉིད་སྟེང་ནས་རང་ལྡོག་དང་། །
ཁྱབ་མཉམ་མཚོན་བྱའི་གཞི་མཐུན་ནི། །
རང་གི་མཚོན་བྱ་གང་ཡིན་དེའི། །
མཚན་ཉིད་འཛིན་པར་ཤེས་པར་བྱ། །

ཁ་ཅིག་ན་རེ། གསལ་ཞིང་རིག་པའི་ལྡོག་པ་དང་ཡིན་ཁྱབ་མཉམ་ཡང་ཡིན། མཚོན་བྱ་ཡང་ཡིན་པའི་གཞི་མཐུན་པ་དང་ཡིན་ཁྱབ་མཉམ་ཡིན་ན། མཚོན་བྱ་ཡིན་པས་ཁྱབ་ཟེར་ན། ཤེས་པའི་རྫས་ཡོད་ཆོས་གསུམ་ཚང་བའི་མཚོན་བྱ་ཆོས་ཅན། དེར་ཐལ། དེའི་ཕྱིར། མ་གྲུབ་ན། དེ་ཆོས་ཅན། དེར་ཐལ། ཁྱོད་དེ་འདྲའི་གཞི་མཐུན་པ་དང་ཐ་དད་གང་ཞིག །ཁྱོད་ཡིན་ན། དེ་འདྲའི་གཞི་མཐུན་པ་ཡིན་པས་ཁྱབ། དེ་འདྲའི་གཞི་མཐུན་པ་ཡིན་ན། ཁྱོད་ཡིན་པས་ཁྱབ་པའི་ཕྱིར། རྟགས་དང་པོ་སླ། གཉིས་པ་མ་གྲུབ་ན། དེར་ཐལ། ཤེས་པའི་མཚན་ཉིད་དེ་དེ་འདྲའི་གཞི་མཐུན་པ་ཡིན་པའི་ཕྱིར། མ་གྲུབ་ན། དེ་ཆོས་ཅན། དེར་ཐལ། གསལ་ཞིང་རིག་པའི་

ལྡོག་པ་དང་ཡིན་ཁྱབ་མཉམ་ཡིན་པ་གང་ཞིག །མཚོན་བྱ་ཡིན་པའི་ཕྱིར། རྟགས་གཉིས་པ་སླ། དང་པོ་མ་གྲུབ་ན། དེ་ཆོས་ཅན། དེར་ཐལ། དེ་དང་ཐ་དད་གང་ཞིག །ཁྱོད་ཡིན་ན། དེ་ཡིན་པས་ཁྱབ། དེ་ཡིན་ན་ཁྱོད་ཡིན་པས་ཁྱབ་པའི་ཕྱིར། རྟགས་ཕྱི་མ་གཉིས་མ་གྲུབ་ན། དེར་ཐལ། གསལ་ཞིང་རིག་པ་དེ་དེ་གཉིས་ཀ་ཡིན་པའི་ཕྱིར། རྩ་བར་འདོད་ན། ཤེས་པའི་རྫས་ཡོད་ཆོས་གསུམ་ཚང་བའི་མཚོན་བྱ་ཆོས་ཅན། མཚན་ཉིད་མ་ཡིན་པར་ཐལ། མཚོན་བྱ་ཡིན་པའི་ཕྱིར།

རང་ཉིད་མཚོན་བྱ་ཡིན་པའི་ཚེ། །
དེ་སྟེང་མཚན་ཉིད་མཚན་ཉིད་སོགས། །
དུ་ཞིག་བརྩེགས་པའི་ཚེ་ན་ཡང་། །
གཉིས་གསུམ་བཞི་སོགས་གོ་རིམ་བཞིན། །
གཅིག་གཉིས་གསུམ་གྱི་རྫས་ཡོད་ཀྱི། །
མཚོན་བྱ་ཡིན་པའི་རྒྱུ་མཚན་གྱིས། །
གཅིག་གཉིས་གསུམ་གྱི་རྫས་ཡོད་དེ། །
གཉིས་གསུམ་བཞི་ཡི་མཚན་ཉིད་ཡིན། །

ཁ་ཅིག་ན་རེ། བློས་ཡོངས་གཅོད་ཀྱི་ཚུལ་དུ་རྟོགས་པར་བྱ་བའི་ལྡོག་པ་དང་ཡིན་ཁྱབ་མཉམ་ཡང་ཡིན། མཚན་ཉིད་ཀྱང་ཡིན་པའི་གཞི་མཐུན་པ་དང་ཡིན་ཁྱབ་མཉམ་ཡིན་ན། མཚན་ཉིད་ཡིན་པས་ཁྱབ་ཟེར་ན། སྒྲུབ་པའི་མཚན་ཉིད་ཀྱི་མཚན་ཉིད་ཆོས་ཅན། དེར་ཐལ། དེའི་ཕྱིར། མ་གྲུབ་ན། དེ་ཆོས་ཅན། དེར་ཐལ། ཁྱོད་དེ་འདྲའི་གཞི་མཐུན་པ་དང་ཐ་དད་གང་ཞིག །དེ་འདྲའི་གཞི་མཐུན་པ་ཡིན་ན། ཁྱོད་ཡིན་པས་ཁྱབ། ཁྱོད་ཡིན་ན། དེ་འདྲའི་གཞི་མཐུན་པ་ཡིན་པས་ཁྱབ་པའི་ཕྱིར། རྟགས་དང་པོ་སླ། གཉིས་པ་མ་གྲུབ་ན། བློས་ཡོངས་གཅོད་ཀྱི་ཚུལ་དུ་རྟོགས་

པར་བྱ་བའི་ལྡོག་པ་དང་ཡིན་ཁྱབ་མཉམ་ཡང་ཡིན། མཚན་ཉིད་ཀྱང་ཡིན་པའི་གཞི་མཐུན་པ་ཡིན་ན། སྒྲུབ་པའི་མཚན་ཉིད་ཀྱི་མཚན་ཉིད་ཡིན་པས་ཁྱབ་པར་ཐལ། སྒྲུབ་པའི་རྫས་ཡོད་ཆོས་གསུམ་ཚང་བ་དེ་དེ་ཡིན་པའི་ཕྱིར། རྟགས་གསུམ་པའི་སྒྲུབ་ཚུལ་རིགས་འགྲེ། རྩ་བར་འདོད་ན། སྒྲུབ་པའི་མཚན་ཉིད་ཀྱི་མཚན་ཉིད་ཆོས་ཅན། མཚན་ཉིད་མ་ཡིན་པར་ཐལ། མཚོན་བྱ་ཡིན་པའི་ཕྱིར༑ མ་གྲུབ་ན། དེ་ཆོས་ཅན། དེར་ཐལ། བཏགས་ཡོད་ཆོས་གསུམ་ཚང་བ་ཡིན་པའི་ཕྱིར། མ་གྲུབ་ན། དེ་ཆོས་ཅན། དེར་ཐལ། ཁྱོད་ཀྱི་རྫས་ཡོད་ཆོས་གསུམ་ཚང་བ་ཡོད་པའི་ཕྱིར། མ་གྲུབ་ན། དེ་ཆོས་ཅན། དེར་ཐལ། སྒྲུབ་པའི་རྫས་ཡོད་གསུམ་ཚང་བ་དེ་དེ་ཡིན་པའི་ཕྱིར། མ་གྲུབ་ན། སྒྲུབ་པ་ཆོས་ཅན། ཁྱོད་ཀྱི་རྫས་ཡོད་ཆོས་གསུམ་ཚང་བ་ཁྱོད་ཀྱི་མཚན་ཉིད་ཀྱི་རྫས་ཡོད་ཆོས་གསུམ་ཚང་བ་ཡིན་པར་ཐལ། ཁྱོད་མཚོན་བྱ་ཡིན་པའི་ཕྱིར།

རང་ཉིད་མཚན་ཉིད་ཡིན་པའི་ཚེ། །
དེ་སྟེང་བཏགས་ཡོད་བཏགས་ཡོད་སོགས། །
མང་དུ་བརྩེགས་པའི་ཚེ་ན་ཡང་། །
གཉིས་གསུམ་བཞི་སོགས་གོ་རིམ་བཞིན། །
གཅིག་གཉིས་གསུམ་གྱི་མཚོན་བྱ་ཡི། །
མཚན་ཉིད་ཡིན་པའི་རྒྱུ་མཚན་གྱིས། །
གཅིག་གཉིས་གསུམ་གྱི་མཚོན་བྱ་དེ། །
གཉིས་གསུམ་བཞི་ཡི་མཚོན་བྱ་ཡིན། །
དེ་བཞིན་གྲངས་མེད་གསུམ་དུ་མཚུངས། །

ཁ་ཅིག་ན་རེ། དགག་པའི་ལྡོག་པ་དང་ཡིན་ཁྱབ་ཡང་ཡིན། མཚོན་བྱ་ཡང་ཡིན་པའི་གཞི་

མཐུན་པ་དང་ཡིན་ཁྱབ་ཡིན་ན། མཚོན་བྱ་ཡིན་པས་ཁྱབ་ཟེར་ན། བློས་རྣམ་བཅད་དུ་རྟོགས་པར་བྱ་བའི་བཏགས་ཡོད་ཆོས་གསུམ་ཚང་བའི་བཏགས་ཡོད་ཆོས་གསུམ་ཚང་བ་ཆོས་ཅན། དེར་ཐལ༑ དེའི་ཕྱིར། མ་གྲུབ་ན། དེ་ཆོས་ཅན། དེར་ཐལ། ཁྱོད་དེ་འདྲའི་གཞི་མཐུན་པ་དང་ཐ་དད་གང་ཞིག །དེ་འདྲའི་གཞི་མཐུན་པ་ཡིན་ན་ཁྱོད་ཡིན་པས་ཁྱབ། ཁྱོད་ཡིན་ན། དེ་འདྲའི་གཞི་མཐུན་པ་ཡིན་པས་ཁྱབ་པའི་ཕྱིར། རྟགས་དང་པོ་སླ། གཉིས་པ་གྲུབ་ན། དགག་པའི་ལྡོག་པ་དང་ཡིན་ཁྱབ་མཉམ་ཡང་ཡིན། མཚོན་བྱ་ཡང་ཡིན་པའི་གཞི་མཐུན་པ་ཆོས་ཅན། ཁྱོད་ཡིན་ན། བློས་རྣམ་བཅད་དུ་རྟོགས་པར་བྱ་བའི་བཏགས་ཡོད་ཆོས་གསུམ་ཚང་བའི་བཏགས་ཡོད་ཆོས་གསུམ་ཚང་བ་ཡིན་པས་ཁྱབ་པར་ཐལ། བློས་རྣམ་བཅད་དུ་རྟོགས་པར་བྱ་བའི་མཚོན་བྱ་དེ་དེ་ཡིན་པའི་ཕྱིར། རྟགས་གསུམ་པའི་སྒྲུབ་རྩོལ་གོང་ལྟར་འགྲོ། རྩ་བར་འདོད་ན། བློས་རྣམ་བཅད་དུ་རྟོགས་པར་བྱ་བའི་བཏགས་ཡོད་ཆོས་གསུམ་ཚང་བའི་བཏགས་ཡོད་ཆོས་གསུམ་ཚང་བ་ཆོས་ཅན༑ མཚོན་བྱ་མ་ཡིན་པར་ཐལ། མཚན་ཉིད་ཡིན་པའི་ཕྱིར། མ་གྲུབ་ན། དེ་ཆོས་ཅན། དེར་ཐལ༑ བློས་རྣམ་བཅད་དུ་རྟོགས་པར་བྱ་བའི་མཚོན་བྱའི་མཚན་ཉིད་ཡིན་པའི་ཕྱིར། མ་གྲུབ་ན། བློས་རྣམ་བཅད་དུ་རྟོགས་པར་བྱ་བའི་བཏགས་ཡོད་ཆོས་གསུམ་ཚང་བ་ཆོས་ཅན། ཁྱོད་ཀྱི་བཏགས་ཡོད་ཆོས་གསུམ་ཚང་བ་ཁྱོད་ཀྱི་མཚོན་བྱའི་མཚན་ཉིད་ཡིན་པར་ཐལ། ཁྱོད་མཚན་ཉིད་ཡིན་པའི་ཕྱིར།

རྫས་ཡོད་དང་ནི་མཚོན་བྱ་གཉིས། །
རྒྱུད་བརྟེགས་དང་པོ་ལས་ལྷག་མེད། །
སྤྲོ་ན་རིགས་པས་ཤེས་པར་བྱ། །

ཁ་ཅིག་ན་རེ། རྫས་ཡོད་ཆོས་གསུམ་ཚང་བའི་མཚོན་བྱའི་རྫས་ཡོད་ཆོས་གསུམ་ཚང་བའི་མཚོན་བྱ་ཡིན་ན། བཏགས་ཡོད་ཆོས་གསུམ་ཚང་བའི་རྫས་ཡོད་ཆོས་གསུམ་ཚང་བའི་ལྡོག་པ་

དང་ཡིན་ཁྱབ་མཉམ་ཡང་ཡིན། མཚན་ཉིད་ཀྱི་བཏགས་ཡོད་ཆོས་གསུམ་ཚང་བའི་ལྡོག་པ་དང་ཡིན་ཁྱབ་མཉམ་ཡང་ཡིན་པའི་གཞི་མཐུན་པ་ཡིན་པས་ཁྱབ་ཟེར་ན། རྫས་ཡོད་ཆོས་གསུམ་ཚང་བའི་མཚོན་བྱའི་མཚན་ཉིད་ཆོས་ཅན། དེར་ཐལ། དེའི་ཕྱིར། མ་གྲུབ་ན། རྫས་ཡོད་ཆོས་གསུམ་ཚང་བའི་མཚོན་བྱ་ཆོས་ཅན། ཁྱོད་ཀྱི་མཚན་ཉིད་ཁྱོད་ཀྱི་རྫས་ཡོད་ཆོས་གསུམ་ཚང་བའི་མཚོན་བྱ་ཡིན་པར་ཐལ། ཁྱོད་མཚོན་བྱ་ཡིན་པའི་ཕྱིར། རྩ་བར་འདོད་ན། རྫས་ཡོད་ཆོས་གསུམ་ཚང་བའི་མཚོན་བྱའི་མཚན་ཉིད་ཆོས་ཅན། བཏགས་ཡོད་ཆོས་གསུམ་ཚང་བའི་རྫས་ཡོད་ཆོས་གསུམ་ཚང་བའི་ལྡོག་པ་དང་ཡིན་ཁྱབ་ཡང་ཡིན། མཚན་ཉིད་ཀྱི་བཏགས་ཡོད་ཆོས་གསུམ་ཚང་བའི་ལྡོག་པ་དང་ཡིན་ཁྱབ་མཉམ་ཡང་ཡིན་པའི་གཞི་མཐུན་པ་མ་ཡིན་པར་ཐལ། བཏགས་ཡོད་ཆོས་གསུམ་ཚང་བའི་རྫས་ཡོད་ཆོས་གསུམ་ཚང་བའི་ལྡོག་པ་དང་ཡིན་ཁྱབ་མཉམ་མ་ཡིན་པ་གང་ཞིག ;མཚན་ཉིད་ཀྱི་བཏགས་ཡོད་ཆོས་གསུམ་ཚང་བའི་ལྡོག་པ་དང་ཡིན་ཁྱབ་མཉམ་ཡང་མ་ཡིན་པའི་ཕྱིར། རྟགས་རེ་རེ་ནས་གྲུབ་ཏེ། རྫས་ཡོད་ཆོས་གསུམ་ཚང་བའི་བཏགས་ཡོད་ཆོས་གསུམ་ཚང་བ་དེ་དེ་གཉིས་པོ་རེ་རེ་ནས་མ་ཡིན་པའི་ཕྱིར། དེ་གཉིས་པོ་རེ་རེ་ནས་ཡིན་པ་མེད་པའི་ཕྱིར།

ཡོད་མེད་ཀུན་གྱི་སྟེང་ནས་ནི། །
རྫས་ཡོད་ཆོས་གསུམ་མ་ཚང་བ། །
མཚན་ཉིད་མིན་པའི་མཚན་ཉིད་དང་། །
བཏགས་ཡོད་ཆོས་གསུམ་མ་ཚང་བ། །
མཚོན་བྱ་མིན་པའི་མཚན་ཉིད་དུ། །
རྒྱང་པའམ་སྤྱིལ་ཀྱང་ཁས་ལེན་བྱེད། །

ཁ་ཅིག་ན་རེ། རི་བོང་གི་རྭའི་རྫས་ཡོད་ཆོས་གསུམ་མ་ཚང་བའི་བཏགས་ཡོད་ཆོས་གསུམ་མ་

ཚང་བའི་རྫས་ཡོད་ཆོས་གསུམ་མ་ཚང་བའི་ལྡོག་པ་དང་ཡིན་ཁྱབ་མཉམ་ཡིན་ན། ཚད་མས་དམིགས་པའི་བཏགས་ཡོད་ཆོས་གསུམ་མ་ཚང་བའི་བཏགས་ཡོད་ཆོས་གསུམ་མ་ཚང་བའི་ལྡོག་པ་དང་ཡིན་ཁྱབ་མཉམ་ཡིན་པས་ཁྱབ་ཟེར་ན། རི་བོང་གི་རྭའི་རྫས་ཡོད་ཆོས་གསུམ་མ་ཚང་བའི་བཏགས་ཡོད་ཆོས་གསུམ་མ་ཚང་བའི་མཚན་ཉིད་མ་ཡིན་པའི་མཚན་ཉིད་ཆོས་ཅན། དེར་ཐལ༔ དེའི་ཕྱིར། མ་གྲུབ་ན། དེ་ཆོས་ཅན། དེར་ཐལ། དེ་དང་ཐ་དད་གང་ཞིག །དེ་ཡིན་ན། ཁྱོད་ཡིན་པས་ཁྱབ། ཁྱོད་ཡིན་ན། དེ་ཡིན་པས་ཁྱབ་པའི་ཕྱིར། རྟགས་དང་པོ་སླ། གཉིས་པ་དང་གསུམ་པ་མ་གྲུབ་ན། དེར་ཐལ། རི་བོང་རྭའི་རྫས་ཡོད་ཆོས་གསུམ་མ་ཚང་བའི་བཏགས་ཡོད་ཆོས་གསུམ་མ་ཚང་བའི་རྫས་ཡོད་ཆོས་གསུམ་མ་ཚང་བ་དེ་དེ་གཉིས་ཀའི་གཞི་མཐུན་ཡིན་པའི་ཕྱིར། རྩ་བར་འདོད་ན། རི་བོང་གི་རྭའི་རྫས་ཡོད་ཆོས་གསུམ་མ་ཚང་བའི་བཏགས་ཡོད་ཆོས་གསུམ་མ་ཚང་བའི་མཚན་ཉིད་མ་ཡིན་པའི་མཚན་ཉིད་ཆོས་ཅན། ཚད་མས་དམིགས་པའི་བཏགས་ཡོད་ཆོས་གསུམ་མ་ཚང་བའི་བཏགས་ཡོད་ཆོས་གསུམ་མ་ཚང་བའི་ལྡོག་པ་དང་ཡིན་ཁྱབ་མཉམ་མ་ཡིན་པར་ཐལ། རི་བོང་གི་རྭའི་རྫས་ཡོད་ཆོས་གསུམ་མ་ཚང་བའི་བཏགས་ཡོད་ཆོས་གསུམ་མ་ཚང་བའི་མཚན་ཉིད་མ་ཡིན་པའི་མཚན་ཉིད་ཡིན་ན། ཚད་མས་དམིགས་པའི་བཏགས་ཡོད་ཆོས་གསུམ་མ་ཚང་བའི་བཏགས་ཡོད་ཆོས་གསུམ་མ་ཚང་བའི་ལྡོག་པ་ཡིན་པས་མ་ཁྱབ་པའི་ཕྱིར། མ་གྲུབ་ན། དེར་ཐལ། རི་བོང་གི་རྭའི་རྫས་ཡོད་ཆོས་གསུམ་མ་ཚང་བའི་བཏགས་ཡོད་ཆོས་གསུམ་མ་ཚང་བའི་རྫས་ཡོད་ཆོས་གསུམ་མ་ཚང་བ་དེ་ཚད་མས་དམིགས་པའི་བཏགས་ཡོད་ཆོས་གསུམ་མ་ཚང་བའི་བཏགས་ཡོད་ཆོས་གསུམ་མ་ཚང་བའི་ལྡོག་པ་མ་ཡིན་པའི་ཕྱིར། མ་གྲུབ་ན། དེ་ཆོས་ཅན། དེར་ཐལ། དེ་དང་ཐ་དད་ཡིན་པའི་ཕྱིར།

དོན་གྱི་ཁས་ལེན་ཆེ་ན་ཡང་། །
གཞི་དེའི་མཚན་ཉིད་ཡིན་ན་ཡང་། །
མཚན་ཉིད་ཡིན་པས་མ་ཁྱབ་ཅིང་། །
མཚོན་བྱ་ལ་ཡང་དཔེར་མཚུངས་སོ། །

ཁ་ཅིག་ན་རེ། གཞི་དེའི་མཚན་ཉིད་ཡིན་ན། མཚན་ཉིད་ཡིན་པས་ཁྱབ་ཟེར་ན། ཚད་མས་མ་དམིགས་པ་ཆོས་ཅན། མཚན་ཉིད་ཡིན་པར་ཐལ། མེད་པའི་མཚན་ཉིད་ཡིན་པའི་ཕྱིར། རྩ་བར་འདོད་ན། ཚད་མས་མ་དམིགས་པ་ཆོས་ཅན། མཚན་ཉིད་མ་ཡིན་པར་ཐལ། རྫས་ཡོད་ཆོས་གསུམ་ཚང་བ་མ་ཡིན་པའི་ཕྱིར། མ་གྲུབ་ན། དེ་ཆོས་ཅན། དེར་ཐལ། རང་གི་མཚན་གཞིའི་སྟེང་དུ་མ་གྲུབ་པའི་ཕྱིར། མ་གྲུབ་ན། དེ་ཆོས་ཅན། དེར་ཐལ། རང་གི་མཚན་གཞི་མེད་པའི་ཕྱིར།

ཁ་ཅིག་ན་རེ། གཞི་དེའི་མཚོན་བྱ་ཡིན་ན། མཚོན་བྱ་ཡིན་པས་ཁྱབ་ཟེར་ན། མེད་པ་ཆོས་ཅན༑ དེར་ཐལ། དེའི་ཕྱིར། མ་གྲུབ་ན། དེ་ཆོས་ཅན། དེར་ཐལ། ཚད་མས་མ་དམིགས་པའི་མཚོན་བྱ་ཡིན་པའི་ཕྱིར། རྩ་བར་འདོད་ན། མེད་པ་ཆོས་ཅན། མཚོན་བྱ་མ་ཡིན་པར་ཐལ། རང་གི་མཚན་གཞིའི་སྟེང་དུ་མ་གྲུབ་པའི་ཕྱིར།

མཚན་ཉིད་རྣམ་དག་ཡིན་ན་ཡང་། །
མཚན་མཚོན་སྒོ་བཞི་སྒོ་བརྒྱད་སོགས། །
ཁ་ཅིག་ཆོས་ཅན་ཁྱོད་བཤགས་འཇུག །
རང་ལུགས་གཞི་ལ་སྦྱར་ནས་འགོད། །

ཁ་ཅིག་ན་རེ། བློས་རིག་པར་བྱ་བ་ཆོས་ཅན། ཁྱོད་ཡུལ་གྱི་མཚན་ཉིད་ཡིན་པར་ཐལ། ཁྱོད་ཡིན་ན། ཡུལ་ཡིན་པས་ཁྱབ། ཡུལ་ཡིན་ན། ཁྱོད་ཡིན་པས་ཁྱབ། མ་ཡིན་པ་གཉིས་པོ་

ཤུགས་ལ་གྲུབ། ཁྱོད་ཡོད་ན། ཡུལ་ཡོད་པས་ཁྱབ། ཡུལ་ཡོད་ན་ཁྱོད་ཡོད་པས་ཁྱབ། མེད་པ་གཉིས་པོ་ཤུགས་ལ་གྲུབ་པའི་ཕྱིར་ཟེར་ན། འོ་ན། ཤེས་བྱ་ཆོས་ཅན། ཡུལ་གྱི་མཚན་ཉིད་ཡིན་པར་ཐལ། རྒྱུ་མཚན་གོང་གི་དེའི་ཕྱིར། འདོད་ན། ཤེས་བྱ་ཆོས་ཅན། ཁྱོད་ཡུལ་གྱི་མཚན་ཉིད་མ་ཡིན་པར་ཐལ། ཁྱོད་མཚན་ཉིད་མ་ཡིན་པའི་ཕྱིར། མ་གྲུབ་ན། དེ་ཆོས་ཅན། དེར་ཐལ། མཚོན་བྱ་ཡིན་པའི་ཕྱིར།

རང་ལུགས་ལ། བུམ་པའི་ལྡོག་པ་དང་ཡིན་ཁྱབ་མཉམ་ཡང་ཡིན། མཚན་ཉིད་ཀྱང་ཡིན་པའི་གཞི་མཐུན་པ་ལ། ལྟོ་ལྡིར་ཞབས་ཞུམ་ཆུ་སྐྱོར་གྱི་དོན་བྱེད་ནུས་པའི་མཚོན་བྱ་འཛོག ། མཚོན་བྱ་ཡང་ཡིན་པའི་གཞི་མཐུན་པ་ལ། ལྟོ་ལྡིར་ཞབས་ཞུམ་ཆུ་སྐྱོར་གྱི་དོན་བྱེད་ནུས་པའི་མཚོན་བྱ་འཛོག །དེ་བཞིན་མཚོན་བྱ་ཐམས་ཅད་ལ་རིགས་འགྲེ། གདུང་གདེགས་ཀྱི་དོན་བྱེད་ནུས་པའི་ལྡོག་པ་དང་ཡིན་ཁྱབ་མཉམ་ཡང་ཡིན། མཚན་ཉིད་ཀྱང་ཡིན་པའི་གཞི་མཐུན་པ་ལ། ཀ་བའི་རྫས་ཡོད་ཆོས་གསུམ་ཚང་བ་འཛོག །མཚོན་བྱ་ཡང་ཡིན་པའི་གཞི་མཐུན་པ་ལ། ཀ་བའི་མཚན་ཉིད་འཛོག །དེ་བཞིན་གཞན་ཐམས་ཅད་ལ་རིགས་འགྲེ། ཤེས་བྱའི་མཚན་ཉིད་དེ༏ ཤེས་བྱའི་རྫས་ཡོད་གསུམ་ཚང་བའི་མཚོན་བྱ་དང་། ཤེས་བྱའི་མཚན་ཉིད་ཀྱི་མཚན་ཉིད་དེ་ཤེས་བྱའི་མཚན་ཉིད་ཀྱི་རྫས་ཡོད་ཆོས་གསུམ་ཚང་བའི་མཚོན་བྱ་ཡིན་པ་སོགས་མཚོན་བྱ་གང་ཡིན་ཀྱང་གྲངས་མེད་པར་དུ་རིགས་འགྲེ། བློའི་ཡུལ་དུ་བྱ་རུང་གི་བཏགས་ཡོད་ཆོས་གསུམ་ཚང་བའི་མཚོན་བྱ་དེ་བློའི་ཡུལ་དུ་བྱ་རུང་གི་བཏགས་ཡོད་ཆོས་གསུམ་ཚང་བའི་བཏགས་ཡོད་ཆོས་གསུམ་ཚང་བའི་མཚོན་བྱ་ཡིན་པ་སོགས་གྲངས་མེད་པར་དུ་རིགས་འགྲེ། རྫས་ཡོད་ཆོས་གསུམ་ཚང་བའི་རྫས་ཡོད་ཆོས་གསུམ་ཚང་བ་སོགས་མང་དུ་བརྩེགས་པ་དང་། མཚོན་བྱའི་མཚོན་བྱ་སོགས་ཅི་ཙམ་བརྩེགས་ཀྱང་མེད་ངེས་ཡིན་ཅིང་། དེ་གཉིས་སྤྱིལ་མར་བརྩེགས་པའི་ཚེ་ཡོད། བདག་མེད་ཡིན་ན། ཁྱོད་ཀྱི་རྫས་ཡོད་ཆོས་གསུམ་མ་ཚང་བ། ཁྱོད་ཀྱི་མཚན་ཉིད་མ་ཡིན་པའི་

མཚན་ཉིད་དང་། ཁྱོད་ཀྱི་བཏགས་ཡོད་ཆོས་གསུམ་མ་ཚང་བ་ཁྱོད་ཀྱི་མཚོན་བྱ་མ་ཡིན་པའི་མཚན་ཉིད་དུ་རྒྱང་པའམ་སྤྱི་ནས་བརྩེགས་ཀྱང་ཁས་ལེན་དགོས། ཚད་མས་མ་དམིགས་པ་དེ་མེད་པའི་མཚན་ཉིད་ཡིན་ཀྱང་སྤྱིར་མཚན་ཉིད་མ་ཡིན་པ་དང་། མེད་པ་དེ་ཚད་མས་མ་དམིགས་པའི་མཚོན་བྱ་ཡིན་ཀྱང་སྤྱིར་མཚོན་བྱ་མ་ཡིན་པར་ཁས་ལེན་དགོས་སོ། །

གཉིས། རྗེས་ལྡོག་གི་རྣམ་གཞག་བཤད་པ།

གཉིས་པ་རྗེས་ལྡོག་གི་རྣམ་གཞག་བཤད་པ་ནི།

ཁ་ཅིག་ཤེས་བྱར་རྗེས་ལྡོག་གིས། །
ཁྱབ་པ་མེད་ཅེས་གསུངས་པ་ཐོས། །
བསྟུས་གཞུང་ཀུན་དང་འགལ་བས་སྤོངས། །
རང་ལུགས་རྗེས་ལྡོག་དྲུག་གང་ལས། །
གཞན་པའི་ཆོས་དེ་ཙམ་པོ་བ། །
ཡིན་ཕྱིར་ཙམ་པོ་བ་ཡིན་ན། །
ཁྱོད་ཁྱོད་མིན་པའི་ཁྱབ་པ་དང་། །

ཁ་ཅིག་ན་རེ། ཙམ་པོ་བ་ཡིན་ན། ཁྱོད་ཁྱོད་མ་ཡིན་པས་ཁྱབ་ཟེར་ན། དགག་པ་དང་ཙམ་པོ་བ་གང་རུང་ཆོས་ཅན། ཁྱོད་ཁྱོད་མ་ཡིན་པར་ཐལ། ཙམ་པོ་བ་ཡིན་པའི་ཕྱིར། མ་གྲུབ་ན། དགག་པ་དང་ཙམ་པོ་བ་གང་རུང་ཆོས་ཅན། ཙམ་པོ་བ་ཡིན་པར་ཐལ། རྗེས་ལྡོག་གང་རུང་གང་ཞིག །རྗེས་ལྡོག་དང་པོ་དྲུག་པོ་གང་རུང་མ་ཡིན་པའི་ཕྱིར། རྟགས་དང་པོ་མ་གྲུབ་ན། དགག་པ་དང་ཙམ་པོ་བ་གང་རུང་ཆོས་ཅན། རྗེས་ལྡོག་གང་རུང་ཡིན་པར་ཐལ། ཤེས་བྱ་ཡིན་པའི་ཕྱིར། རྟགས་གཉིས་པ་མ་གྲུབ་ན། དགག་པ་དང་ཙམ་པོ་བ་གང་རུང་ཆོས་ཅན། རྗེས་ལྡོག་དང་པོ་

 དྲུག་པོ་གང་རུང་མ་ཡིན་པར་ཐལ། རྫས་ཆོས་དང་དེ་ལ་ཉེ་བར་བྱེད་པའི་ལྡོག་ཆོས་གང་རུང་མ་ཡིན་པ་གང་ཞིག །གཞན་ལྔ་པོ་གང་རུང་ཡང་མ་ཡིན་པའི་ཕྱིར། རྟགས་དང་པོ་མ་གྲུབ་ན། དགག་པ་དང་ཙམ་པོ་བ་གང་རུང་ཆོས་ཅན། ཁྱོད་ཁྱོད་ཡིན་པར་ཐལ། རྫས་ཆོས་དང་དེ་ལ་ཉེ་བར་བྱེད་པའི་ལྡོག་ཆོས་གང་རུང་ཡིན་པའི་ཕྱིར། འདོད་ན། དགག་པ་དང་ཙམ་པོ་བ་གང་རུང་ཆོས་ཅན། ཙམ་པོ་བ་ཡིན་པར་ཐལ། དགག་པ་དང་ཙམ་པོ་བ་གང་རུང་གང་ཞིག །དགག་པ་མ་ཡིན་པའི་ཕྱིར། རྟགས་དང་པོ་ཁས། གཉིས་པ་མ་གྲུབ་ན། དགག་པ་དང་ཙམ་པོ་བ་གང་རུང་ཆོས་ཅན། དགག་པ་མ་ཡིན་པར་ཐལ། སྒྲུབ་པ་ཡིན་པའི་ཕྱིར། གོང་དུ་འདོད་ན། རྫས་ཆོས་ཡིན་པ་བུད། རང་ཡིན་ལྡོག་ཆོས་དང་རང་ཡིན་ལྡོག་ཆོས་ལ་ཉེ་བར་བྱེད་པའི་ལྡོག་ཆོས་གཉིས་པོ་རེ་རེ་ནས་མ་ཡིན་ཏེ། དེ་ཡིན་ན་དགག་པ་དང་ཙམ་པོ་བ་གང་རུང་ཁྱོད་ཁྱོད་ཡིན་པར་ཁས་ལེན་དགོས་ལ་དེ་བླངས་ན་ཁྱོད་དེ་གཉིས་གང་རུང་ཡིན་པ་བུད། རང་མིན་ལྡོག་ཆོས་དང་རང་མིན་ལྡོག་ཆོས་ལ་ཉེ་བར་བྱེད་པའི་ལྡོག་ཆོས་གང་རུང་མ་ཡིན་ཏེ། དེ་གང་རུང་ཡིན་ན། ཁྱོད་མ་ཡིན་པ་ཁྱོད་མིན་པར་ཁས་ལེན་དགོས་པ་ལས། དགག་པ་དང་ཙམ་པོ་བ་གང་རུང་མ་ཡིན་པ་དགག་པ་དང་ཙམ་པོ་བ་གང་རུང་ཡིན་པའི་ཕྱིར་ཏེ། དགག་པ་ཡིན་པའི་ཕྱིར། མ་གྲུབ་ན། དགག་པ་དང་ཙམ་པོ་བ་གང་རུང་ཆོས་ཅན། ཁྱོད་མ་ཡིན་པ་དགག་པ་ཡིན་པར་ཐལ། ཁྱོད་མ་ཡིན་པ་གཞི་གྲུབ་པའི་ཕྱིར། རྩ་བར་འདོད་ན། དགག་པ་དང་ཙམ་པོ་བ་གང་རུང་ཆོས་ཅན། དགག་པ་དང་ཙམ་པོ་བ་གང་རུང་ཡིན་པར་ཐལ། ཙམ་པོ་བ་ཡིན་པའི་ཕྱིར། རྟགས་གོང་དུ་སྒྲུབ་ཟིན།

ཁྱོད་མ་ཡིན་པ་ཁྱོད་ཡིན་པའི། །
ཁྱབ་པ་རིམ་བཞིན་མ་ངེས་སོ། །

ཁ་ཅིག་ན་རེ། ཙམ་པོ་བ་ཡིན་ན། ཁྱོད་མ་ཡིན་པ་ཁྱོད་ཡིན་པས་ཁྱབ་ཟེར་ན། རང་མ་ཡིན་

པའི་ལྡོག་ཆོས་དང་། རང་མ་ཡིན་པའི་ལྡོག་ཆོས་ལ་ཉེ་བར་བྱེད་པའི་ལྡོག་ཆོས་གང་རུང་ཆོས་ཅན། དེར་ཐལ། དེའི་ཕྱིར། མ་གྲུབ་ན། དེ་ཆོས་ཅན། དེར་ཐལ། རྫས་ལྡོག་གང་རུང་གང་ཞིག །རྫས་ལྡོག་དང་པོ་དྲུག་པོ་གང་རུང་མ་ཡིན་པའི་ཕྱིར། རྟགས་དང་པོ་སྒྲུབ་ཚུལ་གོང་ལྟར་འགྲེ། རྟགས་གཉིས་པ་མ་གྲུབ་ན། རང་མིན་ལྡོག་ཆོས་དང་རང་མིན་ལྡོག་ཆོས་ལ་ཉེ་བར་བྱེད་པའི་ལྡོག་ཆོས་གང་རུང་ཆོས་ཅན། རྫས་ལྡོག་དང་པོ་དྲུག་པོ་གང་རུང་མ་ཡིན་པར་ཐལ། རྫས་ཆོས་དང་དེ་ལ་ཉེ་བར་བྱེད་པའི་ལྡོག་ཆོས། རང་ཡིན་ལྡོག་ཆོས། རང་ཡིན་ལྡོག་ཆོས་ལ་ཉེ་བར་བྱེད་པའི་ལྡོག་ཆོས་བཞི་པོ་གང་རུང་མ་ཡིན་པ་གང་ཞིག །རང་མིན་ལྡོག་ཆོས་དང་དེ་ལ་ཉེ་བར་བྱེད་པའི་ལྡོག་ཆོས་གང་རུང་མ་ཡིན་པའི་ཕྱིར། རྟགས་དང་པོ་མ་གྲུབ་ན། རང་མིན་ལྡོག་ཆོས་དང་དེ་ལ་ཉེ་བར་བྱེད་པའི་ལྡོག་ཆོས་གང་རུང་ཆོས་ཅན། ཁྱོད་ཁྱོད་ཡིན་པར་ཐལ། དེ་བཞི་པོ་གང་རུང་ཡིན་པའི་ཕྱིར། འདོད་ན། དེ་བཞི་པོ་གང་རུང་ཡིན་པ་བུད། རྟགས་གཉིས་པ་མ་གྲུབ་ན། རང་མིན་ལྡོག་ཆོས་དང་དེ་ལ་ཉེ་བར་བྱེད་པའི་ལྡོག་ཆོས་གང་རུང་ཆོས་ཅན། རང་མིན་ལྡོག་ཆོས་དང་དེ་ལ་ཉེ་བར་བྱེད་པའི་ལྡོག་ཆོས་གང་རུང་མ་ཡིན་པར་ཐལ། དེ་ཡིན་ན། ཁྱོད་ཁྱོད་མ་ཡིན་པར་ཁས་ལེན་དགོས་པ་ལས། ཁྱོད་ཁྱོད་མ་ཡིན་པར་ཁས་བླངས་ན། ཁས་བླངས་འགལ་བའི་ཕྱིར། རྩ་བར་འདོད་ན༑ རང་མིན་ལྡོག་ཆོས་དང་དེ་ལ་ཉེ་བར་བྱེད་པའི་ལྡོག་ཆོས་གང་རུང་ཆོས་ཅན། ཁྱོད་མ་ཡིན་པ་ཁྱོད་མ་ཡིན་པར་ཐལ། ཁྱོད་མ་ཡིན་པ་རང་མ་ཡིན་པའི་ལྡོག་ཆོས་མ་ཡིན་པ་གང་ཞིག །དེ་ལ་ཉེ་བར་བྱེད་པའི་ལྡོག་ཆོས་ཀྱང་མ་ཡིན་པའི་ཕྱིར། མ་གྲུབ་ན། དེ་ཆོས་ཅན། དེར་ཐལ། ཁྱོད་མ་ཡིན་པ་ཁྱོད་མ་ཡིན་པ་མ་ཡིན་པའི་ཕྱིར། མ་གྲུབ་ན། དེ་གང་རུང་མ་ཡིན་པ་ཆོས་ཅན། ཁྱོད་མ་ཡིན་པ་རང་མིན་ལྡོག་ཆོས་དང་དེ་ལ་ཉེ་བར་བྱེད་པའི་ལྡོག་ཆོས་གང་རུང་ཡིན་པར་ཐལ། དེ་གང་རུང་མ་ཡིན་པ་མ་ཡིན་པའི་ཕྱིར། རྟགས་ཁས། འདོད་ན། དེ་ཆོས་ཅན། ཁྱོད་ཁྱོད་མ་ཡིན་པར་ཐལ། འདོད་པ་དེའི་ཕྱིར། འདོད་ན་ཁས་བླངས་དང་འགལ།

མདོར་ན་རྫས་ལྡོག་དྲུག་གང་ལས། །
གཞན་པའི་ཆོས་དེ་ཙམ་པོ་བའི། །
མཚན་ཉིད་ཡིན་ཞེས་སྨྲ་རུང་སྟེ། །
ཙམ་པོ་བ་ལ་མུ་བཞིའི་ཆ། །
ཡོད་པ་རང་གཞན་ཀུན་ལ་གྲགས། །

ཁ་ཅིག་ན་རེ། ཁྱོད་མ་ཡིན་པ་ཁྱོད་ཡིན་ན། ཙམ་པོ་བ་མ་ཡིན་པས་ཁྱབ་ཟེར་ན། དགག་པ་དང་རང་མིན་ལྡོག་ཆོས་གང་རུང་ཆོས་ཅན། དེར་ཐལ། དེའི་ཕྱིར། མ་གྲུབ་ན། དེ་ཆོས་ཅན། དེར་ཐལ། ཁྱོད་མ་ཡིན་པ་དགག་པ་ཡིན་པའི་ཕྱིར། རྩ་བར་འདོད་ན། དགག་པ་དང་རང་མིན་ལྡོག་ཆོས་གང་རུང་ཆོས་ཅན། ཙམ་པོ་བ་ཡིན་པར་ཐལ། རྫས་ལྡོག་དང་པོ་དྲུག་པོ་གང་རུང་མ་ཡིན་པའི་ཆོས་ཡིན་པའི་ཕྱིར།

ཁྱོད་ཀྱི་ལྡོག་པ་ཙམ་པོ་བ། །
མ་ཡིན་པ་དང་འགལ་བ་དེ། །
ཙམ་པོ་བ་ཡི་མཚན་ཉིད་ཡིན། །
ལྷག་མ་ཀུན་ལ་རིགས་འགྲེ་མཛོད། །

ཁ་ཅིག་ན་རེ། ཁྱོད་མ་ཡིན་པ་ཁྱོད་མ་ཡིན་ན། ཙམ་པོ་བ་ཡིན་པས་ཁྱབ་ཟེར་ན། མཚན་ཉིད་ཆོས་ཅན། དེར་ཐལ། དེའི་ཕྱིར། མ་གྲུབ་ན། དེ་ཆོས་ཅན། དེར་ཐལ། ཁྱོད་མ་ཡིན་པ་མཚོན་བྱ་ཡིན་པའི་ཕྱིར། རྩ་བར་འདོད་ན། མཚན་ཉིད་ཆོས་ཅན། ཙམ་པོ་བ་མ་ཡིན་པར་ཐལ། ཁྱོད་ཀྱི་ལྡོག་པ་ཙམ་པོ་བ་མ་ཡིན་པ་དང་འགལ་བ་མ་ཡིན་པའི་ཕྱིར། མ་གྲུབ་ན། དེ་ཆོས་ཅན། དེར་ཐལ། ཁྱོད་རང་མིན་ལྡོག་ཆོས་ཡིན་པའི་ཕྱིར།

ཁོ་ཁོ་ཡིན་པའི་ཆོས་རྣམས་དང་། །
གཅིག་དང་ཐ་མི་དད་ལྡོག་གསུམ། །
སོ་སོར་འགལ་དང་མི་འགལ་བ། །
དངོས་པོ་ཡིན་ཆེ་རྒྱུ་དང་འབྲས། །
སྔ་ཕྱི་སྐྱེད་བྱ་སྐྱེད་བྱེད་སོགས། །
དངོས་རྒྱུ་བརྒྱུད་རྒྱུ་བྱེད་རྐྱེན་སོགས། །
གཅིག་ནས་བརྒྱ་སྟོང་བར་དག་ཏུ། །
སོ་སོའམ་སྤྱིལ་ནས་བརྩིགས་ཀྱང་རུང་། །
རྫས་ཆོས་ཡིན་ཅིང་ཉེར་ལེན་ལ། །
ནང་གསེས་དབྱེ་བ་དུ་མ་ཡོད། །

ཁ་ཅིག་ན་རེ། མཚོན་བྱའི་ལྡོག་པ་དང་མི་འགལ་བ་དང་མི་འགལ་བ་ཡིན་ན། རྫས་ཆོས་མ་ཡིན་པས་ཁྱབ་ཟེར་ན། མཚོན་བྱ་དང་གཅིག་དང་མི་འགལ་བ་ཆོས་ཅན། དེར་ཐལ། དེའི་ཕྱིར། མ་གྲུབ་ན། དེ་ཆོས་ཅན། དེར་ཐལ། ཁྱོད་ཀྱང་ཡིན། མཚོན་བྱའི་ལྡོག་པ་དང་མི་འགལ་བ་ཡང་ཡིན་པའི་གཞི་མཐུན་པ་ཡོད་པའི་ཕྱིར། མ་གྲུབ་ན། དེ་ཆོས་ཅན། དེར་ཐལ། མཚོན་བྱ་དང་གཅིག་དེ་དེ་ཡིན་པའི་ཕྱིར། རྩ་བར་འདོད་ན། མཚོན་བྱ་དང་གཅིག་དང་མི་འགལ་བ་ཆོས་ཅན། རྫས་ཆོས་ཡིན་པར་ཐལ། ཁྱོད་ཁྱོད་ཡིན། ཁྱོད་མ་ཡིན་པ་ཁྱོད་མིན། ཁྱོད་ཀྱི་ལྡོག་པ་རྫས་ཆོས་མ་ཡིན་པ་དང་འགལ་བ་ཡིན་པའི་ཕྱིར།

ཁ་ཅིག་ན་རེ། དངོས་པོ་ཡིན་ན། རང་གི་ཉེར་ལེན་རྫས་ཆོས་ཡིན་པས་ཁྱབ་ཟེར་ན། རྣམ་ཤེས་ཆོས་ཅན། དེར་ཐལ། དེའི་ཕྱིར། མ་གྲུབ་ན། དེ་ཆོས་ཅན། དེར་ཐལ། བེམ་ཤེས་གང་རུང་ཡིན་པའི་ཕྱིར། མ་གྲུབ་ན། དེ་ཆོས་ཅན། དེར་ཐལ། ཤེས་པ་ཡིན་པའི་ཕྱིར། རྩ་བར་

འདོད་ན། རྣམ་ཤེས་ཀྱི་ཉེར་ལེན་ཆོས་ཅན། རྫས་ཆོས་མ་ཡིན་པར་ཐལ། ཁྱོད་ཁྱོད་མ་ཡིན་པའི་ཕྱིར། མ་གྲུབ་ན། རྣམ་ཤེས་ཀྱི་ཉེར་ལེན་ཆོས་ཅན། རྣམ་ཤེས་ཀྱི་ཉེར་ལེན་མ་ཡིན་པར་ཐལ། ཤེས་པ་མ་ཡིན་པའི་ཕྱིར།

དགག་གཞི་ཅན་གྱི་ཆོས་ལ་ནི། །
ཁྱབ་བྱ་འབྲེལ་བ་ལྡོས་པ་གསུམ། །
རྫས་ཆོས་ཁོ་ནར་ངེས་པ་ཡིན། །

ཁ་ཅིག་ན་རེ། ཁྱོད་ཀྱི་ཁྱབ་བྱ་རྫས་ཆོས་ཡིན། ཁྱོད་ལ་ལྡོས་པ་རྫས་ཆོས་ཡིན། ཁྱོད་དང་འབྲེལ་བ་རྫས་ཆོས་ཡིན། ཁྱོད་ཞེས་བརྗོད་པའི་སྒྲ་རྫས་ཆོས་ཡིན་ན། ཁྱོད་རྫས་ཆོས་མ་ཡིན་པས་ཁྱབ་ཟེར་ན། ཀ་བ་ཆོས་ཅན། དེར་ཐལ། དེའི་ཕྱིར། དང་པོ་མ་གྲུབ་ན། ཀ་བའི་ཁྱབ་བྱ་ཆོས་ཅན། རྫས་ཆོས་ཡིན་པར་ཐལ། ཁྱོད་ཁྱོད་ཡིན། ཁྱོད་མ་ཡིན་པ་ཁྱོད་མིན། ཁྱོད་ཀྱི་ལྡོག་པ་རྫས་ཆོས་མ་ཡིན་པ་དང་འགལ་བ་ཡིན་པའི་ཕྱིར། དང་པོ་མ་གྲུབ་ན། ཀ་བའི་ཁྱབ་བྱ་ཆོས་ཅན༏ ཀ་བའི་ཁྱབ་བྱ་ཡིན་པར་ཐལ། ཁྱོད་ཀ་བ་དང་བདག་ཉིད་གཅིག་པའི་སྒོ་ནས་ཐ་དད། ཀ་བ་མེད་ན་ཁྱོད་མེད་དགོས་པའི་ཕྱིར། གོང་རྟགས་གཉིས་པ་མ་གྲུབ་ན། དེ་ཆོས་ཅན། དེར་ཐལ༏ ཀ་བ་མེད་ན། ཀ་བའི་ཁྱབ་བྱ་མ་ཡིན་པ་མེད་མི་དགོས་པའི་ཕྱིར། མ་གྲུབ་ན། ཀ་བའི་དགག་གཞི་ཆོས་ཅན། དེར་ཐལ། དེའི་ཕྱིར། གོང་རྟགས་གསུམ་པ་མ་གྲུབ་ན། ཀ་བའི་ཁྱབ་བྱ་ཆོས་ཅན། ཁྱོད་ཀྱི་ལྡོག་པ་རྫས་ཆོས་མ་ཡིན་པ་དང་འགལ་བ་ཡིན་པར་ཐལ། ཁྱོད་རྫས་ཆོས་ཡིན་པའི་ཕྱིར། དེས་ཀ་བ་ལྡོས་པ་སོགས་ཀྱང་རིགས་འགྲེས་ཏེ་ཤེས་པར་བྱའོ། །རྩ་བར་འདོད་ན། ཀ་བ་ཆོས་ཅན། རྫས་ཆོས་མ་ཡིན་པ་མ་ཡིན་པར་ཐལ། ཁྱོད་རྫས་ཆོས་ཡིན་པའི་ཕྱིར།

ཡོད་མེད་ཀུན་དང་ཐ་དད་དང་། །
སྒྲུབ་པ་ཡིན་པའི་གཞི་མཐུན་ཀུན། །
རྗེས་ཆོས་ཁོ་ནར་ངེས་པ་ཡིན། །

ཁ་ཅིག་ན་རེ། ཁྱོད་དང་ཐ་དད་ཀྱང་ཡིན། སྒྲུབ་པ་ཡང་ཡིན་པའི་གཞི་མཐུན་པ་རྗེས་ཆོས་ཡིན་ན། ཁྱོད་རྗེས་ལྡོག་གང་རུང་ཡིན་པས་ཁྱབ་ཟེར་ན། ནམ་མཁའི་པད་མོ་ཆོས་ཅན། དེར་ཐལ། དེའི་ཕྱིར། མ་གྲུབ་ན། ནམ་མཁའི་པད་མོ་དང་ཐ་དད་ཀྱང་ཡིན། སྒྲུབ་པ་ཡང་ཡིན་པའི་གཞི་མཐུན་པ་ཆོས་ཅན། ཁྱོད་རྗེས་ཆོས་ཡིན་པར་ཐལ། ཁྱོད་ཁྱོད་ཡིན། ཁྱོད་མ་ཡིན་པ་ཁྱོད་མིན། ཁྱོད་ཀྱི་ལྡོག་པ་རྗེས་ཆོས་མ་ཡིན་པ་དང་འགལ་བ་ཡིན་པའི་ཕྱིར། རྟགས་དང་པོ་མ་གྲུབ་ན། དེ་ཆོས་ཅན། དེར་ཐལ། ནམ་མཁའི་པད་མོ་དང་ཐ་དད་ཡིན་པ་གང་ཞིག །སྒྲུབ་པ་ཡང་ཡིན་པའི་ཕྱིར། དང་པོ་མ་གྲུབ་ན། དེ་ཆོས་ཅན། དེར་ཐལ། གཞི་གྲུབ་པའི་ཕྱིར། གཉིས་པ་མ་གྲུབ་ན། དེ་ཆོས་ཅན། དེར་ཐལ། གཞི་གྲུབ་པ་གང་ཞིག །དགག་པ་མ་ཡིན་པའི་ཕྱིར། གོང་རྟགས་གཉིས་པ་མ་གྲུབ་ན། ནམ་མཁའི་པད་མོ་དང་ཐ་དད་ཀྱང་ཡིན། སྒྲུབ་པ་ཡང་ཡིན་པའི་གཞི་མཐུན་པ་མ་ཡིན་པ་ཆོས་ཅན། ནམ་མཁའི་པད་མོ་དང་ཐ་དད་ཀྱང་ཡིན། སྒྲུབ་པ་ཡང་ཡིན་པའི་གཞི་མཐུན་པ་མ་ཡིན་པར་ཐལ། སྒྲུབ་པ་མ་ཡིན་པའི་ཕྱིར། གོང་རྟགས་གསུམ་པ་མ་གྲུབ་ན། དེ་ཆོས་ཅན། དེར་ཐལ། ཁྱོད་ཀྱི་ལྡོག་པ་རྗེས་ཆོས་དང་ཐ་མི་དད་དང་གཞི་མཐུན་ཡོད་པ་གང་རུང་ཡིན་པའི་ཕྱིར། མ་གྲུབ་ན། དེ་ཆོས་ཅན། དེར་ཐལ། ཁྱོད་ཀྱི་ལྡོག་པ་རྗེས་ཆོས་དང་གཞི་མཐུན་ཡོད་པ་ཡིན་པའི་ཕྱིར། རྩ་བར་འདོད་ན། ནམ་མཁའི་པད་མོ་ཆོས་ཅན། རྗེས་ལྡོག་གང་རུང་མ་ཡིན་པར་ཐལ། མེད་པའི་ཕྱིར།

ཐམས་ཅད་རང་ཉིད་བརྗོད་པའི་སྒྲ། །
རྗེས་ཆོས་ཁོ་ནར་ངེས་པ་ཡིན། །

ཁ་ཅིག་ན་རེ། ཁྱོད་ཞེས་བརྗོད་པའི་སྒྲ་རྗེས་ཆོས་ཡིན་ན། ཁྱོད་རྗེས་ཆོས་ཡིན་པས་ཁྱབ་ཟེར་ན། བཏགས་ཡོད་ཆོས་གསུམ་ཚང་བ་ཆོས་ཅན། དེར་ཐལ། དེའི་ཕྱིར། སྒྲུབ་རྩལ་གོང་ལྟར་འགྲེ། རྩ་བར་འདོད་ན། བཏགས་ཡོད་ཆོས་གསུམ་ཚང་བ་ཆོས་ཅན། རྗེས་ཆོས་མ་ཡིན་པར་ཐལ། ཁྱོད་ཁྱོད་མ་ཡིན་པའི་ཕྱིར། མ་གྲུབ་ན། བཏགས་ཡོད་ཆོས་གསུམ་ཚང་བ་ཆོས་ཅན། བཏགས་ཡོད་ཆོས་གསུམ་ཚང་བ་མ་ཡིན་པར་ཐལ། རྗེས་ཡོད་ཆོས་གསུམ་ཚང་བ་ཡིན་པའི་ཕྱིར། མ་གྲུབ་ན། དེ་ཆོས་ཅན། དེར་ཐལ། མཚན་ཉིད་ཡིན་པའི་ཕྱིར།

ཤེས་བྱ་ཀུན་ལ་ཐ་དད་དང་། །
ཕན་ཚུན་ཐ་དད་སྤྲུར་བ་དང་། །
ཁྱབ་བྱེད་འབྲེལ་ཡུལ་ལྡོག་ཡུལ་དང་། །
མེད་པ་རྣམས་དང་མ་འབྲེལ་དང་། །
ཡོད་མེད་ཀུན་གྱི་རྗེས་ཡོད་དང་། །
བཏགས་ཡོད་ཆོས་གསུམ་མ་ཚང་དང་། །
མཚོན་བྱ་མིན་དང་ཐ་དད་དང་། །
རྟག་པ་ཡིན་པའི་གཞི་མཐུན་ཀུན། །
རང་ཡིན་ལྡོག་ཆོས་ཁོ་ནར་ངེས། །

ཁ་ཅིག་ན་རེ། ཁྱོད་དང་ཐ་དད་རང་ཡིན་ལྡོག་ཆོས་ཡིན། ཁྱོད་དང་ཕན་ཚུན་ཐ་དད་དེ་ཡིན། ཁྱོད་ཀྱི་ཁྱབ་བྱེད་དེ་ཡིན། ཁྱོད་ཀྱི་འབྲེལ་ཡུལ་དེ་ཡིན། ཁྱོད་ཀྱི་ལྡོག་ཡུལ་དེ་ཡིན། ཁྱོད་ཀྱི་རྗེས

ཡོད་ཆོས་གསུམ་མ་ཚང་བ་དེ་ཡིན། ཁྱོད་ཀྱི་བཏགས་ཡོད་ཆོས་གསུམ་མ་ཚང་བ་དེ་ཡིན། ཁྱོད་ཀྱི་མཚོན་བྱ་མ་ཡིན་པ་དེ་ཡིན། ཁྱོད་ཀྱི་མཚན་ཉིད་མ་ཡིན་པ་དེ་ཡིན། ཁྱོད་དང་ཐ་དད་གང་ཡིན་རྟག་པ་ཡང་ཡིན་པའི་གཞི་མཐུན་པ་དེ་ཡིན་ན། ལྡོག་ཆོས་ཡིན་པས་ཁྱབ་ཟེར་ན། ཤེས་བྱ་ཆོས་ཅན། དེར་ཐལ། དེའི་ཕྱིར། དང་པོ་མ་གྲུབ་ན། ཤེས་བྱ་དང་ཐ་དད་ཆོས་ཅན། རང་ཡིན་ལྡོག་ཆོས་ཡིན་པར་ཐལ། ཁྱོད་ཁྱོད་ཡིན་པ་གང་ཞིག །ཁྱོད་མ་ཡིན་པ་ཁྱོད་ཡིན། ཁྱོད་ཀྱི་ལྡོག་པ་རང་ཡིན་ལྡོག་ཆོས་མ་ཡིན་པ་དང་འགལ་བ་ཡིན་པའི་ཕྱིར། དང་པོ་མ་གྲུབ་ན། ཤེས་བྱ་དང་ཐ་དད་ཆོས་ཅན། ཤེས་བྱ་དང་ཐ་དད་ཡིན་པར་ཐལ། ཡོད་པ་གང་ཞིག །ཤེས་བྱ་དང་གཅིག་མ་ཡིན་པའི་ཕྱིར། གོང་རྟགས་གཉིས་པ་མ་གྲུབ་ན། ཤེས་བྱ་དང་ཐ་དད་མ་ཡིན་པ་ཆོས་ཅན༑ ཤེས་བྱ་དང་ཐ་དད་ཡིན་པར་ཐལ། ཤེས་བྱ་དང་སོ་སོ་བའི་ཆོས་ཡིན་པའི་ཕྱིར། དེས་རྟགས་ཕྱི་མ་རྣམས་ཀྱི་སྒྲུབ་ཚུལ་རིགས་འགྲེ། རྩ་བར་འདོད་ན། ཤེས་བྱ་ཆོས་ཅན། ལྡོག་ཆོས་མ་ཡིན་པར་ཐལ། རྫས་ཆོས་ཡིན་པའི་ཕྱིར། རྟགས་སླ།

ཡང་ཁ་ཅིག་ན་རེ། ལྡོག་ཆོས་ཡིན་ན། རང་མིན་ལྡོག་ཆོས་ཡིན་པས་ཁྱབ་ཟེར་ན། རི་བོང་རྭ་དང་མ་འབྲེལ་བ་ཆོས་ཅན། དེར་ཐལ། དེའི་ཕྱིར། མ་གྲུབ་ན། དེ་ཆོས་ཅན། དེར་ཐལ། རང་ཡིན་ལྡོག་ཆོས་ཡིན་པའི་ཕྱིར། མ་གྲུབ་ན། དེ་ཆོས་ཅན། དེར་ཐལ། ཁྱོད་ཁྱོད་ཡིན། ཁྱོད་མ་ཡིན་པ་ཁྱོད་ཡིན། ཁྱོད་ཀྱི་ལྡོག་པ་རང་ཡིན་ལྡོག་ཆོས་མ་ཡིན་པ་དང་འགལ་བ་ཡིན་པའི་ཕྱིར། རྟགས་དང་པོ་གཉིས་གྲུབ་ཏེ། རི་བོང་རྭ་དང་འབྲེལ་བ་མེད་པའི་ཕྱིར། རྩ་བར་འདོད་ན། རི་བོང་རྭ་དང་མ་འབྲེལ་བ་ཆོས་ཅན། རང་མིན་ལྡོག་ཆོས་མ་ཡིན་པར་ཐལ། རང་ཡིན་ལྡོག་ཆོས་ཡིན་པའི་ཕྱིར། རྟགས་གོང་དུ་སྒྲུབ་ཟིན།

ཡོད་པ་རྣམས་ཀྱི་ལྡོག་པ་འམ། །
གཅིག་དང་ཐ་མི་དད་དམ་སྦྱར། །
ཡོད་མེད་ཀུན་དང་ཡིན་ཁྱབ་མཉམ། །
ཐ་དད་དངོས་པོའི་གཞི་མཐུན་དང་། །
ཀུན་གྱི་དངོས་འགལ་རང་མིན་པའི། །
ལྡོག་ཆོས་ཁོ་ནར་ངེས་པ་ཡིན། །

ཁ་ཅིག་ན་རེ། ཁྱོད་ཀྱི་ལྡོག་པ་རང་མིན་ལྡོག་ཆོས་ཡིན། ཁྱོད་དང་གཅིག་དེ་ཡིན། ཁྱོད་དང་ཐ་མི་དད་དེ་ཡིན། ཁྱོད་དང་ཡིན་ཁྱབ་མཉམ་དེ་ཡིན། ཁྱོད་དང་ཐ་དད་ཀྱང་ཡིན་དངོས་པོ་ཡང་ཡིན་པའི་གཞི་མཐུན་པ་དེ་ཡིན། ཁྱོད་ཀྱི་དངོས་འགལ་དེ་ཡིན་ན། ཁྱོད་རང་མིན་ལྡོག་ཆོས་ཡིན་པས་ཁྱབ་ཟེར་ན། དངོས་པོ་ཆོས་ཅན། དེར་ཐལ། དེའི་ཕྱིར། དང་པོ་མ་གྲུབ་ན། དངོས་པོའི་ལྡོག་པ་ཆོས་ཅན། རང་མིན་ལྡོག་ཆོས་ཡིན་པར་ཐལ། ཁྱོད་ཁྱོད་མིན། ཁྱོད་མ་ཡིན་པ་ཁྱོད་མིན། ཁྱོད་ཀྱི་ལྡོག་པ་རང་མིན་ལྡོག་ཆོས་མ་ཡིན་པ་དང་འགལ་བ་ཡིན་པའི་ཕྱིར། དང་པོ་མ་གྲུབ་ན། དངོས་པོའི་ལྡོག་པ་ཆོས་ཅན། དངོས་པོའི་ལྡོག་པ་མ་ཡིན་པར་ཐལ། དངོས་པོ་དང་ཐ་དད་ཡིན་པའི་ཕྱིར། གཉིས་པ་མ་གྲུབ་ན། དངོས་པོའི་ལྡོག་པ་མ་ཡིན་པ་ཆོས་ཅན། དངོས་པོའི་ལྡོག་པ་མ་ཡིན་པར་ཐལ། དངོས་པོ་དང་གཅིག་མ་ཡིན་པའི་ཕྱིར། དེས་གཞན་རྣམས་ཀྱི་སྐྱོན་ཚུལ་རིགས་འགྲེ། རྩ་བར་འདོད་ན། དངོས་པོ་ཆོས་ཅན། ལྡོག་ཆོས་མ་ཡིན་པར་ཐལ། རྫས་ཆོས་ཡིན་པའི་ཕྱིར།

ཡོད་མེད་ཀུན་དང་ཐ་དད་དང་། །
རང་མིན་ལྡོག་ཆོས་གཞི་མཐུན་ནི། །
རང་མིན་ལྡོག་ཆོས་ལ་ཉེ་བའི། །

ལྡོག་ཆོས་ཁོ་ནར་ངེས་པ་ཡིན། །

ཁ་ཅིག་ན་རེ། གཞི་གྲུབ་ན། རྗེས་ཆོས་ཡིན་པས་ཁྱབ་ཟེར་ན། ཀ་བ་དང་ཐ་དད་ཀྱང་ཡིན། རང་མ་ཡིན་པའི་ལྡོག་ཆོས་ཀྱང་ཡིན་པའི་གཞི་མཐུན་པ་ཆོས་ཅན། དེར་ཐལ། དེའི་ཕྱིར། མ་གྲུབ་ན། དེ་ཆོས་ཅན། དེར་ཐལ། བཏགས་ཡོད་ཆོས་གསུམ་ཚང་བ་དེ་དེ་ཡིན་པའི་ཕྱིར། མ་གྲུབ་ན། བཏགས་ཡོད་ཆོས་གསུམ་ཚང་བ་ཆོས་ཅན། ཀ་བ་དང་ཐ་དད་ཀྱང་ཡིན། རང་མ་ཡིན་པའི་ལྡོག་ཆོས་ཀྱང་ཡིན་པའི་གཞི་མཐུན་པ་ཡིན་པར་ཐལ། ཀ་བ་དང་ཐ་དད་ཡིན་པ་གང་ཞིག ;རང་མིན་ལྡོག་ཆོས་ཀྱང་ཡིན་པའི་ཕྱིར། རྟགས་རིམ་བཞིན་སླ། རྩ་བར་འདོད་ན། ཀ་བ་དང་ཐ་དད་ཀྱང་ཡིན། རང་མིན་ལྡོག་ཆོས་ཀྱང་ཡིན་པའི་གཞི་མཐུན་པ་ཆོས་ཅན། རྗེས་ཆོས་མ་ཡིན་པར་ཐལ། རང་མིན་ལྡོག་ཆོས་ལ་ཉེ་བར་བྱེད་པའི་ལྡོག་ཆོས་ཡིན་པའི་ཕྱིར།

ཡོད་མེད་ཀུན་དང་ཐ་དད་ལ། །
སྒྲུབ་པ་རྗེས་ཆོས་མ་ཡིན་པ། །
སྒྲུར་བའི་གཞི་མཐུན་རྗེས་ཆོས་ལ། །
ཉེ་བའི་ལྡོག་ཆོས་ཁོ་ནར་ངེས། །

ཁ་ཅིག་ན་རེ། ཁྱོད་ཁྱོད་ཡིན། ཁྱོད་མ་ཡིན་པ་ཁྱོད་མ་ཡིན་ན། ཁྱོད་རྗེས་ཆོས་ཡིན་པས་ཁྱབ་ཟེར་ན། རྟག་པ་དང་ཐ་དད་ཀྱང་ཡིན། སྒྲུབ་པ་ཡང་ཡིན། རྗེས་ཆོས་མ་ཡིན་པ་ཡང་ཡིན་པའི་གཞི་མཐུན་པ་ཆོས་ཅན། དེར་ཐལ། དེའི་ཕྱིར། མ་གྲུབ་ན། དེ་ཆོས་ཅན། དེར་ཐལ། རྗེས་ཆོས་ལ་ཉེ་བར་བྱེད་པའི་ལྡོག་ཆོས་ཡིན་པའི་ཕྱིར། མ་གྲུབ་ན། དེ་ཆོས་ཅན། དེར་ཐལ། ཁྱོད་ཁྱོད་ཡིན། ཁྱོད་མ་ཡིན་པ་ཁྱོད་མིན། ཁྱོད་ཀྱི་ལྡོག་པ་རྗེས་ཆོས་ལ་ཉེ་བར་བྱེད་པའི་ལྡོག་ཆོས་མ་ཡིན་པ་དང་འགལ་བ་ཡིན་པའི་ཕྱིར། རྩ་བར་འདོད་ན། རྟག་པ་དང་ཐ་དད་ཀྱང་ཡིན། སྒྲུབ་

པ་ཡང་ཡིན། རྫས་ཆོས་མ་ཡིན་པ་ཡང་ཡིན་པའི་གཞི་མཐུན་པ་ཆོས་ཅན། རྫས་ཆོས་མ་ཡིན་པར་ཐལ། རྫས་ཆོས་ཡིན་ན། ཁྱོད་ཁྱོད་ཡིན་དགོས། དེ་ཁྱོད་ཁྱོད་ཡིན་པ་ཁས་བླངས་ན་རྫས་ཆོས་ཡིན་པ་འགལ་བའི་ཕྱིར།

ཡོད་མེད་ཀུན་དང་ཐ་དད་ལ། །
རང་ཡིན་ལྡོག་ཆོས་མ་ཡིན་པ། །
སྤྱར་བའི་གཞི་མཐུན་རང་ཡིན་ལ། །
ཉེ་བའི་ལྡོག་ཆོས་ཁོ་ནར་ངེས། །

ཁ་ཅིག་ན་རེ། ཁྱོད་ཁྱོད་ཡིན། ཁྱོད་མ་ཡིན་པ་ཁྱོད་ཡིན་ན། ཁྱོད་རང་ཡིན་ལྡོག་ཆོས་ཡིན་པས་ཁྱབ་ཟེར་ན། སྒྲུབ་པ་དང་ཐ་དད་ཀྱང་ཡིན། རང་ཡིན་ལྡོག་ཆོས་མ་ཡིན་པ་ཡང་ཡིན་པའི་གཞི་མཐུན་པ་ཆོས་ཅན། དེར་ཐལ། དེའི་ཕྱིར། རྟགས་དང་པོ་མ་གྲུབ་ན། དེ་ཆོས་ཅན། དེར་ཐལ༑ སྒྲུབ་པ་དང་ཐ་དད་ཡིན་པ་གང་ཞིག །རང་ཡིན་ལྡོག་ཆོས་མ་ཡིན་པའི་ཕྱིར། རྟགས་གཉིས་པ་མ་གྲུབ་ན། སྒྲུབ་པ་དང་ཐ་དད་ཀྱང་ཡིན། རང་ཡིན་ལྡོག་ཆོས་མ་ཡིན་པ་ཡང་ཡིན་པའི་གཞི་མཐུན་པ་མ་ཡིན་པ་ཆོས་ཅན། སྒྲུབ་པ་དང་ཐ་དད་ཀྱང་ཡིན། རང་ཡིན་ལྡོག་ཆོས་མ་ཡིན་པ་ཡང་ཡིན་པའི་གཞི་མཐུན་པ་ཡིན་པར་ཐལ། སྒྲུབ་པ་དང་ཐ་དད་གང་ཞིག །རང་མིན་ལྡོག་ཆོས་མ་ཡིན་པའི་ཕྱིར། རྟགས་དང་པོ་སླ། གཉིས་པ་མ་གྲུབ་ན། སྒྲུབ་པ་དང་ཐ་དད་ཀྱང་ཡིན། རང་ཡིན་ལྡོག་ཆོས་མ་ཡིན་པ་ཡང་ཡིན་པའི་གཞི་མཐུན་པ་མ་ཡིན་པ་ཆོས་ཅན། ཁྱོད་སྒྲུབ་པ་དང་ཐ་དད་ཀྱང་ཡིན། རང་ཡིན་ལྡོག་ཆོས་མ་ཡིན་པ་ཡང་ཡིན་པའི་གཞི་མཐུན་པ་ཡིན་པར་ཐལ། ཁྱོད་སྒྲུབ་པ་དང་ཐ་དད་ཡིན་པ་གང་ཞིག །རང་ཡིན་ལྡོག་ཆོས་མ་ཡིན་པའི་ཕྱིར། རྟགས་དང་པོ་སླ། གཉིས་པ་མ་གྲུབ་ན། སྒྲུབ་པ་དང་ཐ་དད་ཀྱང་ཡིན། རང་ཡིན་ལྡོག་ཆོས་མ་ཡིན་པ་ཡང་

ཡིན་པའི་གཞི་མཐུན་པ་མ་ཡིན་པ་ཆོས་ཅན། ཁྱོད་མ་ཡིན་པ་ཁྱོད་ཡིན་པར་ཐལ། ཁྱོད་རང་ཡིན་ལྡོག་ཆོས་ཡིན་པའི་ཕྱིར། རྟགས་ཁས། འདོད་ན། སྤྱབ་པ་དང་ཐ་དད་ཀྱང་ཡིན། རང་ཡིན་ལྡོག་ཆོས་མ་ཡིན་པ་ཡང་ཡིན་པའི་གཞི་མཐུན་པ་ཆོས་ཅན། ཁྱོད་རང་ཡིན་ལྡོག་ཆོས་ཡིན་པར་ཐལ། ཁྱོད་མ་ཡིན་པ་མ་ཡིན་པ་རང་ཡིན་ལྡོག་ཆོས་ཡིན་པའི་ཕྱིར། འདོད་ན། ཁྱོད་ཁྱོད་ཡིན་པར་ཐལ། ཁྱོད་རང་ཡིན་ལྡོག་ཆོས་ཡིན་པའི་ཕྱིར། འདོད་ན། རང་ཡིན་ལྡོག་ཆོས་ཡིན་པ་བྱུད། རྩ་བར་འདོད་ན། སྤྱབ་པ་དང་ཐ་དད་ཀྱང་ཡིན། རང་ཡིན་ལྡོག་ཆོས་མ་ཡིན་པ་ཡང་ཡིན་པའི་གཞི་མཐུན་པ་ཆོས་ཅན། ཁྱོད་རང་ཡིན་ལྡོག་ཆོས་མ་ཡིན་པར་ཐལ། དེ་ལ་ཉེ་བར་བྱེད་པའི་ལྡོག་ཆོས་ཡིན་པའི་ཕྱིར། མ་གྲུབ་ན། དེ་ཆོས་ཅན། དེར་ཐལ། ཁྱོད་ཁྱོད་ཡིན། ཁྱོད་མ་ཡིན་པ་ཁྱོད་ཡིན། ཁྱོད་ཀྱི་ལྡོག་པ་རང་ཡིན་ལྡོག་ཆོས་ལ་ཉེ་བར་བྱེད་པའི་ལྡོག་ཆོས་མ་ཡིན་པ་དང་འགལ་བ་ཡིན་པའི་ཕྱིར།

ཡོད་མེད་ཀུན་དང་ཐ་དད་ལ། །
དགག་པ་སྦྱར་བའི་གཞི་མཐུན་དང་། །
ཁོ་ཁོ་མིན་པའི་ཆོས་རྣམས་ཀྱི། །
ལྡོག་པ་དང་ནི་འགལ་བ་དང་། །
མི་འགལ་བ་ཡང་ཕྱུང་གསུམ་པ། །
ཙམ་པོ་བ་རུ་ངེས་པ་ཡིན། །

ཁ་ཅིག་ན་རེ། ཁྱོད་དང་ཐ་དད་ཀྱང་ཡིན། དགག་པ་ཡང་ཡིན་པའི་གཞི་མཐུན་པ་ཙམ་པོ་བ་ཡིན་ཞ ཁྱོད་ཀྱི་ལྡོག་པ་དང་འགལ་བ་དེ་ཡིན། ཁྱོད་ཀྱི་ལྡོག་པ་དང་མི་འགལ་བ་དེ་ཡིན་ན། ཁྱོད་ཙམ་པོ་བ་ཡིན་པས་ཁྱབ་ཟེར་ན། འགལ་བ་ཆོས་ཅན། དེར་ཐལ། དེའི་ཕྱིར། རྟགས་དང་པོ་

མ་གྲུབ་ན། དེ་ཆོས་ཅན། དེར་ཐལ། ཅམ་པོ་བ་ལ་མྱུ་བཞི་ཡོད་པའི་ནང་ནས་ཁྱོད་ཁྱོད་མ་ཡིན་པའི་མྱུ་ཡིན་པའི་ཕྱིར། མ་གྲུབ་ན། དེ་ཆོས་ཅན། དེར་ཐལ། རྫས་དང་པོ་དྲུག་པོ་གང་རུང་མ་ཡིན་པའི་ཤེས་བྱ་གང་ཞིག །ཁྱོད་ཁྱོད་མ་ཡིན་པའི་ཕྱིར། རྟགས་ཕྱི་མ་རྣམས་ཀྱི་སྒྲུབ་ཚུལ་རིགས་འགྲེས་ཏེ་ཤེས་པར་བྱ། རྒྱ་བར་འདོད་ན། འགལ་བ་ཆོས་ཅན། ཅམ་པོ་བ་མ་ཡིན་པར་ཐལ། རང་མིན་ལྡོག་ཆོས་ཡིན་པའི་ཕྱིར།

དཔེར་ན་ཤེས་བྱ་གཞལ་བྱ་བཞིན། །
ཆོས་དེ་རང་དང་གཞི་དེ་ཡི། །
གཞི་མཐུན་ཡིན་ཅིང་གཞི་དེ་ཡང་། །
གཞི་ཆོས་གཉིས་ཀ་ཡིན་པའི་ཚེ། །
རང་རང་ལྡོག་པ་དང་འགལ་བ། །
གང་རུང་རྫས་ཆོས་ཁོ་ནར་ངེས། །
འདི་ལ་ཡོད་མེད་ལྟ་མི་དགོས། །

ཁ་ཅིག་ན་རེ། ཁྱོད་ཀྱི་ལྡོག་པ་དང་འགལ་བ་དང་། བདག་མེད་ཀྱི་ལྡོག་པ་དང་འགལ་བ་གང་རུང་རྫས་ཆོས་ཡིན་ན། ཁྱོད་རྫས་ཆོས་ཡིན་པས་ཁྱབ་ཟེར་ན། མཚོན་བྱ་ཆོས་ཅན། དེར་ཐལ། དེའི་ཕྱིར། མ་གྲུབ་ན། མཚོན་བྱའི་ལྡོག་པ་དང་འགལ་བ་དང་། བདག་མེད་ཀྱི་ལྡོག་པ་དང་འགལ་བ་གང་རུང་ཆོས་ཅན། རྫས་ཆོས་ཡིན་པར་ཐལ། ཁྱོད་ཁྱོད་ཡིན། ཁྱོད་མ་ཡིན་པ་ཁྱོད་མིན། ཁྱོད་ཀྱི་ལྡོག་པ་རྫས་ཆོས་མ་ཡིན་པ་དང་འགལ་བ་ཡིན་པའི་ཕྱིར། རྟགས་དང་པོ་མ་གྲུབ་ན། མཚོན་བྱའི་ལྡོག་པ་དང་འགལ་བ་དང་། བདག་མེད་ཀྱི་ལྡོག་པ་དང་འགལ་བ་གང་རུང་ཆོས་ཅན། མཚོན་བྱའི་ལྡོག་པ་དང་འགལ་བ་དང་། བདག་མེད་ཀྱི་ལྡོག་པ་དང་འགལ་བ་གང་རུང་ཡིན་པར་ཐལ།

མཚོན་བྱའི་ལྡོག་པ་དང་འགལ་བ་ཡིན་པའི་ཕྱིར། རྟགས་སླ། གོང་རྟགས་གཉིས་པ་མ་གྲུབ་ན། མཚོན་བྱའི་ལྡོག་དང་འགལ་བ་དང་། བདག་མེད་ཀྱི་ལྡོག་པ་དང་འགལ་བ་གང་རུང་མ་ཡིན་པ་ཆོས་ཅན། མཚོན་བྱའི་ལྡོག་པ་དང་འགལ་བ་དང་། བདག་མེད་ཀྱི་ལྡོག་པ་དང་འགལ་བ་གང་རུང་མ་ཡིན་པར་ཐལ། མཚོན་བྱའི་ལྡོག་པ་དང་འགལ་བ་མ་ཡིན་པ་གང་ཞིག །བདག་མེད་ཀྱི་ལྡོག་པ་དང་འགལ་བ་མ་ཡིན་པའི་ཕྱིར། རྟགས་སླ། རྩ་བར་འདོད་ན། མཚོན་བྱ་ཆོས་ཅན། རྫས་ཆོས་མ་ཡིན་པར་ཐལ། ལྡོག་ཆོས་ཡིན་པའི་ཕྱིར། མ་གྲུབ་ན། དེ་ཆོས་ཅན། དེར་ཐལ། རང་ཡིན་ལྡོག་ཆོས་ཡིན་པའི་ཕྱིར།

ཁ་ཅིག་ཕན་ཚུན་ཡིན་མཚུངས་ཚེ། །
རང་རང་ལྡོག་པ་དང་འགལ་བ། །
གང་རུང་རྫས་ཆོས་ཡིན་ཞེས་ཟེར། །
རང་ལུགས་བདག་མེད་དགག་པ་བཞིན། །
ཕན་ཚུན་ཡིན་པར་མཚུངས་ན་ཡང་། །
ཆོས་དེ་ཆོས་དེ་མིན་པའི་ཚེ། །
གཞི་དེ་གཞི་དེ་ཡིན་གྱུར་ཀྱང་། །
རང་རང་ལྡོག་པ་དང་འགལ་བ། །
གང་རུང་རང་ཡིན་ལྡོག་ཆོས་ཡིན། །

ཁ་ཅིག་ན་རེ། ཁྱོད་ཀྱི་ལྡོག་པ་དང་འགལ་བ་དང་། བདག་མེད་ཀྱི་ལྡོག་པ་དང་འགལ་བ་གང་རུང་རང་ཡིན་ལྡོག་ཆོས་ཡིན་ན། ཁྱོད་རང་མིན་ལྡོག་ཆོས་ཡིན་པས་ཁྱབ་ཟེར་ན། དགག་པ་ཆོས་ཅན། དེར་ཐལ། དེའི་ཕྱིར། མ་གྲུབ་ན། དགག་པའི་ལྡོག་པ་དང་འགལ་བ་དང་། བདག་མེད་ཀྱི་ལྡོག་པ་དང་འགལ་བ་གང་རུང་ཆོས་ཅན། རང་ཡིན་ལྡོག་ཆོས་ཡིན་པར་ཐལ། ཁྱོད་

ཁྱོད་ཡིན། ཁྱོད་མ་ཡིན་པ་ཁྱོད་ཡིན། ཁྱོད་ཀྱི་ལྡོག་པ་རང་ཡིན་ལྡོག་ཆོས་མ་ཡིན་པ་དང་འགལ་བ་ཡིན་པའི་ཕྱིར། རྟགས་དང་པོ་མ་གྲུབ་ན། དགག་པའི་ལྡོག་པ་དང་འགལ་བ་དང་བདག་མེད་ཀྱི་ལྡོག་པ་དང་འགལ་བ་གང་རུང་ཆོས་ཅན། དགག་པའི་ལྡོག་པ་དང་འགལ་བ་དང་། བདག་མེད་ཀྱི་ལྡོག་པ་དང་འགལ་བ་གང་རུང་ཡིན་པར་ཐལ། བདག་མེད་ཀྱི་ལྡོག་པ་དང་འགལ་བ་ཡིན་པའི་ཕྱིར། རྟགས་སླ། རྟགས་གཉིས་པ་མ་གྲུབ་ན། དགག་པའི་ལྡོག་པ་དང་འགལ་བ་དང་བདག་མེད་ཀྱི་ལྡོག་པ་དང་འགལ་བ་གང་རུང་མ་ཡིན་པ་ཆོས་ཅན། དགག་པའི་ལྡོག་པ་དང་འགལ་བ་དང་བདག་མེད་ཀྱི་ལྡོག་པ་དང་འགལ་བ་གང་རུང་ཡིན་པར་ཐལ། དགག་པའི་ལྡོག་པ་དང་འགལ་བ་ཡིན་པའི་ཕྱིར། མ་གྲུབ་ན། དེ་ཆོས་ཅན། དེར་ཐལ། དགག་པའི་ལྡོག་པ་དང་ཐ་དད་གང་ཞིག །ཁྱོད་ཀྱང་ཡིན་དགག་པའི་ལྡོག་པ་ཡང་ཡིན་པའི་གཞི་མཐུན་པ་མེད་པའི་ཕྱིར། མ་གྲུབ་ན། དེ་ཆོས་ཅན། དེར་ཐལ། དེ་ཡོད་ན་དགག་པ་དེ་དེ་ཡིན་དགོས་པ་གང་ཞིག །དགག་པ་དེ་དེ་མ་ཡིན་པའི་ཕྱིར། མ་གྲུབ་ན། དེར་ཐལ། དགག་པ་དེ་དགག་པའི་ལྡོག་པ་དང་འགལ་བ་ཡིན་པའི་ཕྱིར། རྩ་བར་འདོད་ན། དགག་པ་ཆོས་ཅན། རང་ཡིན་ལྡོག་ཆོས་མ་ཡིན་པར་ཐལ། ཙམ་པོ་བ་ཡིན་པའི་ཕྱིར། མ་གྲུབ་ན། དེ་ཆོས་ཅན། དེར་ཐལ། ཁྱོད་ཁྱོད་མིན། ཁྱོད་མ་ཡིན་པ་ཁྱོད་ཡིན། ཁྱོད་ཀྱི་ལྡོག་པ་ཙམ་པོ་བ་མ་ཡིན་པ་དང་འགལ་བ་ཡིན་པའི་ཕྱིར།

གཞན་ཡང་མཚན་ཉིད་བཏགས་ཡོད་བཞིན། །
ཕན་ཚུན་ཡིན་པར་མཚུངས་གྱུར་ཀྱང་། །
གཞི་ཆོས་རང་རང་མིན་པའི་ཚེ། །
རང་རང་ལྡོག་པ་དང་འགལ་བ། །
གང་རུང་ཙམ་པོ་བ་རུ་ངེས། །

ཁ་ཅིག་ན་རེ། ཁྱོད་ཀྱི་ལྡོག་པ་དང་འགལ་བ་དང་། མཚན་ཉིད་ཀྱི་ལྡོག་པ་དང་འགལ་བ་གང་རུང་ཙམ་པོ་བ་ཡིན་ན། ཁྱོད་ཙམ་པོ་བ་ཡིན་པས་ཁྱབ་ཟེར་ན། བཏགས་ཡོད་ཆོས་གསུམ་ཚང་བ་ཆོས་ཅན། དེར་ཐལ། དེའི་ཕྱིར། མ་གྲུབ་ན། དེ་ཆོས་ཅན། དེར་ཐལ། རྫས་ལྡོག་དང་པོ་དྲུག་པོ་གང་རུང་ལས་གཞན་པའི་ཤེས་བྱ་ཡིན་པའི་ཕྱིར། རྩ་བར་འདོད་ན། བཏགས་ཡོད་ཆོས་གསུམ་ཚང་བ་ཆོས་ཅན། ཁྱོད་ཙམ་པོ་བ་མ་ཡིན་པར་ཐལ། ཁྱོད་རང་མིན་ལྡོག་ཆོས་ཡིན་པའི་ཕྱིར།

བུམ་པ་ཤེས་བྱ་སོགས་ཀྱིས་མཚོན། །
ཕན་ཚུན་ཡོད་པར་མཚུངས་ན་ཡང་། །
ཕན་ཚུན་ཡིན་མིན་ཁྱད་ཡོད་ཚེ། །
རང་རང་ལྡོག་པ་དང་འགལ་བ། །
གང་རུང་རང་ཡིན་ལྡོག་ཆོས་ཡིན། །

ཁ་ཅིག་ན་རེ། ཁྱོད་ཀྱི་ལྡོག་པ་དང་ཤེས་བྱའི་ལྡོག་པ་གང་རུང་རང་མིན་ལྡོག་ཆོས་ཡིན་ན། ཁྱོད་ཀྱི་ལྡོག་པ་དང་འགལ་བ་དང་ཤེས་བྱའི་ལྡོག་པ་དང་འགལ་བ་གང་རུང་རང་མིན་ལྡོག་ཆོས་ཡིན་པས་ཁྱབ་ཟེར་ན། བུམ་པ་ཆོས་ཅན། དེར་ཐལ། དེའི་ཕྱིར། མ་གྲུབ་ན། བུམ་པའི་ལྡོག་པ་དང་ཤེས་བྱའི་ལྡོག་པ་གང་རུང་ཆོས་ཅན། རང་མིན་ལྡོག་ཆོས་ཡིན་པར་ཐལ། ཁྱོད་ཁྱོད་མིན། ཁྱོད་མ་ཡིན་པ་ཁྱོད་མིན། ཁྱོད་ཀྱི་ལྡོག་པ་རང་མིན་ལྡོག་ཆོས་མ་ཡིན་པ་དང་འགལ་བ་ཡིན་པའི་ཕྱིར། རྩ་བར་འདོད་ན། བུམ་པ་ཆོས་ཅན། ཁྱོད་ཀྱི་ལྡོག་པ་དང་འགལ་བ་དང་ཤེས་བྱའི་ལྡོག་པ་དང་འགལ་བ་གང་རུང་རང་མིན་ལྡོག་ཆོས་མ་ཡིན་པར་ཐལ། དེ་གང་རུང་རང་ཡིན་ལྡོག་ཆོས་ཡིན་པའི་ཕྱིར།

གཉིས་ཀ་མེད་པར་མཚུངས་པའམ། །
ཡ་གཅིག་མེད་པའི་ཚེ་ན་ནི། །
རང་རང་ལྡོག་པ་དང་འགལ་བ། །
གང་རུང་རྫས་ཆོས་ཁོ་ནར་ངེས། །
ཕན་ཚུན་ཡིན་མིན་ལྟ་མི་དགོས། །

ཁ་ཅིག་ན་རེ། ཁྱོད་ཀྱི་ལྡོག་པ་དང་འགལ་བ་དང་མེད་པའི་ལྡོག་པ་དང་འགལ་བ་གང་རུང་རྫས་ཆོས་ཡིན་ན། ཁྱོད་ཀྱི་ལྡོག་པ་དང་འགལ་བ་དང་ཡོད་པའི་ལྡོག་པ་དང་འགལ་བ་གང་རུང་རྫས་ཆོས་མ་ཡིན་པས་ཁྱབ་ཟེར་ན། མོ་གཤམ་གྱི་བུ་ཆོས་ཅན། དེར་ཐལ། དེའི་ཕྱིར། མ་གྲུབ་ན། མོ་གཤམ་གྱི་བུའི་ལྡོག་པ་དང་འགལ་བ་དང་མེད་པའི་ལྡོག་པ་དང་འགལ་བ་གང་རུང་ཆོས་ཅན། རྫས་ཆོས་ཡིན་པར་ཐལ། ཁྱོད་ཁྱོད་ཡིན། ཁྱོད་མ་ཡིན་པ་ཁྱོད་མིན། ཁྱོད་ཀྱི་ལྡོག་པ་རྫས་ཆོས་མ་ཡིན་པ་དང་འགལ་བ་ཡིན་པའི་ཕྱིར། དང་པོ་མ་གྲུབ་ན། དེ་ཆོས་ཅན། དེར་ཐལ། མོ་གཤམ་བུའི་ལྡོག་པ་དང་འགལ་བ་ཡིན་པའི་ཕྱིར། གཉིས་པ་མ་གྲུབ་ན། དེར་ཐལ། དེ་གང་རུང་མ་ཡིན་པ་མེད་པའི་ཕྱིར། རྩ་བར་འདོད་ན། མོ་གཤམ་གྱི་བུའི་ལྡོག་པ་དང་འགལ་བ་དང་ཡོད་པའི་ལྡོག་པ་དང་འགལ་བ་གང་རུང་ཆོས་ཅན། རྫས་ཆོས་མ་ཡིན་པ་མ་ཡིན་པར་ཐལ། རྫས་ཆོས་ཡིན་པའི་ཕྱིར།

ཕན་ཚུན་ཡོད་མཚུངས་མིན་མཚུངས་ན། །
རང་རང་ལྡོག་པ་དང་འགལ་བ། །
གང་རུང་ཙམ་པོ་བ་རུ་ངེས། །

ཁ་ཅིག་ན་རེ། ཁྱོད་ཀྱི་ལྡོག་པ་དང་འགལ་བ་དང་། དངོས་པོའི་ལྡོག་པ་དང་འགལ་བ་གང

རྟུང་ཙམ་པོ་བ་ཡིན་ན། ཁྱོད་ཙམ་པོ་བ་ཡིན་པས་ཁྱབ་ཟེར་ན། ཐ་དད་ཆོས་ཅན། དེར་ཐལ། དེའི་ཕྱིར། མ་གྲུབ་ན། ཐ་དད་ཀྱི་ལྡོག་པ་དང་འགལ་བ་དང་དངོས་པོའི་ལྡོག་པ་དང་འགལ་བ་གང་རུང་ཆོས་ཅན། ཙམ་པོ་བ་ཡིན་པར་ཐལ། ཁྱོད་ཁྱོད་མིན། ཁྱོད་མ་ཡིན་པ་ཁྱོད་ཡིན་པའི་ཕྱིར། རྩ་བར་འདོད་ན། ཐ་དད་ཆོས་ཅན། ཙམ་པོ་བ་མ་ཡིན་པར་ཐལ། རང་མིན་ལྡོག་ཆོས་ཡིན་པའི་ཕྱིར།

རང་གི་ལུགས་ལ། རྫས་ཆོས་ཀྱི་མཚན་ཉིད། ཁྱོད་ཁྱོད་ཡིན། ཁྱོད་མ་ཡིན་པ་ཁྱོད་མིན། ཁྱོད་ཀྱི་ལྡོག་པ་རྫས་ཆོས་མ་ཡིན་པ་དང་འགལ་བ། མཚན་གཞི་ནི། ཤེས་བྱ་ལྟ་བུ། དེ་ལ་ཉེ་བར་བྱེད་པའི་ལྡོག་ཆོས་ཀྱི་མཚན་ཉིད། གཞན་དེ་དང་འདྲ་བ་ལས། ཁྱོད་ཀྱི་ལྡོག་པ་རྫས་ཆོས་ལ་ཉེ་བར་བྱེད་པའི་ལྡོག་ཆོས་མ་ཡིན་པ་དང་འགལ་བ་ཞེས་སྦྱར། མཚན་གཞི་ནི། སྒྲུབ་པ་དང་རྫས་ཆོས་མ་ཡིན་པ་གང་རུང་། རང་ཡིན་ལྡོག་ཆོས་ཀྱི་མཚན་ཉིད། ཁྱོད་ཁྱོད་ཡིན། ཁྱོད་མ་ཡིན་པ་ཁྱོད་ཡིན། ཁྱོད་ཀྱི་ལྡོག་པ་རང་ཡིན་ལྡོག་ཆོས་མ་ཡིན་པ་དང་འགལ་བ། མཚན་གཞི་ནི། མཚོན་བྱ་ལྟ་བུ། དེ་ལ་ཉེ་བར་བྱེད་པའི་ལྡོག་ཆོས་ཀྱི་མཚན་ཉིད། གཞན་འདྲ་བ་ལས་གསུམ་པར་ཁྱོད་ཀྱི་ལྡོག་པ་རང་ཡིན་ལྡོག་ཆོས་ལ་ཉེ་བར་བྱེད་པའི་ལྡོག་ཆོས་མ་ཡིན་པ་དང་འགལ་བ་ཞེས་སྦྱར། མཚན་གཞི་ནི། དགག་པ་དང་རང་ཡིན་ལྡོག་ཆོས་མ་ཡིན་པ་གང་རུང་། རང་མིན་ལྡོག་ཆོས་ཀྱི་མཚན་ཉིད། ཁྱོད་ཁྱོད་མིན། ཁྱོད་མ་ཡིན་པ་ཁྱོད་མིན། ཁྱོད་ཀྱི་ལྡོག་པ་རང་མིན་ལྡོག་ཆོས་མ་ཡིན་པ་དང་འགལ་བ། མཚན་གཞི་ནི། མཚན་ཉིད་ལྟ་བུ། དེ་དང་ཉེ་བར་བྱེད་པའི་ལྡོག་ཆོས་ཀྱི་མཚན་ཉིད། གཞན་འདྲ་བ་ལས་གསུམ་པར་ཁྱོད་ཀྱི་ལྡོག་པ་རང་མིན་ལྡོག་ཆོས་ལ་ཉེ་བར་བྱེད་པའི་ལྡོག་ཆོས་མ་ཡིན་པ་དང་འགལ་བ། མཚན་གཞི་ནི། རང་མིན་ལྡོག་ཆོས། ལྡོག་ཆོས་ཕུང་གསུམ་ཙམ་པོ་བའི་མཚན་ཉིད། རྫས་ལྡོག་དང་པོ་དྲུག་པོ་གང་རུང་ལས་གཞན་པའི་ཆོས། དེ་ལ་མུ་བཞི་ཡོད་པ་ལས། ཁྱོད་ཁྱོད་ཡིན་པའི་མུ་ནི། དགག་པ་དང་། རང་ཡིན་ལྡོག

ཆོས་དང་། རང་མིན་ལྡོག་ཆོས་གང་རུང་མ་ཡིན་པ། ཁྱོད་ཁྱོད་མ་ཡིན་པའི་མུ། དགག་པ། ཁྱོད་མ་ཡིན་པ་ཁྱོད་ཡིན་པའི་མུ། མ་ཡིན་དགག །ཁྱོད་མ་ཡིན་པ་ཁྱོད་མ་ཡིན་པའི་མུ། རང་མིན་ལྡོག་ཆོས་སོ། །

གསུམ། འགལ་འབྲེལ་གྱི་རྣམ་གཞག་བཤད་པ།

གསུམ་པ་འགལ་འབྲེལ་གྱི་རྣམ་གཞག་བཤད་པ་ནི།

གསུམ་པ་འགལ་འབྲེལ་སྒོམ་ཚིག་ནི། །
འགལ་འབྲེལ་གཞི་ལ་སྦྱར་ནས་འགོད། །
སྤྱིར་བཏང་ཁས་ལེན་འཛིན་ཚུལ་ལ། །
ཁ་ཅིག་འགལ་དང་མི་འགལ་བའི། །
གཞི་མཐུན་ཡོད་དེ་རྒྱུ་མཚན་ནི། །
གཞི་དེར་ལྡོས་པའི་འགལ་བ་ཡི། །
འགལ་བའི་གོ་ཆོད་དེ་བཞིན་དུ། །
མི་འགལ་བ་ལ་མཚུངས་ཞེས་ཟེར། །

ཁ་ཅིག་ན་རེ། དངོས་པོ་དང་འགལ་བ་ཡིན་ན། འགལ་བ་ཡིན་པས་ཁྱབ་ཟེར་ན། རྟག་པ་ཆོས་ཅན། འགལ་བ་ཡིན་པར་ཐལ། དངོས་པོ་དང་འགལ་བ་ཡིན་པའི་ཕྱིར། མ་གྲུབ་ན། རྟག་པ་ཆོས་ཅན། དངོས་པོ་དང་འགལ་བ་ཡིན་པར་ཐལ། དངོས་པོ་དང་ཐ་དད་ཅིང་གཞི་མཐུན་མི་སྲིད་པ་ཡིན་པའི་ཕྱིར། མ་གྲུབ་ན། རྟག་པ་ཆོས་ཅན། དངོས་པོ་དང་ཐ་དད་ཅིང་གཞི་མཐུན་མི་སྲིད་པ་ཡིན་པར་ཐལ། དངོས་པོ་དང་ཐ་དད་གང་ཞིག །ཁྱོད་ཀྱང་ཡིན་དངོས་པོ་ཡང་ཡིན་པའི་གཞི་མཐུན་པ་མེད་པའི་ཕྱིར། རྟགས་དང་པོ་མ་གྲུབ་ན། རྟག་པ་ཆོས་ཅན། དངོས་པོ་དང་ཐ་དད་ཡིན་པར་ཐལ། རྟག་པ་དང་གཅིག་ཡིན་པའི་ཕྱིར། རྟགས་གཉིས་པ་མ་གྲུབ་ན། རྟག་

པ་ཆོས་ཅན། ཁྱོད་ཀྱང་ཡིན་དངོས་པོ་ཡང་ཡིན་པའི་གཞི་མཐུན་པ་མེད་པར་ཐལ། ཁྱོད་ཡིན་ན་དངོས་པོ་མ་ཡིན་པས་ཁྱབ་པའི་ཕྱིར། རྩ་བར་འདོད་ན། རྟག་པ་ཆོས་ཅན། འགལ་བ་མ་ཡིན་པར་ཐལ། ཐ་དད་མ་ཡིན་པའི་ཕྱིར།

ཡང་ཁ་ཅིག་ན་རེ། རྟག་དངོས་གཉིས་དང་མི་འགལ་བ་ཡིན་ན། མི་འགལ་བ་ཡིན་པས་ཁྱབ་ཟེར་ན། རྟག་དངོས་གཉིས་ཆོས་ཅན། དེར་ཐལ། དེའི་ཕྱིར། མ་གྲུབ་ན། དེ་ཆོས་ཅན། དེར་ཐལ། དེ་དང་ཐ་མི་དད་དང་གཞི་མཐུན་ཡོད་པ་གང་རུང་ཡིན་པའི་ཕྱིར། མ་གྲུབ་ན། རྟག་དངོས་གཉིས་ཆོས་ཅན། རྟག་དངོས་གཉིས་དང་ཐ་མི་དད་དང་གཞི་མཐུན་ཡོད་པ་གང་རུང་ཡིན་པར་ཐལ། ཐ་མི་དད་ཡིན་པའི་ཕྱིར། མ་གྲུབ་ན། རྟག་དངོས་གཉིས་ཆོས་ཅན། ཁྱོད་ཁྱོད་དང་ཐ་མི་དད་ཡིན་པར་ཐལ། ཁྱོད་བདག་མེད་ཡིན་པའི་ཕྱིར། རྩ་བར་འདོད་ན། རྟག་དངོས་གཉིས་ཆོས་ཅན། མི་འགལ་བ་མ་ཡིན་པར་ཐལ། ཐ་དད་ཅིང་གཞི་མཐུན་མི་སྲིད་པ་ཡིན་པའི་ཕྱིར།

གཞན་དག་རང་རང་མི་འགལ་བར། །
བསམ་ནས་ཡོད་ཚེ་མི་འགལ་བའི། །
ཁྱབ་ཕྱིར་འགལ་བ་མ་གྲུབ་ཀྱང་། །
གཞི་གཅིག་ལྟོས་པའི་འགལ་བ་དང་། །
མི་འགལ་སོ་སོར་གྲུབ་ཅེས་ཟེར། །

ཁ་ཅིག་ན་རེ། གཞི་གྲུབ་ན། འགལ་བ་མ་ཡིན་པས་ཁྱབ་ཟེར་ན། རྫས་ཆོས་དང་ཡིན་པ་མི་སྲིད་པའི་ཤེས་བྱ་ཆོས་ཅན། དེར་ཐལ། དེའི་ཕྱིར། མ་གྲུབ་ན། དེ་ཆོས་ཅན། དེར་ཐལ། ཚད་མས་གྲུབ་པའི་ཕྱིར། རྟགས་སླ། རྩ་བར་འདོད་ན། རྫས་ཆོས་དང་ཡིན་པ་མི་སྲིད་པའི་ཤེས་བྱ་ཆོས་ཅན། འགལ་བ་ཡིན་པར་ཐལ། ཐ་དད་ཅིང་གཞི་མཐུན་མི་སྲིད་པ་ཡིན་པའི་ཕྱིར། མ་

གྲུབ་ན། དེ་གཉིས་ཆོས་ཅན། ཐ་དད་ཅིང་གཞི་མཐུན་མི་སྲིད་པའི་ཆོས་ཡིན་པར་ཐལ། ཁྱོད་གཉིས་ཐ་དད་གང་ཞིག །ཁྱོད་གཉིས་ཀྱི་ཡིན་པ་མེད་པའི་ཕྱིར། རྟགས་དང་པོ་སླ། གཉིས་པ་མ་གྲུབ་ན། དེར་ཐལ། རྫས་ཆོས་ཡིན་ན། ཡིན་པ་མི་སྲིད་པའི་ཤེས་བྱ་མ་ཡིན་པས་ཁྱབ། ཡིན་པ་མི་སྲིད་པའི་ཤེས་བྱ་ཡིན་ན། རྫས་ཆོས་མ་ཡིན་པས་ཁྱབ་པའི་ཕྱིར།

རང་ལུགས་འགལ་དང་མི་འགལ་བ། །
སོ་སོར་ཚད་མས་གྲུབ་ན་ཡང་། །
གཉིས་ཀ་ཡིན་པ་མི་སྲིད་དེ། །
གཞི་དེར་ལྟོས་པའི་འགལ་བ་ལ། །
འགལ་བ་ཡིས་ནི་མ་ཁྱབ་ཅིང་། །
མི་འགལ་བ་ཡང་དེ་བཞིན་ནོ། །

ཁ་ཅིག་ན་རེ། རང་མིན་ལྡོག་ཆོས་ཡིན་ན། འགལ་མི་འགལ་གཉིས་ཀ་ཡིན་པས་ཁྱབ་ཟེར་ན། མཚན་མཚོན་གཉིས་ཆོས་ཅན། དེར་ཐལ། དེའི་ཕྱིར། མ་གྲུབ་ན། དེ་ཆོས་ཅན། དེར་ཐལ། ཁྱོད་ཁྱོད་མིན། ཁྱོད་མ་ཡིན་པ་ཁྱོད་མིན། ཁྱོད་ཀྱི་ལྡོག་པ་རང་མིན་ལྡོག་ཆོས་མ་ཡིན་པ་དང་འགལ་བ་ཡིན་པའི་ཕྱིར། རྩ་བར་འདོད་ན། མཚན་མཚོན་གཉིས་ཆོས་ཅན། འགལ་མི་འགལ་གཉིས་ཀ་མ་ཡིན་པར་ཐལ། མི་འགལ་བ་མ་ཡིན་པའི་ཕྱིར། མ་གྲུབ་ན། དེ་གཉིས་ཆོས་ཅན། དེར་ཐལ། ཐ་མི་དད་དང་གཞི་མཐུན་ཡོད་པ་གང་རུང་མ་ཡིན་པའི་ཕྱིར། མ་གྲུབ་ན། དེ་གཉིས་ཆོས་ཅན། དེར་ཐལ། ཐ་དད་ཅིང་གཞི་མཐུན་མི་སྲིད་པ་ཡིན་པའི་ཕྱིར།

དཔེར་ན་ཤེས་བྱ་ཀུན་བསྡུ་ན། །
གཅིག་དང་ཐ་དད་གཉིས་སུ་བསྡུ། །
ཡང་ན་རྟོད་གཞི་ཡན་གར་དང་། །
གཅིག་དང་དུ་མ་ཚོགས་པར་འདུ། །
དེས་ན་གཅིག་དང་ཡན་གར་བ། །
ལ་ནི་མི་འགལ་བས་ཁྱབ་ཅིང་། །

ཁ་ཅིག་ན་རེ། ཤེས་བྱ་ཡིན་ན། འགལ་བ་ཡིན་པས་ཁྱབ་ཟེར་ན། བུམ་པ་ཆོས་ཅན། དེར་ཐལ། དེའི་ཕྱིར། མ་གྲུབ་ན། དེ་ཆོས་ཅན། དེར་ཐལ། དངོས་པོ་ཡིན་པའི་ཕྱིར། མ་གྲུབ་ན། དེ་ཆོས་ཅན། དེར་ཐལ། དོན་བྱེད་ནུས་པ་ཡིན་པའི་ཕྱིར། མ་གྲུབ་ན། དེ་ཆོས་ཅན། དེར་ཐལ། ལྟོ་ལྡིར་ཞབས་ཞུམ་ཆུ་སྐྱོར་གྱི་དོན་བྱེད་ནུས་པ་ཡིན་པའི་ཕྱིར། རྩ་བར་འདོད་ན། བུམ་པ་ཆོས་ཅན། འགལ་བ་མ་ཡིན་པར་ཐལ། ཐ་དད་མ་ཡིན་པའི་ཕྱིར། མ་གྲུབ་ན། དེ་ཆོས་ཅན། དེར་ཐལ། རྟོད་གཞི་ཡན་གར་བ་ཡིན་པའི་ཕྱིར།

ཐ་དད་དུ་མ་ཚོགས་པ་ལ། །
རྟག་དངོས་གཉིས་སོགས་འགལ་བ་དང་། །

ཁ་ཅིག་ན་རེ། ཐ་དད་ཡིན་ན། མི་འགལ་བ་ཡིན་པས་ཁྱབ་ཟེར་ན། རྟག་དངོས་གཉིས་ཆོས་ཅན༑ དེར་ཐལ། དེའི་ཕྱིར། མ་གྲུབ་ན། དེ་གཉིས་ཆོས་ཅན། དེར་ཐལ། ཡོད་པ་གང་ཞིག །གཅིག་མ་ཡིན་པའི་ཕྱིར། རྩ་བར་འདོད་ན། རྟག་དངོས་གཉིས་ཆོས་ཅན། འགལ་བ་ཡིན་པར་ཐལ། ཐ་དད་ཅིང་གཞི་མཐུན་མི་སྲིད་པ་ཡིན་པའི་ཕྱིར།

རྟག་སྐྲུབ་གཉིས་སོགས་མི་འགལ་བ། །
གཉིས་སུ་ཡོད་ཅིང་མེད་དེས་ནི། །
མི་འགལ་བ་ཡིན་མེད་དེས་ལ། །
མི་འགལ་ཐ་མི་དད་ནི་མེད། །

ཁ་ཅིག་ན་རེ། ཐ་དད་ཡིན་ན། འགལ་བ་ཡིན་པས་ཁྱབ་ཟེར་ན། རྟག་སྐྲུབ་གཉིས་ཆོས་ཅན། དེར་ཐལ། དེའི་ཕྱིར། རྟགས་སྨྲ། རྩ་བར་འདོད་ན། རྟག་སྐྲུབ་གཉིས་ཆོས་ཅན། འགལ་བ་མ་ཡིན་པར་ཐལ; ཐ་དད་ཅིང་གཞི་མཐུན་མི་སྲིད་པ་མ་ཡིན་པའི་ཕྱིར། མ་གྲུབ་ན། དེ་གཉིས་ཆོས་ཅན། དེར་ཐལ། ཐ་མི་དད་དང་གཞི་མཐུན་ཡོད་པ་གང་རུང་ཡིན་པའི་ཕྱིར། མ་གྲུབ་ན། དེ་གཉིས་ཆོས་ཅན། དེར་ཐལ། གཞི་མཐུན་ཡོད་པ་ཡིན་པའི་ཕྱིར། མ་གྲུབ་ན། དེ་ཆོས་ཅན། དེར་ཐལ། ཡོད་པ་དེ་ཡིན་པའི་ཕྱིར།

ཁ་ཅིག་ན་རེ། ཁྱོད་ཡིན་ན། མི་འགལ་བ་ཡིན་པས་ཁྱབ་ན། ཁྱོད་དང་འགལ་བ་མེད་པས་ཁྱབ་ཟེར་ན། མེད་དེས་ཆོས་ཅན། དེར་ཐལ། དེའི་ཕྱིར། མ་གྲུབ་ན། མེད་དེས་ཆོས་ཅན། ཁྱོད་ཡིན་ན། མི་འགལ་བ་ཡིན་པས་ཁྱབ་པར་ཐལ། ཁྱོད་ཡིན་ན། ཐ་མི་དད་ཡིན་པས་ཁྱབ་པའི་ཕྱིར། རྩ་བར་འདོད་ན། མེད་དེས་ཆོས་ཅན། ཁྱོད་དང་འགལ་བ་ཡོད་པར་ཐལ། དངོས་པོ་དེ་དེ་ཡིན་པའི་ཕྱིར། མ་གྲུབ་ན། དངོས་པོ་ཆོས་ཅན། མེད་དེས་དང་འགལ་བ་ཡིན་པར་ཐལ། མེད་དེས་དང་ཐ་དད་ཅིང་གཞི་མཐུན་མི་སྲིད་པ་ཡིན་པའི་ཕྱིར། མ་གྲུབ་ན། དངོས་པོ་ཆོས་ཅན། དེར་ཐལ། ཤེས་བྱ་ཡིན་པའི་ཕྱིར།

ཡོད་མེད་ཀུན་ལ་འགལ་བ་སྲིད། །
མེད་ལ་ཕན་ཚུན་འགལ་བ་མེད། །

ཁ་ཅིག་ན་རེ། ཁྱོད་དང་འགལ་བ་ཡིན་ན། ཁྱོད་དང་ཕན་ཚུན་འགལ་བ་ཡིན་པས་ཁྱབ་

ཟེར་ན། དངོས་པོ་ཁོ་ན་ཆོས་ཅན། དགག་པ་ཁྱོད་དང་ཕན་ཚུན་འགལ་བ་ཡིན་པར་ཐལ། དགག་པ་ཁྱོད་དང་འགལ་བ་ཡིན་པའི་ཕྱིར། མ་གྲུབ་ན། དགག་པ་ཆོས་ཅན། དངོས་པོ་ཁོ་ན་དང་འགལ་བ་ཡིན་པར་ཐལ། དངོས་པོ་ཁོ་ན་དང་ཐ་དད་ཅིང་གཞི་མཐུན་མི་སྲིད་པ་ཡིན་པའི་ཕྱིར། རྟགས་སླ། རྩ་བར་འདོད་ན། དངོས་པོ་ཁོ་ན་ཆོས་ཅན། དགག་པ་ཁྱོད་དང་ཕན་ཚུན་འགལ་བ་མ་ཡིན་པར་ཐལ། ཁྱོད་དགག་པ་དང་འགལ་བ་མ་ཡིན་པའི་ཕྱིར། མ་གྲུབ་ན། དེ་ཆོས་ཅན། དེར་ཐལ། དེ་དང་ཐ་དད་ཅིང་གཞི་མཐུན་མི་སྲིད་པ་མ་ཡིན་པའི་ཕྱིར། མ་གྲུབ་ན། དེ་ཆོས་ཅན། དེར་ཐལ། དེ་དང་ཐ་དད་མ་ཡིན་པའི་ཕྱིར། མ་གྲུབ་ན། དེ་ཆོས་ཅན། དེར་ཐལ། དེ་དང་སོ་སོ་བའི་ཆོས་མ་ཡིན་པའི་ཕྱིར། མ་གྲུབ་ན། དེ་ཆོས་ཅན། དེར་ཐལ། ཆོས་མ་ཡིན་པའི་ཕྱིར། མ་གྲུབ་ན། དེ་ཆོས་ཅན། དེར་ཐལ། ཡོད་པ་མ་ཡིན་པའི་ཕྱིར། མ་གྲུབ་ན། དངོས་པོ་ཁོ་ན་མེད་པར་ཐལ། དངོས་མེད་ཡོད་པའི་ཕྱིར།

ཐ་མི་དད་དང་མི་འགལ་བ། །
འབྲེལ་བ་གཅིག་དང་ལྡོག་པ་སོགས། །
ཡོད་པ་ཤེས་བྱའི་ཡོན་ཏན་ཡིན། །

ཁ་ཅིག་ན་རེ། ཁྱོད་འགལ་བ་ཡིན་ན། ཁྱོད་དང་མི་འགལ་བ་མེད་པས་ཁྱབ་ཟེར་ན། མཚན་མཚོན་གཉིས་ཆོས་ཅན། དེར་ཐལ། དེའི་ཕྱིར། མ་གྲུབ་ན། དེ་ཆོས་ཅན། དེར་ཐལ། ཐ་དད་ཅིང་གཞི་མཐུན་མི་སྲིད་པ་ཡིན་པའི་ཕྱིར། རྟགས་སླ། རྩ་བར་འདོད་ན། མཚན་མཚོན་གཉིས་ཆོས་ཅན། ཁྱོད་དང་མི་འགལ་བ་ཡོད་པར་ཐལ། ཁྱོད་ཡོད་པ་གང་ཞིག །ཁྱོད་ཁྱོད་དང་མི་འགལ་བ་ཡིན་པའི་ཕྱིར།

ཐ་དད་གཞི་མཐུན་མི་སྲིད་པ། །
སྤྱིར་བཏང་འགལ་བའི་མཚན་ཉིད་ཡིན། །

གཞི་སྦྱོར་མ་ལ་རིགས་འགྲེ་མཛོད། །
དབྱེ་ན་དངོས་འགལ་བརྒྱུད་འགལ་གཉིས། །
བརྒྱུད་འགལ་སྒོ་གཉིས་དངོས་འགལ་ལ། །
སྒོ་བཞི་ཡོད་ཕྱིར་དང་པོ་ལ། །
སྒོ་གཅིག་ཟུར་ནས་སྟོན་དགོས་ཤིང་། །
རང་ལྡོག་གཞན་ལྡོག་མི་འཆད་ན། །
ཕྱི་མ་ལ་ནི་སྟོན་མི་དགོས། །
རང་ལྡོག་གཞན་ལྡོག་འཆད་པའི་ཚེ། །
བརྒྱུད་འགལ་རྟགས་མགོ་བཞིན་འགོད་ཅིང་། །
དངོས་འགལ་རྟགས་མགོ་ལྡུར་འགོད་དགོས། །
དཔེར་ན་དངོས་འགལ་ཡིན་པའི་ཚེ། །
བརྒྱུད་འགལ་ཡིན་པའི་ཁྱབ་པ་ནི། །
ཆོས་སེང་ལུགས་ཡིན་ཆོས་གྲགས་ནི། །
དེ་གཉིས་ཡིན་པ་མེད་པར་གསུངས། །

ཁ་ཅིག་ན་རེ། ཆོས་དེ་ཁྱོད་དང་དངོས་འགལ་ཡིན་ན། ཆོས་དེ་ཁྱོད་དང་བརྒྱུད་འགལ་མ་ཡིན་པས་ཁྱབ་ཟེར་ན། རྟག་པ་ཆོས་ཅན། ཁྱོད་དངོས་པོ་དང་བརྒྱུད་འགལ་མ་ཡིན་པར་ཐལ། ཁྱོད་དངོས་པོ་དང་དངོས་འགལ་ཡིན་པའི་ཕྱིར། ཁྱབ་པ་ཁས། རྟགས་མ་གྲུབ་ན། དེ་ཆོས་ཅན། དེར་ཐལ༑ ཁྱོད་དངོས་པོ་དང་ཐ་དད་གང་ཞིག །དངོས་པོ་ཡིན་ན། ཁྱོད་མ་ཡིན་པས་ཁྱབ། ཁྱོད་ཡིན་ན། དངོས་པོ་མ་ཡིན་པས་ཁྱབ། དངོས་པོ་མ་ཡིན་ན། ཁྱོད་ཡིན་པས་ཁྱབ། ཁྱོད་མ་ཡིན་ན། དངོས་པོ་ཡིན་པས་ཁྱབ་པའི་ཕྱིར། རྟགས་རིམ་བཞིན་སླ། རྩ་བར་འདོད་ན། རྟག་པ་ཆོས་ཅན།

ཁྱོད་དངོས་པོ་དང་བརྒྱུད་འགལ་ཡིན་པར་ཐལ། ཁྱོད་ཡིན་ན། དངོས་པོ་མ་ཡིན་པས་ཁྱབ། དངོས་པོ་ཡིན་ན། ཁྱོད་མ་ཡིན་པས་ཁྱབ། ཁྱོད་གཉིས་ཐ་དད་ཡིན་པའི་ཕྱིར།

ཡོད་མེད་ཀུན་དང་འགལ་བ་དེ། །
དེ་དང་མི་འགལ་དངོས་འགལ་དང་། །
དེ་དང་འགལ་དང་མི་འགལ་དང་། །
སྒྲུབ་པ་གསུམ་གྱི་གཞི་མཐུན་ཡིན། །

ཁ་ཅིག་ན་རེ། བུམ་པ་དང་མི་འགལ་བ་དང་དངོས་འགལ་ཡང་ཡིན། བུམ་པ་དང་འགལ་བ་དང་མི་འགལ་བ་ཡང་ཡིན་སྒྲུབ་པ་ཡང་ཡིན་པའི་གཞི་མཐུན་པ་ཡིན་ན། བུམ་པ་དང་འགལ་བ་ཡིན་པས་ཁྱབ་ཟེར་ན། བུམ་དང་འགལ་བ་ཆོས་ཅན། དེར་ཐལ། དེའི་ཕྱིར། རྟགས་དང་པོ་མ་གྲུབ་ན། དེ་ཆོས་ཅན། དེར་ཐལ། ཁྱོད་བུམ་པ་དང་མི་འགལ་བ་དང་ཐ་དད་གང་ཞིག །བུམ་པ་དང་མི་འགལ་བ་ཡིན་ན། ཁྱོད་མ་ཡིན་པས་ཁྱབ། ཁྱོད་ཡིན་ན། བུམ་པ་དང་མི་འགལ་བ་མ་ཡིན་པས་ཁྱབ། བུམ་པ་དང་འགལ་བ་མ་ཡིན་ན། བུམ་པ་དང་མི་འགལ་བ་ཡིན་པས་ཁྱབ། བུམ་པ་དང་མི་འགལ་བ་མ་ཡིན་ན། བུམ་པ་དང་འགལ་བ་ཡིན་པས་ཁྱབ་པའི་ཕྱིར། གོང་རྟགས་གཉིས་སྔ། གསུམ་པ་མ་གྲུབ་ན། དེ་ཆོས་ཅན། དེར་ཐལ། ཡོད་པ་གང་ཞིག །དགག་པ་མ་ཡིན་པའི་ཕྱིར། རྩ་བར་འདོད་ན། བུམ་པ་དང་འགལ་བ་ཆོས་ཅན། བུམ་པ་དང་འགལ་བ་མ་ཡིན་པར་ཐལ། བུམ་པ་དང་མི་འགལ་བ་ཡིན་པའི་ཕྱིར། མ་གྲུབ་ན། དེ་ཆོས་ཅན། དེར་ཐལ། ཁྱོད་ཀྱང་ཡིན། བུམ་པ་ཡང་ཡིན་པའི་གཞི་མཐུན་པ་ཡོད་པའི་ཕྱིར། མ་གྲུབ་ན། དེ་ཆོས་ཅན། དེར་ཐལ། གསེར་བུམ་ཟངས་བུམ་གཉིས་དེ་ཡིན་པའི་ཕྱིར།

ཡོད་ཚེ་དེ་དང་མི་འགལ་བ། །
དེ་དང་འགལ་དང་དངོས་འགལ་དང་། །
དེ་དང་མི་འགལ་གཉིས་བརྩེགས་དང་། །
དགག་པ་གསུམ་གྱི་གཞི་མཐུན་ཡིན། །

ཁ་ཅིག་ན་རེ། རྟག་དངོས་གཉིས་དང་འགལ་བ་དང་དངོས་འགལ་ཡང་ཡིན། མི་འགལ་བ་དང་མི་འགལ་བ་ཡང་ཡིན། དགག་པ་ཡང་ཡིན་པའི་གཞི་མཐུན་པ་ཡིན་ན། རྟག་དངོས་གཉིས་དང་མི་འགལ་བ་ཡིན་པས་ཁྱབ་ཟེར་ན། རྟག་དངོས་གཉིས་དང་མི་འགལ་བ་ཆོས་ཅན། དེར་ཐལ། དེའི་ཕྱིར། མ་གྲུབ་ན། དེ་ཆོས་ཅན། དེར་ཐལ། དེ་གསུམ་ཀ་ཡིན་པའི་ཕྱིར། དང་པོ་མ་གྲུབ་ན། དེ་ཆོས་ཅན། དེར་ཐལ། ཁྱོད་གཉིས་ཐ་དད་གང་ཞིག །རྟག་དངོས་གཉིས་དང་མི་འགལ་བ་ཡིན་ན། དེ་དང་འགལ་བ་མ་ཡིན་པས་ཁྱབ། རྟག་དངོས་གཉིས་དང་འགལ་བ་ཡིན་ན། དེ་དང་འགལ་བ་མ་ཡིན་པས་ཁྱབ། དེ་དང་འགལ་བ་མ་ཡིན་ན། དེ་དང་མི་འགལ་བ་ཡིན་པས་ཁྱབ། དེ་དང་མི་འགལ་བ་མ་ཡིན་ན་དེ་དང་འགལ་བ་ཡིན་པས་ཁྱབ་པའི་ཕྱིར། གོང་རྟགས་གསུམ་པ་མ་གྲུབ་ན། རྟག་དངོས་གཉིས་ཆོས་ཅན། ཁྱོད་དང་མི་འགལ་བ་དགག་པ་ཡིན་པར་ཐལ། ཁྱོད་གཞི་གྲུབ་པའི་ཕྱིར། རྩ་བར་འདོད་ན། རྟག་དངོས་གཉིས་དང་མི་འགལ་བ་ཆོས་ཅན། རྟག་དངོས་གཉིས་དང་འགལ་བ་ཡིན་པར་ཐལ། རྟག་དངོས་གཉིས་དང་ཐ་དད་དུ་གྱུར་བའི་ཤེས་བྱ་ཡིན་པའི་ཕྱིར།

རང་རང་ཡིན་པའི་ཆོས་རྣམས་ཀྱི། །
གཅིག་དང་ལྡོག་པའི་སྟེང་ནས་ནི། །
དེ་དང་འགལ་གཉིས་མི་འགལ་གཉིས། །
མི་འགལ་གཅིག་གི་གཞི་མཐུན་ནི། །

རང་དང་གཅིག་དེ་ཀུན་ལ་འགྲོ། །

ཁ་ཅིག་ན་རེ། མཚོན་བྱའི་ལྡོག་པ་དང་འགལ་བ་དང་འགལ་བ་ཡང་ཡིན། མི་འགལ་བ་དང་མི་འགལ་བ་ཡང་ཡིན་པའི་གཞི་མཐུན་པ་ཡིན་ན། མཚོན་བྱའི་ལྡོག་པ་དང་འགལ་བ་ཡིན་པས་ཁྱབ་ཟེར་ན། མཚོན་བྱ་དང་གཅིག་ཆོས་ཅན། དེར་ཐལ། དེའི་ཕྱིར། མ་གྲུབ་ན། དེ་ཆོས་ཅན། དེར་ཐལ། མཚོན་བྱའི་ལྡོག་པ་དང་འགལ་བ་དང་འགལ་བ་ཡིན་པ་གང་ཞིག །དེ་དང་མི་འགལ་བ་དང་མི་འགལ་བ་ཡིན་པའི་ཕྱིར། དང་པོ་མ་གྲུབ་ན། དེ་ཆོས་ཅན། དེར་ཐལ། ཁྱོད་མཚོན་བྱའི་ལྡོག་པ་དང་འགལ་བ་དང་ཐ་དད་གང་ཞིག །ཁྱོད་ཀྱང་ཡིན་མཚོན་བྱའི་ལྡོག་པ་དང་འགལ་བ་ཡང་ཡིན་པའི་གཞི་མཐུན་པ་མེད་པའི་ཕྱིར། མ་གྲུབ་ན། དེར་ཐལ། མཚོན་བྱ་དེ་དེ་མ་ཡིན་པའི་ཕྱིར། གཉིས་པ་མ་གྲུབ་ན། དེར་ཐལ། ཁྱོད་ཀྱང་ཡིན་མཚོན་བྱའི་ལྡོག་པ་དང་མི་འགལ་བ་ཡང་ཡིན་པའི་གཞི་མཐུན་པ་ཡོད་པའི་ཕྱིར། མ་གྲུབ་ན། དེར་ཐལ། མཚོན་བྱ་དེ་དེ་ཡིན་པའི་ཕྱིར༑ རྩ་བར་འདོད་ན། མཚོན་བྱ་ཆོས་ཅན། ཁྱོད་དང་གཅིག་ཁྱོད་ཀྱི་ལྡོག་པ་དང་འགལ་བ་མ་ཡིན་པར་ཐལ། ཁྱོད་གཞི་གྲུབ་པའི་ཕྱིར།

རང་རང་མིན་པའི་ཆོས་རྣམས་ལ། །
དེ་འདྲའི་གཞི་མཐུན་མེད་པར་གསུངས། །

ཁ་ཅིག་ན་རེ། གཞི་གྲུབ་ན། ཁྱོད་དང་གཅིག །ཁྱོད་ཀྱི་ལྡོག་པ་དང་འགལ་བ་དང་འགལ་བ་ཡང་ཡིན། མི་འགལ་བ་དང་མི་འགལ་བ་ཡང་ཡིན། ཁྱོད་ཀྱི་ལྡོག་པ་དང་མི་འགལ་བ་ཡང་ཡིན་པའི་གཞི་མཐུན་པ་ཡིན་པས་ཁྱབ་ཟེར་ན། མཚན་ཉིད་ཆོས་ཅན། དེར་ཐལ། དེའི་ཕྱིར། རྟགས་སླ། རྩ་བར་འདོད་ན། མཚན་ཉིད་ཆོས་ཅན། ཁྱོད་དང་གཅིག་དེ་འདྲའི་གཞི་མཐུན་མ་ཡིན་པར་ཐལ། ཁྱོད་ཀྱི་ལྡོག་པ་དང་འགལ་བ་དང་འགལ་བ་མ་ཡིན་པ་གང་ཞིག །ཁྱོད་ཀྱི་ལྡོག་པ་དང་མི་འགལ་

བ་དང་མི་འགལ་བ་མ་ཡིན་པའི་ཕྱིར། དང་པོ་མ་གྲུབ་ན། དེ་ཆོས་ཅན། དེར་ཐལ། ཁྱོད་དང་གཅིག་ཀྱང་ཡིན་མཚན་ཉིད་ཀྱི་ལྡོག་པ་དང་འགལ་བ་ཡང་ཡིན་པའི་གཞི་མཐུན་པ་ཡོད་པའི་ཕྱིར། མ་གྲུབ་ན། དེ་ཆོས་ཅན། དེར་ཐལ། མཚན་ཉིད་དེ་མཚན་ཉིད་དང་གཅིག་ཡིན་པ་གང་ཞིག །མཚན་ཉིད་ཀྱི་ལྡོག་པ་དང་འགལ་བ་ཡིན་པའི་ཕྱིར། དང་པོ་སླ། ཕྱི་མ་མ་གྲུབ་ན། མཚན་ཉིད་ཆོས་ཅན༑ ཁྱོད་མཚན་ཉིད་ཀྱི་ལྡོག་པ་དང་འགལ་བ་ཡིན་པར་ཐལ། ཁྱོད་མཚན་ཉིད་ཀྱི་ལྡོག་པ་དང་ཐ་དད་གང་ཞིག །ཁྱོད་ཀྱང་ཡིན་མཚན་ཉིད་ཀྱི་ལྡོག་པ་ཡང་ཡིན་པའི་གཞི་མཐུན་པ་མེད་པའི་ཕྱིར། ཕྱི་མ་མ་གྲུབ་ན། མཚན་ཉིད་ཆོས་ཅན། ཁྱོད་ཀྱི་ལྡོག་པ་ཡང་ཡིན་མཚན་ཉིད་ཀྱང་ཡིན་པའི་གཞི་མཐུན་པ་མེད་པར་ཐལ། ཁྱོད་མཚོན་བྱ་ཡིན་པའི་ཕྱིར།

གསུམ་པར་འགལ་བ་སྦྱར་བའི་ཚེ། །
ཆོས་རྣམས་ཀུན་ལ་ཡོད་པ་དེ། །
ཤེས་བྱ་བདག་མེད་གང་འོས་ཀྱི། །
ལྡོག་པ་དེ་ཉིད་ངོས་འཛིན་བྱེད། །

ཁ་ཅིག་ན་རེ། དགག་སྒྲུབ་གཉིས་ཀྱི་ལྡོག་པ་དང་འགལ་བ་དང་འགལ་བ་ཡང་ཡིན། དགག་སྒྲུབ་གཉིས་ཀྱི་ལྡོག་པ་དང་མི་འགལ་བ་དང་མི་འགལ་བ་ཡང་ཡིན་པའི་གཞི་མཐུན་པ་ཡིན་ན། དགག་སྒྲུབ་གཉིས་ཀྱི་ལྡོག་པ་དང་མི་འགལ་བ་ཡིན་པས་ཁྱབ་ཟེར་ན། ཤེས་བྱའི་ལྡོག་པ་ཆོས་ཅན། དེར་ཐལ༑ དེའི་ཕྱིར། མ་གྲུབ་ན། དེ་ཆོས་ཅན། དེར་ཐལ། དགག་སྒྲུབ་གཉིས་ཀྱི་ལྡོག་པ་དང་འགལ་བ་དང་འགལ་བ་ཡིན་པ་གང་ཞིག །མི་འགལ་བ་དང་མི་འགལ་བ་ཡིན་པའི་ཕྱིར། དང་པོ་མ་གྲུབ་ན། དེ་ཆོས་ཅན། དེར་ཐལ། དགག་སྒྲུབ་གཉིས་ཀྱི་ལྡོག་པ་དང་འགལ་བ་དང་ཐ་དད་གང་ཞིག །ཁྱོད་ཀྱང་ཡིན་དགག་སྒྲུབ་གཉིས་ཀྱི་ལྡོག་པ་དང་འགལ་བ་ཡང་ཡིན་པའི་གཞི་མཐུན་པ་མེད་པའི་ཕྱིར། མ་

གྲུབ་ན། དེ་ཆོས་ཅན། དེར་ཐལ། དེ་ཡོད་ན། ཤེས་བྱ་དེ་ཡིན་དགོས་པ་གང་ཞིག །དེ་མ་ཡིན་པའི་ཕྱིར༑ གཉིས་པ་མ་གྲུབ་ན། དེ་ཆོས་ཅན། དེར་ཐལ། ཁྱོད་ཀྱང་ཡིན་དགག་སྒྲུབ་གཉིས་ཀྱི་ལྡོག་པ་དང་མི་འགལ་བ་ཡང་ཡིན་པའི་གཞི་མཐུན་པ་ཡོད་པའི་ཕྱིར། མ་གྲུབ་ན། དེ་ཆོས་ཅན། དེར་ཐལ༑ ཤེས་བྱ་དེ་དེ་ཡིན་པའི་ཕྱིར། རྩ་བར་འདོད་ན། ཤེས་བྱ་དང་གཅིག་ཆོས་ཅན། དགག་སྒྲུབ་གཉིས་ཀྱི་ལྡོག་པ་དང་མི་འགལ་བ་མ་ཡིན་པར་ཐལ། དེ་དང་འགལ་བ་ཡིན་པའི་ཕྱིར། མ་གྲུབ་ན། དེ་ཆོས་ཅན། དེར་ཐལ། ཁྱོད་དེ་དང་ཐ་དད་གང་ཞིག །ཁྱོད་ཀྱང་ཡིན་དགག་སྒྲུབ་གཉིས་ཀྱི་ལྡོག་པ་ཡང་ཡིན་པའི་གཞི་མཐུན་པ་མེད་པའི་ཕྱིར། མ་གྲུབ་ན། དེ་ཆོས་ཅན། དེར་ཐལ། ཤེས་བྱ་དེ་དེ་མ་ཡིན་པའི་ཕྱིར། མ་གྲུབ་ན། ཤེས་བྱ་ཆོས་ཅན། དགག་སྒྲུབ་གཉིས་ཀྱི་ལྡོག་པ་མ་ཡིན་པར་ཐལ། དགག་སྒྲུབ་གཉིས་དང་ཐ་དད་ཡིན་པའི་ཕྱིར།

ཆོས་རྣམས་ཀུན་གྱི་ལྡོག་པ་དང་། །
འགལ་བ་དང་ནི་མི་འགལ་བ། །
དེ་དང་མི་འགལ་འགལ་བ་དང་། །
དེ་དང་འགལ་བའི་གཞི་མཐུན་ནི། །
རྟག་དངོས་གཉིས་དང་དགག་སྒྲུབ་གཉིས། །
གང་འོས་པ་དང་གཅིག་དེ་འཛོག །

ཁ་ཅིག་ན་རེ། དངོས་པོའི་ལྡོག་པ་དང་འགལ་བ་དང་མི་འགལ་ཡང་ཡིན། མི་འགལ་བ་དང་འགལ་བ་ཡང་ཡིན་པའི་གཞི་མཐུན་པ་ཡིན་ན། དངོས་པོའི་ལྡོག་པ་དང་མི་འགལ་བ་ཡིན་པས་ཁྱབ་ཟེར་ན། རྟག་དངོས་གཉིས་དང་གཅིག་དེ་ཆོས་ཅན། དེར་ཐལ། དེའི་ཕྱིར། མ་གྲུབ་ན། དེ་ཆོས་ཅན། དེར་ཐལ། དངོས་པོའི་ལྡོག་པ་དང་འགལ་བ་དང་མི་འགལ་བ་ཡིན་པ་

གང་ཞིག །དངོས་པོའི་ལྡོག་པ་དང་མི་འགལ་བ་དང་འགལ་བ་ཡིན་པའི་ཕྱིར། དང་པོ་མ་གྲུབ་ན། དེ་ཆོས་ཅན། དེར་ཐལ། ཁྱོད་ཀྱང་ཡིན་དངོས་པོའི་ལྡོག་པ་དང་འགལ་བ་ཡང་ཡིན་པའི་གཞི་མཐུན་པ་ཡོད་པའི་ཕྱིར། མ་གྲུབ་ན། དེ་ཆོས་ཅན། དེར་ཐལ། རྟག་དངོས་གཉིས་དེ་དེ་ཡིན་པའི་ཕྱིར། གཉིས་པ་མ་གྲུབ་ན། དེ་ཆོས་ཅན། དེར་ཐལ། ཁྱོད་དངོས་པོའི་ལྡོག་པ་དང་མི་འགལ་བ་དང་ཐ་དད་གང་ཞིག །ཁྱོད་ཀྱང་ཡིན་དངོས་པོའི་ལྡོག་པ་དང་མི་འགལ་བ་ཡང་ཡིན་པའི་གཞི་མཐུན་པ་མེད་པའི་ཕྱིར། མ་གྲུབ་ན། དེ་ཆོས་ཅན། དེར་ཐལ། རྟག་དངོས་གཉིས་དེ་དེ་མ་ཡིན་པའི་ཕྱིར། རྩ་བར་འདོད་ན། རྟག་དངོས་གཉིས་དང་གཅིག་ཆོས་ཅན། དངོས་པོའི་ལྡོག་པ་དང་མི་འགལ་བ་མ་ཡིན་པར་ཐལ། དེ་དང་འགལ་བ་ཡིན་པའི་ཕྱིར། མ་གྲུབ་ན། དེ་ཆོས་ཅན། དེར་ཐལ། ཁྱོད་དངོས་པོའི་ལྡོག་པ་དང་ཐ་དད་གང་ཞིག །ཁྱོད་ཀྱང་ཡིན་དངོས་པོའི་ལྡོག་པ་ཡང་ཡིན་པའི་གཞི་མཐུན་པ་མེད་པའི་ཕྱིར།

གསུམ་པར་མི་འགལ་སྦྱོར་བའི་ཚེ། །
རང་རང་མིན་པའི་ཆོས་ཀུན་ལ།
ཡོད་ཅིང་དེ་ལས་གཞན་ལ་མེད། །

ཁ་ཅིག་ན་རེ། བདག་ས་ཡོད་ཆོས་གསུམ་ཚང་བའི་ལྡོག་པ་དང་འགལ་བ་དང་མི་འགལ་བ་ཡང་ཡིན། མི་འགལ་བ་དང་འགལ་བ་ཡང་ཡིན། བདག་ས་ཆོས་གསུམ་ཚང་བའི་ལྡོག་པ་དང་མི་འགལ་བ་ཡང་ཡིན་པའི་གཞི་མཐུན་པ་ཡིན་ན། བདག་ས་ཡོད་ཆོས་གསུམ་ཚང་བ་དང་མི་འགལ་བ་ཡིན་པས་ཁྱབ་ཟེར་ན། བདག་ས་ཡོད་ཆོས་གསུམ་ཚང་བ་དང་གཅིག་ཆོས་ཅན། དེར་ཐལ། དེའི་ཕྱིར། མ་གྲུབ་ན། དེ་ཆོས་ཅན། དེར་ཐལ། བདག་ས་ཡོད་ཆོས་གསུམ་ཚང་བའི་ལྡོག་པ་དང་འགལ་བ་དང་མི་འགལ་བ་ཡིན་པ་གང་ཞིག །མི་འགལ་བ་དང་འགལ་བ་ཡིན་པའི་ཕྱིར། དང་

པོ་མ་གྲུབ་ན། དེ་ཆོས་ཅན། བཏགས་ཡོད་ཆོས་གསུམ་ཚང་བའི་ལྡོག་པ་དང་འགལ་བ་དང་མི་འགལ་བ་ཡིན་པར་ཐལ། ཁྱོད་ཀྱང་ཡིན་བཏགས་ཡོད་ཆོས་གསུམ་ཚང་བའི་ལྡོག་པ་དང་འགལ་བ་ཡང་ཡིན་པའི་གཞི་མཐུན་པ་ཡོད་པའི་ཕྱིར། མ་གྲུབ་ན། དེ་ཆོས་ཅན། དེར་ཐལ། བཏགས་ཡོད་ཆོས་གསུམ་ཚང་བ་དེ་དེ་ཡིན་པའི་ཕྱིར། གཉིས་པ་མ་གྲུབ་ན། དེ་ཆོས་ཅན། དེར་ཐལ༑ ཁྱོད་དེ་དང་ཐ་དད་གང་ཞིག །ཁྱོད་ཀྱང་ཡིན་བཏགས་ཡོད་ཆོས་གསུམ་ཚང་བའི་ལྡོག་པ་དང་མི་འགལ་བ་ཡང་ཡིན་པའི་གཞི་མཐུན་པ་མེད་པའི་ཕྱིར། མ་གྲུབ་ན། དེ་ཆོས་ཅན། དེར་ཐལ༑ བཏགས་ཡོད་ཆོས་གསུམ་ཚང་བ་དེ་དེ་མ་ཡིན་པའི་ཕྱིར། རྩ་བར་འདོད་ན། བཏགས་ཡོད་ཆོས་གསུམ་ཚང་བ་དང་གཅིག་ཆོས་ཅན། བཏགས་ཡོད་ཆོས་གསུམ་ཚང་བ་དང་མི་འགལ་བ་མ་ཡིན་པར་ཐལ། དེ་དང་འགལ་བ་ཡིན་པའི་ཕྱིར། མ་གྲུབ་ན། དེ་ཆོས་ཅན། དེར་ཐལ། ཁྱོད་བཏགས་ཡོད་ཆོས་གསུམ་ཚང་བ་དང་ཐ་དད་གང་ཞིག །ཁྱོད་ཀྱང་ཡིན་བཏགས་ཡོད་ཆོས་གསུམ་ཚང་བ་ཡང་ཡིན་པའི་གཞི་མཐུན་པ་མེད་པའི་ཕྱིར།

ཆོས་དེའི་ལྡོག་པ་དང་འགལ་བའི། །
ལྡོག་པའི་ཐོག་ཏུ་འགལ་གཉིས་བརྩེགས། །
དེ་བཞིན་མི་འགལ་གཉིས་བརྩེགས་དང་། །
དེ་བཞིན་མི་འགལ་གཅིག་སྦྱར་བའི། །
གཞི་མཐུན་རང་རང་ཡིན་པ་ཡི། །
ཆོས་ཀུན་ལ་ཡོད་གཞན་ལ་མེད། །

ཁ་ཅིག་ན་རེ། རྫས་ཡོད་ཆོས་གསུམ་ཚང་བའི་ལྡོག་པ་དང་འགལ་བའི་ལྡོག་པ་དང་འགལ་བ་དང་འགལ་བ་ཡང་ཡིན། དེ་དང་མི་འགལ་བ་དང་མི་འགལ་བ་ཡང་ཡིན། དེ་དང་མི་འགལ་

བ་ཡང་ཡིན་པའི་གཞི་མཐུན་པ་ཡིན་ན། རྫས་ཡོད་ཆོས་གསུམ་ཚང་བའི་ལྡོག་པ་དང་འགལ་བ་དང་འགལ་བ་ཡིན་པས་ཁྱབ་ཟེར་ན། རྫས་ཡོད་ཆོས་གསུམ་ཚང་བའི་ལྡོག་པ་དང་འགལ་བ་དང་གཅིག་ཆོས་ཅན། དེར་ཐལ། དེའི་ཕྱིར། འདོད་ན། རྫས་ཡོད་ཆོས་གསུམ་ཚང་བའི་ལྡོག་པ་དང་འགལ་བ་དང་གཅིག་ཆོས་ཅན། རྫས་ཡོད་ཆོས་གསུམ་ཚང་བའི་ལྡོག་པ་དང་འགལ་བ་དང་འགལ་བ་མ་ཡིན་པར་ཐལ། །དེ་དང་མི་འགལ་བ་ཡིན་པའི་ཕྱིར། མ་གྲུབ་ན། དེ་ཆོས་ཅན། དེར་ཐལ༑ ཁྱོད་ཀྱང་ཡིན་རྫས་ཡོད་ཆོས་གསུམ་ཚང་བའི་ལྡོག་པ་དང་འགལ་བ་ཡང་ཡིན་པའི་གཞི་མཐུན་པ་ཡོད་པའི་ཕྱིར། མ་གྲུབ་ན། དེ་ཆོས་ཅན། དེར་ཐལ། རྫས་ཡོད་ཆོས་གསུམ་ཚང་བའི་ལྡོག་པ་དང་འགལ་བ་དེ་དེ་ཡིན་པའི་ཕྱིར།

གསུམ་པར་འགལ་བ་སྦྱར་བའི་ཚེ། །
གཞི་མཐུན་ཆོས་ཀུན་སྟེང་ནས་ཡོད།

ཁ་ཅིག་ན་རེ། ཡོད་པ་དང་གཅིག་གི་ལྡོག་པ་དང་འགལ་བའི་ལྡོག་པ་དང་འགལ་བ་དང་འགལ་བ་ཡང་ཡིན། དེ་དང་མི་འགལ་བ་དང་མི་འགལ་བ་ཡང་ཡིན། དེ་དང་འགལ་བ་ཡང་ཡིན་པའི་གཞི་མཐུན་པ་ཡིན་ན། ཡོད་པ་དང་གཅིག་གི་ལྡོག་པ་དང་འགལ་བ་དང་འགལ་བ་མ་ཡིན་པས་ཁྱབ་ཟེར་ན། ཤེས་བྱ་དང་གཅིག་ཆོས་ཅན། དེར་ཐལ། དེའི་ཕྱིར། འདོད་ན། ཤེས་བྱ་དང་གཅིག་ཆོས་ཅན། ཡོད་པ་དང་གཅིག་གི་ལྡོག་པ་དང་འགལ་བ་དང་འགལ་བ་ཡིན་པར་ཐལ། དེ་དང་ཐ་དད་གང་ཞིག །ཁྱོད་ཀྱང་ཡིན་དེ་ཡང་ཡིན་པའི་གཞི་མཐུན་པ་མེད་པའི་ཕྱིར།

རང་གི་ལུགས་ནི། འགལ་བའི་མཚན་ཉིད་ཡོད་དེ། ཐ་དད་ཅིང་གཞི་མཐུན་པ་མི་སྲིད་པ་དེ་ཡིན་པའི་ཕྱིར། དེ་ལ་དབྱེ་ན། དངོས་འགལ་དང་བརྒྱུད་འགལ་གཉིས། རྟག་པ་དང་དངོས་འགལ་གྱི་མཚན་ཉིད། ཁྱོད་རྟག་པ་དང་ཐ་དད་གང་ཞིག །ཁྱོད་ཡིན་ན། རྟག་པ་མ་ཡིན་པས་ཁྱབ། རྟག་

པ་ཡིན་ན་ཁྱོད་མ་ཡིན་པས་ཁྱབ། ཁྱོད་མ་ཡིན་ན། རྟག་པ་ཡིན་པས་ཁྱབ། རྟག་པ་མ་ཡིན་ན། ཁྱོད་ཡིན་པས་ཁྱབ། ཁྱོད་ཀྱང་ཡིན་རྟག་པ་ཡང་ཡིན་པའི་གཞི་མཐུན་པ་མི་སྲིད་པ། དེས་ཆོས་གཞན་རྣམས་ལའང་རིགས་འགྲེ། རྟག་པ་དང་བཀྲུད་འགལ་གྱི་མཚན་ཉིད། ཁྱོད་རྟག་པ་དང་ཐ་དད་གང་ཞིག །ཁྱོད་ཡིན་ན། རྟག་པ་མ་ཡིན་པས་ཁྱབ། རྟག་པ་ཡིན་ན། ཁྱོད་མ་ཡིན་པས་ཁྱབ་པ། བཀྲུད་འགལ་ཡིན་ན་དངོས་འགལ་ཡིན་པས་མ་ཁྱབ་ཀྱང་དངོས་འགལ་ཡིན་ན་བཀྲུད་འགལ་ཡིན་པས་ཁྱབ་བོ། །

ཁ་ཅིག་གིས། གཅིག་དང་ཐ་དད་གཉིས་དངོས་འགལ་ཡིན་པར་བཞེད་ཀྱང་རང་ལུགས་ལ་གཅིག་མ་ཡིན་ན། ཐ་དད་ཡིན་པས་མ་ཁྱབ་པའི་རྒྱུ་མཚན་གྱིས་དངོས་འགལ་མ་ཡིན་པར་མངོན་ནོ॥ །ཆོས་དེ་དང་འབྲེལ་བའི་མཚན་ཉིད། ཆོས་དེ་དང་བདག་ཉིད་གཅིག་པའམ་དེ་ལས་བྱུང་བའི་སྟོབས་ཀྱིས་ཆོས་དེ་མེད་ན་ཁྱོད་མེད་དགོས་པ། དེ་ལ་དབྱེ་ན། བདག་གཅིག་འབྲེལ་དང་དེ་བྱུང་འབྲེལ་གཉིས། དང་པོའི་མཚན་ཉིད་ཡོད་དེ། ཁྱོད་ཆོས་དེ་དང་བདག་ཉིད་གཅིག་པའི་སྒོ་ནས་ཐ་དད། ཆོས་དེ་མེད་ན་ཁྱོད་མེད་དགོས་པ། མཚན་གཞི་ནི། བུམ་པ་དང་དངོས་པོ་ལྟ་བུའོ॥ །ཆོས་དེ་དང་དེ་བྱུང་དུ་འབྲེལ་བའི་མཚན་ཉིད་ཡོད་དེ། ཁྱོད་ཆོས་དེ་ལས་བྱུང་བའི་སྟོབས་ཀྱིས་ཆོས་དེ་མེད་ན། ཁྱོད་མེད་དགོས་པ། མཚན་གཞི་དུ་བ་མེ་དང་དེ་བྱུང་དུ་འབྲེལ་བ་ལྟ་བུའོ། །

བཞི། སྐྱེ་དང་བྱེ་བྲག་གི་རྣམ་གཞག་བཤད་པ།

བཞི་པ་སྤྱི་དང་བྱེ་བྲག་གི་རྣམ་གཞག་བཤད་པ་ནི།

བཞི་པ་སྤྱི་དང་བྱེ་བྲག་ལ། །
གཞི་ལ་སྦྱར་ཚེ་གྲགས་ཆེ་ཞིང་། །
སྦྱོར་བཏང་ཁས་ལེན་འཛིན་ཚུལ་ནི། །

ཆོས་དེའི་སྤྱི་ལ་སྤྱི་ཡིས་ཁྱབ། །
བྱེ་བྲག་ལ་ཡང་མཚུངས་པའི་ཕྱིར།
སྤྱི་དང་བྱེ་བྲག་མི་འགལ་ཞིང་། །
རྣམ་འགྲེལ་སྐབས་ལྟར་ཁྱབ་པའང་མེད། །

ཁ་ཅིག་ན་རེ། སྤྱི་ཡིན་ན། བྱེ་བྲག་མ་ཡིན་པས་ཁྱབ་ཟེར་ན། དངོས་པོ་ཆོས་ཅན། བྱེ་བྲག་མ་ཡིན་པར་ཐལ། སྤྱི་ཡིན་པའི་ཕྱིར། མ་གྲུབ་ན། དངོས་པོ་ཆོས་ཅན། སྤྱི་ཡིན་པར་ཐལ། ཁྱོད་ཀྱི་བྱེ་བྲག་ཡོད་པའི་ཕྱིར། མ་གྲུབ་ན། དངོས་པོ་ཆོས་ཅན། ཁྱོད་ཀྱི་བྱེ་བྲག་ཡོད་པར་ཐལ། བུམ་པ་དེ་དེ་ཡིན་པའི་ཕྱིར། མ་གྲུབ་ན། བུམ་པ་ཆོས་ཅན། དངོས་པོའི་བྱེ་བྲག་ཡིན་པར་ཐལ། ཁྱོད་དངོས་པོ་ཡིན། ཁྱོད་དངོས་པོ་དང་བདག་གཅིག་ཏུ་འབྲེལ། ཁྱོད་མ་ཡིན་ཞིང་དངོས་པོ་ཡིན་པའི་གཞི་མཐུན་པ་གྲུབ་པའི་ཕྱིར། རྟགས་དང་པོ་སླ། གཉིས་པ་མ་གྲུབ་ན། བུམ་པ་ཆོས་ཅན། ཁྱོད་དངོས་པོ་དང་བདག་གཅིག་ཏུ་འབྲེལ་བ་ཡིན་པར་ཐལ། ཁྱོད་དངོས་པོ་དང་བདག་ཉིད་གཅིག་པའི་སྒོ་ནས་ཐ་དད། དངོས་པོ་མེད་ན་ཁྱོད་མེད་དགོས་པའི་ཕྱིར། དང་པོ་སླ། ཕྱི་མ་མ་གྲུབ་ན། བུམ་པ་ཆོས་ཅན། དངོས་པོ་མེད་ན་ཁྱོད་མེད་དགོས་པར་ཐལ། དངོས་པོ་མེད་ན་གང་དྲན་དྲན་ཡིན་དགོས་པའི་ཕྱིར། མ་གྲུབ་ན། དེར་ཐལ། དངོས་པོ་ཡོད་པ་གང་ཞིག །དངོས་པོ་དེ་དགག་གཞི་ཅན་གྱི་ཆོས་མ་ཡིན་པའི་ཕྱིར། གསུམ་པ་མ་གྲུབ་། བུམ་པ་ཆོས་ཅན། ཁྱོད་མ་ཡིན་ཞིང་དངོས་པོ་ཡིན་པ་གྲུབ་པར་ཐལ། ཤུག་པའི་ཀ་བ་དེ་དེ་ཡིན་པའི་ཕྱིར། རྩ་བར་འདོད་ན། དངོས་པོ་ཆོས་ཅན། ཁྱོད་བྱེ་བྲག་ཡིན་པར་ཐལ། ཁྱོད་ཀྱི་སྤྱི་ཡོད་པའི་ཕྱིར། མ་གྲུབ་ན། དངོས་པོ་ཆོས་ཅན༑ ཁྱོད་ཀྱི་སྤྱི་ཡོད་པར་ཐལ། ཤེས་བྱ་དེ་དེ་ཡིན་པའི་ཕྱིར། མ་གྲུབ་ན། ཤེས་བྱ་ཆོས་ཅན། ཁྱོད་དངོས་པོའི་སྤྱི་ཡིན་པར་ཐལ། དངོས་པོ་ཁྱོད་ཀྱི་བྱེ་བྲག་ཡིན་པའི་ཕྱིར། མ་གྲུབ་ན། ཤེས་བྱ་ཆོས་ཅན། དངོས་པོ་ཁྱོད་ཀྱི་བྱེ་བྲག་ཡིན་པར་ཐལ། དངོས་པོ་ཁྱོད་ཀྱི་བྱེ་བྲག་ཏུ་སོང་བའི་

སྒོ་གསུམ་ཚང་བའི་ཕྱིར།

ཁ་ཅིག་ན་རེ། བྱེ་བྲག་ཡིན་ན། སྤྱི་ཡིན་པས་ཁྱབ་ཟེར་ན། མཚན་མཚོན་གཉིས་ཆོས་ཅན། དེར་ཐལ། དེའི་ཕྱིར། མ་གྲུབ་ན། དེ་ཆོས་ཅན། དེར་ཐལ། རྟག་པའི་བྱེ་བྲག་ཡིན་པའི་ཕྱིར། མ་གྲུབ་ན། དེ་ཆོས་ཅན། དེར་ཐལ། རྟག་པའི་བྱེ་བྲག་ཏུ་སོང་བའི་སྒོ་གསུམ་གྲུབ་པའི་ཕྱིར། མ་གྲུབ་ན། དེ་ཆོས་ཅན། དེར་ཐལ། ཁྱོད་རྟག་པ་ཡིན། ཁྱོད་རྟག་པ་དང་བདག་ཅིག་ཏུ་འབྲེལ། ཁྱོད་མ་ཡིན་ཞིང་རྟག་པ་ཡིན་པ་གྲུབ་པའི་ཕྱིར། དང་པོ་མ་གྲུབ་ན། མཚན་མཚོན་གཉིས་ཆོས་ཅན། རྟག་པ་ཡིན་པར་ཐལ། དངོས་པོ་མ་ཡིན་པའི་ཕྱིར། གཉིས་པ་མ་གྲུབ་ན། མཚན་མཚོན་གཉིས་ཆོས་ཅན། རྟག་པ་དང་བདག་གཅིག་འབྲེལ་ཡིན་པར་ཐལ། ཁྱོད་རྟག་པ་དང་བདག་ཉིད་གཅིག་པའི་སྒོ་ནས་ཐ་དད། རྟག་པ་མེད་ན་ཁྱོད་མེད་དགོས་པའི་ཕྱིར། རྟགས་ཕྱི་མ་མ་གྲུབ་ན། མཚན་མཚོན་གཉིས་ཆོས་ཅན། རྟག་པ་མེད་ན་ཁྱོད་མེད་དགོས་པར་ཐལ། རྟག་པ་མེད་ན་གང་དྲན་དྲན་ཡིན་དགོས་པའི་ཕྱིར། གོང་རྟགས་གསུམ་པ་མ་གྲུབ་ན། མཚན་མཚོན་གཉིས་ཆོས་ཅན། ཁྱོད་མ་ཡིན་ཞིང་རྟག་པ་ཡིན་པའི་གཞི་མཐུན་པ་གྲུབ་པར་ཐལ། ཤེས་བྱ་དེ་དེ་ཡིན་པའི་ཕྱིར། རྩ་བར་འདོད་ན། མཚན་མཚོན་གཉིས་ཆོས་ཅན། སྤྱི་མ་ཡིན་པར་ཐལ། ཁྱོད་ཀྱི་བྱེ་བྲག་མེད་པའི་ཕྱིར། མ་གྲུབ་ན༑ དེ་ཆོས་ཅན། དེར་ཐལ། ཁྱོད་ཀྱི་ཡིན་པ་དུ་མ་མ་གྲུབ་པའི་ཕྱིར། ཡང་ཁ་ཅིག །སྤྱི་ཡིན་ན། བྱེ་བྲག་ཡིན་པས་ཁྱབ་ཟེར་ན། ཡོད་པ་ཆོས་ཅན། དེར་ཐལ། དེའི་ཕྱིར། མ་གྲུབ་ན། དེ་ཆོས་ཅན། དེར་ཐལ། ཁྱོད་ཀྱི་བྱེ་བྲག་ཡོད་པའི་ཕྱིར། མ་གྲུབ་ན། དེ་ཆོས་ཅན། དེར་ཐལ། སྣང་བ་དེ་དེ་ཡིན་པའི་ཕྱིར། རྩ་བར་འདོད་ན། ཡོད་པ་ཆོས་ཅན། བྱེ་བྲག་མ་ཡིན་པར་ཐལ། ཤེས་བྱའི་བྱེ་བྲག་མ་ཡིན་པའི་ཕྱིར། མ་གྲུབ་ན། དེ་ཆོས་ཅན། དེར་ཐལ། ཁྱོད་མ་ཡིན་ཞིང་ཤེས་བྱ་ཡིན་པ་མེད་པའི་ཕྱིར། །

སྔོ་དང་བྱེ་བྲག་གང་རུང་གིས། །
ཤེས་བྱ་མ་ལུས་འདུས་པ་ཡིན། །
ཡིན་པ་མེད་པའི་ཆོས་ཀུན་ཀྱང་། །
སྔོ་མིན་བྱེ་བྲག་ཉིད་དུ་འདོད། །

ཁ་ཅིག་ན་རེ། ཁྱོད་ཀྱི་བྱེ་བྲག་མེད་ན། ཁྱོད་བྱེ་བྲག་མ་ཡིན་པས་ཁྱབ་ཟེར་ན། རྟག་དངོས་གཉིས་ཆོས་ཅན། དེར་ཐལ། དེའི་ཕྱིར། མ་གྲུབ་ན། དེ་ཆོས་ཅན། དེར་ཐལ། ཁྱོད་ཀྱི་ཡིན་པ་དུ་མ་མེད་པའི་ཕྱིར། མ་གྲུབ་ན། དེ་ཆོས་ཅན། དེར་ཐལ། ཁྱོད་ཡིན་པ་མི་སྲིད་པའི་ཤེས་བྱ་ཡིན་པའི་ཕྱིར། རྩ་བར་འདོད་ན། རྟག་དངོས་གཉིས་ཆོས་ཅན། ཁྱོད་བྱེ་བྲག་ཡིན་པར་ཐལ། ཁྱོད་ཤེས་བྱའི་བྱེ་བྲག་ཡིན་པའི་ཕྱིར། མ་གྲུབ་ན། དེ་ཆོས་ཅན། དེར་ཐལ། དེའི་བྱེ་བྲག་ཏུ་སོང་བའི་སློ་གསུམ་ཚང་བའི་ཕྱིར།

རང་ལྡོག་གཞན་ལྡོག་མ་སྦྱར་ཞིང་། །
རང་ཉིད་ཡིན་པ་མང་ཡོད་ཀྱང་། །
རང་གི་བྱེ་བྲག་མེད་པ་ཡི། །
སྤྱ་ཡང་དུ་མ་ཡོད་པ་ཡིན། །

ཁ་ཅིག་ན་རེ། ཁྱོད་ཀྱི་ཡིན་པ་དུ་མ་ཡོད་ན། ཁྱོད་སྤྱི་ཡིན་པས་ཁྱབ་ཟེར་ན། ཤེས་བྱ་དང་ཡིན་ཁྱབ་མཉམ་ཆོས་ཅན། དེར་ཐལ། དེའི་ཕྱིར། མ་གྲུབ་ན། དེ་ཆོས་ཅན། དེར་ཐལ། ཡོད་པ་དེ་ཡང་དེ་ཡིན། གཞལ་བྱ་དེ་ཡང་དེ་ཡིན། དེ་གཉིས་ཕན་ཚུན་ཐ་དད་ཡིན་པའི་ཕྱིར། རྩ་བར་འདོད་ན། ཤེས་བྱ་དང་ཡིན་ཁྱབ་མཉམ་ཆོས་ཅན། ཁྱོད་སྤྱི་མ་ཡིན་པར་ཐལ། ཁྱོད་ཀྱི་བྱེ་བྲག་མེད་པའི་ཕྱིར། མ་གྲུབ་ན། དེ་ཆོས་ཅན། དེར་ཐལ། ཁྱོད་དང་ཁྱབ་མཉམ་ཡིན་ན། ཁྱོད་མ་ཡིན་པ་མེད་པས་ཁྱབ་པའི་ཕྱིར།

ཤེས་བྱ་ལ་སོགས་རྒྱ་ཆེ་རྣམས། །
སྤྱི་ཡིན་བྱེ་བྲག་མིན་ཞེས་གསུངས། །
དཔེར་ན་ཆོས་དེའི་བྱེ་བྲག་ལ། །
དེ་ཡི་སྒོ་གསུམ་ཚང་དགོས་ཀྱང་། །
སྤྱིར་བཏང་བྱེ་བྲག་ཡིན་ཚད་ལ། །
སྒོ་གསུམ་སྦྱོར་བ་འབྲེལ་མེད་ཡིན། །
རང་དང་ཆོས་དེ་ཅི་རིགས་པ། །
རྟག་པ་ཡིན་ཅིང་འབྲེལ་བའི་ཚེ། །
དེ་དང་བདག་གཅིག་འབྲེལ་བས་ཁྱབ། །

ཁ་ཅིག་ན་རེ། འབྲེལ་བ་ཡིན་ན། དེ་བྱུང་འབྲེལ་བ་ཡིན་པས་ཁྱབ་ཟེར་ན། དངོས་པོ་དང་ཤེས་བྱ་གཉིས་ཆོས་ཅན། དེར་ཐལ། དེའི་ཕྱིར། མ་གྲུབ་ན། དེ་ཆོས་ཅན། དེར་ཐལ། ཁྱོད་གཉིས་ཐ་དད་གང་ཞིག །ཤེས་བྱ་མེད་ན། དངོས་པོ་མེད་དགོས་པའི་ཕྱིར། རྩ་བར་འདོད་ན། དངོས་པོ་དང་ཤེས་བྱ་གཉིས་ཆོས་ཅན། ཁྱོད་གཉིས་དེ་བྱུང་འབྲེལ་མ་ཡིན་པར་ཐལ། ཁྱོད་གཉིས་རྒྱུ་འབྲས་མ་ཡིན་པའི་ཕྱིར། མ་གྲུབ་ན། དེ་ཆོས་ཅན། དེར་ཐལ། ཁྱོད་གཉིས་ཀ་དངོས་པོ་མ་ཡིན་པའི་ཕྱིར། །

ཕན་ཚུན་འབྲེལ་བ་འབྲེལ་ཡུལ་གཉིས། །
དངོས་པོར་གྲུབ་ནས་འབྲེལ་བ་ལ། །
འབྲེལ་ཚུལ་རྣམ་པ་ཅི་རིགས་ཡོད། །

ཁ་ཅིག་ན་རེ། དངོས་པོ་གཉིས་ལ་གྲུབ་པའི་འབྲེལ་བ་ཡིན་ན། དེ་བྱུང་འབྲེལ་བ་ཡིན་པས་ཁྱབ་ཟེར་ན། བྱས་པ་དང་མི་རྟག་པ་གཉིས་ཆོས་ཅན། དེར་ཐལ། དེའི་ཕྱིར། མ་གྲུབ་ན། དེ་

ཆོས་ཅན། དེར་ཐལ། ཁྱོད་གཉིས་ཀ་དངོས་པོ་ཡིན་པ་གང་ཞིག །ཁྱོད་གཉིས་ལ་འབྲེལ་བ་གྲུབ་པའི་ཕྱིར། རྟགས་ཕྱི་མ་མ་གྲུབ་ན། དེ་ཆོས་ཅན། དེར་ཐལ། ཁྱོད་གཉིས་ངོ་བོ་དབྱེར་མེད་ཀྱི་རྫས་གཅིག་ཡིན་པའི་ཕྱིར། རྩ་བར་འདོད་ན། དེ་ཆོས་ཅན། དེ་བྱུང་འབྲེལ་མ་ཡིན་པར་ཐལ། ཁྱོད་གཉིས་དུས་མཉམ་པའི་དངོས་པོ་ཡིན་པའི་ཕྱིར། ཡང་ཁ་ཅིག །དེ་ཡིན་ན། བདག་གཅིག་འབྲེལ་ཡིན་པས་ཁྱབ་ཟེར་ན། མེ་དུ་གཉིས་ཆོས་ཅན། དེར་ཐལ། དེའི་ཕྱིར། སྒྲུབ་ཚུལ་སླ།

ཁྱབ་བྱ་འབྲེལ་བ་ལྟོས་པ་གསུམ། །

སྒྲུབ་བྱེད་གཅིག་པས་དོན་ཡང་གཅིག །

ཁ་ཅིག་ན་རེ། ཁྱོད་ཆོས་དེའི་ཁྱབ་བྱ་ཡིན་ན། ཁྱོད་ཆོས་དེའི་བྱེ་བྲག་ཡིན་པས་ཁྱབ་ཟེར་ན། ཡོད་པ་ཆོས་ཅན། ཤེས་བྱའི་བྱེ་བྲག་ཡིན་པར་ཐལ། །ཤེས་བྱའི་ཁྱབ་བྱ་ཡིན་པའི་ཕྱིར། །མ་གྲུབ་ན༏ དེ་ཆོས་ཅན། དེར་ཐལ། ཤེས་བྱ་དང་འབྲེལ་བ་ཡིན་པའི་ཕྱིར། རྩ་བར་འདོད་ན། ཡོད་པ་ཆོས་ཅན། ཤེས་བྱའི་བྱེ་བྲག་མ་ཡིན་པར་ཐལ། ཁྱོད་མ་ཡིན་ཞིང་ཤེས་བྱ་ཡིན་པ་མེད་པའི་ཕྱིར།

ཁྱབ་བྱེད་འབྲེལ་ཡུལ་ལྟོས་ཡུལ་གསུམ། །

སྒྲུབ་བྱེད་གཅིག་པས་དོན་ཡང་གཅིག །

རྒྱས་པར་དག་ལས་ཤེས་པར་བྱ། །

ཁ་ཅིག་ན་རེ། ཆོས་དེའི་ཁྱབ་བྱ་ཡིན་ན། ཆོས་དེའི་ཁྱབ་བྱེད་མ་ཡིན་པས་ཁྱབ་ཟེར་ན། དོན་བྱེད་ནུས་པ་ཆོས་ཅན། དངོས་པོའི་ཁྱབ་བྱ་མ་ཡིན་པར་ཐལ། དངོས་པོའི་ཁྱབ་བྱེད་ཡིན་པའི་ཕྱིར༏ རྩ་བར་འདོད་ན། དོན་བྱེད་ནུས་པ་ཆོས་ཅན། དངོས་པོའི་ཁྱབ་བྱེད་ཡིན་པར་ཐལ། དངོས་པོའི་འབྲེལ་ཡུལ་ཡིན་པའི་ཕྱིར། མ་གྲུབ་ན། དེ་ཆོས་ཅན། དེར་ཐལ། དངོས་པོ་ཁྱོད་དང་འབྲེལ་བ

ཡིན་པའི་ཕྱིར། མ་གྲུབ་ན། དེ་ཆོས་ཅན། དེར་ཐལ། དངོས་པོ་ཁྱོད་ཀྱི་འབྲེལ་ཡུལ་ཡིན་པའི་ཕྱིར།

རང་གི་ལུགས་ལ། ཆོས་དེའི་སྤྱི་ཡིན་ན། སྤྱི་ཡིན་པས་ཁྱབ་ཅིང་ཆོས་དེའི་བྱེ་བྲག་ཡིན་ན། བྱེ་བྲག་ཡིན་པས་ཁྱབ། དེ་གཉིས་ལ་ཡིན་མིན་གྱི་མུ་གསུམ་ཡོད་དེ། སྤྱི་ཡིན་ལ་བྱེ་བྲག་མ་ཡིན་པའི་མུ། ཤེས་བྱ་གཞལ་བྱ་ལྟ་བུའོ། །བྱེ་བྲག་ཡིན་ལ་སྤྱི་མ་ཡིན་པའི་མུ། ཀ་བུམ་གཉིས་ལྟ་བུའོ། ། གཉིས་ཀ་ཡིན་པའི་མུ། དངོས་པོ་ལྟ་བུའོ། །གཉིས་ཀ་མ་ཡིན་པའི་མུ་ནི་མེད་དེ། གཞི་གྲུབ་ན། སྤྱི་དང་བྱེ་བྲག་གང་རུང་ཡིན་པས་ཁྱབ་པའི་ཕྱིར། ཆོས་དེའི་ཁྱབ་བྱེད་ཀྱི་མཚན་ཉིད་ཡོད་དེ། ཁྱོད་ཆོས་དེ་དང་ཐ་དད་གང་ཞིག །ཁྱོད་མེད་ན། ཁྱོད་མེད་སྟོབས་ཀྱིས་ཆོས་དེ་མེད་དགོས་པ། མཚན་གཞི་ནི། རྟག་པ་འདུས་མ་བྱས་ནམ་མཁའི་ཁྱབ་བྱེད་ཡིན་པ་ལྟ་བུའོ། །ཆོས་དེའི་ཁྱབ་བྱའི་མཚན་ཉིད། ཁྱོད་ཆོས་དེ་དང་ཐ་དད་གང་ཞིག །ཆོས་དེ་མེད་ན། དེ་མེད་སྟོབས་ཀྱིས་ཁྱོད་མེད་དགོས་པ། མཚན་གཞི་ནི་བུམ་པ་དངོས་པོའི་ཁྱབ་བྱ་ཡིན་པ་ལྟ་བུའོ། །དངོས་པོའི་ཁྱབ་བྱ་ཁྱབ་བྱེད་གཉིས་ལ་མུ་བཞི་ཡོད་དེ། གཉིས་ཀ་ཡིན་པའི་མུ། དོན་བྱེད་ནུས་པ་དང་བྱས་པ་ལྟ་བུའོ། །དེའི་ཁྱབ་བྱ་ཡིན་ལ་ཁྱབ་བྱེད་མ་ཡིན་པའི་མུ། ཀ་བ་ལྟ་བུ། དེའི་ཁྱབ་བྱེད་ཡིན་ལ་ཁྱབ་བྱ་མ་ཡིན་པའི་མུ། ཡོད་པ་ལྟ་བུའོ། །གཉིས་ཀ་མ་ཡིན་པའི་མུ་རྟག་པ་ལྟ་བུའོ། །

ལྔ། ཡོད་རྟོགས་མེད་རྟོགས་ཀྱི་རྣམ་གཞག་བཤད་པ།

ལྔ་པ་ཡོད་རྟོགས་མེད་རྟོགས་ཀྱི་རྣམ་གཞག་བཤད་པ་ནི།

ལྔ་པ་ཡོད་རྟོགས་མེད་རྟོགས་ལ། །
བསྡུ་ཚུལ་དང་ནི་ཞེ་འདོད་གཉིས། །
དང་པོ་རྟག་རྟོགས་དངོས་རྟོགས་ཀྱི། །
ཁོངས་ནས་ཐོན་པས་རིགས་འགྲེ་འཛོད། །

འདི་ལ་བསྒྲེ་ཚུལ་དང་ཞེ་འདོད་གཉིས་ལས། དང་པོ་ནི། རྣམ་མཁྱེན་ཆོས་ཅན། ཡོད་པར་རྟོགས་པའི་ཚད་མ་ཡོད་པར་ཐལ། ཡོད་པར་ཡོད་པའི་ཕྱིར། ཞེས་པའི་གསལ་བ་ལ་འདོད་ལན་བཏབ་པས་རྣམ་མཁྱེན་ཡོད་པར་རྟོགས་པའི་ཚད་མ་ཡོད་པ་འདོད་ཅེས་བསྒྲེ། རྟགས་ལ་རྟགས་མ་གྲུབ་ཀྱི་ལན་བཏབ་པས་རྣམ་མཁྱེན་ཡོད་པར་ཡོད་པ་རྟགས་མ་གྲུབ་ཅེས་བསྒྲེ། ཡང་རྣམ་མཁྱེན་ཆོས་ཅན། ཡོད་པར་རྟོགས་པའི་མངོན་སུམ་ཚད་མ་ཡིན་པར་ཐལ། ཡོད་པ་ཡིན་པའི་ཕྱིར། ཞེས་པའི་ཐལ་འགྱུར་གྱི་གསལ་བ་ལ་འདོད་ལན་བཏབ་པས་རྩོད་གཞི་ཆད་ནས་ཡོད་པར་རྟོགས་པའི་མངོན་སུམ་ཚད་མ་ཡིན་པ་འདོད་ཅེས་བསྒྲེ། རྟགས་ལ་རྟགས་མ་གྲུབ་ཀྱི་ལན་བཏབ་པས་རྣམ་མཁྱེན་ཡོད་པ་ཡིན་པ་རྟགས་མ་གྲུབ་ཅེས་བསྒྲེ། རི་བོང་གི་རྭ་ཆོས་ཅན། མེད་པར་རྟོགས་པའི་ཚད་མ་ཡོད་པར་ཐལ། མེད་པར་ཡོད་པའི་ཕྱིར། ཞེས་པའི་ཐལ་འགྱུར་གྱི་གསལ་བ་ལ་འདོད་ལན་བཏབ་པས་རི་བོང་གི་རྭ་མེད་པར་རྟོགས་པའི་ཚད་མ་ཡོད་པ་འདོད་ཅེས་བསྒྲེ། རྟགས་ལ་རྟགས་མ་གྲུབ་ཀྱི་ལན་བཏབ་པས་རི་བོང་གི་རྭ་མེད་པར་ཡོད་པ་རྟགས་མ་གྲུབ་ཅེས་བསྒྲེ། རི་བོང་གི་རྭ་ཆོས་ཅན། མེད་པར་རྟོགས་པའི་རྗེས་དཔག་ཚད་མ་ཡོད་པར་ཐལ། མེད་པར་ཡོད་པའི་ཕྱིར། ཞེས་པའི་གསལ་བ་ལ་འདོད་ལན་བཏབ་པས་མེད་པར་རྟོགས་པའི་རྗེས་དཔག་ཚད་མ་ཡོད་པ་འདོད་ཅེས་བསྒྲེ། ཡང་རྣམ་མཁྱེན་ཆོས་ཅན། ཡོད་པར་རྟོགས་པའི་ཚད་མ་ཡིན་པར་ཐལ། ཡོད་པ་ཡིན་པའི་ཕྱིར། ཞེས་པའི་ཐལ་འགྱུར་གྱི་གསལ་བ་ལ་འདོད་ལན་བཏབ་པས་རྣམ་མཁྱེན་ཡོད་པར་རྟོགས་པའི་ཚད་མ་ཡིན་པ་འདོད་ཅེས་བསྒྲེ། རྟགས་ལ་རྟགས་མ་གྲུབ་ཀྱི་ལན་བཏབ་པས་རྣམ་མཁྱེན་ཡོད་པ་ཡིན་པ་རྟགས་མ་གྲུབ་ཅེས་བསྒྲེ།

གཉིས་པ་ཞེ་འདོད་བཀོད་པ་ནི། །
ཡོད་ལ་ཡོད་རྟོགས་ཚད་མ་བསྒྲེགས། །

ཐམས་ཅད་ཡོད་པ་ཉིད་དུ་འདོད། །
ཡོད་ལ་མེད་རྟོགས་བརྩེགས་པའི་ཚེ། །
ཆ་རྣམས་ཡོད་ལ་ཡ་རྣམས་མེད། །

ཁ་ཅིག་ན་རེ། ཡོད་པར་རྟོགས་པའི་ཚད་མ་ཡོད་པར་རྟོགས་པའི་ཚད་མ་ཡོད་ན། མེད་པར་རྟོགས་པའི་ཚད་མ་མེད་པར་རྟོགས་པའི་ཚད་མ་མེད་པར་རྟོགས་པའི་ཚད་མ་ཡོད་པས་ཁྱབ་ཟེར་ན༑ ཤེས་བྱ་ཆོས་ཅན། མེད་པར་རྟོགས་པའི་ཚད་མ་མེད་པར་རྟོགས་པའི་ཚད་མ་མེད་པར་རྟོགས་པའི་ཚད་མ་ཡོད་པར་ཐལ། ཡོད་པར་རྟོགས་པའི་ཚད་མ་ཡོད་པར་རྟོགས་པའི་ཚད་མ་ཡོད་པ་ཡིན་པའི་ཕྱིར། ཁྱབ་པ་ཁས། མ་གྲུབ་ན། ཤེས་བྱ་ཆོས་ཅན། ཡོད་པར་རྟོགས་པའི་ཚད་མ་ཡོད་པར་རྟོགས་པའི་ཚད་མ་ཡོད་པར་ཐལ། ཡོད་པར་རྟོགས་པའི་ཚད་མ་ཡོད་པའི་ཕྱིར། མ་གྲུབ་ན། ཤེས་བྱ་ཆོས་ཅན། ཡོད་པར་རྟོགས་པའི་ཚད་མ་ཡོད་པར་ཐལ། ཡོད་པ་ཡིན་པའི་ཕྱིར། རྩ་བར་འདོད་ན། ཤེས་བྱ་ཆོས་ཅན། མེད་པར་རྟོགས་པའི་ཚད་མ་མེད་པར་རྟོགས་པའི་ཚད་མ་མེད་པར་རྟོགས་པའི་ཚད་མ་མེད་པར་ཐལ། མེད་པར་རྟོགས་པའི་ཚད་མ་མེད་པར་རྟོགས་པའི་ཚད་མ་མེད་པ་མ་ཡིན་པའི་ཕྱིར། མ་གྲུབ་ན། ཤེས་བྱ་ཆོས་ཅན། མེད་པར་རྟོགས་པའི་ཚད་མ་མེད་པར་རྟོགས་པའི་ཚད་མ་མེད་པ་མ་ཡིན་པར་ཐལ། མེད་པར་རྟོགས་པའི་ཚད་མ་མེད་པར་རྟོགས་པའི་ཚད་མ་ཡོད་པའི་ཕྱིར། མ་གྲུབ་ན། ཤེས་བྱ་ཆོས་ཅན། མེད་པར་རྟོགས་པའི་ཚད་མ་མེད་པར་རྟོགས་པའི་ཚད་མ་ཡོད་པ་ཡིན་པར་ཐལ། མེད་པར་རྟོགས་པའི་ཚད་མ་མེད་པ་ཡིན་པའི་ཕྱིར། མ་གྲུབ་ན། ཤེས་བྱ་ཆོས་ཅན། མེད་པར་རྟོགས་པའི་ཚད་མ་མེད་པ་ཡིན་པར་ཐལ། མེད་པ་མ་ཡིན་པའི་ཕྱིར།

ཡོད་ལ་ཡོད་རྟོགས་མེད་རྟོགས་སོགས། །
སྤྱིལ་མར་བརྩེགས་པའི་ཚེ་ན་ཡང་། །

ཡོད་རྟོགས་བཏང་སྙོམས་ཉིད་དུ་བཞག །
མེད་རྟོགས་ཁོ་ན་བརྟེས་ནས་ནི། །
ཆ་རྣམས་ཡོད་ལ་ཡ་རྣམས་མེད། །

ཁ་ཅིག་ན་རེ། ཡོད་པར་རྟོགས་པའི་ཚད་མ་མེད་པར་རྟོགས་མའི་ཚད་མ་ཡོད་པར་རྟོགས་པའི་ཚད་མ་མེད་པར་རྟོགས་པའི་ཚད་མ་ཡོད་ན། མེད་པར་རྟོགས་པའི་ཚད་མ་ཡོད་པར་རྟོགས་པའི་ཚད་མ་ཡོད་པས་ཁྱབ་ཟེར་ན། དངོས་པོ་ཆོས་ཅན། དེར་ཐལ། དེའི་ཕྱིར། མ་གྲུབ་ན། དེ་ཆོས་ཅན། དེར་ཐལ། ཡོད་པར་རྟོགས་པའི་ཚད་མ་མེད་པར་རྟོགས་པའི་ཚད་མ་ཡོད་པར་རྟོགས་པའི་ཚད་མ་མེད་པ་ཡིན་པའི་ཕྱིར། མ་གྲུབ་ན། དེ་ཆོས་ཅན། དེར་ཐལ། ཡོད་པར་རྟོགས་པའི་ཚད་མ་མེད་པར་རྟོགས་པའི་ཚད་མ་མེད་པ་ཡིན་པའི་ཕྱིར། མ་གྲུབ་ན། དེ་ཆོས་ཅན། དེར་ཐལ། ཡོད་པའི་ཕྱིར། རྩ་བར་འདོད་ན། དངོས་པོ་ཆོས་ཅན། མེད་པར་རྟོགས་པའི་ཚད་མ་ཡོད་པར་རྟོགས་པའི་ཚད་མ་མེད་པར་ཐལ། ཡོད་པ་ཡིན་པའི་ཕྱིར།

མེད་ལ་མེད་རྟོགས་བརྟེགས་པའི་ཚེ། །
ཡ་རྣམས་ཡོད་ལ་ཆ་རྣམས་མེད། །
མེད་ལ་ཡོད་རྟོགས་བརྟེགས་པ་ནི། །
ཐམས་ཅད་མེད་པ་ཉིད་དུ་འགྱུར། །

ཁ་ཅིག་ན་རེ། མེད་པར་རྟོགས་པའི་ཚད་མ་མེད་པར་རྟོགས་པའི་ཚད་མ་མེད་པར་རྟོགས་པའི་ཚད་མ་ཡོད་ན། ཡོད་པར་རྟོགས་པའི་ཚད་མ་ཡོད་པར་རྟོགས་པའི་ཚད་མ་ཡོད་པས་ཁྱབ་ཟེར་ན། ནམ་མཁའི་པད་མོ་ཆོས་ཅན། དེར་ཐལ། དེའི་ཕྱིར། མ་གྲུབ་ན། དེ་ཆོས་ཅན། དེར་ཐལ། མེད་པར་རྟོགས་པའི་ཚད་མ་མེད་པར་རྟོགས་པའི་ཚད་མ་མེད་པའི་ཕྱིར། མ་གྲུབ་ན། དེ་ཆོས་ཅན།

དེར་ཐལ། མེད་པར་རྟོགས་པའི་ཚད་མ་ཡོད་པའི་ཕྱིར། མ་གྲུབ་ན། དེ་ཆོས་ཅན། དེར་ཐལ། མེད་པ་ཡིན་པའི་ཕྱིར། རྩ་བར་འདོད་ན། དེ་ཆོས་ཅན། ཡོད་པར་རྟོགས་པའི་ཚད་མ་ཡོད་པར་རྟོགས་པའི་ཚད་མ་ཡོད་པ་མ་ཡིན་པར་ཐལ། ཡོད་པར་རྟོགས་པའི་ཚད་མ་ཡོད་པ་མ་ཡིན་པའི་ཕྱིར། མ་གྲུབ་ན། ནམ་མཁའི་པདྨོ་ཆོས་ཅན། དེར་ཐལ། མེད་པ་ཡིན་པའི་ཕྱིར།

མེད་ལ་ཡོད་རྟོགས་མེད་རྟོགས་སོགས། །
སྦྱོལ་མར་བརྩེགས་པའི་ཚེ་ན་ཡང་། །
བཏང་སྙོམས་བཞག་དང་བརྗེ་བའི་ཚུལ། །
སྔ་མ་བཞིན་དུ་ཤེས་པར་བྱ། །

ཁ་ཅིག་ན་རེ། ཡོད་པར་རྟོགས་པའི་ཚད་མ་མེད་པར་རྟོགས་པའི་ཚད་མ་ཡོད་པར་རྟོགས་པའི་ཚད་མ་ཡོད་ན། མེད་པར་རྟོགས་པའི་ཚད་མ་ཡོད་པར་རྟོགས་པའི་ཚད་མ་མེད་པར་རྟོགས་པའི་ཚད་མ་ཡོད་པས་ཁྱབ་ཟེར་ན། ཁྱི་མགོ་རྟེ་རིལ་ཆོས་ཅན། དེར་ཐལ། དེའི་ཕྱིར། མ་གྲུབ་ན༑ དེ་ཆོས་ཅན། དེར་ཐལ། ཡོད་པར་རྟོགས་པའི་ཚད་མ་མེད་པར་རྟོགས་པའི་ཚད་མ་ཡོད་པའི་ཕྱིར༑ མ་གྲུབ་ན། དེ་ཆོས་ཅན། དེར་ཐལ། མེད་པ་ཡིན་པའི་ཕྱིར། རྩ་བར་འདོད་ན། དེ་ཆོས་ཅན། མེད་པར་རྟོགས་པའི་ཚད་མ་ཡོད་པར་རྟོགས་པའི་ཚད་མ་མེད་པར་རྟོགས་པའི་ཚད་མ་མེད་པར་ཐལ༑ མེད་པར་རྟོགས་པའི་ཚད་མ་ཡོད་པར་རྟོགས་པའི་ཚད་མ་མེད་པ་མ་ཡིན་པའི་ཕྱིར། མ་གྲུབ་ན། དེ་ཆོས་ཅན། དེར་ཐལ། མེད་པར་རྟོགས་པའི་ཚད་མ་ཡོད་པར་རྟོགས་པའི་ཚད་མ་ཡོད་པ་ཡིན་པའི་ཕྱིར། མ་གྲུབ་ན། དེ་ཆོས་ཅན། དེར་ཐལ། མེད་པར་རྟོགས་པའི་ཚད་མ་ཡོད་པ་ཡིན་པའི་ཕྱིར། མ་གྲུབ་ན། དེ་ཆོས་ཅན། དེར་ཐལ། མེད་པ་ཡིན་པའི་ཕྱིར།

རི་བོང་རྭ་དང་བདག་ལ་སོགས། །
བར་བར་དག་ཏུ་བྱུང་བའི་ཚེ། །
གང་བྱུང་དེ་ནས་བརྗེ་བར་བྱ། །

ཁ་ཅིག་ན་རེ། ཁྱོད་ཡོད་པར་རྟོགས་པའི་ཚད་མ་རི་བོང་རྭ་མེད་པར་རྟོགས་པའི་ཚད་མ་ཡོད་ན། ཁྱོད་མེད་པར་རྟོགས་པའི་ཚད་མ་ཆོས་ཀྱི་བདག་ཡོད་པར་རྟོགས་པའི་ཚད་མ་ཡོད་པས་ཁྱབ་ཟེར་ན། རྟག་པ་ཆོས་ཅན། དེར་ཐལ། དེའི་ཕྱིར། མ་གྲུབ་ན། རྟག་པ་ཡོད་པར་རྟོགས་པའི་ཚད་མ་ཆོས་ཅན། ཁྱོད་རི་བོང་རྭ་མེད་པར་རྟོགས་པའི་ཚད་མ་ཡོད་པར་ཐལ། ཁྱོད་རི་བོང་རྭ་མེད་པ་ཡིན་པའི་ཕྱིར། རྩ་བར་འདོད་ན། རྟག་པ་ཆོས་ཅན། ཁྱོད་མེད་པར་རྟོགས་པའི་ཚད་མ་ཆོས་ཀྱི་བདག་ཡོད་པར་རྟོགས་པའི་ཚད་མ་ཡོད་པ་མ་ཡིན་པར་ཐལ། ཁྱོད་མེད་པར་རྟོགས་པའི་ཚད་མ་ཆོས་ཀྱི་བདག་ཡོད་པར་རྟོགས་པའི་ཚད་མ་མེད་པ་ཡིན་པའི་ཕྱིར། མ་གྲུབ་ན། དེ་ཆོས་ཅན། དེར་ཐལ། ཁྱོད་ཆོས་ཀྱི་བདག་མེད་པ་ཡིན་པའི་ཕྱིར།

ཡོད་འགོད་མེད་འགོད་འདི་དག་ལ། །
མངོན་སུམ་ཚད་མ་བརྗེགས་པ་དང་། །
ཚད་མ་རྒྱུད་པ་བརྗེགས་པ་གཉིས། །
བརྗེ་ཚུལ་མི་འདྲ་སོ་སོར་ཡོད། །
བློ་རྩེ་གཏོད་མཚམས་ཁྱད་པར་མེད། །

ཁ་ཅིག་ན་རེ། ཡོད་པར་རྟོགས་པའི་མངོན་སུམ་ཚད་མ་ཡོད་ན། ཡོད་པར་རྟོགས་པའི་ཚད་མ་ཡོད་པས་ཁྱབ་ཟེར་ན། རི་བོང་རྭ་ཆོས་ན། དེར་ཐལ། དེའི་ཕྱིར། མ་གྲུབ་ན། དེ་ཆོས་ཅན། དེར་ཐལ། ཡོད་པར་རྟོགས་པའི་མངོན་སུམ་མངོན་སུམ་ཡིན་པའི་ཕྱིར། རྩ་བར་འདོད་ན། རི་བོང་རྭ་ཆོས་ཅན།

ཡོད་པར་རྟོགས་པའི་ཚད་མ་མེད་པར་ཐལ། མེད་པར་རྟོགས་པའི་ཚད་མ་ཡོད་པའི་ཕྱིར། མ་གྲུབ་ན། དེ་ཆོས་ཅན། དེར་ཐལ། མེད་པ་ཡིན་པའི་ཕྱིར། །

རང་གི་ལུགས་ལ། ཡོད་པར་རྟོགས་པའི་ཚད་མ་ཡོད་པ་དང་ཡོད་པ་དོན་གཅིག །མེད་པར་རྟོགས་པའི་ཚད་མ་ཡོད་པ་དང་མེད་པ་དོན་གཅིག །

དྲུག །ཡིན་ལོག་མིན་ལོག་གི་རྣམ་གཞག་བཤད་པ།

དྲུག་པ་ཡིན་ལོག་མིན་ལོག་གི་རྣམ་གཞག་བཤད་པ་ནི།

དྲུག་པ་ཡིན་ལོག་མིན་ལོག་ནི། །
ཡིན་ལ་ཡིན་ལོག་བརྩེགས་པ་ནི། །
ཆ་རྣམས་ཡིན་ལ་ཡ་རྣམས་མིན། །
ཡིན་ལ་མིན་ལོག་བརྩེགས་པའི་ཚེ། །
ཐམས་ཅད་ཡིན་པ་ཉིད་དུ་འགྱུར། །

ཁ་ཅིག་ན་རེ། ཤེས་བྱ་མ་ཡིན་པ་ལས་ལོག་པ་མ་ཡིན་པ་ལས་ལོག་པ་ཡིན་ན། དངོས་པོ་ཡིན་པ་ལས་ལོག་པ་ཡིན་པ་ལས་ལོག་པ་ཡིན་པས་ཁྱབ་ཟེར་ན། མཚན་ཉིད་ཆོས་ཅན། དངོས་པོ་ཡིན་པ་ལས་ལོག་པ་ཡིན་པ་ལས་ལོག་པ་ཡིན་པར་ཐལ། །ཤེས་བྱ་མ་ཡིན་པ་ལས་ལོག་པ་མ་ཡིན་པ་ལས་ལོག་པ་ཡིན་པའི་ཕྱིར། མ་གྲུབ་ན། མཚན་ཉིད་ཆོས་ཅན། ཤེས་བྱ་མ་ཡིན་པ་ལས་ལོག་པ་མ་ཡིན་པ་ལས་ལོག་པ་ཡིན་པར་ཐལ། ཤེས་བྱ་ཡིན་པའི་ཕྱིར། རྩ་བར་འདོད་ན། མཚན་ཉིད་ཆོས་ཅན། དངོས་པོ་ཡིན་པ་ལས་ལོག་པ་ཡིན་པ་ལས་ལོག་པ་མ་ཡིན་པར་ཐལ། དངོས་པོ་ཡིན་པ་ལས་ལོག་པ་ཡིན་པའི་ཕྱིར། མ་གྲུབ་ན། མཚན་ཉིད་ཆོས་ཅན། དངོས་པོ་ཡིན་པ་ལས་ལོག་པ་ཡིན་པར་ཐལ། དངོས་པོ་མ་ཡིན་པའི་ཕྱིར། མ་གྲུབ་ན། མཚན་ཉིད་ཆོས་ཅན། དངོས

པོ་མ་ཡིན་པར་ཐལ། མཚན་ཉིད་དང་གཅིག་ཡིན་པའི་ཕྱིར།

ཡིན་ལ་ཡིན་ལོག་མིན་ལོག་སོགས། །
སྤྱིལ་ནས་བརྩེགས་པའི་ཚོན་ཡང་། །
མིན་ལོག་བདང་སྒོམས་ཉིད་དུ་བཞག །
ཡིན་ལོག་ཁོ་ན་བསྐྱིས་ནས་ནི། །
ཆ་རྣམས་ཡིན་ལ་ཡ་རྣམས་མིན། །
མིན་ལ་ཡིན་ལོག་བརྩེགས་པའི་ཚེ། །
ཡ་རྣམས་ཡིན་ལ་ཆ་རྣམས་མིན། །

ཁ་ཅིག་ན་རེ། མཚན་མཚོན་གཉིས་ཀ་ཡིན་པ་ལས་ལོག་པ་ཡིན་པ་ལས་ལོག་པ་ཡིན་པ་ལས་ལོག་པ་ཡིན་ན། མཚན་ཉིད་ཡིན་པ་ལས་ལོག་པ་མ་ཡིན་པ་ལས་ལོག་པ་ཡིན་པ་ལས་ལོག་པ་ཡིན་པས་ཁྱབ་ཟེར་ན། དོན་བྱེད་ནུས་པ་ཆོས་ཅན། དེར་ཐལ། དེའི་ཕྱིར། མ་གྲུབ་ན། དེ་ཆོས་ཅན། དེར་ཐལ། མཚན་མཚོན་གཉིས་ཀ་ཡིན་པ་ལས་ལོག་པ་ཡིན་པ་ལས་ལོག་པ་མ་ཡིན་པའི་ཕྱིར། མ་གྲུབ་ན། དེ་ཆོས་ཅན། དེར་ཐལ། མཚན་མཚོན་གཉིས་ཀ་ཡིན་པ་ལས་ལོག་པ་མ་ཡིན་པ་ལས་ལོག་པ་ཡིན་པའི་ཕྱིར། མ་གྲུབ་ན། དེ་ཆོས་ཅན། དེར་ཐལ། མཚན་མཚོན་གཉིས་ཀ་མ་ཡིན་པའི་ཕྱིར། རྩ་བར་འདོད་ན། དོན་བྱེད་ནུས་པ་ཆོས་ཅན། མཚན་ཉིད་ཡིན་པ་ལས་ལོག་པ་མ་ཡིན་པ་ལས་ལོག་པ་ཡིན་པ་ལས་ལོག་པ་མ་ཡིན་པར་ཐལ། མཚན་ཉིད་ཡིན་པ་ལས་ལོག་པ་ཡིན་པ་ལས་ལོག་པ་ཡིན་པའི་ཕྱིར། མ་གྲུབ་ན། དོན་བྱེད་ནུས་པ་ཆོས་ཅན། དེར་ཐལ། མཚན་ཉིད་ཡིན་པའི་ཕྱིར།

མིན་ལ་མིན་ལོག་བརྩེགས་པ་ནི། །
ཐམས་ཅད་མིན་པ་ཉིད་དུ་འགྱུར། །
སྤེལ་མར་བརྩེགས་པའི་ཚེ་ན་ཡང་། །
བཏང་སྙོམས་བཞག་དང་བརྩི་བའི་ཚུལ། །
སྔ་མ་བཞིན་དུ་ཤེས་པར་བྱ། །

ཁ་ཅིག་ན་རེ། དགག་པ་མ་ཡིན་པ་ལས་ལོག་པ་ཡིན་པ་ལས་ལོག་པ་མ་ཡིན་པ་ལས་ལོག་པ་ཡིན་ན། དགག་སྒྲུབ་གཉིས་ཀ་མ་ཡིན་པ་ལས་ལོག་པ་མ་ཡིན་པ་ལས་ལོག་པ་ཡིན་པས་ཁྱབ་ཟེར་ན། མཚོན་བྱ་ཆོས་ཅན། དེར་ཐལ། དེའི་ཕྱིར། མ་གྲུབ་ན། དེ་ཆོས་ཅན། དེར་ཐལ། དགག་པ་མ་ཡིན་པ་ལས་ལོག་པ་ཡིན་པ་ལས་ལོག་པ་ཡིན་པའི་ཕྱིར། མ་གྲུབ་ན། དེ་ཆོས་ཅན། དེར་ཐལ༔ དགག་པ་མ་ཡིན་པའི་ཕྱིར། རྩ་བར་འདོད་ན། མཚོན་བྱ་ཆོས་ཅན། དགག་སྒྲུབ་གཉིས་ཀ་མ་ཡིན་པ་ལས་ལོག་པ་མ་ཡིན་པ་ལས་ལོག་པ་མ་ཡིན་པར་ཐལ། དགག་སྒྲུབ་གཉིས་ཀ་མ་ཡིན་པ་ལས་ལོག་པ་མ་ཡིན་པའི་ཕྱིར། མ་གྲུབ་ན། དེ་ཆོས་ཅན། དེར་ཐལ། དགག་སྒྲུབ་གཉིས་ཀ་མ་ཡིན་པའི་ཕྱིར།

རི་བོང་རྭ་དང་བདག་ལ་སོགས། །
བར་བར་དག་ཏུ་བྱུང་བའི་ཚེ། །
གང་བྱུང་དེ་ནས་བརྩི་བར་བྱ། །

ཁ་ཅིག་ན་རེ། ཀ་བ་ཡིན་པ་ལས་ལོག་པ་རི་བོང་རྭ་ཡིན་པ་ལས་ལོག་པ་ཡིན་ན། བུམ་པ་ཡིན་པ་ལས་ལོག་པ་གང་ཟག་གི་བདག་མ་ཡིན་པ་ལས་ལོག་པ་ཡིན་པས་ཁྱབ་ཟེར་ན། ཀ་བུམ་གཉིས་ཆོས་ན། དེར་ཐལ། དེའི་ཕྱིར། མ་གྲུབ་ན། ཀ་བུམ་གཉིས་ཀ་བ་ཡིན་པ་ལས་ལོག

པ་ཆོས་ཅན། ཁྱོད་རི་བོང་རྭ་ཡིན་པ་ལས་ལོག་པ་ཡིན་པར་ཐལ། ཁྱོད་རི་བོང་རྭ་མ་ཡིན་པའི་ཕྱིར། རྩ་བར་འདོད་ན། ཀ་བུམ་གཉིས་ཆོས་ཅན། བུམ་པ་ཡིན་པ་ལས་ལོག་པ་གང་ཟག་གི་བདག་མ་ཡིན་པ་ལས་ལོག་པ་མ་ཡིན་པར་ཐལ། བུམ་པ་ཡིན་པ་ལས་ལོག་པ་གང་ཟག་གི་བདག་ཡིན་པ་ལས་ལོག་པ་ཡིན་པའི་ཕྱིར། མ་གྲུབ་ན། ཀ་བུམ་གཉིས་བུམ་པ་ཡིན་པ་ལས་ལོག་པ་ཆོས་ཅན། ཁྱོད་གང་ཟག་གི་བདག་ཡིན་པ་ལས་ལོག་པ་ཡིན་པར་ཐལ། ཁྱོད་གང་ཟག་གི་བདག་མ་ཡིན་པའི་ཕྱིར།

རང་གི་ལུགས་ལ། ཆོས་དེ་ཡིན་པ་ལས་ལོག་པ་དང་ཆོས་དེ་མ་ཡིན་པ་གཉིས་དོན་གཅིག །ཆོས་དེ་མ་ཡིན་པ་ལས་ལོག་པ་དང་ཆོས་དེ་ཡིན་པ་གཉིས་དོན་གཅིག་ཡིན་ནོ། །

བདུན། རྟག་རྟོགས་དངོས་རྟོགས་ཀྱི་རྣམ་གཞག་བཤད་པ།

བདུན་པ་རྟག་རྟོགས་དངོས་རྟོགས་ཀྱི་རྣམ་གཞག་བཤད་པ་ནི།

བདུན་པ་རྟག་རྟོགས་དངོས་རྟོགས་ལ། །
བརྩི་ཚུལ་དང་ནི་ཞེ་འདོད་གཉིས། །
དང་པོ་རྩོད་གཞི་གང་ཡིན་ཀྱང་། །
རྟག་པར་རྟོགས་པའི་ཚད་མ་དེ། །
རྟགས་གསལ་གང་ལ་བཀོད་ཀྱང་རུང་། །
ཡོད་འགོད་ཡིན་འགོད་གང་ཡིན་དང་། །
ཡོད་སྒྲུབ་ཡིན་སྒྲུབ་གང་ཡིན་ལྟོས། །
ཡོད་འགོད་ལ་སོགས་རྩོད་གཞི་གཅིག །
ཡིན་འགོད་ལ་སོགས་རྩོད་གཞི་གཉིས། །

ཁ་ཅིག་ན་རེ། རྟག་པར་རྟོགས་པའི་ཚད་མ་རྟག་པར་རྟོགས་པའི་ཚད་མ་ཡོད་ན། རྟག་པར་རྟོགས་པའི་ཚད་མ་ཡོད་པས་ཁྱབ་ཟེར་ན། གཟུགས་ཆོས་ཅན། རྟག་པར་རྟོགས་པའི་ཚད་མ་ཡོད་པར་ཐལ། རྟག་པར་རྟོགས་པའི་ཚད་མ་རྟག་པར་རྟོགས་པའི་ཚད་མ་ཡོད་པའི་ཕྱིར། མ་གྲུབ་ན། གཟུགས་ཆོས་ཅན། རྟག་པར་རྟོགས་པའི་ཚད་མ་རྟག་པར་རྟོགས་པའི་ཚད་མ་ཡོད་པར་ཐལ། རྟག་པར་རྟོགས་པའི་ཚད་མ་རྟག་པ་ཡིན་པའི་ཕྱིར། མ་གྲུབ་ན། གཟུགས་ཆོས་ཅན། རྟག་པར་རྟོགས་པའི་ཚད་མ་རྟག་པ་ཡིན་པར་ཐལ། རྟག་པར་རྟོགས་པའི་ཚད་མ་མེད་པ་ཡིན་པའི་ཕྱིར། མ་གྲུབ་ན། གཟུགས་ཆོས་ཅན། རྟག་པར་རྟོགས་པའི་ཚད་མ་མེད་པ་ཡིན་པར་ཐལ། དངོས་པོ་ཡིན་པའི་ཕྱིར། རྩ་བར་འདོད་ན། གཟུགས་ཆོས་ཅན། རྟག་པར་རྟོགས་པའི་ཚད་མ་མེད་པར་ཐལ། ཁྱོད་རྟག་པར་འཛིན་པའི་བློ་ཡིན་ན། ཚད་མ་མ་ཡིན་པས་ཁྱབ་པའི་ཕྱིར། མ་གྲུབ་ན། དེར་ཐལ། ཁྱོད་རྟག་པ་མ་ཡིན་པའི་ཕྱིར།

ཁ་ཅིག་ན་རེ། དངོས་པོར་རྟོགས་པའི་ཚད་མ་ཡིན་ན། རྟག་པར་རྟོགས་པའི་ཚད་མ་ཡིན་པས་ཁྱབ་ཟེར་ན། རྣམ་མཁྱེན་ཆོས་ཅན། དེར་ཐལ། དེའི་ཕྱིར། མ་གྲུབ་ན། རྣམ་མཁྱེན་ཆོས་ཅན། རྣམ་མཁྱེན་དངོས་པོར་རྟོགས་པའི་ཚད་མ་ཡིན་པར་ཐལ། རྣམ་མཁྱེན་དངོས་པོ་ཡིན་པ་ཁྱོད་ཀྱི་གཞལ་བྱ་ཡིན་པའི་ཕྱིར། མ་གྲུབ་ན། རྣམ་མཁྱེན་དངོས་པོ་ཡིན་པ་ཆོས་ཅན། རྣམ་མཁྱེན་གྱི་གཞལ་བྱ་ཡིན་པར་ཐལ། ཡོད་པའི་ཕྱིར། རྩ་བར་འདོད་ན། རྣམ་མཁྱེན་ཆོས་ཅན། རྣམ་མཁྱེན་རྟག་པར་རྟོགས་པའི་ཚད་མ་མ་ཡིན་པར་ཐལ། རྣམ་མཁྱེན་རྟག་པ་ཡིན་པར་ཁྱོད་ཀྱི་གཞལ་བྱ་མ་ཡིན་པའི་ཕྱིར་ཏེ། རྣམ་མཁྱེན་རྟག་པ་ཡིན་པར་མེད་པའི་ཕྱིར།

རྟག་རྟོགས་མངོན་སུམ་ཚད་མ་བརྩེགས། །
ཡོད་སྒྲུབ་ལ་ནི་རྩོད་གཞི་ཆད། །

ཡིན་སྒྲུབ་ལ་སོགས་རྟོད་གཞི་གཅིག །
སྦྱར་བའི་ནུས་པ་ཡོད་པ་ཡིན། །

ཁ་ཅིག་ན་རེ། རྟག་པར་རྟོགས་པའི་མངོན་སུམ་ཚད་མ་ཡོད་ན། རྟག་པར་རྟོགས་པའི་མངོན་སུམ་ཚད་མ་ཡིན་པས་ཁྱབ་ཟེར་ན། ཤེས་པ་ཆོས་ཅན། དེར་ཐལ། དེའི་ཕྱིར། མ་གྲུབ་ན། དེ་ཆོས་ཅན། དེར་ཐལ། དེ་ལ་འདོད་ལན་བཏབ་པས་རྟོད་གཞི་ཚད་ནས་རྟག་པར་རྟོགས་པའི་མངོན་སུམ་ཚད་མ་ཡོད་པ་འདོད་ཅེས་བརྗེ་རིགས་པ་གང་ཞིག །རྟག་པར་རྟོགས་པའི་མངོན་སུམ་ཚད་མ་ཡོད་པའི་ཕྱིར། མ་གྲུབ་ན། དེར་ཐལ། རྟག་པ་ཡིན་པའི་ཕྱིར། རྩ་བར་འདོད་ན། ཤེས་པ་ཆོས་ཅན། རྟག་པར་རྟོགས་པའི་མངོན་སུམ་ཚད་མ་མ་ཡིན་པར་ཐལ། དེ་ལ་འདོད་ལན་བཏབ་པས་ཤེས་པ་རྟག་པར་རྟོགས་པའི་མངོན་སུམ་ཚད་མ་ཡིན་པ་འདོད་ཅེས་བརྗེ་རིགས་པ་གང་ཞིག །ཤེས་པ་རྟག་པར་རྟོགས་པའི་མངོན་སུམ་ཚད་མ་མ་ཡིན་པའི་ཕྱིར། མ་གྲུབ་ན། དེར་ཐལ། ཤེས་པ་རྟག་པར་རྟོགས་པའི་མངོན་སུམ་མེད་པའི་ཕྱིར། མ་གྲུབ་ན། ཤེས་པ་ཆོས་ཅན། ཁྱོད་རྟག་པར་རྟོགས་པའི་མངོན་སུམ་མེད་པར་ཐལ། ཁྱོད་རྟག་པ་མ་ཡིན་པའི་ཕྱིར།

འདི་ལ་རྟག་རྟོགས་ཚད་མ་དེ། །
གཅིག་དང་མང་པོ་བརྩེགས་པ་ལ། །
རྟོད་གཞི་རྒྱུག་ཚུལ་ཁྱད་པར་མེད། །
དངོས་རྟོག་ཡོད་རྟོགས་ལ་སོགས་པའི། །
ཚད་མ་ཀུན་ལ་བརྗེ་ཚུལ་མཚུངས། །

ཁ་ཅིག་ན་རེ། རྟག་པར་རྟོགས་པའི་མངོན་སུམ་ཚད་མ་རྟག་པར་རྟོགས་པའི་མངོན་སུམ་ཚད་མ་ཡིན་ན། རྟག་པར་རྟོགས་པའི་མངོན་སུམ་ཚད་མ་རྟག་པར་རྟོགས་པའི་མངོན་སུམ་ཚད་

མ་ཡོད་པས་ཁྱབ་ཟེར་ན། ཀ་བ་ཆོས་ཅན། དེར་ཐལ། དེའི་ཕྱིར། མ་གྲུབ་ན། ཀ་བ་ཆོས་ཅན། རྟག་པར་རྟོགས་པའི་མངོན་སུམ་ཚད་མ་རྟག་པར་རྟོགས་པའི་མངོན་སུམ་ཚད་མ་ཡིན་པར་ཐལ། དེ་ལ་འདོད་ལན་བཏབ་པས་ཀ་བ་རྟག་པར་རྟོགས་པའི་མངོན་སུམ་ཚད་མ་རྟག་པར་རྟོགས་པའི་མངོན་སུམ་ཚད་མ་ཡིན་པ་འདོད་ཅེས་བརྩེ་རིགས་པ་གང་ཞིག །དེ་ལྟར་ཡིན་པའི་ཕྱིར། རྩ་བར་འདོད་ན། ཀ་བ་ཆོས་ཅན། རྟག་པར་རྟོགས་པའི་མངོན་སུམ་ཚད་མ་རྟག་པར་རྟོགས་པའི་མངོན་སུམ་ཚད་མ་མེད་པར་ཐལ། དེ་ལ་འདོད་ལན་བཏབ་པས་སྟོད་གཞི་ཆད་ནས་རྟག་པར་རྟོགས་པའི་མངོན་སུམ་ཚད་མ་རྟག་པར་རྟོགས་པའི་མངོན་སུམ་ཚད་མ་མེད་པ་འདོད་ཅེས་བརྩེ་རིགས་པ་གང་ཞིག །རྟག་པར་རྟོགས་པའི་མངོན་སུམ་ཚད་མ་རྟག་པར་རྟོགས་པའི་མངོན་སུམ་ཚད་མ་མེད་པའི་ཕྱིར།

རྟག་རྟོགས་དངོས་རྟོགས་ཚད་མ་དང་། །
ཡོད་རྟོགས་མེད་རྟོགས་ཚད་མ་གཉིས། །
རྒྱུད་པ་བརྩེགས་པའམ་སྤེལ་མར་བརྩེགས། །
འཕར་ཚུལ་སྔ་མ་ཁོ་ན་འོ། །

ཁ་ཅིག་ན་རེ། རྟག་པར་རྟོགས་པའི་ཚད་མ་དངོས་པོར་རྟོགས་པའི་ཚད་མ་རྟག་པར་རྟོགས་པའི་ཚད་མ་ཡིན་ན། ཡོད་པར་རྟོགས་པའི་ཚད་མ་མེད་པར་རྟོགས་པའི་ཚད་མ་ཡོད་པས་ཁྱབ་ཟེར་ན། རྣམ་མཁྱེན་ཆོས་ཅན། དེར་ཐལ། དེའི་ཕྱིར། མ་གྲུབ་ན། རྣམ་མཁྱེན་ཆོས་ཅན། རྟག་པར་རྟོགས་པའི་ཚད་མ་དངོས་པོར་རྟོགས་པའི་ཚད་མ་རྟག་པར་རྟོགས་པའི་ཚད་མ་ཡིན་པར་ཐལ། དེ་ལ་འདོད་ལན་བཏབ་པས་རྣམ་མཁྱེན་རྣམ་མཁྱེན་རྟག་པར་རྟོགས་པའི་ཚད་མ་དངོས་པོར་རྟོགས་པའི་ཚད་མ་རྟག་པར་རྟོགས་པའི་ཚད་མ་ཡིན་པ་འདོད་ཅེས་བརྩེ་རིགས་པ་གང་ཞིག །རྣམ་མཁྱེན་

རྣམ་མཁྱེན་རྟག་པར་རྟོགས་པའི་ཚད་མ་དངོས་པོར་རྟོགས་པའི་ཚད་མ་རྟག་པར་རྟོགས་པའི་ཚད་མ་ཡིན་པའི་ཕྱིར། རྒྱ་བར་འདོད་ན། རྣམ་མཁྱེན་ཆོས་ཅན། ཡོད་པར་རྟོགས་པའི་ཚད་མ་མེད་པར་རྟོགས་པའི་ཚད་མ་མེད་པར་ཐལ། དེ་ལ་འདོད་ལན་བཏབ་པས་རྣམ་མཁྱེན་ཡོད་པར་རྟོགས་པའི་ཚད་མ་མེད་པར་རྟོགས་པའི་ཚད་མ་མེད་པ་འདོད་ཅེས་བསྒྲེ་རིགས་པ་གང་ཞིག །དེ་ལྟར་མེད་པའི་ཕྱིར། །

ཡིན་པར་རྟོགས་པའི་ཚད་མ་དང་། །
མིན་པར་རྟོགས་པའི་ཚད་མ་གཉིས། །
རང་རང་སོ་སོར་བརྩེགས་པའམ། །
ཕན་ཚུན་སྤེལ་ནས་བརྩེགས་ཀྱང་རུང་། །
འགོད་སྐབས་གང་ཡིན་ངོས་བཟུང་ནས། །
ཡོད་པར་ངེས་ནས་བརྩེགས་པ་ཡི། །
གྲངས་དང་མཉམ་པའི་རྩོད་གཞི་འཕར། །
ཡིན་པར་ངེས་ན་གཅིག་ལྷག་འཕར། །

ཁ་ཅིག་ན་རེ། དངོས་པོ་ཡིན་པར་རྟོགས་པའི་ཚད་མ་ཡིན་པར་རྟོགས་པའི་ཚད་མ་ཡིན་པར་རྟོགས་པའི་ཚད་མ་ཡོད་ན། མ་ཡིན་པར་རྟོགས་པའི་ཚད་མ་ཡིན་པར་རྟོགས་པའི་ཚད་མ་མ་ཡིན་པར་རྟོགས་པའི་ཚད་མ་ཡིན་པས་ཁྱབ་ཟེར་ན། རྣམ་མཁྱེན་ཆོས་ཅན། དེར་ཐལ། དེའི་ཕྱིར། མ་གྲུབ་ན། རྣམ་མཁྱེན་རྣམ་མཁྱེན་རྣམ་མཁྱེན་དངོས་པོ་ཡིན་པར་རྟོགས་པའི་ཚད་མ་ཡིན་པར་རྟོགས་པའི་ཚད་མ་ཡིན་པར་རྟོགས་པའི་ཚད་མ་ཡོད་པར་ཐལ། རྣམ་མཁྱེན་རྣམ་མཁྱེན་རྣམ་མཁྱེན་དངོས་པོ་ཡིན་པར་རྟོགས་པའི་ཚད་མ་ཡིན་པར་རྟོགས་པའི་ཚད་མ་ཡིན་པར་ཡོད་པའི་ཕྱིར། མ་གྲུབ་ན། རྣམ་མཁྱེན་ཆོས་ཅན། དེར་ཐལ། རྣམ་མཁྱེན་རྣམ་མཁྱེན་དངོས་པོ་ཡིན་པར་

རྟོགས་པའི་ཚད་མ་ཡིན་པར་རྟོགས་པའི་ཚད་མ་ཡིན་པའི་ཕྱིར། མ་གྲུབ་ན། རྣམ་མཁྱེན་རྣམ་མཁྱེན་རྣམ་མཁྱེན་དངོས་པོ་ཡིན་པར་རྟོགས་པའི་ཚད་མ་ཡིན་པར་རྟོགས་པའི་ཚད་མ་ཡིན་པར་ཐལ། རྣམ་མཁྱེན་ཚད་མ་གང་ཞིག །རྣམ་མཁྱེན་རྣམ་མཁྱེན་དངོས་པོ་ཡིན་པར་རྟོགས་པའི་ཚད་མ་ཡིན་པར་ཁྱོད་ཀྱི་གཞལ་བྱ་ཡིན་པའི་ཕྱིར། རྟགས་དང་པོ་སླ། གཉིས་པ་མ་གྲུབ་ན། དེར་ཐལ། རྣམ་མཁྱེན་རྣམ་མཁྱེན་དངོས་པོ་ཡིན་པར་རྟོགས་པའི་ཚད་མ་ཡིན་པར་ཡོད་པའི་ཕྱིར། རྩ་བར་འདོད་ན། རྣམ་མཁྱེན་རྣམ་མཁྱེན་རྣམ་མཁྱེན་མ་ཡིན་པར་རྟོགས་པའི་ཚད་མ་མ་ཡིན་པར་རྟོགས་པའི་ཚད་མ་མ་ཡིན་པར་རྟོགས་པའི་ཚད་མ་མ་ཡིན་པར་ཐལ། རྣམ་མཁྱེན་རྣམ་མཁྱེན་རྣམ་མཁྱེན་མ་ཡིན་པར་རྟོགས་པའི་ཚད་མ་མ་ཡིན་པར་རྟོགས་པའི་ཚད་མ་མ་ཡིན་པར་རྣམ་མཁྱེན་གྱི་གཞལ་བྱ་མ་ཡིན་པའི་ཕྱིར། མ་གྲུབ་ན། དེར་ཐལ། རྣམ་མཁྱེན་རྣམ་མཁྱེན་རྣམ་མཁྱེན་མ་ཡིན་པར་རྟོགས་པའི་ཚད་མ་མ་ཡིན་པར་རྟོགས་པའི་ཚད་མ་མ་ཡིན་པར་མེད་པའི་ཕྱིར། མ་གྲུབ་ན། དེར་ཐལ། རྣམ་མཁྱེན་རྣམ་མཁྱེན་རྣམ་མཁྱེན་མ་ཡིན་པར་རྟོགས་པའི་ཚད་མ་མ་ཡིན་པར་རྟོགས་པའི་ཚད་མ་མ་ཡིན་པའི་ཕྱིར། མ་གྲུབ་ན། དེར་ཐལ། རྣམ་མཁྱེན་ཚད་མ་གང་ཞིག །རྣམ་མཁྱེན་རྣམ་མཁྱེན་མ་ཡིན་པར་རྟོགས་པའི་ཚད་མ་ཡིན་པར་ཁྱོད་ཀྱི་གཞལ་བྱ་ཡིན་པའི་ཕྱིར། རྟགས་དང་པོ་སླ། གཉིས་པ་མ་གྲུབ་ན། དེར་ཐལ། རྣམ་མཁྱེན་རྣམ་མཁྱེན་མ་ཡིན་པར་རྟོགས་པའི་ཚད་མ་ཡིན་པར་ཡོད་པའི་ཕྱིར། མ་གྲུབ་ན། དེར་ཐལ། རྣམ་མཁྱེན་རྣམ་མཁྱེན་མ་ཡིན་པར་རྟོགས་པའི་ཚད་མ་ཡིན་པའི་ཕྱིར། མ་གྲུབ་ན། དེར་ཐལ། རྣམ་མཁྱེན་ཚད་མ་གང་ཞིག །རྣམ་མཁྱེན་མ་ཡིན་པར་ཁྱོད་ཀྱི་གཞལ་བྱ་ཡིན་པའི་ཕྱིར། རྟགས་དང་པོ་སླ། ཕྱི་མ་མ་གྲུབ་ན། དེར་ཐལ། རྣམ་མཁྱེན་མ་ཡིན་པར་ཡོད་པའི་ཕྱིར། མ་གྲུབ་ན། དེར་ཐལ། རྟག་པ་ཡིན་པའི་ཕྱིར།

བར་དང་ལ་དང་དང་ལ་སོགས། །
དྲུག་སྒྲའི་ནུས་པ་ཐོབ་པ་ཡིན། །
ཁ་འགགས་མཐའ་རྟེན་ཡོད་པ་ལ། །
དྲུག་སྒྲ་སྦྱོར་སྐབས་པའི་ནུས་པ་མེད། །

ཁ་ཅིག་ན་རེ། ཤེས་པ་དང་ཡོད་པར་རྟོགས་པའི་ཚད་མ་ཡོད་པར་རྟོགས་པའི་ཚད་མ་ཡོད་ན། དངོས་པོར་རྟོགས་པའི་མངོན་སུམ་ཚད་མ་ཡོད་པས་ཁྱབ་ཟེར་ན། རྣམ་མཁྱེན་ཆོས་ཅན། དེར་ཐལ༑ དེའི་ཕྱིར། མ་གྲུབ་ན། དེ་ཆོས་ཅན། དེར་ཐལ། རྣམ་མཁྱེན་ཤེས་པ་དང་ཡོད་པ་ཡིན་པའི་ཕྱིར། རྩ་བར་འདོད་ན། རྣམ་མཁྱེན་ཆོས་ཅན། དངོས་པོར་རྟོགས་པའི་མངོན་སུམ་ཚད་མ་ཡོད་པ་མ་ཡིན་པར་ཐལ། དངོས་པོར་རྟོགས་པའི་མངོན་སུམ་ཚད་མ་མེད་པ་ཡིན་པའི་ཕྱིར། མ་གྲུབ་ན། དེར་ཐལ། དེ་ལ་འདོད་ལན་བཏབ་པས། དངོས་པོར་རྟོགས་པའི་མངོན་སུམ་ཚད་མ་མེད་པ་འདོད་ཅེས་བརྗོ་རིགས་པ་གང་ཞིག །དངོས་པོར་རྟོགས་པའི་མངོན་སུམ་ཚད་མ་མེད་པའི་ཕྱིར། མ་གྲུབ་ན། དེར་ཐལ། རྟག་པ་ཡིན་པའི་ཕྱིར། དེ་བཞིན་དུ། ག་བར་ཡོད་པར་རྟོགས་པའི་ཚད་མ་དང་། ག་བ་ལ་ཡོད་པར་རྟོགས་པའི་ཚད་མ་ཡོད་པ་ལྟ་བུ་ལ་རྟོད་གཞི་རྒྱུག་པའི་ནུས་པ་ཡོད་པར་ཤེས་པར་བྱའོ། །

དགག་གཞི་དྲུག་སྒྲ་སྦྱེལ་བའི་ཚེ། །
དྲུག་སྒྲའི་ནུས་པ་ཆད་པ་སྲིད། །
དགག་གཞིའི་ནུས་པ་ཆད་མི་སྲིད། །
གཉིས་ཀའི་ནུས་པ་ཐོབ་པའང་ཡོད། །

ཁ་ཅིག་ན་རེ། བུམ་པའི་དགག་གཞི་ཆོས་ཅན། བུམ་པར་རྟོགས་པའི་མངོན་སུམ་ཚད་མ་ཡོད་

པར་ཐལ། བུམ་པར་རྟོགས་པའི་ཚད་མ་ཡོད་པའི་ཕྱིར། ཞེས་པའི་གསལ་བ་ལ་འདོད་ལན་བཏབ་པས་བུམ་པའི་དགག་གཞི་བུམ་པའི་དགག་གཞིར་བུམ་པར་རྟོགས་པའི་མངོན་སུམ་ཚད་མ་ཡོད་པ་འདོད་ཅེས་བརྗོ་རིགས་ཏེ། དེ་འདྲའི་ཐལ་འགྱུར་ལ་རྟགས་མ་གྲུབ་ཀྱི་ལན་བཏབ་པས་བུམ་པའི་དགག་གཞི་བུམ་པའི་དགག་གཞིར་བུམ་པར་རྟོགས་པའི་ཚད་མ་ཡོད་པ་རྟགས་མ་གྲུབ་ཅེས་བརྗོ་རིགས་པའི་ཕྱིར་ཟེར་ན། མ་ཁྱབ། རྟགས་གྲུབ་ཏེ། དེ་འདྲའི་ཐལ་འགྱུར་ལ་རྟགས་མ་གྲུབ་ཀྱི་ལན་བཏབ་པས། དགག་གཞི་དང་དྲུག་སྒྲ་གཉིས་ཀའི་ནུས་པ་ཐོབ་པའི་ཕྱིར། དེ་བཞིན་ཀ་བའི་དགག་གཞི་ཆོས་ཅན། ཀ་བར་རྟོགས་པའི་ཚད་མ་ཡིན་པར་ཐལ། ཀ་བར་རྟོགས་པའི་མངོན་སུམ་ཚད་མ་ཡིན་པའི་ཕྱིར། ཞེས་པའི་གསལ་བ་ལ་འདོད་ལན་བཏབ་པས། དགག་གཞི་དང་དྲུག་སྒྲ་ཡིན་འགོད་གསུམ་ཀའི་ནུས་པས། ཀ་བའི་དགག་གཞི་ཀ་བའི་དགག་གཞིར་ཀ་བའི་དགག་གཞིར་ཀ་བར་རྟོགས་པའི་ཚད་མ་ཡིན་པ་འདོད་ཅེས་བརྗེ། རྟགས་ལ་རྟགས་མ་གྲུབ་ཀྱི་ལན་བཏབ་པས་དགག་གཞི་ཁོ་ནའི་ནུས་པས་ཀ་བའི་དགག་གཞི་ཀ་བར་རྟོགས་པའི་མངོན་སུམ་ཚད་མ་ཡིན་པ་རྟགས་མ་གྲུབ་ཅེས་བརྗེ་རིགས་སོ། །

བློ་རྩེ་གཏོད་མཚམས་བཤད་པ་ནི། །
རྟག་ལ་རྟག་རྟོགས་བརྩེགས་པའི་ཚེ། །
ཡ་རྣམས་ཡོད་ལ་ཆ་རྣམས་མེད། །
རྟག་ལ་མི་རྟག་རྟོགས་པ་ནི། །
འདི་དང་དངོས་རྟོགས་ཁྱད་པར་མེད། །
ཐམས་ཅད་མེད་པ་ཉིད་དུ་འགྱུར། །

ཁ་ཅིག་ན་རེ། རྟག་པར་རྟོགས་པའི་ཚད་མ་རྟག་པར་རྟོགས་པའི་ཚད་མ་རྟག་པར་རྟོགས་

པའི་ཚད་མ་ཡོད་ན། མི་རྟག་པར་རྟོགས་པའི་ཚད་མ་མི་རྟག་པར་རྟོགས་པའི་ཚད་མ་ཡོད་པས་ཁྱབ་ཟེར་ན། འདུས་མ་བྱས་ཀྱི་ནམ་མཁའ་ཆོས་ཅན། དེར་ཐལ། དེའི་ཕྱིར། མ་གྲུབ་ན། དེ་ཆོས་ཅན། དེར་ཐལ། རྟག་པར་རྟོགས་པའི་ཚད་མ་རྟག་པར་རྟོགས་པའི་ཚད་མ་རྟག་པ་ཡིན་པའི་ཕྱིར། མ་གྲུབ་ན། དེ་ཆོས་ཅན། དེར་ཐལ། རྟག་པར་རྟོགས་པའི་ཚད་མ་རྟག་པར་རྟོགས་པའི་ཚད་མ་མེད་པའི་རྟག་པ་ཡིན་པའི་ཕྱིར། རྩ་བར་འདོད་ན། འདུས་མ་བྱས་ཀྱི་ནམ་མཁའ་ཆོས་ཅན། མི་རྟག་པར་རྟོགས་པའི་ཚད་མ་མི་རྟག་པར་རྟོགས་པའི་ཚད་མ་མེད་པར་ཐལ། མི་རྟག་པར་རྟོགས་པའི་ཚད་མ་མི་རྟག་པ་མ་ཡིན་པའི་ཕྱིར། མ་གྲུབ་ན། དེ་ཆོས་ཅན། དེར་ཐལ། མི་རྟག་པ་མ་ཡིན་པའི་ཕྱིར། །

རྟག་ལ་རྟག་རྟོགས་དངོས་རྟོགས་སོགས། །
སྤྱི་མར་བརྩེགས་པའི་ཚེ་ན་ཡང་། །
དངོས་རྟོགས་བཏང་སྙོམས་ཉིད་དུ་བཞག །
རྟག་རྟོགས་ཁོ་ན་བརྩི་བར་བྱ། །

ཁ་ཅིག་ན་རེ། དངོས་པོར་རྟོགས་པའི་ཚད་མ་རྟག་པར་རྟོགས་པའི་ཚད་མ་ཡོད་ན། དངོས་པོར་རྟོགས་པའི་ཚད་མ་རྟག་པར་རྟོགས་པའི་ཚད་མ་དངོས་པོར་རྟོགས་པའི་ཚད་མ་རྟག་པར་རྟོགས་པའི་ཚད་མ་ཡོད་པས་ཁྱབ་ཟེར་ན། ཀ་བ་དང་གཅིག་ཆོས་ཅན། དེར་ཐལ། དེའི་ཕྱིར། མ་གྲུབ་ན། དེ་ཆོས་ཅན། དེར་ཐལ། དངོས་པོར་རྟོགས་པའི་ཚད་མ་མེད་པའི་ཕྱིར། མ་གྲུབ་ན། དེ་ཆོས་ཅན། དེར་ཐལ། རྟག་པ་ཡིན་པའི་ཕྱིར། རྩ་བར་འདོད་ན། ཀ་བ་དང་གཅིག་ཆོས་ཅན། དངོས་པོར་རྟོགས་པའི་ཚད་མ་རྟག་པར་རྟོགས་པའི་ཚད་མ་དངོས་པོར་རྟོགས་པའི་ཚད་མ་རྟག་པར་རྟོགས་པའི་ཚད་མ་མེད་པར་ཐལ། དངོས་པོར་རྟོགས་པའི་ཚད་མ་རྟག་པར་རྟོགས་པའི་ཚད་མ་དངོས་པོར་རྟོགས་པའི་

ཚད་མ་རྟག་པ་མ་ཡིན་པའི་ཕྱིར། མ་གྲུབ་ན། དེ་ཆོས་ཅན། དེར་ཐལ། དངོས་པོར་རྟོགས་པའི་ཚད་མ་རྟག་པར་རྟོགས་པའི་ཚད་མ་དངོས་པོར་རྟོགས་པའི་ཚད་མ་དངོས་པོ་ཡིན་པའི་ཕྱིར།

དངོས་ལ་རྟག་རྟོགས་བརྟེགས་པའི་ཚེ། །
ཆ་རྣམས་ཡོད་ལ་ཡ་རྣམས་མེད། །
དངོས་ལ་དངོས་རྟོགས་བརྟེགས་པ་ནི། །
ཐམས་ཅད་ཡོད་པ་ཉིད་དུ་འགྱུར། །

ཁ་ཅིག་ན་རེ། དངོས་པོར་རྟོགས་པའི་ཚད་མ་དངོས་པོར་རྟོགས་པའི་ཚད་མ་ཡོད་ན། རྟག་པར་རྟོགས་པའི་ཚད་མ་རྟག་པར་རྟོགས་པའི་ཚད་མ་རྟག་པར་རྟོགས་པའི་ཚད་མ་ཡོད་པས་ཁྱབ་ཟེར་ན། སྒྲ་ཆོས་ཅན། དེར་ཐལ། དེའི་ཕྱིར། མ་གྲུབ་ན། དེ་ཆོས་ཅན། དེར་ཐལ། དངོས་པོར་རྟོགས་པའི་ཚད་མ་དངོས་པོ་ཡིན་པའི་ཕྱིར། རྩ་བར་འདོད་ན། དེ་ཆོས་ཅན། རྟག་པར་རྟོགས་པའི་ཚད་མ་རྟག་པར་རྟོགས་པའི་ཚད་མ་རྟག་པར་རྟོགས་པའི་ཚད་མ་མེད་པར་ཐལ། རྟག་པར་རྟོགས་པའི་ཚད་མ་རྟག་པར་རྟོགས་པའི་ཚད་མ་རྟག་པ་མ་ཡིན་པའི་ཕྱིར། །

དངོས་ལ་རྟག་རྟོགས་དངོས་རྟོགས་སོགས། །
སྤྱིལ་མར་བརྟེགས་པའི་ཚེ་ན་ཡང་། །
དངོས་རྟོགས་བཏང་སྙོམས་ཉིད་དུ་བཞག །
རྟག་རྟོགས་ཁོ་ན་བརྩི་བར་བྱ། །

ཁ་ཅིག་ན་རེ། རྟག་པར་རྟོགས་པའི་ཚད་མ་དངོས་པོར་རྟོགས་པའི་ཚད་མ་རྟག་པར་རྟོགས་

པའི་ཚད་མ་ཡོད་ན། དངོས་པོར་རྟོགས་པའི་ཚད་མ་རྟག་པར་རྟོགས་པའི་ཚད་མ་ཡོད་པས་ཁྱབ་ཞེར་ན། རྫས་དཔག་ཆོས་ཅན། དེར་ཐལ། དེའི་ཕྱིར། མ་གྲུབ་ན། དེ་ཆོས་ཅན། དེར་ཐལ། རྟག་པར་རྟོགས་པའི་ཚད་མ་དངོས་པོར་རྟོགས་པའི་ཚད་མ་རྟག་པ་ཡིན་པའི་ཕྱིར། རྩ་བར་འདོད་ན། རྫས་དཔག་ཆོས་ཅན། དངོས་པོར་རྟོགས་པའི་ཚད་མ་རྟག་པར་རྟོགས་པའི་ཚད་མ་མེད་པར་ཐལ། དངོས་པོར་རྟོགས་པའི་ཚད་མ་རྟག་པ་མ་ཡིན་པའི་ཕྱིར།

རི་བོང་རྭ་དང་བདག་ལ་སོགས། །
བར་བར་དག་ཏུ་བྱུང་བའི་ཚེ། །
གང་བྱུང་དེ་ནས་བརྩི་བར་བྱ། །

ཁ་ཅིག་ན་རེ། ཁྱོད་དངོས་པོར་རྟོགས་པའི་ཚད་མ་རི་བོང་རྭ་རྟག་པར་རྟོགས་པའི་ཚད་མ་ཡོད་ན། ཁྱོད་རྟག་པར་རྟོགས་པའི་ཚད་མ་གང་ཟག་གི་བདག་དངོས་པོར་རྟོགས་པའི་ཚད་མ་ཡོད་པས་ཁྱབ་ཞེར་ན། མཆོན་བྱ་ཆོས་ཅན། དེར་ཐལ། དེའི་ཕྱིར། མ་གྲུབ་ན། དེ་ཆོས་ཅན། དེར་ཐལ། ཁྱོད་དངོས་པོར་རྟོགས་པའི་ཚད་མ་རི་བོང་རྭ་རྟག་པ་ཡིན་པའི་ཕྱིར། རྩ་བར་འདོད་ན། མཆོན་བྱ་ཆོས་ཅན། ཁྱོད་རྟག་པར་རྟོགས་པའི་ཚད་མ་གང་ཟག་གི་བདག་དངོས་པོར་རྟོགས་པའི་ཚད་མ་མེད་པར་ཐལ། ཁྱོད་རྟག་པར་རྟོགས་པའི་ཚད་མ་གང་ཟག་གི་བདག་དངོས་པོ་མ་ཡིན་པའི་ཕྱིར།

ཡིན་མིན་ཁྱད་པར་གང་ཞེ་ན། །
རང་གི་གཞལ་བྱ་རྒྱ་ཆེ་བའི། །
ཚད་མ་ཡིན་པ་རྣམ་མཁྱེན་སོགས། །
ཡོད་པ་གང་ཡིན་ཐོག་ཏུ་ནི། །

བརྗོ་ཚུལ་སྦྱར་ནས་ཡིན་པར་འདོད། །
མེད་ན་ཁྱབ་པ་མེད་ཕྱིར་རོ། །

ཁ་ཅིག་ན་རེ། དངོས་པོར་རྟོགས་པའི་ཚད་མ་ཡིན་ན། རྟག་པར་རྟོགས་པའི་ཚད་མ་ཡིན་པས་ཁྱབ་ཟེར་ན། རྣམ་མཁྱེན་ཆོས་ཅན། དེར་ཐལ། དེའི་ཕྱིར། མ་གྲུབ་ན། རྣམ་མཁྱེན་ཆོས་ཅན། དངོས་པོར་རྟོགས་པའི་ཚད་མ་ཡིན་པར་ཐལ། དེ་ལ་འདོད་ལན་བཏབ་པས་རྣམ་མཁྱེན་རྣམ་མཁྱེན་དངོས་པོར་རྟོགས་པའི་ཚད་མ་ཡིན་པ་འདོད་ཅེས་བརྗེ་རིགས་པ་གང་ཞིག །རྣམ་མཁྱེན་རྣམ་མཁྱེན་དངོས་པོར་རྟོགས་པའི་ཚད་མ་ཡིན་པའི་ཕྱིར། རྩ་བར་འདོད་ན། རྣམ་མཁྱེན་ཆོས་ཅན། རྟག་པར་རྟོགས་པའི་ཚད་མ་མ་ཡིན་པར་ཐལ། དེ་ལ་འདོད་ལན་བཏབ་པས་རྣམ་མཁྱེན་རྣམ་མཁྱེན་རྟག་པར་རྟོགས་པའི་ཚད་མ་ཡིན་པ་འདོད་ཅེས་བརྗེ་རིགས་པ་གང་ཞིག །རྣམ་མཁྱེན་རྣམ་མཁྱེན་རྟག་པར་རྟོགས་པའི་ཚད་མ་མ་ཡིན་པའི་ཕྱིར།

ཆོས་ཅན་དོར་ནས་རྗོད་གཞི་དེ། །
གཞི་ལ་སྦྱར་བའི་ཚེ་ན་ཡང་། །
ཡོད་ཀྱང་མཐའ་གཅིག་མིན་ཞེས་འདོད། །

ཁ་ཅིག་ན་རེ། ཁྱོད་དངོས་པོར་རྟོགས་པའི་ཚད་མ་ཡོད་ན། ཁྱོད་དངོས་པོར་རྟོགས་པའི་ཚད་མ་ཡིན་པས་ཁྱབ་ཟེར་ན། རྗེས་དཔག་ཆོས་ཅན། དེར་ཐལ། དེའི་ཕྱིར། མ་གྲུབ་ན། དེ་ཆོས་ཅན། དེར་ཐལ། དངོས་པོ་ཡིན་པའི་ཕྱིར། རྩ་བར་འདོད་ན། རྗེས་དཔག་ཆོས་ཅན། ཁྱོད་དངོས་པོར་རྟོགས་པའི་ཚད་མ་མ་ཡིན་པར་ཐལ། དངོས་པོ་ཡིན་པ་ཁྱོད་ཀྱི་གཞལ་བྱ་མ་ཡིན་པའི་ཕྱིར།

ཚད་མ་མིན་པའི་དངོས་རྣམས་དང་། །

རྟོད་གཞི་ཆོས་ཅན་དུ་ཁུར་ན། །

དངོས་པར་རྟོགས་པའི་ཚད་མ་དེ། །

ཡོད་དང་མིན་པ་གཉིས་ཀ་ཡིན། །

ཆོས་ཅན་དོར་ཀྱང་གོང་ལྟར་མཚུངས། །

ཁ་ཅིག་ན་རེ། དངོས་པོར་རྟོགས་པའི་ཚད་མ་ཡོད་ན། དངོས་པོར་རྟོགས་པའི་ཚད་མ་ཡིན་པས་ཁྱབ་ཟེར་ན། དངོས་པོ་ཆོས་ཅན། དེར་ཐལ། དེའི་ཕྱིར། རྒྱ་བར་འདོད་ན། དངོས་པོ་ཆོས་ཅན༑ དངོས་པོར་རྟོགས་པའི་ཚད་མ་མ་ཡིན་པར་ཐལ། ཚད་མ་མ་ཡིན་པའི་ཕྱིར། །

མངོན་སུམ་ཚད་མ་སྒྲུར་བ་ནི། །

ཡོད་པ་གང་ཡིན་ཡིན་པར་འདོད། །

དེ་བཞིན་ཀུན་ལ་རིགས་འགྲེ་མཛོད། །

ཁ་ཅིག་ན་རེ། དངོས་པོར་རྟོགས་པའི་ཚད་མ་མ་ཡིན་ན། དངོས་པོར་རྟོགས་པའི་མངོན་སུམ་ཚད་མ་མ་ཡིན་པས་ཁྱབ་ཟེར་ན། བུམ་པ་ཆོས་ཅན། དེར་ཐལ། དེའི་ཕྱིར། རྟགས་སླ། རྒྱ་བར་འདོད་ན༑ བུམ་པ་ཆོས་ཅན། དངོས་པོར་རྟོགས་པའི་མངོན་སུམ་ཚད་མ་ཡིན་པར་ཐལ། དངོས་པོར་རྟོགས་པའི་མངོན་སུམ་མངོན་སུམ་ཡིན་པའི་ཕྱིར། རང་གི་ལུགས་ལ། དངོས་པོར་རྟོགས་པའི་ཚད་མ་ཡོད་པ་དང་དངོས་པོ་དོན་གཅིག །རྟག་པར་རྟོགས་པའི་ཚད་མ་ཡོད་པ་དང་རྟག་པ་དོན་གཅིག་ཡིན་ནོ། །

བརྒྱད། རྗེས་འགྲོ་ལྡོག་ཁྱབ་ཀྱི་རྣམ་གཞག་བཤད་པ།

བརྒྱད་པ་རྗེས་འགྲོ་ལྡོག་ཁྱབ་ཀྱི་རྣམ་གཞག་བཤད་པ་ནི།

བརྒྱད་པ་རྗེས་འགྲོ་ལྡོག་ཁྱབ་ནི། །
ཐལ་འགྱུར་ཁྱབ་པ་གང་ཡིན་ཀྱང་། །
བཀོད་ཚོད་རྟགས་གསལ་ངོས་བཟུང་ནས། །
རྟགས་དེ་ཡིན་ན་གསལ་བ་དེ། །
ཡིན་པས་ཁྱབ་པ་རྗེས་ཁྱབ་ཡིན། །
གསལ་བ་ཡིན་ན་རྟགས་དེ་ཉིད། །
ཡིན་པས་ཁྱབ་པ་ལྡོག་ཁྱབ་ཡིན། །

ཁ་ཅིག་ན་རེ། ཁྱོད་ཀྱི་རྗེས་ཁྱབ་རྣལ་མར་ངེས་ན། ཁྱོད་ཀྱི་ལྡོག་ཁྱབ་རྣལ་མར་ངེས་པས་ཁྱབ་ཟེར་ན། ཤེས་བྱ་ཡིན་པར་ཐལ། ཡོད་པའི་རྟག་པ་ཡིན་པའི་ཕྱིར་ཞེས་པའི་ཐལ་འགྱུར་ཆོས་ཅན། ཁྱོད་ཀྱི་ལྡོག་ཁྱབ་རྣལ་མར་ངེས་པར་ཐལ། ཁྱོད་ཀྱི་རྗེས་ཁྱབ་རྣལ་མར་ངེས་པའི་ཕྱིར། མ་གྲུབ་ན། ཤེས་བྱ་ཡིན་པར་ཐལ། ཡོད་པའི་རྟག་པ་ཡིན་པའི་ཕྱིར་ཞེས་པའི་ཐལ་འགྱུར་ཆོས་ཅན། ཁྱོད་ཀྱི་རྗེས་ཁྱབ་རྣལ་མར་ངེས་པར་ཐལ། ཁྱོད་ཀྱི་རྗེས་ཁྱབ་རྣལ་མ་སྦྱོར་བའི་ཚེ་ན། ཡོད་པའི་རྟག་པ་ཡིན་ན། ཤེས་བྱ་ཡིན་པས་ཁྱབ་ཅེས་སྦྱོར་དགོས་པ་གང་ཞིག །དེ་ལྟར་ཁྱབ་པ་གྲུབ་པའི་ཕྱིར། རྩ་བར་འདོད་ན། དེ་འདྲའི་ཐལ་འགྱུར་ཆོས་ཅན། ཁྱོད་ཀྱི་ལྡོག་ཁྱབ་རྣལ་མར་མ་ངེས་པར་ཐལ། ཁྱོད་ཀྱི་ལྡོག་ཁྱབ་རྣལ་མ་སྦྱོར་བའི་ཚེ་ན། ཤེས་བྱ་ཡིན་ན་ཡོད་པའི་རྟག་པ་ཡིན་པས་ཁྱབ་ཅེས་སྦྱོར་དགོས་པ་གང་ཞིག །དེ་ལྟར་ཁྱབ་པ་མ་གྲུབ་པའི་ཕྱིར།

གསལ་བ་མིན་ན་རྟགས་དེ་ཉིད། །
མིན་པས་ཁྱབ་པ་ལྡོག་ཁྱབ་ཡིན། །
རྟགས་དེ་ཡིན་ན་གསལ་བ་དེ། །
མིན་པས་ཁྱབ་པ་འགལ་ཁྱབ་ཡིན། །

ཁ་ཅིག་ན་རེ། ཁྱོད་ཀྱི་ལྡོག་ཁྱབ་རྣལ་མར་ངེས་ན། ཁྱོད་ཀྱི་འགལ་ཁྱབ་རྣལ་མར་ངེས་པས་ཁྱབ་ཟེར་ན། རྟག་པ་ཡིན་པར་ཐལ། མི་འཇིག་པ་ཡིན་པའི་ཕྱིར་ཞེས་པའི་ཐལ་འགྱུར་ཆོས་ཅན། དེར་ཐལ། དེའི་ཕྱིར། མ་གྲུབ་ན། དེ་ཆོས་ཅན། དེར་ཐལ། དེ་འདྲའི་ཐལ་འགྱུར་གྱི་ལྡོག་ཁྱབ་རྣལ་མ་སྒྲོང་བའི་ཚེ་ན་རྟག་པ་མ་ཡིན་ན། མི་འཇིག་པ་མ་ཡིན་པས་ཁྱབ་ཅེས་སྒྲོང་དགོས་པ་གང་ཞིག །དེ་ལྟར་ཁྱབ་པ་གྲུབ་པའི་ཕྱིར། རྩ་བར་འདོད་ན། དེ་འདྲའི་ཐལ་འགྱུར་ཆོས་ཅན། ཁྱོད་ཀྱི་འགལ་ཁྱབ་རྣལ་མར་མ་ངེས་པར་ཐལ། དེ་འདྲའི་ཐལ་འགྱུར་གྱི་འགལ་ཁྱབ་རྣལ་མ་སྒྲོང་བའི་ཚེ་ན། མི་འཇིག་པ་ཡིན་ན། རྟག་པ་མ་ཡིན་པས་ཁྱབ་ཅེས་སྒྲོང་དགོས་པ་གང་ཞིག །དེ་ལྟར་ཁྱབ་པ་མ་གྲུབ་པའི་ཕྱིར།

རྣལ་མའི་གསལ་འགྱུར་རྟགས་མི་འགྱུར། །
དེ་རྣམས་ཕྱིན་ཅི་ལོག་ཏུ་བཤད། །

ཁ་ཅིག་ན་རེ། ཁྱོད་ཀྱི་རྗེས་ཁྱབ་ཕྱིན་ཅི་ལོག་ཏུ་ངེས་ན། ཁྱོད་ཀྱི་ལྡོག་ཁྱབ་ཕྱིན་ཅི་ལོག་ཏུ་ངེས་པས་ཁྱབ་ཟེར་ན། ཀ་བུམ་གཉིས་ཡིན་པར་ཐལ། ཀ་བ་ཡིན་པའི་ཕྱིར་ཞེས་པའི་ཐལ་འགྱུར་ཆོས་ཅན། དེར་ཐལ། དེའི་ཕྱིར། མ་གྲུབ་ན། དེར་ཐལ། དེ་འདྲའི་ཐལ་འགྱུར་གྱི་རྗེས་ཁྱབ་ཕྱིན་ཅི་ལོག་སྒྲོང་བའི་ཚེ་ན། རྟགས་རང་གནས་ཐོག་གསལ་བ་འགྱུར་ནས། ཀ་བ་ཡིན་ན། ཀ་བུམ་གཉིས་མ་ཡིན་པས་ཁྱབ་ཅེས་སྒྲོང་རིགས་པ་གང་ཞིག །དེ་ལྟར་ཁྱབ་པ་གྲུབ་པའི་ཕྱིར། རྩ་བར་འདོད་ན། དེ་འདྲའི་ཐལ་འགྱུར་ཆོས་ཅན། ཁྱོད་ཀྱི་ལྡོག་ཁྱབ་ཕྱིན་ཅི་ལོག་ཏུ་མ་ངེས་པར་ཐལ།

ཁྱོད་ཀྱི་ལྡོག་ཁྱབ་ཕྱིན་ཅི་ལོག་སྐྱོང་བའི་ཆེ་ན། ཀ་བུམ་གཉིས་མ་ཡིན་ན། ཀ་བ་ཡིན་པས་ཁྱབ་ཅེས་སྐྱོང་དགོས་པ་གང་ཞིག །དེ་ལྟར་ཁྱབ་པ་མ་གྲུབ་པའི་ཕྱིར། དེ་བཞིན་འགལ་ཁྱབ་ཕྱིན་ཅི་ལོག་དང་། ཐུར་ཁྱབ་ཕྱིན་ཅི་ལོག་ལ་ཡང་རང་རང་གི་རྟགས་རང་གནས་ཐོག་གསལ་བ་འགྱུར་ནས་བརྗེ་དགོས་པ་ཤེས་པར་བྱའོ། །

རྗེས་ཁྱབ་རྗེས་ཁྱབ་ལ་སོགས་པ། །
དུ་ཞིག་བརྩེགས་ཀྱང་རྗེས་ཁྱབ་ཡིན། །
ཐུར་ཁྱབ་ཐུར་ཁྱབ་ལ་སོགས་པ། །
དུ་ཞིག་བརྩེགས་པའི་ཆེ་ན་ཡང་། །
ཡ་རྣམས་རང་གནས་ཆ་རྗེས་ཁྱབ། །
ལྡོག་ཁྱབ་དང་ནི་འགལ་ཁྱབ་ཀྱང་། །
དེ་ཉིད་ཁོ་ན་ལྟར་ཤེས་བྱ། །

ཁ་ཅིག་ན་རེ། ཁྱོད་ཀྱི་རྗེས་ཁྱབ་རྣལ་མར་ངེས་པའི་རྗེས་ཁྱབ་རྣལ་མར་ངེས་ན། ཁྱོད་ཀྱི་ཐུར་ཁྱབ་རྣལ་མར་ངེས་པའི་ཐུར་ཁྱབ་རྣལ་མར་ངེས་པའི་ཐུར་ཁྱབ་རྣལ་མར་ངེས་པས་ཁྱབ་ཟེར་ན། མཚན་ཉིད་ཡིན་པར་ཐལ། ཇུས་ཡོད་ཆོས་གསུམ་ཚང་བའི་ལྡོག་པ་ཡིན་པའི་ཕྱིར་ཞེས་པའི་ཐལ་འགྱུར་ཆོས་ཅན། དེར་ཐལ། དེའི་ཕྱིར། མ་གྲུབ་ན། དེ་ཆོས་ཅན། དེར་ཐལ། ཁྱོད་ཀྱི་རྗེས་ཁྱབ་རྣལ་མར་ངེས་པའི་རྗེས་ཁྱབ་རྣལ་མར་ངེས་པ་སྐྱོང་བའི་ཆེ་ན། རྒྱ་བའི་རྗེས་ཁྱབ་ལྟར་ཇུས་ཡོད་ཆོས་གསུམ་ཚང་བའི་ལྡོག་པ་ཡིན་ན། མཚན་ཉིད་ཡིན་པས་ཁྱབ་ཅེས་སྐྱོང་རིགས་པ་གང་ཞིག །དེ་ལྟར་ཁྱབ་པ་གྲུབ་པའི་ཕྱིར། རྒྱ་བར་འདོད་ན། དེ་འདྲའི་ཐལ་འགྱུར་ཆོས་ཅན། ཁྱོད་ཀྱི་ཐུར་ཁྱབ་གསུམ་པ་མ་ངེས་པར་ཐལ། དེ་སྐྱོང་བའི་ཆེ་ན། རྒྱ་བའི་ཐུར་ཁྱབ་ལྟར། མཚན་ཉིད་ཡིན་ན་ཇུས

ཡོད་ཆོས་གསུམ་ཚང་བའི་ལྟོག་པ་ཡིན་པས་ཁྱབ་ཅེས་སློང་རིགས་པ་གང་ཞིག །དེ་ལྟར་ཁྱབ་པ་མ་གྲུབ་པའི་ཕྱིར། དེ་བཞིན་ལྡོག་ཁྱབ་རྣལ་མར་ངེས་པའི་ལྡོག་ཁྱབ་རྣལ་མར་ངེས་པ་དང་། འགལ་ཁྱབ་རྣལ་མར་ངེས་པའི་འགལ་ཁྱབ་རྣལ་མར་ངེས་པ་སོགས་ཅི་ཙམ་བརྩེགས་ཀྱང་ཡ་རང་གནས་དང་ཆ་རྗེས་ཁྱབ་ཀྱི་སྐེང་དུ་སླེབས་པ་ཤེས་པར་བྱའོ། །

རྗེས་ཁྱབ་རྣལ་མར་ངེས་པ་དང་། །
འགལ་ཁྱབ་ཕྱིན་ཅི་ལོག་ངེས་གཅིག །
འགལ་ཁྱབ་རྣལ་མར་ངེས་པ་དང་། །
རྗེས་ཁྱབ་ཕྱིན་ཅི་ལོག་ངེས་གཅིག །

ཁ་ཅིག་ན་རེ། ཁྱོད་ཀྱི་རྗེས་ཁྱབ་ཕྱིན་ཅི་ལོག་ཏུ་ངེས་ན། ཁྱོད་ཀྱི་འགལ་ཁྱབ་ཕྱིན་ཅི་ལོག་ཏུ་ངེས་པས་ཁྱབ་ཟེར་ན། རྟག་པ་ཡིན་པར་ཐལ། བྱས་པ་ཡིན་པའི་ཕྱིར་ཞེས་པའི་ཐལ་འགྱུར་ཆོས་ཅན། དེར་ཐལ། དེའི་ཕྱིར། མ་གྲུབ་ན། དེ་ཆོས་ཅན། དེར་ཐལ། ཁྱོད་ཀྱི་རྗེས་ཁྱབ་ཕྱིན་ཅི་ལོག་ཏུ་ངེས་པ་སློང་བའི་ཚེ་ན། འགལ་ཁྱབ་རྣལ་མ་སློང་ཚུལ་ལྟར་བྱས་པ་ཡིན་ན། རྟག་པ་མ་ཡིན་པས་ཁྱབ་ཅེས་སློང་རིགས་པ་གང་ཞིག །དེ་ལྟར་ཁྱབ་པ་གྲུབ་པའི་ཕྱིར། རྩ་བར་འདོད་ན། དེ་འདྲའི་ཐལ་འགྱུར་ཆོས་ཅན། ཁྱོད་ཀྱི་འགལ་ཁྱབ་ཕྱིན་ཅི་ལོག་ཏུ་མ་ངེས་པར་ཐལ། ཁྱོད་ཀྱི་འགལ་ཁྱབ་ཕྱིན་ཅི་ལོག་ཏུ་ངེས་པ་སློང་བའི་ཚེ་ན། རྗེས་ཁྱབ་རྣལ་མ་སློང་ཚུལ་ལྟར་བྱས་པ་ཡིན་ན། རྟག་པ་ཡིན་པས་ཁྱབ་ཅེས་སློང་རིགས་པ་གང་ཞིག །དེ་ལྟར་ཁྱབ་པ་མ་གྲུབ་པའི་ཕྱིར།

ཁྱབ་བཞི་རྣལ་མར་ངེས་པ་ནི། །
རྩ་བའི་རྟགས་འགྱུར་གསལ་མི་འགྱུར། །

ཁྱབ་བཞི་ཕྱིན་ཅི་ལོག་ངེས་ནི། །
རྒྱ་བའི་གསལ་འགྱུར་རྟགས་མི་འགྱུར། །

ཁ་ཅིག་ན་རེ། ཁྱོད་ཀྱི་ཁྱབ་བཞི་རྣལ་མར་ངེས་ན། ཁྱོད་ཀྱི་ཁྱབ་བཞི་ཕྱིན་ཅི་ལོག་ཏུ་མ་ངེས་པས་ཁྱབ་ཟེར་ན། མཚོན་བྱ་ཡིན་པར་ཐལ། བཏགས་ཡོད་ཆོས་གསུམ་ཚང་བ་མ་ཡིན་པའི་ཕྱིར་ཞེས་པའི་ཐལ་འགྱུར་ཆོས་ཅན། དེར་ཐལ། དེའི་ཕྱིར། མ་གྲུབ་ན། དེ་ཆོས་ཅན། དེར་ཐལ། ཁྱོད་ཀྱི་ཁྱབ་བཞི་རྣལ་མར་ངེས་པ་སྐྱོང་བའི་ཚེ་ན། བཏགས་ཡོད་ཆོས་གསུམ་ཚང་བ་ཡིན་ན། མཚོན་བྱ་ཡིན་པས་ཁྱབ་ཅེས་སྐྱོང་དགོས་པ་གང་ཞིག །དེ་ལྟར་ཁྱབ་པ་གྲུབ་པའི་ཕྱིར། རྒྱ་བར་འདོད་ན། དེ་འདྲའི་ཐལ་འགྱུར་ཆོས་ཅན། ཁྱོད་ཀྱི་ཁྱབ་བཞི་ཕྱིན་ཅི་ལོག་ཏུ་ངེས་པར་ཐལ། ཁྱོད་ཀྱི་ཁྱབ་བཞི་ཕྱིན་ཅི་ལོག་ཏུ་ངེས་པ་སྐྱོང་བའི་ཚེ་ན། བཏགས་ཡོད་ཆོས་གསུམ་ཚང་བ་མ་ཡིན་ན། མཚོན་བྱ་མ་ཡིན་པས་ཁྱབ་ཅེས་སྐྱོང་དགོས་པ་གང་ཞིག །དེ་ལྟར་ཁྱབ་པ་གྲུབ་པའི་ཕྱིར།

རྣལ་མར་ངེས་པའི་ཁྱབ་པ་བཞི། །
མང་དུ་བརྩེགས་པའི་ཚེ་ན་ཡང་། །
ཡ་རྣམས་རང་གནས་ཆ་རྗེས་ཁྱབ། །
ཕྱིན་ཅི་ལོག་པའི་ཁྱབ་བཞི་པོ། །
སྤྱིལ་མར་བརྩེགས་པའི་ཚེ་ན་ཡང་། །
རང་དུ་གནས་དང་རྗེས་ཁྱབ་ཀྱི། །
སྟེང་དུ་གནས་པ་སྔ་མ་བཞིན། །

ཁ་ཅིག་ན་རེ། ཁྱོད་ཀྱི་ཁྱབ་བཞི་རྣལ་མར་ངེས་པའི་ཁྱབ་བཞི་རྣལ་མར་ངེས་ན། ཁྱོད་ཀྱི་ཁྱབ་བཞི་ཕྱིན་ཅི་ལོག་ཏུ་ངེས་པའི་ཁྱབ་བཞི་ཕྱིན་ཅི་ལོག་ཏུ་ངེས་པའི་ཁྱབ་བཞི་ཕྱིན་ཅི་ལོག་ཏུ་

ངེས་པས་ཁྱབ་ཟེར་ན། སྒྲུབ་པ་ཡིན་པར་ཐལ། བློས་ཡོངས་གཅོད་དུ་རྟོགས་པར་བྱ་བ་ཡིན་པའི་ཕྱིར་ཞེས་པའི་ཐལ་འགྱུར་ཆོས་ཅན། དེར་ཐལ། དེའི་ཕྱིར། མ་གྲུབ་ན། དེ་ཆོས་ཅན། དེར་ཐལ། དེའི་ཁྱབ་བཞི་དང་པོ་སྦྱོང་བའི་ཚེ་ན། རྩ་བའི་རྟགས་འགྱུར་གསལ་བ་མ་འགྱུར་བར་བློས་ཡོངས་གཅོད་དུ་རྟོགས་པར་བྱ་བ་མ་ཡིན་ན། སྒྲུབ་པ་ཡིན་པས་ཁྱབ་ཅེས་སྦྱོང་། ཁྱབ་བཞི་གཉིས་པ་སྦྱོང་བའི་ཚེ་ན། ཁྱབ་བཞི་དང་པོའི་རྩ་བའི་རྟགས་འགྱུར་ལ་གསལ་བ་མ་འགྱུར་བར་བློས་ཡོངས་གཅོད་དུ་རྟོགས་པར་བྱ་བ་ཡིན་ན། སྒྲུབ་པ་ཡིན་པས་ཁྱབ་ཅེས་སྦྱོང་རིགས་པ་གང་ཞིག །དེ་ལྟར་ཁྱབ་པ་གྲུབ་པའི་ཕྱིར། རྩ་བར་འདོད་ན། དེ་འདྲའི་ཐལ་འགྱུར་གྱི་ཁྱབ་བཞི་ཕྱིན་ཅི་ལོག་གསུམ་པ་མ་ངེས་པར་ཐལ། དེ་འདྲའི་ཐལ་འགྱུར་གྱི་ཁྱབ་བཞི་ཕྱིན་ལོག་དང་པོ་སྦྱོང་བའི་ཚེ་ན། རྩ་བའི་གསལ་བ་འགྱུར་ལ་རྟགས་མ་འགྱུར་བར་བློས་ཡོངས་གཅོད་དུ་རྟོགས་པའི་བྱ་བ་ཡིན་ན། སྒྲུབ་པ་མ་ཡིན་པས་ཁྱབ་ཅེས་སྦྱོང་། གཉིས་པ་སྦྱོང་བའི་ཚེ་ན། དང་པོའི་གསལ་བ་འགྱུར་ལ་རྟགས་མ་འགྱུར་བར་བློས་ཡོངས་གཅོད་དུ་རྟོགས་པར་བྱ་བ་ཡིན་ན། སྒྲུབ་པ་ཡིན་པས་ཁྱབ་ཅེས་སྦྱོང་། གསུམ་པ་སྦྱོང་བའི་ཚེ་ན། གཉིས་པའི་གསལ་བ་འགྱུར་ལ་རྟགས་མ་འགྱུར་བར་བློས་ཡོངས་གཅོད་དུ་རྟོགས་པར་བྱ་བ་ཡིན་ན། སྒྲུབ་པ་མ་ཡིན་པས་ཁྱབ་ཅེས་སྦྱོང་རིགས་པ་གང་ཞིག །དེ་ལྟར་ཁྱབ་པ་མ་གྲུབ་པའི་ཕྱིར།

རྟགས་དེ་མེད་ན་གསལ་བ་དེ། །
མེད་པས་ཁྱབ་པ་ཐལ་འགྱུར་དེའི། །
ལྡོག་ཁྱབ་ཀྱི་ནི་ཐུར་ཁྱབ་ཀྱི། །
སྟེང་དུ་གནས་པར་ཤེས་པར་བྱ། །
ཐུར་ཁྱབ་རྣལ་མར་ངེས་པ་ཡི། །

ལྡོག་ཁྱབ་རྣལ་མར་ངེས་པ་ནི། །
དུ་ཞིག་བརྩེགས་པའི་ཚེ་ན་ཡང་། །
ཡ་རུ་གང་བྱུང་རང་གནས་དང་། །
ཆ་རུ་གང་བྱུང་རྗེས་ཁྱབ་ཡིན། །
ལྡོག་ཁྱབ་རྣལ་མར་ངེས་པ་ཡི། །
ལྡོག་ཁྱབ་རྣལ་མར་ངེས་པ་ཡང་། །
སྔ་མ་བཞིན་དུ་ཤེས་པར་བྱ། །

ཁ་ཅིག་ན་རེ། ཁྱོད་ཀྱི་ལྡོག་ཁྱབ་རྣལ་མར་ངེས་པའི་ཐུར་ཁྱབ་རྣལ་མར་ངེས་ན། ཁྱོད་ཀྱི་ཐུར་ཁྱབ་རྣལ་མར་ངེས་པའི་ཐུར་ཁྱབ་རྣལ་མར་ངེས་པས་ཁྱབ་ཟེར་ན། གཟུགས་ཡིན་པར་ཐལ། དངོས་པོ་ཡིན་པའི་ཕྱིར་ཞེས་པའི་ཐལ་འགྱུར་ཆོས་ཅན། དེར་ཐལ། དེའི་ཕྱིར། མ་གྲུབ་ན། དེ་ཆོས་ཅན; དེར་ཐལ། དེ་འདྲའི་ཐལ་འགྱུར་གྱི་ལྡོག་ཁྱབ་རྣལ་མ་སྒྲོང་བའི་ཚེ། གཟུགས་མ་ཡིན་ན། དངོས་པོ་མ་ཡིན་པས་ཁྱབ་ཅེས་སྒྲོང་། དེའི་ཐུར་ཁྱབ་རྣལ་མ་སྒྲོང་བའི་ཚེ། དངོས་པོ་མ་ཡིན་ན་གཟུགས་མ་ཡིན་པས་ཁྱབ་ཅེས་སྒྲོང་རིགས་པ་གང་ཞིག །དེ་ལྟར་ཁྱབ་པ་ཡོད་པའི་ཕྱིར། རྩ་བར་འདོད་ན། དེ་འདྲའི་ཐལ་འགྱུར་ཆོས་ཅན། ཁྱོད་ཀྱི་ཐུར་ཁྱབ་རྣལ་མར་ངེས་པའི་ཐུར་ཁྱབ་རྣལ་མར་མ་ངེས་པར་ཐལ། ཁྱོད་ཀྱི་ཐུར་ཁྱབ་དང་པོ་སྒྲོང་བའི་ཚེ་ན། གཟུགས་ཡིན་ན་དངོས་པོ་ཡིན་པས་ཁྱབ་ཅེས་སྒྲོང་། གཉིས་པ་སྒྲོང་བའི་ཚེ་ན། དངོས་པོ་ཡིན་ན། གཟུགས་ཡིན་པས་ཁྱབ་ཅེས་སྒྲོང་རིགས་པ་གང་ཞིག །དེ་ལྟར་ཁྱབ་པ་མེད་པའི་ཕྱིར། དེ་བཞིན་ལྡོག་ཁྱབ་རྣལ་མར་ངེས་པའི་ལྡོག་ཁྱབ་རྣལ་མར་ངེས་པ་ཅི་ཙམ་བརྩེགས་ཀྱང་ཡ་རང་གནས་དང་ཆ་རྗེས་ཁྱབ་ཡིན་པ་ཤེས་པར་བྱའོ།།

ཐུར་ཁྱབ་ཕྱིན་ཅི་ལོག་ངེས་པའི། །

ཐུར་ཁྱབ་ཕྱིན་ཅི་ལོག་ངེས་ནི། །

དང་པོ་ལྔ་པ་དགུ་པ་གསུམ། །

ཁྱད་པར་མེད་དེ་གསུམ་ཆར་ཡང་། །

ཐུར་ཁྱབ་ཕྱིན་ཅི་ལོག་ངེས་ཡིན། །

གཉིས་པ་དྲུག་པ་བཅུ་པ་གསུམ། །

ཁྱད་པར་མེད་དེ་གསུམ་ཆར་ཡང་། །

ལྡོག་ཁྱབ་ཀྱི་ནི་ཐུར་ཁྱབ་ཀྱི། །

སྟེང་དུ་གནས་པ་ཤེས་པར་བྱ། །

ཁ་ཅིག་ན་རེ། ཁྱོད་ཀྱི་ཐུར་ཁྱབ་ཕྱིན་ཅི་ལོག་ཏུ་ངེས་ན། ཁྱོད་ཀྱི་ཐུར་ཁྱབ་ཕྱིན་ཅི་ལོག་ཏུ་ངེས་པའི་ཐུར་ཁྱབ་ཕྱིན་ཅི་ལོག་ཏུ་ངེས་པས་ཁྱབ་ཟེར་ན། མཚན་ཉིད་ཡིན་པར་ཐལ། མཚོན་བྱ་ཡིན་པའི་ཕྱིར་ཞེས་པའི་ཐལ་འགྱུར་ཆོས་ཅན། དེར་ཐལ། དེའི་ཕྱིར། མ་གྲུབ་ན། དེ་ཆོས་ཅན། དེར་ཐལ། དེ་འདྲའི་ཐལ་འགྱུར་གྱི་ཐུར་ཁྱབ་ཕྱིན་ཅི་ལོག་ཏུ་ངེས་པ་སྟོང་བའི་ཚེ་ན། མཚན་ཉིད་ཡིན་ན། མཚོན་བྱ་མ་ཡིན་པས་ཁྱབ་ཅེས་སྟོང་རིགས་པ་གང་ཞིག །དེ་ལྟར་ཁྱབ་པ་གྲུབ་པའི་ཕྱིར། རྩ་བར་འདོད་ན། དེ་འདྲའི་ཐལ་འགྱུར་ཆོས་ཅན། ཁྱོད་ཀྱི་ཐུར་ཁྱབ་ཕྱིན་ཅི་ལོག་ཏུ་ངེས་པའི་ཐུར་ཁྱབ་ཕྱིན་ཅི་ལོག་ཏུ་མ་ངེས་པར་ཐལ། ཁྱོད་ཀྱི་ཐུར་ཁྱབ་ཕྱིན་ལོག་གཉིས་པ་སྟོང་བའི་ཚེ་ན། མཚོན་བྱ་མ་ཡིན་ན། མཚན་ཉིད་མ་ཡིན་པས་ཁྱབ་ཅེས་སྟོང་རིགས་པ་གང་ཞིག །དེ་ལྟར་ཁྱབ་པ་མེད་པའི་ཕྱིར།

གསུམ་པ་བདུན་པ་བཅུ་གཅིག་གསུམ། །

ཁྱད་པར་མེད་དེ་གསུམ་ཆར་ཡང་། །

ལྡོག་ཁྱབ་ཕྱིན་ཅི་ལོག་ངེས་ཡིན། །

བཞི་པ་བརྒྱད་པ་བཅུ་གཉིས་གསུམ། །
ཁྱད་པར་མེད་དེ་གསུམ་ཆར་ཡང་། །
རྗེས་ཁྱབ་སྟེང་དུ་སྦྱིབས་མཉམ་ཡིན། །
བཅུ་གཉིས་གྱེན་དུ་བརྩེགས་པ་ནི། །
སྔ་མ་བཞིན་དུ་ཤེས་པར་བྱ། །

ཁ་ཅིག་ན་རེ། ཐུར་ཁྱབ་ཕྱིན་ཅི་ལོག་ཏུ་ངེས་པའི་ཐུར་ཁྱབ་ཕྱིན་ཅི་ལོག་ཏུ་ངེས་པའི་ཐུར་ཁྱབ་ཕྱིན་ཅི་ལོག་ཏུ་ངེས་ན། ཐུར་ཁྱབ་ཕྱིན་ཅི་ལོག་ཏུ་ངེས་པའི་ཐུར་ཁྱབ་ཕྱིན་ཅི་ལོག་ཏུ་ངེས་པའི་ཐུར་ཁྱབ་ཕྱིན་ཅི་ལོག་ཏུ་ངེས་པའི་ཐུར་ཁྱབ་ཕྱིན་ཅི་ལོག་ཏུ་ངེས་པས་ཁྱབ་ཟེར་ན། ཀ་བུམ་གཉིས་ཡིན་པར་ཐལ། རྟག་དངོས་གང་རུང་ཡིན་པའི་ཕྱིར་ཞེས་པའི་ཐལ་འགྱུར་ཆོས་ཅན། དེར་ཐལ། དེའི་ཕྱིར། མ་གྲུབ་ན། དེ་ཆོས་ཅན། དེར་ཐལ། དེའི་ཐུར་ཁྱབ་ཕྱིན་ལོག་དང་པོ་སྒྲོང་བའི་ཚེ་ན། ཀ་བུམ་གཉིས་ཡིན་ན། རྟག་དངོས་གང་རུང་མ་ཡིན་པས་ཁྱབ་ཅེས་སྒྲོང་། གཉིས་པ་སྒྲོང་བའི་ཚེ་ན། རྟག་དངོས་གང་རུང་མ་ཡིན་ན། ཀ་བུམ་གཉིས་མ་ཡིན་པས་ཁྱབ་ཅེས་སྒྲོང་། གསུམ་པ་སྒྲོང་བའི་ཚེ་ན། ཀ་བུམ་གཉིས་མ་ཡིན་ན། རྟག་དངོས་གང་རུང་ཡིན་པས་ཁྱབ་ཅེས་སྒྲོང་རིགས་པ་གང་ཞིག །དེ་ལྟར་ཁྱབ་པ་གྲུབ་པའི་ཕྱིར། རྩ་བར་འདོད་ན། དེ་འདྲའི་ཐལ་འགྱུར་ཆོས་ཅན། ཁྱོད་ཀྱི་ཐུར་ཁྱབ་ཕྱིན་ལོག་བཞི་པ་མ་ངེས་པར་ཐལ། དེ་སྒྲོང་བའི་ཚེ་ན། རྟག་དངོས་གང་རུང་ཡིན་ན། ཀ་བུམ་གཉིས་ཡིན་པས་ཁྱབ་ཅེས་སྒྲོང་རིགས་པ་གང་ཞིག །དེ་ལྟར་ཁྱབ་པ་མ་གྲུབ་པའི་ཕྱིར།

ལྡོག་ཁྱབ་ཕྱིན་ཅི་ལོག་ངེས་པའི། །
ལྡོག་ཁྱབ་ཕྱིན་ཅི་ལོག་ངེས་ནི། །
དུ་ཞིག་བརྩེགས་པའི་ཚེ་ན་ཡང་། །

དང་པོ་ལྔ་པ་དགུ་པ་གསུམ། །

ཁྱད་པར་མེད་དེ་གསུམ་ཆར་ཡང་། །

ལྡོག་ཁྱབ་ཕྱིན་ཅི་ལོག་ངེས་ཡིན། །

གཉིས་པ་དྲུག་པ་བཅུ་པ་གསུམ། །

ཁྱད་པར་མེད་དེ་གསུམ་ཆར་ཡང་། །

ལྡོག་ཁྱབ་ཀྱི་ནི་ཐུར་ཁྱབ་ཡིན། །

ཁ་ཅིག་ན་རེ། ཁྱོད་ཀྱི་ལྡོག་ཁྱབ་ཕྱིན་ཅི་ལོག་ཏུ་ངེས་པའི་ལྡོག་ཁྱབ་ཕྱིན་ཅི་ལོག་ཏུ་ངེས་ན། ཁྱོད་ཀྱི་ལྡོག་ཁྱབ་ཕྱིན་ཅི་ལོག་ཏུ་ངེས་པས་ཁྱབ་ཟེར་ན། དངོས་པོ་ཡིན་པར་ཐལ། སྒྲུབ་པ་ཡིན་པའི་ཕྱིར་ཞེས་པའི་ཐལ་འགྱུར་ཆོས་ཅན། དེར་ཐལ། དེའི་ཕྱིར། མ་གྲུབ་ན། དེ་ཆོས་ཅན། དེར་ཐལ༑ ཁྱོད་ཀྱི་ལྡོག་ཁྱབ་ཕྱིན་ཅི་ལོག་ཏུ་ངེས་པ་སྲིད་པའི་ཆེ་ན། དངོས་པོ་མ་ཡིན་ན། སྒྲུབ་པ་ཡིན་པས་ཁྱབ་ཅེས་སྨྲ་རིགས་ཤིང་དེའི་ལྡོག་ཁྱབ་ཕྱིན་ཅི་ལོག་ཏུ་ངེས་པ་སྲིད་པའི་ཆེ་ན། སྒྲུབ་པ་མ་ཡིན་ན། དངོས་པོ་མ་ཡིན་པས་ཁྱབ་ཅེས་སྨྲ་རིགས་པ་གང་ཞིག །དེ་ལྟར་ཁྱབ་པ་གྲུབ་པའི་ཕྱིར༑ རྩ་བར་འདོད་ན། དེ་འདྲའི་ཐལ་འགྱུར་ཆོས་ཅན། ཁྱོད་ཀྱི་ལྡོག་ཁྱབ་ཕྱིན་ཅི་ལོག་ཏུ་མ་ངེས་པར་ཐལ། དེ་སྲིད་པའི་ཆེ་ན། དངོས་པོ་མ་ཡིན་ན། སྒྲུབ་པ་ཡིན་པས་ཁྱབ་ཅེས་སྨྲ་རིགས་པ་གང་ཞིག །དེ་ལྟར་ཁྱབ་པ་མ་གྲུབ་པའི་ཕྱིར།

གསུམ་པ་བདུན་པ་བཅུ་གཅིག་གསུམ། །

ཁྱད་པར་མེད་དེ་གསུམ་ཆར་ཡང་། །

ཐུར་ཁྱབ་ཕྱིན་ཅི་ལོག་ངེས་ཡིན། །

བཞི་པ་བརྒྱད་པ་བཅུ་གཉིས་གསུམ། །

ཁྱད་པར་མེད་དེ་གསུམ་ཆར་ཡང་། །
རྗེས་ཁྱབ་སྙེང་དུ་སྣྲིབ་མཉམ་ཡིན། །

ཁ་ཅིག་ན་རེ། ཁྱོད་ཀྱི་ལྡོག་ཁྱབ་ཕྱིན་ཅི་ལོག་ཏུ་ངེས་པའི་ལྡོག་ཁྱབ་ཕྱིན་ཅི་ལོག་ཏུ་ངེས་པའི་ལྡོག་ཁྱབ་ཕྱིན་ཅི་ལོག་ཏུ་ངེས་ན། ཁྱོད་ཀྱི་ལྡོག་ཁྱབ་ཕྱིན་ཅི་ལོག་ཏུ་ངེས་པའི་ལྡོག་ཁྱབ་ཕྱིན་ཅི་ལོག་ཏུ་ངེས་པའི་ལྡོག་ཁྱབ་ཕྱིན་ཅི་ལོག་ཏུ་ངེས་པའི་ལྡོག་ཁྱབ་ཕྱིན་ཅི་ལོག་ཏུ་ངེས་པས་ཁྱབ་ཟེར་ན། སྒྲི་མ་ཡིན་པར་ཐལ། འགལ་བ་ཡིན་པའི་ཕྱིར་ཞེས་པའི་ཐལ་འགྱུར་ཆོས་ཅན། དེར་ཐལ། དེའི་ཕྱིར། མ་གྲུབ་ན། དེ་ཆོས་ཅན། དེར་ཐལ། དེའི་ལྡོག་ཁྱབ་ཕྱིན་ལོག་དང་པོ་སྨྲོང་བའི་ཚེ་ན། སྒྲི་ཡིན་ན། འགལ་བ་ཡིན་པས་ཁྱབ་ཅེས་སྨྲོང་རིགས། གཉིས་པ་སྨྲོང་བའི་ཚེ་ན། འགལ་བ་མ་ཡིན་ན། སྒྲི་མ་ཡིན་པས་ཁྱབ་ཅེས་སྨྲོང་རིགས། གསུམ་པ་སྨྲོང་བའི་ཚེ་ན། སྒྲི་ཡིན་ན། འགལ་བ་མ་ཡིན་པས་ཁྱབ་ཅེས་སྨྲོང་རིགས་པ་གང་ཞིག །དེ་ལྟར་ཁྱབ་པ་གྲུབ་པའི་ཕྱིར། རྩ་བར་འདོད་ན། དེ་འདྲའི་ཐལ་འགྱུར་ཆོས་ཅན། ཁྱོད་ཀྱི་ལྡོག་ཁྱབ་ཕྱིན་ཅི་ལོག་བཞི་པ་མ་གྲུབ་པར་ཐལ། དེ་སྨྲོང་བའི་ཚེ་ན། འགལ་བ་ཡིན་ན། སྒྲི་ཡིན་པས་ཁྱབ་ཅེས་སྨྲོང་རིགས་པ་གང་ཞིག །དེ་ལྟར་ཁྱབ་པ་མ་གྲུབ་པའི་ཕྱིར།

འགལ་ཁྱབ་རྣལ་མར་ངེས་པ་ཡི། །
ཐུར་ཁྱབ་རྣལ་མར་ངེས་པ་ནི། །
དུ་ཞིག་བརྩེགས་པའི་ཚེ་ན་ཡང་། །
ལྡོག་ཁྱབ་ཕྱིན་ཅི་ལོག་ངེས་ཀྱི། །
བརྩི་ཚུལ་བཞིན་དུ་ཤེས་པར་བྱ། །
འགལ་ཁྱབ་རྣལ་མར་ངེས་པ་ཡི། །

ལྡོག་ཁྱབ་རྣལ་མར་ངེས་པ་ནི། །
ཐུར་ཁྱབ་ཕྱིན་ཅི་ལོག་ངེས་པའི། །
བརྩི་ཚུལ་ཉིད་དང་ཁྱད་པར་མེད། །

ཁ་ཅིག་ན་རེ། འགལ་ཁྱབ་རྣལ་མར་ངེས་པའི་ཐུར་ཁྱབ་རྣལ་མར་ངེས་ན། འགལ་ཁྱབ་རྣལ་མར་ངེས་པའི་ལྡོག་ཁྱབ་རྣལ་མར་ངེས་པས་ཁྱབ་ཟེར་ན། རི་བོང་རྭ་མ་ཡིན་པར་ཐལ། ཤེས་བྱ་ཡིན་པའི་ཕྱིར་ཞེས་པའི་ཐལ་འགྱུར་ཆོས་ཅན། དེར་ཐལ། དེའི་ཕྱིར། མ་གྲུབ་ན། དེ་ཆོས་ཅན། དེར་ཐལ། ཁྱོད་ཀྱི་འགལ་ཁྱབ་རྣལ་མར་ངེས་པ་སྒྲོན་བའི་ཚེ་ན། ཤེས་བྱ་ཡིན་ན། རི་བོང་རྭ་ཡིན་པས་ཁྱབ་ཅེས་སྒྲོན་རིགས་ཤིང་དེའི་ཐུར་ཁྱབ་རྣལ་མར་ངེས་པ་སྒྲོན་བའི་ཚེ་ན། རི་བོང་རྭ་ཡིན་ན། ཤེས་བྱ་ཡིན་པས་ཁྱབ་ཅེས་སྒྲོན་རིགས་པ་གང་ཞིག །དེ་ལྟར་ཁྱབ་པ་གྲུབ་པའི་ཕྱིར། རྩ་བར་འདོད་ན། དེ་འདྲའི་ཐལ་འགྱུར་ཆོས་ཅན། ཁྱོད་ཀྱི་འགལ་ཁྱབ་རྣལ་མར་ངེས་པའི་ལྡོག་ཁྱབ་རྣལ་མར་མ་ངེས་པར་ཐལ། དེ་སྒྲོན་བའི་ཚེ་ན། རི་བོང་རྭ་མ་ཡིན་ན། ཤེས་བྱ་མ་ཡིན་པས་ཁྱབ་ཅེས་སྒྲོན་རིགས་པ་གང་ཞིག །དེ་ལྟར་ཁྱབ་པ་མ་གྲུབ་པའི་ཕྱིར། དེ་བཞིན་འགལ་ཁྱབ་རྣལ་མར་ངེས་པའི་ཐུར་ཁྱབ་རྣལ་མར་ངེས་པ་སོགས་སྤྱིལ་མར་ཅི་ཙམ་བརྩེགས་ཀྱང་འགལ་ཁྱབ་བརྡང་སྟོམས་ཉིད་དུ་བཞག་སྟེ་ཐུར་ཁྱབ་ཁོན་བརྩིས་ནས་དང་པོ་ལྔ་པ་དགུ་པ་གསུམ་རྩ་བའི་ལྡོག་ཁྱབ་ཕྱིན་ཅི་ལོག་ཏུ་ངེས་པ་དང་། གཉིས་པ་དྲུག་པ་བཅུ་པ་གསུམ་རྩ་བའི་ལྡོག་ཁྱབ་ཀྱི་ཐུར་ཁྱབ་དང་། གསུམ་པ་བདུན་པ་བཅུ་གཅིག་གསུམ་རྩ་བའི་ཐུར་ཁྱབ་ཕྱིན་ཅི་ལོག་ཏུ་ངེས་པ་དང་། བཞི་པ་བརྒྱད་པ་བཅུ་གཉིས་གསུམ་རྗེས་ཁྱབ་ཀྱི་སྟེང་དུ་སླེབ་པ་སོགས་གྲངས་མེད་པར་དུ་མཚུངས་སོ། །འགལ་ཁྱབ་རྣལ་མར་ངེས་པའི་ལྡོག་ཁྱབ་རྣལ་མར་ངེས་པ་སོགས་སྤྱིལ་མར་ཅི་ཙམ་བརྩེགས་ཀྱང་འགལ་ཁྱབ་བརྡང་སྟོམས་ཉིད་དུ་བཞག་སྟེ་ལྡོག་ཁྱབ་ཁོན་བརྩིས་ནས་དང་པོ་ལྔ་པ་དགུ་པ་གསུམ་ཐུར་ཁྱབ་ཕྱིན་ཅི་ལོག་ཡིན་པ་སོགས་གྲངས་མེད་པར་དུ་མཚུངས་ཚུལ་ཐུར་ཁྱབ་ཕྱིན་ལོག་གི་སྐབས་ལྟར་ཤེས་པར་བྱའོ། །

ཕྱུར་ཁྱབ་རྣལ་མར་ངེས་པ་ཡི། །
འགལ་ཁྱབ་རྣལ་མར་ངེས་པ་ནི། །
ཕྱུར་ཁྱབ་ཕྱིན་ཅི་ལོག་ངེས་འདྲ། །
ལྡོག་ཁྱབ་རྣལ་མར་ངེས་པ་ཡི། །
འགལ་ཁྱབ་རྣལ་མར་ངེས་པ་ནི། །
ལྡོག་ཁྱབ་ཕྱིན་ཅི་ལོག་དང་འདྲ། །

ཁ་ཅིག་ན་རེ། ཁྱོད་ཀྱི་ཕྱུར་ཁྱབ་རྣལ་མར་ངེས་པའི་འགལ་ཁྱབ་རྣལ་མར་ངེས་ན། ཁྱོད་ཀྱི་ལྡོག་ཁྱབ་རྣལ་མར་ངེས་པའི་འགལ་ཁྱབ་རྣལ་མར་ངེས་པས་ཁྱབ་ཟེར་ན། དགག་པ་ཡིན་པར་ཐལ༑ སྒྲུབ་པ་ཡིན་པའི་ཕྱིར་ཞེས་པའི་ཐལ་འགྱུར་ཆོས་ཅན། དེར་ཐལ། དེའི་ཕྱིར། མ་གྲུབ་ན། དེ་ཆོས་ཅན། དེར་ཐལ། ཁྱོད་ཀྱི་ཕྱུར་ཁྱབ་རྣལ་མར་ངེས་པ་སྐྱོང་བའི་ཚེ། དགག་པ་ཡིན་ན། སྒྲུབ་པ་ཡིན་པས་ཁྱབ་ཅེས་སྐྱོང་རིགས། དེའི་འགལ་ཁྱབ་རྣལ་མར་ངེས་པ་སྐྱོང་བའི་ཚེ་ན། དགག་པ་ཡིན་ན། སྒྲུབ་པ་མ་ཡིན་པས་ཁྱབ་ཅེས་སྐྱོང་རིགས་པ་གང་ཞིག །དེ་ལྟར་ཁྱབ་པ་གྲུབ་པའི་ཕྱིར། རྩ་བར་འདོད་ན། དེ་འདྲའི་ཐལ་འགྱུར་ཆོས་ཅན། ཁྱོད་ཀྱི་ལྡོག་ཁྱབ་རྣལ་མར་ངེས་པའི་འགལ་ཁྱབ་རྣལ་མར་མ་ངེས་པར་ཐལ། ཁྱོད་ཀྱི་ལྡོག་ཁྱབ་རྣལ་མར་ངེས་པ་སྐྱོང་བའི་ཚེ། དགག་པ་མ་ཡིན་ན། སྒྲུབ་པ་མ་ཡིན་པས་ཁྱབ་ཅེས་སྐྱོང་རིགས་ཤིང་། དེའི་འགལ་ཁྱབ་རྣལ་མར་ངེས་པ་སྐྱོང་བའི་ཚེ་ན། དགག་པ་མ་ཡིན་ན། སྒྲུབ་པ་ཡིན་པས་ཁྱབ་ཅེས་སྐྱོང་རིགས་པ་གང་ཞིག །དེ་ལྟར་ཁྱབ་པ་མ་གྲུབ་པའི་ཕྱིར། དེ་བཞིན་ཕྱུར་ཁྱབ་རྣལ་མར་ངེས་པའི་འགལ་ཁྱབ་རྣལ་མར་ངེས་པ་སོགས་སྤྱིལ་མར་ཅི་ཙམ་བརྩེགས་ཀྱང་ཕྱུར་ཁྱབ་བཏང་སྙོམས་ཉིད་དུ་བཞག་ལ་འགལ་ཁྱབ་ཁོན་བརྩེས་ནས་དང་པོ་ལྟ་བ་དགུ་པ་གསུམ་ཕྱུར་ཁྱབ་ཕྱིན་ཅི་ལོག་ངེས་ཡིན་པ་སོགས་གྲངས་མེད་པར་དུ་འགྲེ་ཚུལ་ཕྱུར་ཁྱབ་ཕྱིན་ཅི་ལོག་གི་སྐབས་དང་མཚུངས་ཤིང་ལྡོག་ཁྱབ་རྣལ་མར་ངེས

པའི་འགལ་ཁྱབ་རྣལ་མར་ངེས་པ་སོགས་ཅི་ཙམ་བརྩེགས་ཀྱང་ལྡོག་ཁྱབ་བཏང་སྙོམས་ཉིད་དུ་བཞག་ལ་འགལ་ཁྱབ་ཁོ་ན་བརྩིས་ནས་དང་པོ་ལྟ་བ་དགུ་པ་གསུམ་ལྡོག་ཁྱབ་ཕྱིན་ལོག་གི་སྟེང་དུ་སླེབ་པ་སོགས་གྲངས་མེད་པར་དུ་འགྲོ་ཚུལ་ལྡོག་ཁྱབ་ཕྱིན་ཅི་ལོག་གི་སྐབས་ལྟར་ཤེས་པར་བྱའོ། །

རྗེས་ཁྱབ་ཕྱིན་ཅི་ལོག་ངེས་པའི། །
ཐུར་ཁྱབ་ཕྱིན་ཅི་ལོག་ངེས་ནི། །
དུ་ཞིག་བརྩེགས་པའི་ཚེ་ན་ཡང་། །
ཡ་རྟ་གང་བྱུང་ལྡོག་ཁྱབ་དང་། །
ཆ་རྟ་གང་བྱུང་རྗེས་ཁྱབ་ཡིན། །
རྗེས་ཁྱབ་ཕྱིན་ཅི་ལོག་ངེས་པའི། །
ལྡོག་ཁྱབ་ཕྱིན་ཅི་ལོག་ངེས་ནི། །
དུ་ཞིག་བརྩེགས་པའི་ཚེ་ན་ཡང་། །
ཡ་རྟ་བྱུང་ན་ཐུར་ཁྱབ་དང་། །
ཆ་རྟ་བྱུང་ན་རྗེས་ཁྱབ་ཡིན། །

ཁ་ཅིག་ན་རེ། ཁྱོད་ཀྱི་རྗེས་ཁྱབ་ཕྱིན་ཅི་ལོག་ཏུ་ངེས་པའི་ཐུར་ཁྱབ་ཕྱིན་ཅི་ལོག་ཏུ་ངེས་ན། ཁྱོད་ཀྱི་རྗེས་ཁྱབ་ཕྱིན་ཅི་ལོག་ཏུ་ངེས་པའི་ལྡོག་ཁྱབ་ཕྱིན་ཅི་ལོག་ཏུ་ངེས་པས་ཁྱབ་ཟེར་ན། དངོས་པོ་ཡིན་པར་ཐལ། གཟུགས་ཡིན་པའི་ཕྱིར། ཞེས་པའི་ཐལ་འགྱུར་ཆོས་ཅན། དེར་ཐལ། དེའི་ཕྱིར། མ་གྲུབ་ན། དེ་ཆོས་ཅན། དེར་ཐལ། ཁྱོད་ཀྱི་རྗེས་ཁྱབ་ཕྱིན་ཅི་ལོག་སྦྱོང་བའི་ཚེ་ན། གཟུགས་ཡིན་ན༑ དངོས་པོ་མ་ཡིན་པས་ཁྱབ་ཅེས་སྦྱོང་རིགས་ཤིང་། དེའི་ཐུར་ཁྱབ་ཕྱིན་ལོག་སྦྱོང་བའི་ཚེ་ན། དངོས་པོ་མ་ཡིན་ན་གཟུགས་མ་ཡིན་པས་ཁྱབ་ཅེས་སྦྱོང་རིགས་པ་གང་ཞིག །དེ་ལྟར་ཁྱབ་པ་

གྲུབ་པའི་ཕྱིར། རྩ་བར་འདོད་ན། དེ་འདྲའི་ཐལ་འགྱུར་ཆོས་ཅན། ཁྱོད་ཀྱི་རྗེས་ཁྱབ་ཕྱིན་ཅི་ལོག་ཏུ་ངེས་པའི་ལྡོག་ཁྱབ་ཕྱིན་ཅི་ལོག་ཏུ་མ་ངེས་པར་ཐལ། དེ་སྐྱོང་བའི་ཚེ་ན། དངོས་པོ་ཡིན་ན། གཟུགས་ཡིན་པས་ཁྱབ་ཅེས་སྐྱོང་རིགས་པ་གང་ཞིག །དངོས་པོ་ཡིན་ན་གཟུགས་ཡིན་པས་མ་ཁྱབ་པའི་ཕྱིར།

ཐུར་ཁྱབ་ཕྱིན་ཅི་ལོག་ངེས་པའི། །
རྗེས་ཁྱབ་ཕྱིན་ཅི་ལོག་ངེས་ནི། །
ཐུར་ཁྱབ་རྣལ་མ་ཉིད་དང་འདྲ། །
ལྡོག་ཁྱབ་ཕྱིན་ཅི་ལོག་ངེས་པའི། །
རྗེས་ཁྱབ་ཕྱིན་ཅི་ལོག་ངེས་ནི། །
ལྡོག་ཁྱབ་རྣལ་མ་ཉིད་དང་འདྲ། །

ཁ་ཅིག་ན་རེ། ཁྱོད་ཀྱི་ཐུར་ཁྱབ་ཕྱིན་ཅི་ལོག་ཏུ་ངེས་པའི་རྗེས་ཁྱབ་ཕྱིན་ཅི་ལོག་ཏུ་ངེས་ན། ཁྱོད་ཀྱི་ལྡོག་ཁྱབ་ཕྱིན་ཅི་ལོག་ཏུ་ངེས་པའི་རྗེས་ཁྱབ་ཕྱིན་ཅི་ལོག་ཏུ་ངེས་པས་ཁྱབ་ཟེར་ན། རྟས་ཆོས་ཡིན་པར་ཐལ། རྟས་ལྡོག་གང་རུང་ཡིན་པའི་ཕྱིར་ཞེས་པའི་ཐལ་འགྱུར་ཆོས་ཅན། དེར་ཐལ། དེའི་ཕྱིར། མ་གྲུབ་ན། དེ་ཆོས་ཅན། དེར་ཐལ། དེ་འདྲའི་ཐལ་འགྱུར་གྱི་ཐུར་ཁྱབ་ཕྱིན་ཅི་ལོག་ཏུ་ངེས་པ་སྐྱོང་བའི་ཚེ་ན། རྟས་ཆོས་ཡིན་ན། རྟས་ལྡོག་གང་རུང་མ་ཡིན་པས་ཁྱབ་ཅེས་སྐྱོང་རིགས་ཤིང་དེའི་རྗེས་ཁྱབ་ཕྱིན་ཅི་ལོག་ཏུ་ངེས་པ་སྐྱོང་བའི་ཚེ། རྟས་ཆོས་ཡིན་ན། རྟས་ལྡོག་གང་རུང་ཡིན་པས་ཁྱབ་ཅེས་སྐྱོང་རིགས་པ་གང་ཞིག །དེ་ལྟར་ཁྱབ་པ་གྲུབ་པའི་ཕྱིར། རྩ་བར་འདོད་ན། དེ་འདྲའི་ཐལ་འགྱུར་ཆོས་ཅན། ཁྱོད་ཀྱི་ལྡོག་ཁྱབ་ཕྱིན་ཅི་ལོག་ཏུ་ངེས་པའི་རྗེས་ཁྱབ་ཕྱིན་ཅི་ལོག་ཏུ་མ་ངེས་པར་ཐལ། ཁྱོད་ཀྱི་ལྡོག་ཁྱབ་ཕྱིན་ཅི་ལོག་སྐྱོང་བའི་ཚེ། རྟས་ཆོས་མ་ཡིན་ན། རྟས་ལྡོག་གང་རུང་ཡིན་པས་ཁྱབ་ཅེས་སྐྱོང་རིགས་ཤིང་དེའི་རྗེས་ཁྱབ་ཕྱིན་ཅི་ལོག་ཏུ་ངེས་པ་སྐྱོང་བའི་ཚེ།

རྫས་ཆོས་མ་ཡིན་ན། རྫས་ལྡོག་གང་རུང་མ་ཡིན་པས་ཁྱབ་ཅེས་སྒྲོང་རིགས་པ་གང་ཞིག །དེ་ལྟར་ཁྱབ་པ་མ་གྲུབ་པའི་ཕྱིར། དེ་བཞིན་ཐུར་ཁྱབ་ཕྱིན་ཅི་ལོག་ཏུ་ངེས་པའི་རྗེས་ཁྱབ་ཕྱིན་ཅི་ལོག་ཏུ་ངེས་པ་སོགས་སྤྱིལ་མར་ཅི་ཙམ་བརྩེགས་ཀྱང་ཐུར་ཁྱབ་བཏང་སྙོམས་ཉིད་དུ་བཞག་ལ་རྗེས་ཁྱབ་ཁོ་ན་རྩིས་ནས་ཡ་རུ་གང་བྱུང་ཐུར་ཁྱབ་རྣལ་མ་དང་། ཆ་རུ་གང་བྱུང་རྗེས་ཁྱབ་རྣལ་མ་ཡིན་པ་སོགས་གྲངས་མེད་པར་དུ་མཆུངས་ཤིང་། ལྡོག་ཁྱབ་ཕྱིན་ཅི་ལོག་ངེས་པའི་རྗེས་ཁྱབ་ཕྱིན་ཅི་ལོག་ངེས་པ་སོགས་སྤྱིལ་མར་ཅི་ཙམ་བརྩེགས་ཀྱང་ལྡོག་ཁྱབ་བཏང་སྙོམས་ཉིད་དུ་བཞག་ལ་རྗེས་ཁྱབ་ཁོ་ན་རྩིས་ནས་ཡ་རུ་གང་བྱུང་ལྡོག་ཁྱབ་དང་ཆ་རུ་གང་བྱུང་རྗེས་ཁྱབ་རྣལ་མའི་སྟེང་དུ་སླེབ་པ་སོགས་གྲངས་མེད་པར་དུ་མཆུངས་སོ། །

གང་ཞིག་སྨྲ་བའི་ཐལ་འགྱུར་གྱི། །
ལྡོག་ཁྱབ་འབུད་པའི་ཚེ་ན་ཡང་། །
གང་ཞིག་རྟགས་ཀྱི་གོང་དུ་སྦྱོར། །
འདི་དག་ཡིན་འགོད་དབང་དུ་བྱས། །

ཁ་ཅིག་ན་རེ། ཁྱོད་ཀྱི་རྗེས་ཁྱབ་རྣལ་མར་ངེས་ན། ཁྱོད་ཀྱི་ལྡོག་ཁྱབ་རྣལ་མར་ངེས་པས་ཁྱབ་ཟེར་ན། དངོས་པོ་ཡིན་པར་ཐལ། ཡོད་པ་གང་ཞིག །རྟག་པ་མ་ཡིན་པའི་ཕྱིར་ཞེས་པའི་ཐལ་འགྱུར་ཆོས་ཅན། དེར་ཐལ། དེའི་ཕྱིར། མ་གྲུབ་ན། དེ་ཆོས་ཅན། དེར་ཐལ། དེ་འདྲའི་ཐལ་འགྱུར་གྱི་རྗེས་ཁྱབ་རྣལ་མར་ངེས་པ་སྒྲོང་བའི་ཚེ་ན། ཡོད་པ་གང་ཞིག །རྟག་པ་མ་ཡིན་ན། དངོས་པོ་ཡིན་པས་ཁྱབ་ཅེས་སྒྲོང་རིགས་པ་གང་ཞིག །དེ་ལྟར་ཁྱབ་པ་གྲུབ་པའི་ཕྱིར། རྩ་བར་འདོད་ན། དེ་འདྲའི་ཐལ་འགྱུར་ཆོས་ཅན། ཁྱོད་ཀྱི་ལྡོག་ཁྱབ་རྣལ་མར་མ་ངེས་པར་ཐལ། དེ་སྒྲོང་བའི་ཚེ་ན། དངོས་པོ་མ་ཡིན་ན། ཡོད་པ་གང་ཞིག །རྟག་པ་མ་ཡིན་པས་ཁྱབ་ཅེས་སྒྲོང་རིགས་པ་གང་ཞིག །

དེ་ལྟར་ཁྱབ་པ་མ་གྲུབ་པའི་ཕྱིར།

ཡོད་འགོད་བྱེད་པའི་ཚེ་ན་ཡང་། །
རྟགས་དེ་ཡོད་ན་གསལ་བ་དེ། །
ཡོད་པས་ཁྱབ་པ་རྗེས་ཁྱབ་སོགས། །
ལྷག་མ་ཀུན་ལ་རིགས་འགྲེ་མཛོད། །

ཁ་ཅིག་ན་རེ། ཁྱོད་ཀྱི་རྗེས་ཁྱབ་ནྲལ་མར་ངེས་ན། ཁྱོད་ཀྱི་ཐུར་ཁྱབ་རྣལ་མར་ངེས་པས་ཁྱབ་ཟེར་ན། ཤིང་ཡོད་པར་ཐལ། ཤ་པ་ཡོད་པའི་ཕྱིར་ཞེས་པའི་ཐལ་འགྱུར་ཆོས་ཅན། དེར་ཐལ། དེའི་ཕྱིར། མ་གྲུབ་ན། དེ་ཆོས་ཅན། དེར་ཐལ། དེའི་རྗེས་ཁྱབ་རྣལ་མར་ངེས་པ་སྐྱོང་བའི་ཚེ་ན། འགོད་ཚུལ་ལྟར་ཤ་པ་ཡོད་ན། ཤིང་ཡོད་པས་ཁྱབ་ཅེས་སྐྱོང་རིགས་པ་གང་ཞིག །དེ་ལྟར་ཁྱབ་པ་གྲུབ་པའི་ཕྱིར། རྩ་བར་འདོད་ན། དེ་འདྲའི་ཐལ་འགྱུར་ཆོས་ཅན། ཁྱོད་ཀྱི་ཐུར་ཁྱབ་རྣལ་མར་མ་ངེས་པར་ཐལ། དེ་སྐྱོང་བའི་ཚེ་ན། ཤིང་ཡོད་ན། ཤ་པ་ཡོད་པས་ཁྱབ་ཅེས་སྐྱོང་རིགས་པ་གང་ཞིག །དེ་ལྟར་ཁྱབ་པ་མ་གྲུབ་པའི་ཕྱིར།

གཞན་ཡང་རྗེས་སུ་འགྲོ་ལྡོག་ལ། །
ཁྱོད་བཞག་མགོ་ལྟུར་བོང་ཚང་སོགས། །
བྱུང་ཚེ་ཐལ་འགྱུར་གསལ་བར་སྦྱར། །

ཁ་ཅིག་ན་རེ། མཚོན་བྱ་ཁྱོད་ཀྱི་རྗེས་ཁྱབ་རྣལ་མར་ངེས་ན། བཏགས་ཡོད་ཆོས་གསུམ་ཚང་བ་ཁྱོད་ཀྱི་ལྡོག་ཁྱབ་རྣལ་མར་ངེས་པས་ཁྱབ་ཟེར་ན། མཚོན་བྱའི་ལྡོག་པ་ཡིན་པར་ཐལ། བཏགས་ཡོད་ཆོས་གསུམ་ཚང་བ་ཡིན་པའི་ཕྱིར་ཞེས་པའི་ཐལ་འགྱུར་ཆོས་ཅན། དེར་ཐལ། དེའི་ཕྱིར།

མ་གྲུབ་ན། དེ་ཆོས་ཅན། དེར་ཐལ། བཏགས་ཡོད་ཆོས་གསུམ་ཚང་བ་ཡིན་ན། མཚོན་བྱ་མཚོན་བྱའི་ལྡོག་པ་ཡིན་པས་ཁྱབ་པའི་ཕྱིར། རྩ་བར་འདོད་ན། དེ་འདྲའི་ཐལ་འགྱུར་ཆོས་ཅན། བཏགས་ཡོད་ཆོས་གསུམ་ཚང་བ་ཁྱོད་ཀྱི་ལྡོག་ཁྱབ་རྣལ་མར་མ་ངེས་པར་ཐལ། བཏགས་ཡོད་ཆོས་གསུམ་ཚང་བ་མཚོན་བྱའི་ལྡོག་པ་མ་ཡིན་ན། བཏགས་ཡོད་ཆོས་གསུམ་ཚང་བ་མ་ཡིན་པས་མ་ཁྱབ་པའི་ཕྱིར།

ཁྱབ་པ་བྱུང་ཚེ་རྟགས་ལ་སྦྱར། །
འདི་ཡང་མཁས་པའི་ལེགས་བཤད་ཡིན། །

ཁ་ཅིག་ན་རེ། མཚན་ཉིད་ཁྱོད་ཀྱི་རྗེས་ཁྱབ་རྣལ་མར་ངེས་ན། རྫས་ཡོད་ཆོས་གསུམ་ཚང་བ་ཁྱོད་ཀྱི་ཐུར་ཁྱབ་རྣལ་མར་ངེས་པས་ཁྱབ་ཟེར་ན། ཁྱོད་མཚན་ཉིད་ཀྱི་ལྡོག་པ་ཡིན་ན། བདག་མེད་ཡིན་པས་ཁྱབ་པ་ཆོས་ཅན། དེར་ཐལ། དེའི་ཕྱིར། མ་གྲུབ་ན། དེ་ཆོས་ཅན། དེར་ཐལ། དེ་འདྲའི་རྗེས་ཁྱབ་རྣལ་མར་ངེས་པ་སྐྱོང་བའི་ཚེ་ན། མཚན་ཉིད་མཚན་ཉིད་ཀྱི་ལྡོག་པ་ཡིན་ན། བདག་མེད་ཡིན་པས་ཁྱབ་ཅེས་སྐྱོང་རིགས་པ་གང་ཞིག །དེ་ལྟར་ཁྱབ་པ་གྲུབ་པའི་ཕྱིར། མ་གྲུབ་ན། དེར་ཐལ། བདག་མེད་མ་ཡིན་པ་མེད་པའི་ཕྱིར། རྩ་བར་འདོད་ན། དེ་འདྲའི་ཐལ་འགྱུར་ཆོས་ཅན། རྫས་ཡོད་ཆོས་གསུམ་ཚང་བ་ཁྱོད་ཀྱི་ཐུར་ཁྱབ་རྣལ་མར་མ་ངེས་པར་ཐལ། དེ་སྐྱོང་བའི་ཚེ་ན། བདག་མེད་ཡིན་ན། རྫས་ཡོད་ཆོས་གསུམ་ཚང་བ་མཚན་ཉིད་ཀྱི་ལྡོག་པ་ཡིན་པས་ཁྱབ་ཅེས་སྐྱོང་རིགས་པ་གང་ཞིག །དེ་ལྟར་ཁྱབ་པ་མ་གྲུབ་པའི་ཕྱིར།

རང་གི་ལུགས་ལ་རྗེས་ཁྱབ་རྣལ་མར་ངེས་པ་དང་ལྡོག་ཁྱབ་རྣལ་མར་ངེས་པ་གཉིས་ལ་མུ་བཞི་ཡོད་དེ། རྗེས་ཁྱབ་རྣལ་མར་ངེས་ལ་ལྡོག་ཁྱབ་རྣལ་མར་མ་ངེས་པའི་མུ་ནི། སྤྱི་ཡིན་པ་གང་ཞིག ཿཁྱེ་བྲག་ཡིན་པར་ཐལ། ཁྱོད་ཀྱི་སྤྱི་ཡོད་པ་གང་ཞིག །ཁྱོད་ཀྱི་ཁྱེ་བྲག་ཡོད་པའི་ཕྱིར་ཞེས་པའི་ཐལ་འགྱུར་ཆོས་ཅན། དེའི་རྗེས་ཁྱབ་རྣལ་མར་ངེས་ཏེ། ཁྱོད་ཀྱི་སྤྱི་ཡོད་པ་གང་ཞིག །ཁྱོད་

ཀྱི་བྱེ་བྲག་ཡོད་ན། སྤྱི་ཡིན་པ་གང་ཞིག་བྱེ་བྲག་ཡིན་པས་ཁྱབ་པའི་ཕྱིར། དེའི་ལྡོག་ཁྱབ་རྣལ་མར་མ་ངེས་ཏེ། སྤྱི་ཡིན་པ་གང་ཞིག །བྱེ་བྲག་མ་ཡིན་ན། ཁྱོད་ཀྱི་སྤྱི་ཡོད་པ་གང་ཞིག །ཁྱོད་ཀྱི་བྱེ་བྲག་མེད་པས་མ་ཁྱབ་པའི་ཕྱིར། གཞན་དུ་ན། བདག་མེད་ཆོས་ཅན། ཁྱོད་ཀྱི་སྤྱི་ཡོད་པ་གང་ཞིག །ཁྱོད་ཀྱི་བྱེ་བྲག་མེད་པར་ཐལ། སྤྱི་ཡིན་པ་གང་ཞིག །བྱེ་བྲག་མ་ཡིན་པའི་ཕྱིར། མ་གྲུབ་ན། རྟགས་དང་པོ་དེར་ཐལ། ཁྱོད་ཀྱི་བྱེ་བྲག་ཡོད་པའི་ཕྱིར། རྟགས་སླ། གཉིས་པ་མ་གྲུབ་ན། དེར་ཐལ། ཁྱོད་མ་ཡིན་ཞིང་ཤེས་བྱ་ཡིན་པ་མེད་པའི་ཕྱིར། ལྡོག་ཁྱབ་རྣལ་མར་ངེས་ལ་རྗེས་ཁྱབ་རྣལ་མར་མ་ངེས་པའི་མུ་ནི། ཡོད་པ་གང་ཞིག དངོས་པོ་ཡིན་པར་ཐལ། ཤེས་བྱ་མ་ཡིན་པའི་ཕྱིར་ཞེས་པའི་ཐལ་འགྱུར་ཆོས་ཅན། དེའི་ལྡོག་ཁྱབ་རྣལ་མར་ངེས་ཏེ་ཡོད་པ་གང་ཞིག །དངོས་པོ་མ་ཡིན་ན། ཤེས་བྱ་ཡིན་པས་ཁྱབ་པའི་ཕྱིར། དེའི་རྗེས་ཁྱབ་རྣལ་མར་མ་ངེས་ཏེ། ཤེས་བྱ་མ་ཡིན་ན། ཡོད་པ་གང་ཞིག །དངོས་པོ་ཡིན་པས་མ་ཁྱབ་པའི་ཕྱིར། གཉིས་ཀ་ཡིན་པའི་མུ་ནི། ཚད་མ་ཡིན་པར་ཐལ། རྣམ་མཁྱེན་ཡིན་པའི་ཕྱིར་ཞེས་པའི་ཐལ་འགྱུར་ཆོས་ཅན། གཉིས་ཀ་མ་ཡིན་པའི་མུ་ནི། སྒྲ་ཡིན་པར་ཐལ། མིག་ཤེས་ཀྱི་བཟུང་བྱ་ཡིན་པའི་ཕྱིར་ཞེས་པའི་ཐལ་འགྱུར་ཆོས་ཅན། དེ་བཞིན་གཞན་རྣམས་ལའང་རང་རང་གིས་རྣམ་དཔྱོད་ཀྱི་རྩལ་སྦྱུགས་ཏེ་ཤེས་པར་བྱའོ། །

དགུ། ཕྱིར་ཞེས་མའི་རྣམ་གཞག་བཤད་པ།

དགུ་པ་ཕྱིར་ཞེས་མའི་རྣམ་གཞག་བཤད་པ་ནི།

> དགུ་པ་ཕྱིར་ཞེས་མ་ལ་ནི། །
> ཁྱབ་པ་ཡོད་པའི་ཐལ་འགྱུར་གྱི། །
> རྟགས་གསལ་དོ་ནི་མཉམ་པ་ན།
> ཡོད་ཕྱིར་ཡོད་ཕྱིར་ལ་སོགས་པ། །

དུ་ཞིག་བརྩེགས་པའི་ཚེ་ན་ཡང་། །
ཆ་ལ་ཁྱབ་ཡོད་ཡ་ལ་མེད། །

ཁ་ཅིག་ན་རེ། ཤེས་བྱ་ཡིན་པར་ཐལ། གཞལ་བྱ་ཡིན་པར་ཐལ། ཆོས་ཡིན་པར་ཐལ། རྟག་པ་ཡིན་པར་ཐལ། མི་འཇིག་པ་ཡིན་པའི་ཕྱིར་ཞེས་པའི་ཐལ་འགྱུར་ལ་ཁྱབ་པ་ཡོད་པའི་ཕྱིར་ཞེས་པའི་ཐལ་འགྱུར་ལ་ཁྱབ་པ་ཡོད་པའི་ཕྱིར་ཞེས་པའི་ཐལ་འགྱུར་ལ་ཁྱབ་པ་ཡོད་པའི་ཕྱིར་ཞེས་པའི་ཐལ་འགྱུར་ལ་ཁྱབ་པ་ཡོད་པར་ཐལ། མཚོན་བྱ་ཡིན་པར་ཐལ། བཏགས་ཡོད་ཆོས་གསུམ་ཚང་བ་ཡིན་པར་ཐལ། མཚན་ཉིད་ཡིན་པར་ཐལ། བཏགས་ཡོད་ཆོས་གསུམ་ཚང་བ་དང་གཅིག་ཡིན་པའི་ཕྱིར་ཞེས་པའི་ཐལ་འགྱུར་ལ་ཁྱབ་པ་ཡོད་པའི་ཕྱིར་ཞེས་པའི་ཐལ་འགྱུར་ལ་ཁྱབ་པ་ཡོད་པའི་ཕྱིར་ཞེས་པའི་ཐལ་འགྱུར་ལ་ཁྱབ་པ་ཡོད་ཟེར་ན། ཤེས་བྱ་ཆོས་ཅན། ཤེས་བྱ་ཡིན་པར་ཐལ། གཞལ་བྱ་ཡིན་པར་ཐལ། ཆོས་ཡིན་པར་ཐལ། རྟག་པ་ཡིན་པར་ཐལ། མི་འཇིག་པ་ཡིན་པའི་ཕྱིར་ཞེས་པའི་ཐལ་འགྱུར་ལ་ཁྱབ་པ་ཡོད་པའི་ཕྱིར་ཞེས་པའི་ཐལ་འགྱུར་ལ་ཁྱབ་པ་ཡོད་པའི་ཕྱིར་ཞེས་པའི་ཐལ་འགྱུར་ལ་ཁྱབ་པ་ཡོད་པའི་ཕྱིར་ཞེས་པའི་ཐལ་འགྱུར་ལ་ཁྱབ་པ་ཡོད་པར་ཐལ། མཚོན་བྱ་ཡིན་པར་ཐལ། བཏགས་ཡོད་ཆོས་གསུམ་ཚང་བ་ཡིན་པར་ཐལ། མཚན་ཉིད་ཡིན་པར་ཐལ། བཏགས་ཡོད་ཆོས་གསུམ་ཚང་བ་དང་གཅིག་ཡིན་པའི་ཕྱིར་ཞེས་པའི་ཐལ་འགྱུར་ལ་ཁྱབ་པ་ཡོད་པའི་ཕྱིར་ཞེས་པའི་ཐལ་འགྱུར་ལ་ཁྱབ་པ་ཡོད་པའི་ཕྱིར་ཞེས་པའི་ཐལ་འགྱུར་ལ་ཁྱབ་པ་ཡོད་པའི་ཕྱིར། མ་གྲུབ་ན། ཤེས་བྱ་ཆོས་ཅན། མཚོན་བྱ་ཡིན་པར་ཐལ། བཏགས་ཡོད་ཆོས་གསུམ་ཚང་བ་ཡིན་པར་ཐལ། མཚན་ཉིད་ཡིན་པར་ཐལ། བཏགས་ཡོད་ཆོས་གསུམ་ཚང་བ་དང་གཅིག་ཡིན་པའི་ཕྱིར་ཞེས་པའི་ཐལ་འགྱུར་ལ་ཁྱབ་པ་ཡོད་པའི་ཕྱིར་ཞེས་པའི་ཐལ་འགྱུར་ལ་ཁྱབ་པ་ཡོད་པའི་ཕྱིར་ཞེས་པའི་ཐལ་འགྱུར་ལ་ཁྱབ་པ་ཡོད་པར་ཐལ། བཏགས་ཡོད་ཆོས་གསུམ་ཚང་བ་ཡིན་པར་ཐལ། མཚན་ཉིད་ཡིན་པར་ཐལ། བཏགས་ཡོད་ཆོས

གསུམ་ཚང་བ་དང་གཅིག་ཡིན་པའི་ཕྱིར་ཞེས་པའི་ཐལ་འགྱུར་ལ་ཁྱབ་པ་ཡོད་པའི་ཕྱིར་ཞེས་པའི་ཐལ་འགྱུར་ལ་ཁྱབ་པ་ཡོད་ན་གང་དྲན་དྲན་ཡིན་པས་ཁྱབ་པའི་ཕྱིར། མ་གྲུབ་ན། ཤེས་བྱ་ཆོས་ཅན། བཏགས་ཡོད་ཆོས་གསུམ་ཚང་བ་ཡིན་པར་ཐལ། མཚན་ཉིད་ཡིན་པར་ཐལ། བཏགས་ཡོད་ཆོས་གསུམ་ཚང་བ་དང་གཅིག་ཡིན་པའི་ཕྱིར་ཞེས་པའི་ཐལ་འགྱུར་ལ་ཁྱབ་པ་ཡོད་པའི་ཕྱིར་ཞེས་པའི་ཐལ་འགྱུར་ལ་ཁྱབ་པ་ཡོད་ན་གང་དྲན་དྲན་ཡིན་པས་ཁྱབ་པར་ཐལ། དེ་འདྲའི་ཐལ་འགྱུར་ལ་ཁྱབ་པ་མེད་པའི་ཕྱིར། མ་གྲུབ་ན། ཤེས་བྱ་ཆོས་ཅན། བཏགས་ཡོད་ཆོས་གསུམ་ཚང་བ་ཡིན་པར་ཐལ། མཚན་ཉིད་ཡིན་པར་ཐལ། བཏགས་ཡོད་ཆོས་གསུམ་ཚང་བ་དང་གཅིག་ཡིན་པའི་ཕྱིར་ཞེས་པའི་ཐལ་འགྱུར་ལ་ཁྱབ་པ་ཡོད་པའི་ཕྱིར་ཞེས་པའི་ཐལ་འགྱུར་ལ་ཁྱབ་པ་མེད་པར་ཐལ། མཚན་ཉིད་ཡིན་པར་ཐལ། བཏགས་ཡོད་ཆོས་གསུམ་ཚང་བ་དང་གཅིག་ཡིན་པའི་ཕྱིར་ཞེས་པའི་ཐལ་འགྱུར་ལ་ཁྱབ་པ་ཡོད་ན། བཏགས་ཡོད་ཆོས་གསུམ་ཚང་བ་ཡིན་པས་མ་ཁྱབ་པའི་ཕྱིར། རྩ་བར་འདོད་ན། རི་བོང་རྭ་ཆོས་ཅན། ཤེས་བྱ་ཡིན་པར་ཐལ། གཞལ་བྱ་ཡིན་པར་ཐལ། ཆོས་ཡིན་པར་ཐལ། རྟག་པ་ཡིན་པར་ཐལ། མི་འཇིག་པ་ཡིན་པའི་ཕྱིར་ཞེས་པའི་ཐལ་འགྱུར་ལ་ཁྱབ་པ་ཡོད་པའི་ཕྱིར་ཞེས་པའི་ཐལ་འགྱུར་ལ་ཁྱབ་པ་ཡོད་པའི་ཕྱིར་ཞེས་པའི་ཐལ་འགྱུར་ལ་ཁྱབ་པ་ཡོད་པའི་ཕྱིར། མ་གྲུབ་ན། དེ་འདྲའི་ཐལ་འགྱུར་ལ་ཁྱབ་པ་ཡོད་པར་ཐལ། ཆོས་ཡིན་པར་ཐལ། རྟག་པ་ཡིན་པར་ཐལ། མི་འཇིག་པ་ཡིན་པའི་ཕྱིར་ཞེས་པའི་ཐལ་འགྱུར་ལ་ཁྱབ་པ་ཡོད་པའི་ཕྱིར་ཞེས་པའི་ཐལ་འགྱུར་ལ་ཁྱབ་པ་ཡོད་ན། གཞལ་བྱ་ཡིན་པས་ཁྱབ་པའི་ཕྱིར། མ་གྲུབ་ན། དེར་ཐལ། དེ་འདྲའི་ཐལ་འགྱུར་ལ་ཁྱབ་པ་ཡོད་ན་གང་དྲན་དྲན་ཡིན་པས་ཁྱབ་པའི་ཕྱིར; མ་གྲུབ་ན། དེར་ཐལ། དེ་འདྲའི་ཐལ་འགྱུར་ལ་ཁྱབ་པ་མེད་པའི་ཕྱིར། མ་གྲུབ་ན། དེ་འདྲའི་ཐལ་འགྱུར་ལ་ཁྱབ་པ་མེད་པར་ཐལ། རྟག་པ་ཡིན་པར་ཐལ། མི་འཇིག་པ་ཡིན་པའི་ཕྱིར་ཞེས་པའི་ཐལ་འགྱུར་ལ་ཁྱབ་པ་ཡོད་ན། ཆོས་ཡིན་པས་མ་ཁྱབ་པའི་ཕྱིར།

མེད་ཕྱིར་མེད་ཕྱིར་ལ་སོགས་པ། །
དུ་ཞིག་བརྩེགས་ཀྱང་ཁྱབ་པ་ཡོད། །
ཡོད་ཕྱིར་མེད་ཕྱིར་ལ་སོགས་པ། །
སྤྱིལ་མར་བརྩེགས་པའི་ཚེ་ན་ཡང་། །
མེད་ཕྱིར་བཏང་སྙོམས་ཉིད་དུ་བཞག །
ཡོད་ཕྱིར་ཁོ་ན་བསྐྱེ་བར་བྱ། །

ཁ་ཅིག་ན་རེ། སྤྱི་ཡིན་པར་ཐལ། བྱེ་བྲག་ཡིན་པར་ཐལ། སྒྲུབ་པ་ཡིན་པར་ཐལ། དགག་པ་དང་གཅིག་ཡིན་པའི་ཕྱིར་ཞེས་པའི་ཐལ་འགྱུར་ལ་ཁྱབ་པ་མེད་པའི་ཕྱིར་ཞེས་པའི་ཐལ་འགྱུར་ལ་ཁྱབ་པ་མེད་པའི་ཕྱིར་ཞེས་པའི་ཐལ་འགྱུར་ལ་ཁྱབ་པ་མེད་པར་ཐལ། ཡོད་པ་ཡིན་པར་ཐལ། དངོས་པོ་ཡིན་པར་ཐལ། བེམ་པོ་ཡིན་པར་ཐལ། ཤེས་པ་ཡིན་པར་ཐལ། རྣམ་མཁྱེན་ཡིན་པའི་ཕྱིར། ཞེས་པའི་ཐལ་འགྱུར་ལ་ཁྱབ་པ་ཡོད་པའི་ཕྱིར་ཞེས་པའི་ཐལ་འགྱུར་ལ་ཁྱབ་པ་མེད་པའི་ཕྱིར་ཞེས་པའི་ཐལ་འགྱུར་ལ་ཁྱབ་པ་མེད་པའི་ཕྱིར་ཞེས་པའི་ཐལ་འགྱུར་ལ་ཁྱབ་པ་ཡོད་ཟེར་ན། བདག་མེད་ཆོས་ཅན། དེར་ཐལ། དེའི་ཕྱིར། མ་གྲུབ་ན། དེ་ཆོས་ཅན། དེར་ཐལ། དེ་འདྲའི་ཐལ་འགྱུར་ལ་ཁྱབ་པ་ཡོད་ན་གང་དྲན་དྲན་ཡིན་པས་ཁྱབ་པའི་ཕྱིར། མ་གྲུབ་ན། དེར་ཐལ༑ དེ་འདྲའི་ཐལ་འགྱུར་ལ་ཁྱབ་པ་མེད་པའི་ཕྱིར། མ་གྲུབ་ན། མོ་གཤམ་གྱི་བུ་ཆོས་ཅན། ཡོད་པ་ཡིན་པར་ཐལ། དངོས་པོ་ཡིན་པར་ཐལ། བེམ་པོ་ཡིན་པར་ཐལ། ཤེས་པ་ཡིན་པར་ཐལ། རྣམ་མཁྱེན་ཡིན་པའི་ཕྱིར་ཞེས་པའི་ཐལ་འགྱུར་ལ་ཁྱབ་པ་ཡོད་པའི་ཕྱིར་ཞེས་པའི་ཐལ་འགྱུར་ལ་ཁྱབ་པ་མེད་པའི་ཕྱིར་ཞེས་པའི་ཐལ་འགྱུར་ལ་ཁྱབ་མེད་པའི་ཕྱིར། མ་གྲུབ་ན། དེར་ཐལ། བེམ་པོ་ཡིན་པར་ཐལ། ཤེས་པ་ཡིན་པར་ཐལ། རྣམ་མཁྱེན་ཡིན་པའི་ཕྱིར་ཞེས་པའི་ཐལ་འགྱུར་ལ་ཁྱབ་པ་ཡོད་པའི་ཕྱིར་ཞེས་པའི་ཐལ་འགྱུར་ལ་ཁྱབ་པ་མེད་ན། དངོས་པོ་ཡིན་པས་མ་ཁྱབ་

པའི་ཕྱིར། མ་གྲུབ་ན། ནམ་མཁའ་ཆོས་ཅན། དངོས་པོ་ཡིན་པར་ཐལ། བེམ་པོ་ཡིན་པར་ཐལ། ཤེས་པ་ཡིན་པར་ཐལ། རྣམ་མཁྱེན་ཡིན་པའི་ཕྱིར་ཞེས་པའི་ཐལ་འགྱུར་ལ་ཁྱབ་པ་ཡོད་པའི་ཕྱིར་ཞེས་པའི་ཐལ་འགྱུར་ལ་ཁྱབ་པ་མེད་པའི་ཕྱིར། མ་གྲུབ་ན། དེར་ཐལ། ཤེས་པ་ཡིན་པར་ཐལ། རྣམ་མཁྱེན་ཡིན་པའི་ཕྱིར་ཞེས་པའི་ཐལ་འགྱུར་ལ་ཁྱབ་པ་ཡོད་ན། བེམ་པོ་ཡིན་པས་མ་ཁྱབ་པའི་ཕྱིར། རྟགས་སླ། རྩ་བར་འདོད་ན། སྒྲ་ཡིན་པར་ཐལ། བྱེ་བྲག་ཡིན་པར་ཐལ། སྒྲུབ་པ་ཡིན་པར་ཐལ། དགག་པ་དང་གཅིག་ཡིན་པའི་ཕྱིར་ཞེས་པའི་ཐལ་འགྱུར་ལ་ཁྱབ་པ་མེད་པའི་ཕྱིར་ཞེས་པའི་ཐལ་འགྱུར་ལ་ཁྱབ་པ་མེད་པའི་ཕྱིར་ཞེས་པའི་ཐལ་འགྱུར་ལ་ཁྱབ་པ་ཡོད་པར་ཐལ། བྱེ་བྲག་ཡིན་པར་ཐལ། སྒྲུབ་པ་ཡིན་པར་ཐལ། དགག་པ་དང་གཅིག་ཡིན་པའི་ཕྱིར་ཞེས་ཐལ་འགྱུར་ལ་ཁྱབ་པ་མེད་པའི་ཕྱིར་ཞེས་པའི་ཐལ་འགྱུར་ལ་ཁྱབ་པ་མེད་ན། སྒྲ་ཡིན་པས་ཁྱབ་པའི་ཕྱིར། མ་གྲུབ་ན། དེར་ཐལ། དེ་འདྲའི་ཐལ་འགྱུར་ལ་ཁྱབ་པ་ཡོད་པའི་ཕྱིར། མ་གྲུབ་ན། དེར་ཐལ། སྒྲུབ་པ་ཡིན་པར་ཐལ། དགག་པ་དང་གཅིག་ཡིན་པའི་ཕྱིར་ཞེས་པའི་ཐལ་འགྱུར་ལ་ཁྱབ་པ་མེད་ན། བེམ་པོ་ཡིན་པས་ཁྱབ་པའི་ཕྱིར། མ་གྲུབ་ན། དེར་ཐལ། དེ་འདྲའི་ཐལ་འགྱུར་ལ་ཁྱབ་པ་མེད་ན་གང་དྲན་དྲན་ཡིན་པས་ཁྱབ་པའི་ཕྱིར། མ་གྲུབ་ན། དེར་ཐལ། དེ་འདྲའི་ཐལ་འགྱུར་ལ་ཁྱབ་པ་ཡོད་པའི་ཕྱིར། དེ་བཞིན་རྩ་ཁྱབ་ཡོད་པའི་རྟགས་གསལ་དོ་མཉམ་པའི་ཐལ་འགྱུར་ལ། ཡོད་ཕྱིར་མེད་ཕྱིར་ལ་སོགས་པ་དུ་ཙམ་བརྩེགས་ཀྱང་མེད་ཕྱིར་བཏང་སྙོམས་དུ་བཞག་ལ་ཡོད་ཕྱིར་ཁོ་ན་བརྩེགས་ནས་ཆ་ལ་ཁྱབ་པ་ཡོད་ཅིང་ཡ་ལ་ཁྱབ་པ་མེད་པར་ཤེས་པར་བྱའོ། །

ཁྱབ་པ་མེད་པའི་ཐལ་འགྱུར་གྱི། །
རྟགས་གསལ་དོ་ནི་མཉམ་གྱུར་པའི། །
སྔ་མ་ཉིད་ལས་ཟློག་ཏེ་བརྩེ། །

ཁ་ཅིག་ན་རེ། གཟུགས་ཡིན་པར་ཐལ། སྒྲ་ཡིན་པར་ཐལ། བྱས་པ་ཡིན་པར་ཐལ། ཡོད་པ་ཡིན་པའི་ཕྱིར་ཞེས་པའི་ཐལ་འགྱུར་ལ་ཁྱབ་པ་མེད་པའི་ཕྱིར་ཞེས་པའི་ཐལ་འགྱུར་ལ་ཁྱབ་པ་མེད་པའི་ཕྱིར་ཞེས་པའི་ཐལ་འགྱུར་ལ་ཁྱབ་པ་ཡོད་པར་ཐལ། མི་རྟག་པ་ཡིན་པར་ཐལ། སྐད་གཅིག་མ་ཡིན་པར་ཐལ། རྟག་དངོས་གང་རུང་ཡིན་པའི་ཕྱིར་ཞེས་པའི་ཐལ་འགྱུར་ལ་ཁྱབ་པ་ཡོད་པའི་ཕྱིར་ཞེས་པའི་ཐལ་འགྱུར་ལ་ཁྱབ་པ་ཡོད་པའི་ཕྱིར་ཞེས་པའི་ཐལ་འགྱུར་ལ་ཁྱབ་པ་ཡོད་ཟེར་ན། མངོན་སུམ་ཆོས་ཅན། དེར་ཐལ། དེའི་ཕྱིར། མ་གྲུབ་ན། དེ་ཆོས་ཅན། དེར་ཐལ། དེ་འདྲའི་ཐལ་འགྱུར་ལ་ཁྱབ་པ་ཡོད་པའི་ཕྱིར། མ་གྲུབ་ན། དེར་ཐལ། སྐད་གཅིག་མ་ཡིན་པར་ཐལ༑ རྟག་དངོས་གང་རུང་ཡིན་པའི་ཕྱིར། ཞེས་པའི་ཐལ་འགྱུར་ལ་ཁྱབ་པ་ཡོད་ན་མི་རྟག་པ་ཡིན་པས་ཁྱབ་པའི་ཕྱིར། མ་གྲུབ་ན། དེར་ཐལ། དེ་འདྲའི་ཐལ་འགྱུར་ལ་ཁྱབ་པ་མེད་པའི་ཕྱིར། རྩ་བར་འདོད་ན། མངོན་སུམ་ཆོས་ཅན། གཟུགས་ཡིན་པར་ཐལ། སྒྲ་ཡིན་པར་ཐལ། བྱས་པ་ཡིན་པར་ཐལ། ཡོད་པ་ཡིན་པའི་ཕྱིར་ཞེས་པའི་ཐལ་འགྱུར་ལ་ཁྱབ་པ་མེད་པའི་ཕྱིར་ཞེས་པའི་ཐལ་འགྱུར་ལ་ཁྱབ་པ་མེད་པའི་ཕྱིར། མ་གྲུབ་ན། དེར་ཐལ། བྱས་པ་ཡིན་པར་ཐལ། ཡོད་པ་ཡིན་པའི་ཕྱིར་ཞེས་པའི་ཐལ་འགྱུར་ལ་ཁྱབ་པ་མེད་ན། སྒྲ་ཡིན་པས་མ་ཁྱབ་པའི་ཕྱིར། གོང་དུ་འདོད་ན། མངོན་སུམ་ཆོས་ཅན། གཟུགས་མ་ཡིན་པར་ཐལ། ཤེས་པ་ཡིན་པའི་ཕྱིར། མ་གྲུབ་ན། དེ་ཆོས་ཅན། དེར་ཐལ། ཚད་མ་ཡིན་པའི་ཕྱིར།

འདི་ནི་འཇམ་དབྱངས་བླ་མ་དེའི། །
རགས་རྩིས་ལ་དགོངས་ཞིབ་རྩིས་ནི། །
ཆོས་ཅན་ཅི་རིགས་ཐོགས་ནས་ནི། །
ཐལ་འགྱུར་དེ་ཡི་སྐབས་ཐོབ་ཀྱི། །

གསལ་བ་མིན་པ་གྲུབ་པའི་ཚེ། །
རྟགས་གསལ་སྦྱར་བའི་ཐལ་འགྱུར་དེའི། །
གསལ་བར་བདག་མེད་སོགས་བཀོད་ན། །
ཡ་ལ་ཁྱབ་ཡོད་ཆ་ལ་མེད། །

ཁ་ཅིག་ན་རེ། རྟག་པ་ཡིན་པར་ཐལ། བདག་མེད་ཡིན་པར་ཐལ། བུམ་པ་ཡིན་པར་ཐལ། གསེར་བུམ་ཡིན་པའི་ཕྱིར་ཞེས་པའི་ཐལ་འགྱུར་ལ་ཁྱབ་པ་ཡོད་པའི་ཕྱིར་ཞེས་པའི་ཐལ་འགྱུར་ལ་ཁྱབ་པ་ཡོད་པའི་ཕྱིར་ཞེས་ཐལ་འགྱུར་ལ་ཁྱབ་པ་ཡོད་ཟེར་ན། ཀ་བ་ཆོས་ཅན། རྟག་པ་ཡིན་པར་ཐལ། བདག་མེད་ཡིན་པར་ཐལ། བུམ་པ་ཡིན་པར་ཐལ། གསེར་བུམ་ཡིན་པའི་ཕྱིར་ཞེས་པའི་ཐལ་འགྱུར་ལ་ཁྱབ་པ་ཡོད་པའི་ཕྱིར་ཞེས་པའི་ཐལ་འགྱུར་ལ་ཁྱབ་པ་ཡོད་པའི་ཕྱིར། མ་གྲུབ་ན། དེར་ཐལ། བུམ་པ་ཡིན་པར་ཐལ། གསེར་བུམ་ཡིན་པའི་ཕྱིར་ཞེས་པའི་ཐལ་འགྱུར་ལ་ཁྱབ་པ་ཡོད་ན། བདག་མེད་ཡིན་པས་ཁྱབ་པའི་ཕྱིར། རྟགས་སླ། རྩ་བར་འདོད་ན། ཀ་བ་ཆོས་ཅན༑ རྟག་པ་མ་ཡིན་པར་ཐལ། དངོས་པོ་ཡིན་པའི་ཕྱིར་ཏེ། ཀ་བ་དང་གཅིག་ཡིན་པའི་ཕྱིར།

རྩ་ཁྱབ་མ་གྲུབ་ཐལ་འགྱུར་ལ། །
ཁྱབ་པ་གྲུབ་དང་མ་གྲུབ་པའི། །
སྐབས་ཐོབ་གསལ་བ་གཙོ་ཆེ་བས། །
ཆ་ཡི་སྒོ་ནས་ངེས་པ་མེད། །

ཁ་ཅིག་ན་རེ། རྟག་དངོས་གཉིས་མ་ཡིན་པར་ཐལ། རྟག་དངོས་གཉིས་དང་འགལ་བ་ཡིན་པར་ཐལ། རྟག་དངོས་གཉིས་དང་མི་འགལ་བ་ཡིན་པར་ཐལ། ཤེས་བྱ་ཡིན་པའི་ཕྱིར་ཞེས་པའི་ཐལ་འགྱུར་ལ་ཁྱབ་པ་ཡོད་པའི་ཕྱིར་ཞེས་པའི་ཐལ་འགྱུར་ལ་ཁྱབ་པ་ཡོད་པའི་ཕྱིར་ཞེས་

པའི་ཐལ་འགྱུར་ལ་ཁྱབ་པ་མེད་པར་ཐལ། བདག་མེད་ཡིན་པའི་ཕྱིར་ཞེས་པའི་ཐལ་འགྱུར་ལ་ཁྱབ་པ་ཡོད་ཟེར་ན། དངོས་པོ་ཆོས་ཅན། དེར་ཐལ། དེའི་ཕྱིར། རྟགས་སྒྲུབ། རྩ་བར་འདོད་ན། དེ་འདྲའི་ཐལ་འགྱུར་ལ་ཁྱབ་པ་ཡོད་པར་ཐལ། རྟག་དངོས་གཉིས་དང་འགལ་བ་ཡིན་པར་ཐལ༑ རྟག་དངོས་གཉིས་དང་མི་འགལ་བ་ཡིན་པར་ཐལ། ཤེས་བྱ་ཡིན་པའི་ཕྱིར་ཞེས་པའི་ཐལ་འགྱུར་ལ་ཁྱབ་པ་ཡོད་པའི་ཕྱིར་ཞེས་པའི་ཐལ་འགྱུར་ལ་ཁྱབ་པ་ཡོད་ན། རྟག་དངོས་གཉིས་མ་ཡིན་པས་ཁྱབ་པའི་ཕྱིར།

ཡོད་ལ་མེད་ཕྱིར་བརྩེགས་པ་དང་། །
མེད་ལ་ཡོད་ཕྱིར་བརྩེགས་པ་ལ། །
ཁྱབ་པ་མེད་ཅེས་གསུངས་ན་ཡང་། །
ཐལ་འགྱུར་ནང་གི་ཁྱད་ཡོད་ལ། །
རྩོད་གཞི་གྲུབ་དང་མི་གྲུབ་དང་། །
རྩོད་གཞི་དགག་གཞི་ཆོས་ཅན་རེ། །
ཐལ་འགྱུར་ནང་གི་དགག་གཞི་ཅན། །
ཆོས་ལ་འབྲུར་དང་མི་འབྲུར་སོགས། །
ཞིབ་པར་སེམས་ནས་སྦྲ་དགོས་སོ། །
འདི་ཡི་ཐལ་འགྱུར་འགོད་ཚུལ་ནི། །
ཕྱིར་སྦྲ་གཅིག་གི་གསལ་བ་གཅིག །
འདྲེན་ཅིང་རྟགས་གསལ་གཅིག་ཚད་ན། །
གཅིག་ཤོས་ལ་ནི་དགོས་ནུས་མེད། །

དཔེར་ན་བྱ་ཤོག་གཅིག་པ་བཞིན། །

ཁ་ཅིག་ན་རེ། དངོས་པོ་ཡིན་པར་ཐལ། རྟག་པ་ཡིན་པར་ཐལ། ཁྱོད་ཁྱོད་དང་གཅིག་ཡིན་པར་ཐལ། གཞི་གྲུབ་པའི་ཕྱིར་ཞེས་པའི་ཐལ་འགྱུར་ལ་ཁྱབ་པ་མེད་པའི་ཕྱིར་ཞེས་པའི་ཐལ་འགྱུར་ལ་ཁྱབ་པ་མེད་པའི་ཕྱིར་ཞེས་པའི་ཐལ་འགྱུར་ལ་ཁྱབ་པ་ཡོད་པར་ཐལ། མཚོན་བྱ་ཡིན་པའི་ཕྱིར་ཞེས་པའི་ཐལ་འགྱུར་ལ་ཁྱབ་པ་ཡོད་ཟེར་ན། བུམ་པ་ཆོས་ཅན། དེར་ཐལ། དེའི་ཕྱིར; རྟགས་སླ། འདོད་ན། དེ་འདྲའི་ཐལ་འགྱུར་ལ་ཁྱབ་པ་མེད་པར་ཐལ། རྟག་པ་ཡིན་པར་ཐལ། བུམ་པ་བུམ་པ་དང་གཅིག་ཡིན་པར་ཐལ། གཞི་གྲུབ་པའི་ཕྱིར་ཞེས་པའི་ཐལ་འགྱུར་ལ་ཁྱབ་པ་མེད་པའི་ཕྱིར་ཞེས་པའི་ཐལ་འགྱུར་ལ་ཁྱབ་པ་མེད་ན། དངོས་པོ་ཡིན་པས་མ་ཁྱབ་པའི་ཕྱིར། མ་གྲུབ་ན། ནམ་མཁའ་ཆོས་ཅན། དངོས་པོ་ཡིན་པར་ཐལ། དེ་འདྲའི་ཐལ་འགྱུར་ལ་ཁྱབ་པ་མེད་པའི་ཕྱིར། མ་གྲུབ་ན། དེར་ཐལ། བུམ་པ་བུམ་པ་དང་གཅིག་ཡིན་པར་ཐལ། གཞི་གྲུབ་པའི་ཕྱིར་ཞེས་པའི་ཐལ་འགྱུར་ལ་ཁྱབ་པ་མེད་ན། རྟག་པ་ཡིན་པས་མ་ཁྱབ་པའི་ཕྱིར། མ་གྲུབ་ན། དེར་ཐལ; གཞི་གྲུབ་ན། བུམ་པ་བུམ་པ་དང་གཅིག་ཡིན་པས་མ་ཁྱབ་པའི་ཕྱིར། མ་གྲུབ་ན། བུམ་པའི་དགག་གཞི་ཆོས་ཅན། བུམ་པ་བུམ་པ་དང་གཅིག་ཡིན་པར་ཐལ། གཞི་གྲུབ་པའི་ཕྱིར། གོང་དུ་འདོད་ན། ནམ་མཁའ་ཆོས་ཅན། དངོས་པོ་མ་ཡིན་པར་ཐལ། རྟག་པ་ཡིན་པའི་ཕྱིར། ཡང་ཀ་བ་ཡོད་པར་ཐལ། བུམ་པ་ཡིན་པར་ཐལ། གཟུགས་ཡིན་པར་ཐལ། དངོས་པོ་ཡིན་པའི་ཕྱིར་ཞེས་པའི་ཐལ་འགྱུར་ལ་ཁྱབ་པ་ཡོད་པའི་ཕྱིར་ཞེས་པའི་ཐལ་འགྱུར་ལ་ཁྱབ་པ་ཡོད་པའི་ཕྱིར་ཞེས་པའི་ཐལ་འགྱུར་ལ་ཁྱབ་པ་ཡོད་པར་ཐལ། ཤེས་བྱ་ཡིན་པའི་ཕྱིར་ཞེས་པའི་ཐལ་འགྱུར་ལ་ཁྱབ་པ་ཡོད་ཟེར་ན། ཀ་བའི་དགག་གཞི་ཆོས་ཅན། ཀ་བ་ཡོད་པར་ཐལ། བུམ་པ་ཡིན་པར་ཐལ; གཟུགས་ཡིན་པར་ཐལ། དངོས་པོ་ཡིན་པའི་ཕྱིར་ཞེས་པའི་ཐལ་འགྱུར་ལ་ཁྱབ་པ་ཡོད་པའི་ཕྱིར་ཞེས་པའི་ཐལ་འགྱུར་ལ་ཁྱབ་པ་ཡོད་པའི་ཕྱིར་རྟགས་སླ། རྩ་བར་འདོད་ན། ཀ་བའི་

དགག་གཞི་ཆོས་ཅན། ཀ་བ་ཡོད་པར་ཐལ། བུམ་པ་ཡིན་པར་ཐལ། གཟུགས་ཡིན་པར་ཐལ། དངོས་པོ་ཡིན་པའི་ཕྱིར་ཞེས་པའི་ཐལ་འགྱུར་ལ་ཁྱབ་པ་ཡོད་པའི་ཕྱིར་ཞེས་པའི་ཐལ་འགྱུར་ལ་ཁྱབ་པ་ཡོད་པའི་ཕྱིར། མ་གྲུབ་ན། དེར་ཐལ། གཟུགས་ཡིན་པར་ཐལ། དངོས་པོ་ཡིན་པའི་ཕྱིར་ཞེས་པའི་ཐལ་འགྱུར་ལ་ཁྱབ་པ་ཡོད་ན། བུམ་པ་ཡིན་པས་ཁྱབ་པའི་ཕྱིར། མ་གྲུབ་ན། དེ་ཆོས་ཅན། དེར་ཐལ། དེ་འདྲའི་ཐལ་འགྱུར་ལ་ཁྱབ་པ་ཡོད་ན། གང་དྲན་དྲན་ཡིན་པས་ཁྱབ་པའི་ཕྱིར། མ་གྲུབ་ན། དེར་ཐལ། དེ་འདྲའི་ཐལ་འགྱུར་ལ་ཁྱབ་པ་མེད་པའི་ཕྱིར། འདོད་ན། ཀ་བའི་དགག་གཞི་ཆོས་ཅན། ཀ་བ་མེད་པར་ཐལ། ཀ་བ་ཚད་མས་མ་དམིགས་པའི་སྒྲོགས་ཡིན་པའི་ཕྱིར།

རང་གི་ལུགས་ལ། རགས་རྫེས་ཀྱི་དབང་དུ་བྱས་ན། རྩ་ཁྱབ་གྲུབ་པའི་ཐལ་འགྱུར་ལ་ཡོད་ཕྱིར་ལ་སོགས་པ་དྲུ་ཞིག་བརྩེགས་ཀྱང་ཆ་ལ་ཁྱབ་པ་ཡོད་ཅིང་ཡ་ལ་ཁྱབ་པ་མེད། མེད་ཕྱིར་མེད་ཕྱིར་ལ་སོགས་པ་དྲུ་ཞིག་བརྩེགས་ཀྱང་ཁྱབ་པ་ཡོད། སྤྱིལ་མར་བརྩེགས་པའི་ཚེ་ཡོད་ཕྱིར་ཁོ་ནས་རྫེས་ནས་ཆ་ལ་ཁྱབ་ཡོད་ཡ་ལ་མེད། རྩ་ཁྱབ་མ་གྲུབ་པའི་ཐལ་འགྱུར་ལ་གོང་ལས་ལྡོག་ཏེ་རྩི་དགོས་ཞེས་གསུངས་ཀྱང་ཞིབ་རྩེས་ཀྱི་དབང་དུ་བྱས་ན། གསལ་ཁོངས་སུ་བདག་མེད་སྦྱོར་བ་དང་། ཁྱོད་སྒྲའི་ནང་དུ་རྩོད་གཞི་རྒྱུག་པ་དང་ཆོས་ཅན་དགག་གཞི་ཅན་དང་གསལ་ཁོངས་སུ་དགག་གཞི་སྦྱོར་བ་སོགས་ཡོད་ན་སྔ་མ་བཞིན་དུ་མ་ངེས་པར་ཤེས་པར་བྱའོ། །

དེ་དག་གིས་ནི་དབང་པོ་འབྲིང་གི་རིགས་ལམ་གྱི་རྣམ་གཞག་བསྡུས་པའི་ཚུལ་གྱིས་བཤད་ཟིན་ཏོ།། །།

སྐྱོའི་གསུམ་པ། རིགས་ལམ་ཆེ་བའི་རྣམ་གཞག་བཤད་པ།

གཅིག ཁྱབ་པ་ཤན་འབྱེད་ཀྱི་རྣམ་གཞག་བཤད་པ།

སྐྱོའི་གསུམ་པ་དབང་པོ་རབ་ལ་རིགས་ལམ་ཆེ་བའི་རྣམ་གཞག་རྣམས་སྟར་བཞིན་སྟོམ་ཚིག་དང་སྦྱར་ནས་བཤད་པ་ལ། ཁྱབ་པ་ཤན་འབྱེད་ཀྱི་རྣམ་གཞག་བཤད་པ། བརྗོ་ཚུལ་འཁོར་ལོའི་རྣམ་གཞག་བཤད་པ། ཐལ་ཕྱིར་མའི་རྣམ་གཞག་བཤད་པ། གང་ཞིག་མགོ་ཁྱུར་གྱི་རྣམ་གཞག་བཤད་པ། དགག་གཞི་བརྗོ་ཚུལ་གྱི་རྣམ་གཞག་བཤད་པ། དགག་པ་འཁོར་ཚུལ་གྱི་རྣམ་གཞག་བཤད་པ་དང་དྲུག་ལས། དང་པོ་ཁྱབ་པ་ཤན་འབྱེད་ཀྱི་རྣམ་གཞག་བཤད་པ་ནི།

བཙུ་པ་ཁྱབ་པ་བཀོད་པ་ལ།

རགས་རྗེས་ཞིབ་རྗེས་རྣམ་པ་གཉིས།

ཕྱི་མ་གོང་མཚུངས་རིགས་པས་དཔྱད། །

ཁ་ཅིག་ན་རེ། གཞི་གྲུབ་ན། གཞལ་བྱ་ཡིན་ན། ཆོས་ཡིན་ན། ཁྱོད་ཁྱོད་དང་གཅིག་ཡིན་པས་ཁྱབ་པ་ཡོད་པས་ཁྱབ་པ་ཡོད་པས་ཁྱབ་པ་ཡོད་པར་ཐལ། ཡོད་པ་ཡིན་ན། རྟག་དངོས་གང་རུང་ཡིན་ན། ཁྱོད་ཁྱོད་དང་གཅིག་ཡིན་ན། ཀ་བ་ཡོད་པས་ཁྱབ་པ་ཡོད་པས་ཁྱབ་པ་ཡོད་པས་ཁྱབ་པའི་ཕྱིར་ཞེས་པའི་ཐལ་འགྱུར་ལ་ཁྱབ་པ་ཡོད་ཟེར་ན། ཀ་བ་ཆོས་ཅན། གཞི་གྲུབ་ན། གཞལ་བྱ་ཡིན་ན། ཆོས་ཡིན་ན། ཁྱོད་ཁྱོད་དང་གཅིག་ཡིན་པས་ཁྱབ་པ་ཡོད་པས་ཁྱབ་པ་ཡོད་པས་ཁྱབ་པ་ཡོད་པར་ཐལ། ཡོད་པ་ཡིན་ན། རྟག་དངོས་གང་རུང་ཡིན་ན། ཀ་བ་ཀ་བ་དང་གཅིག་ཡིན་ན། ཀ་བ་ཡོད་པས་ཁྱབ་པ་ཡོད་པས་ཁྱབ་པ་ཡོད་པས་ཁྱབ་པའི་ཕྱིར། མ་གྲུབ་ན། ཡོད་པ་ཡིན་ན། རྟག་དངོས་གང་རུང་ཡིན་ན། ཀ་བ་ཀ་བ་དང་གཅིག་ཡིན་པས་ཁྱབ་པ་ཡོད་པས་ཁྱབ་པ་ཡོད་པས་ཁྱབ་པར་ཐལ། རྟག་དངོས་གང་རུང་ཡིན་ན། ཀ་བ་ཀ་བ་དང་གཅིག་ཡིན་ན།

ཀ་བ་ཡོད་པས་ཁྱབ་པ་ཡོད་པས་ཁྱབ་པའི་ཕྱིར། མ་གྲུབ་ན། དེར་ཐལ། ཀ་བ་ཀ་བ་དང་གཅིག་ཡིན་ན། ཀ་བ་ཡོད་པས་ཁྱབ་པ་ཡོད་པས་ཁྱབ་པའི་ཕྱིར། རྩ་བར་འདོད་ན། ཀ་བ་ཆོས་ཅན། དེ་འདྲའི་ཐལ་འགྱུར་ལ་ཁྱབ་པ་མེད་པར་ཐལ། གཞི་གྲུབ་ན། གཞལ་བྱ་ཡིན་ན། ཆོས་ཡིན་ན། ཀ་བ་ཀ་བ་དང་གཅིག་ཡིན་པས་ཁྱབ་པ་ཡོད་པས་ཁྱབ་པ་ཡོད་པས་མ་ཁྱབ་པའི་ཕྱིར། མ་གྲུབ་ན། རྟག་པ་ཆོས་ཅན། གཞལ་བྱ་ཡིན་ན། ཆོས་ཡིན་ན། ཀ་བ་ཀ་བ་དང་གཅིག་ཡིན་པས་ཁྱབ་པ་ཡོད་པར་ཐལ། གཞི་གྲུབ་པའི་ཕྱིར། རྟགས་སླ། འདོད་ན། མི་འཇིག་པ་ཆོས་ཅན། ཆོས་ཡིན་ན། ཀ་བ་ཀ་བ་དང་གཅིག་ཡིན་པས་ཁྱབ་པ་ཡོད་ཐལ། གཞལ་བྱ་ཡིན་པའི་ཕྱིར། ཁྱབ་པ་ཁས། འདོད་ན། ཀ་བའི་དགག་གཞི་ཆོས་ཅན། ཀ་བ་ཀ་བ་དང་གཅིག་ཡིན་པར་ཐལ། ཆོས་ཡིན་པའི་ཕྱིར། འདོད་ན། ཀ་བ་ཆོས་ཅན། ཁྱོད་ཀྱི་དགག་གཞི་ན་ཁྱོད་ཡོད་པར་ཐལ། ཁྱོད་ཀྱི་དགག་གཞི་ན་ཁྱོད་ཁྱོད་དང་གཅིག་ཡིན་པའི་ཕྱིར། འདོད་ན་སླ།

དང་པོ་རྩ་ཁྱབ་ཡོད་པའི་ཐོག །
ཡོད་ཁྱབ་ཡོད་ཁྱབ་ལ་སོགས་པ། །
དུ་ཞིག་བརྩེགས་ཀྱང་ཁྱབ་པ་ཡོད།
མེད་ཁྱབ་མེད་ཁྱབ་ལ་སོགས་པ། །
དུ་ཞིག་བརྩེགས་པའི་ཚེ་ན་ཡང་།
ཆ་ལ་ཁྱབ་ཡོད་ཡ་ལ་མེད། །

ཁ་ཅིག་ན་རེ། དངོས་པོ་ཡིན་ན། དངོས་པོའི་བྱེ་བྲག་ཡིན་ན། དངོས་པོ་དང་མི་འགལ་བ་ཡིན་ན། དངོས་པོའི་སྤྱི་ཡིན་ན། སྒྲུབ་པ་ཡིན་པས་ཁྱབ་པ་མེད་པས་ཁྱབ་པ་མེད་པས་ཁྱབ་པ་མེད་པས་ཁྱབ་པ་ཡོད་པར་ཐལ། རྟག་པ་ཡིན་ན། རྟག་པའི་སྤྱི་ཡིན་ན། རྟག་པ་དང་འགལ་

བ་ཡིན་ན། བྱེ་བྲག་ཡིན་པས་ཁྱབ་པ་ཡོད་པས་ཁྱབ་པ་ཡོད་པས་ཁྱབ་པ་ཡོད་པའི་ཕྱིར་ཞེས་པའི་ཐལ་འགྱུར་ལ་ཁྱབ་པ་ཡོད་ཟེར་ན། ཤེས་བྱ་ཆོས་ཅན། དེར་ཐལ། དེའི་ཕྱིར། མ་གྲུབ་ན། དེ་ཆོས་ཅན། དེར་ཐལ། རྟག་པ་ཡིན་ན། རྟག་པའི་སྤྱི་ཡིན་ན། རྟག་པ་དང་འགལ་བ་ཡིན་ན། བྱེ་བྲག་ཡིན་པས་ཁྱབ་པ་ཡོད་པས་ཁྱབ་པའི་ཕྱིར། མ་གྲུབ་ན། དེར་ཐལ། རྟག་པའི་སྤྱི་ཡིན་ན། རྟག་པ་དང་འགལ་བ་ཡིན་ན། བྱེ་བྲག་ཡིན་པས་ཁྱབ་པ་ཡོད་པས་ཁྱབ་པ་ཡོད་པས་ཁྱབ་པའི་ཕྱིར། མ་གྲུབ་ན། དེར་ཐལ། རྟག་པ་དང་འགལ་བ་ཡིན་ན། བྱེ་བྲག་ཡིན་པས་ཁྱབ་པའི་ཕྱིར། འདོད་ན། སྒྲ་ཆོས་ཅན། དངོས་པོའི་བྱེ་བྲག་ཡིན་ན། དངོས་པོ་དང་མི་འགལ་བ་ཡིན་ན། དངོས་པོའི་སྤྱི་ཡིན་ན། སྒྲུབ་པ་ཡིན་པས་ཁྱབ་པ་མེད་པས་ཁྱབ་པ་མེད་པས་ཁྱབ་པ་མེད་པར་ཐལ། དངོས་པོ་ཡིན་པའི་ཕྱིར། ཁྱབ་པ་ཁས། རྟགས་སྒྲ། རྩ་བར་འདོད་ན། སྒྲ་ཆོས་ཅན། དངོས་པོའི་བྱེ་བྲག་ཡིན་ན། དངོས་པོ་དང་མི་འགལ་བ་ཡིན་ན། དངོས་པོའི་སྤྱི་ཡིན་ན། སྒྲུབ་པ་ཡིན་པས་ཁྱབ་པ་མེད་པས་ཁྱབ་པ་མེད་པས་ཁྱབ་པ་ཡོད་པར་ཐལ། དངོས་པོའི་བྱེ་བྲག་ཡིན་ན། དངོས་པོ་དང་མི་འགལ་བ་ཡིན་ན། དངོས་པོའི་སྤྱི་ཡིན་ན། སྒྲུབ་པ་ཡིན་པས་ཁྱབ་པ་མེད་པས་ཁྱབ་པ་མེད་པས་ཁྱབ་པའི་ཕྱིར། མ་གྲུབ་ན། དེར་ཐལ། དངོས་པོ་དང་མི་འགལ་བ་ཡིན་ན། དངོས་པོའི་སྤྱི་ཡིན་ན། སྒྲུབ་པ་ཡིན་པས་ཁྱབ་པ་མེད་པས་ཁྱབ་པའི་ཕྱིར། མ་གྲུབ་ན། དེར་ཐལ། དངོས་པོའི་སྤྱི་ཡིན་ན། སྒྲུབ་པ་ཡིན་པས་མ་ཁྱབ་པའི་ཕྱིར།

ཡོད་ཁྱབ་མེད་ཁྱབ་སྤྱེལ་བའི་ཚེ། །
ཡོད་ཁྱབ་བཏང་སྙོམས་ཉིད་དུ་བཞག །
མེད་ཁྱབ་ཕོ་ན་རྩིས་ནས་ནི། །
ཆ་ལ་ཁྱབ་ཡོད་ཡ་ལ་མེད། །

ཁྱབ་པ་མེད་པའི་ཁྱབ་པ་ལ། །
ཡོད་ཁྱབ་ཡོད་ཁྱབ་དུ་བརྩེགས་ཀྱང་། །
ཐམས་ཅད་མེད་པ་ཉིད་དུ་འགྱུར། །

ཁ་ཅིག་ན་རེ། རྟག་དངོས་གཉིས་དང་གཅིག་ཡིན་ན། རྟག་དངོས་གཉིས་དང་ཐ་མི་དད་ཡིན་ན། རྟག་དངོས་གཉིས་དང་མི་འགལ་བ་ཡིན་ན། གཞི་གྲུབ་པས་ཁྱབ་པ་ཡོད་པས་ཁྱབ་པ་ཡོད་པས་ཁྱབ་པ་ཡོད་པས་ཁྱབ་པ་ཡོད་པར་ཐལ། སྐྱབ་པ་ཡིན་ན། སྐྱབ་པ་དང་ཐ་དད་ཡིན་ན། སྐྱབ་པ་དང་འགལ་བ་ཡིན་ན། སྐྱབ་པ་དང་ཐ་མི་དད་ཡིན་ན། སྐྱབ་པ་དང་གཅིག་ཡིན་ན། དགག་པ་དང་འགལ་བ་ཡིན་པས་ཁྱབ་པ་ཡོད་པས་ཁྱབ་པ་མེད་པས་ཁྱབ་པ་ཡོད་པས་ཁྱབ་པ་མེད་པས་ཁྱབ་པ་ཡོད་པའི་ཕྱིར། ཞེས་པའི་ཐལ་འགྱུར་ལ་ཁྱབ་པ་ཡོད་ཟེར་ན། དངོས་པོ་ཆོས་ཅན། དེར་ཐལ། དེའི་ཕྱིར། མ་གྲུབ་ན། དེ་ཆོས་ཅན། དེར་ཐལ། སྐྱབ་པ་ཡིན་ན། སྐྱབ་པ་དང་ཐ་དད་ཡིན་ན། སྐྱབ་པ་དང་འགལ་བ་ཡིན་ན། སྐྱབ་པ་དང་ཐ་མི་དད་ཡིན་ན། སྐྱབ་པ་དང་གཅིག་ཡིན་ན། དགག་པ་དང་འགལ་བ་ཡིན་པས་ཁྱབ་པ་ཡོད་པས་ཁྱབ་པ་ཁྱབ་པ་མེད་པས་ཁྱབ་པ་ཡོད་པས་ཁྱབ་པ་མེད་པས་ཁྱབ་པའི་ཕྱིར། མ་གྲུབ་ན། དེར་ཐལ། སྐྱབ་པ་དང་འགལ་བ་ཡིན་ན། སྐྱབ་པ་དང་ཐ་མི་དད་ཡིན་ན། སྐྱབ་པ་དང་གཅིག་ཡིན་ན། དགག་པ་དང་འགལ་བ་ཡིན་པས་ཁྱབ་པ་མེད་པས་ཁྱབ་པ་ཡོད་པས་མ་ཁྱབ་པའི་ཕྱིར། མ་གྲུབ་ན། དེར་ཐལ། སྐྱབ་པ་དང་ཐ་མི་དད་ཡིན་ན། སྐྱབ་པ་དང་གཅིག་ཡིན་ན། དགག་པ་དང་འགལ་བ་ཡིན་པས་ཁྱབ་པ་ཡོད་པས་ཁྱབ་པ་མེད་པས་མ་ཁྱབ་པའི་ཕྱིར། མ་གྲུབ་ན། དེར་ཐལ། སྐྱབ་པ་དང་གཅིག་ཡིན་ན། དགག་པ་དང་འགལ་བ་ཡིན་པས་ཁྱབ་པ་ཡོད་པའི་ཕྱིར། རྩ་བར་འདོད་ན། རྟག་པ་ཆོས་ཅན། རྟག་དངོས་གཉིས་དང་གཅིག་ཡིན་ན། རྟག་དངོས་གཉིས་དང་ཐ་མི་དད་ཡིན་ན། རྟག་དངོས་གཉིས་དང་མི་འགལ་བ་ཡིན་ན། གཞི་གྲུབ་པས་ཁྱབ་པ་ཡོད་པས་ཁྱབ་པ་ཡོད་པས

ཁྱབ་པ་མེད་པར་ཐལ། རྟག་དངོས་གཉིས་དང་གཅིག་ཡིན་ན། རྟག་དངོས་གཉིས་དང་ཐ་མི་དད་ཡིན་ན། རྟག་དངོས་གཉིས་དང་མི་འགལ་བ་ཡིན་ན། གཞི་གྲུབ་པས་ཁྱབ་པ་ཡོད་པས་ཁྱབ་པ་ཡོད་པས་མ་ཁྱབ་པའི་ཕྱིར། མ་གྲུབ་ན། དེར་ཐལ། རྟག་དངོས་གཉིས་དང་ཐ་མི་དད་ཡིན་ན༑ རྟག་དངོས་གཉིས་དང་མི་འགལ་བ་ཡིན་ན། གཞི་གྲུབ་པས་ཁྱབ་པ་ཡོད་པས་མ་ཁྱབ་པའི་ཕྱིར། མ་གྲུབ་ན། དེར་ཐལ། རྟག་དངོས་གཉིས་དང་མི་འགལ་བ་ཡིན་ན། གཞི་གྲུབ་པས་ཁྱབ་པ་མེད་པའི་ཕྱིར། རྟགས་སླ།

མེད་ཁྱབ་དུ་མ་བརྩེགས་ན་ཡང་། །

ཡ་ལ་ཁྱབ་ཡོད་ཆ་ལ་མེད། །

ཡོད་ཁྱབ་མེད་ཁྱབ་སྤེལ་བའི་ཚེ། །

བརྩི་ཚུལ་སྔ་མ་ཇི་བཞིན་དུ། །

ཞེ་འདོད་སྟེར་ལས་ཟློག་ཏེ་སློས། །

ཁ་ཅིག་ན་རེ། མཚན་ཉིད་དང་ཐ་དད་ཡིན་ན། མཚན་ཉིད་དང་འགལ་བ་ཡིན་ན། མཚན་ཉིད་ཀྱི་སྤྱི་ཡིན་ན། མཚོན་བྱ་ཡིན་པས་ཁྱབ་པ་མེད་པས་ཁྱབ་པ་མེད་པས་ཁྱབ་པ་ཡོད་པར་ཐལ། མཚོན་བྱ་དང་ཐ་མི་དད་ཡིན་ན། མཚོན་བྱ་དང་མི་འགལ་བ་ཡིན་ན། མཚན་ཉིད་ཡིན་པས་ཁྱབ་པ་མེད་པས་ཁྱབ་པ་ཡོད་པའི་ཕྱིར། ཞེས་པའི་ཐལ་འགྱུར་ལ་ཁྱབ་པ་ཡོད་ཟེར་ན། གཟུགས་ཆོས་ཅན། དེར་ཐལ། དེའི་ཕྱིར། མ་གྲུབ་ན། དེ་ཆོས་ཅན། དེར་ཐལ། མཚོན་བྱ་དང་ཐ་མི་དད་ཡིན་ན། མཚོན་བྱ་དང་མི་འགལ་བ་ཡིན་ན། མཚན་ཉིད་ཡིན་པས་ཁྱབ་པ་མེད་པས་ཁྱབ་པའི་ཕྱིར། མ་གྲུབ་ན། དེར་ཐལ། མཚོན་བྱ་དང་མི་འགལ་བ་ཡིན་ན། མཚན་ཉིད་ཡིན་པས་ཁྱབ་པ་མེད་པའི་ཕྱིར། རྟགས་སླ། རྩ་བར་འདོད་ན། བུམ་པ་ཆོས་ཅན། མཚན་ཉིད་དང་ཐ་དད་ཡིན་ན་ཞེས

སོགས་ཀྱི་ཁྱབ་པ་མེད་པར་ཐལ། མཚན་ཉིད་དང་ཐ་དད་ཡིན་ན། མཚན་ཉིད་དང་འགལ་བ་ཡིན་ན། མཚན་ཉིད་ཀྱི་སྤྱི་ཡིན་ན། མཚོན་བྱ་ཡིན་པས་ཁྱབ་པ་མེད་པས་ཁྱབ་པ་མེད་པས་མ་ཁྱབ་པའི་ཕྱིར། མ་གྲུབ་ན། དེར་ཐལ། མཚན་ཉིད་དང་འགལ་བ་ཡིན་ན། མཚན་ཉིད་ཀྱི་སྤྱི་ཡིན་ན། མཚོན་བྱ་ཡིན་པས་ཁྱབ་པ་མེད་པས་ཁྱབ་པ་ཡོད་པའི་ཕྱིར། མ་གྲུབ་ན། དེར་ཐལ། མཚན་ཉིད་ཀྱི་སྤྱི་ཡིན་ན། མཚོན་བྱ་ཡིན་པས་མ་ཁྱབ་པའི་ཕྱིར། རྟགས་སླ།

རང་གི་ལུགས་ལ། རགས་རྩིས་ཀྱི་དབང་དུ་བྱས་ན། རྩ་ཁྱབ་ཡོད་པའི་ཐལ་འགྱུར་ཐོག་ཡོད་ཁྱབ་ཡོད་ཁྱབ་ལ་སོགས་པ་དུ་ཞིག་བརྩེགས་ཀྱང་ཁྱབ་པ་ཡོད་ཅིང་། རྩ་ཁྱབ་མ་གྲུབ་པའི་ཚེ་ཁྱབ་པ་མེད་པ་སོགས་གསུངས་ཀྱང་ཞིབ་རྩིས་ཀྱི་དབང་དུ་བྱས་ན་ཁྱོད་བཞག་ནང་དུ་ཆོས་ཅན་ཚང་བ་དང་དགག་གཞིའི་ནུས་པ་སོགས་ཀྱིས་མ་ངེས་སོ། །

གཉིས། བརྩེ་རྩུལ་དགུའི་འཁོར་ལོའི་རྣམ་གཞག་བཤད་པ།

གཉིས་པ་བརྩེ་རྩུལ་འཁོར་ལོའི་རྣམ་གཞག་བཤད་པ་ནི།

བཅུ་གཅིག་བརྩེ་རྩུལ་སྐོར་དགུ་ལ། །
ཆོས་ཅན་ སྔ་ཚན་སྐོར་གསུམ་དང་། །
བར་ཚན་སྐོར་གསུམ་ཕྱི་ཚན་གསུམ། །
བཅས་པ་དགུ་པོ་ཐམས་ཅད་ཀྱང་། །
གསལ་བར་སྦྱར་ནས་འཆད་དགོས་པས། །
སྔ་ཚན་དང་པོའི་སྡོམ་ཚིག་ནི། །
ཆོས་ཅན་དང་པོ་རྩོད་གཞི་ཡིན། །
དེ་ནས་ཐལ་སྒྲ་སྔ་མའི་བར། །

གསལ་བའི་ཡོན་ཏན་ཉིད་ལ་སྦྱར། །
དེ་ནས་རྟགས་ཁོང་དང་པོའི་བར། །
ཆོས་ཅན་ལ་སོགས་དུ་ཡོད་ཀྱང་། །
རྟགས་ཀྱི་ཡོན་ཏན་ཉིད་ལ་སྦྱར། །

དངོས་པོ་ཆོས་ཅན། རང་མཚན་ཆོས་ཅན། རྫས་གྲུབ་ཆོས་ཅན། ཁྱོད་རྒྱུ་ཡིན་པར་ཐལ། ཁྱོད་འབྲས་བུ་ཡིན་པར་ཐལ། ཁྱོད་དོན་བྱེད་ནུས་པ་ཡིན་པར་ཐལ། ཁྱོད་དོན་དམ་བདེན་པ་ཡིན་པའི་ཕྱིར། ཞེས་པའི་ཐལ་འགྱུར་ལ་ཆོས་ཅན་སྔ་ཚན་དང་གསལ་བ་སྔ་ཚན་གྱི་དབང་དུ་བྱས་ནས་གསལ་བ་ལ་འདོད་ལན་བཏབ་པས་རང་མཚན་ཆོས་ཅན། རྫས་གྲུབ་ཆོས་ཅན། དངོས་པོ་རྒྱུ་ཡིན་པ་འདོད་ཅེས་བཟྒེ། རྟགས་ལ་རྟགས་མ་གྲུབ་ཀྱི་ལན་བཏབ་པས་དངོས་པོ་འབྲས་བུ་ཡིན་པར་ཐལ། དངོས་པོ་དོན་བྱེད་ནུས་པ་ཡིན་པར་ཐལ། དངོས་པོ་དོན་དམ་བདེན་པ་ཡིན་པ་རྟགས་མ་གྲུབ་ཅེས་བཟྒེ། མ་ཁྱབ་ལ། ཁྱོད་འབྲས་བུ་ཡིན་པར་ཐལ། ཁྱོད་དོན་བྱེད་ནུས་པ་ཡིན་པར་ཐལ། ཁྱོད་དོན་དམ་བདེན་པ་ཡིན་ན། རང་མཚན་ཆོས་ཅན། རྫས་གྲུབ་ཆོས་ཅན། ཁྱོད་རྒྱུ་ཡིན་པས་མ་ཁྱབ་ཅེས་བཟྒེ།

རྩོད་གཞི་དང་པོར་དགག་གཞི་ཁུར། །
གསལ་ཁོངས་དང་པོར་དགག་གཞི་ཅན། །
ཆོས་ལ་སོགས་ལ་སྦྱར་བའི་ཚེ། །
རྩོད་གཞི་གསལ་ཁོངས་དང་པོར་སློག
རྟགས་ཁོངས་དང་པོ་ལ་ཡང་མཚུངས། །
དེ་ནས་ཕྱིར་སློའི་བར་དུ་ཡང་། །

རྩོད་གཞི་རྒྱུག་པའི་ནུས་པ་མེད། །

བུམ་པའི་དགག་གཞི་ཆོས་ཅན། གསེར་བུམ་ཆོས་ཅན། བུམ་པ་ཡོད་པར་ཐལ། བུམ་པ་དང་ཕན་ཚུན་ཐ་དད་ཡིན་པར་ཐལ། བུམ་པ་དང་ཐ་དད་ཡིན་པ་གང་ཞིག །གཞི་གྲུབ་པའི་ཕྱིར་ཞེས་པའི་ཐལ་འགྱུར་ལ་ཆོས་ཅན་སྔ་ཚན་དང་གསལ་བ་སྔ་ཚན་གྱི་དབང་དུ་བྱས་ནས་འདོད་ལན་བཏབ་པས་གསེར་བུམ་ཆོས་ཅན། བུམ་པའི་དགག་གཞིར་བུམ་པ་ཡོད་པ་འདོད་ཅེས་བརྩི། རྟགས་ལ་བུམ་པའི་དགག་གཞི་བུམ་པ་དང་ཕན་ཚུན་ཐ་དད་ཡིན་པར་ཐལ། བུམ་པའི་དགག་གཞི་བུམ་པ་དང་ཐ་དད་ཡིན་པ་གང་ཞིག །གཞི་གྲུབ་པ་རྟགས་མ་གྲུབ་ཅེས་བརྩི། ཁྱབ་མེད་ལ་བུམ་པ་དང་ཕན་ཚུན་ཐ་དད་ཡིན་པར་ཐལ། བུམ་པ་དང་ཐ་དད་ཡིན་པ་གང་ཞིག །གཞི་གྲུབ་ན། གསེར་བུམ་ཆོས་ཅན། བུམ་པ་ཡོད་པས་མ་ཁྱབ་ཅེས་བརྩི།

རྩོད་གཞི་ཆོས་ཅན་དགག་གཞི་ཁུར། །
གསལ་ཁོངས་དང་པོར་དྲུག་སྒྲ་སྦྱར། །
རྩོད་གཞི་རྒྱུག་པའི་ནུས་པ་ཡོད། །
དེ་ནས་གསལ་བའི་མཐའ་བརྟེན་པ། །
དྲུག་སྒྲ་མང་ཉུང་དུ་བརྩིགས་ཀྱང་། །
དྲུག་སྒྲ་རྒྱུག་པའི་ནུས་པ་མེད། །
དེ་བཞིན་རྟགས་ལ་རིགས་འགྲེ་གྱིས། །

ཀ་བའི་དགག་གཞི་ཆོས་ཅན། ཀ་བར་རྟོགས་པའི་ཚད་མ་མེད་པར་ཐལ། ཀ་བར་རྟོགས་པའི་ཚད་མ་ཡོད་པར་ཐལ། ཀ་བར་རྟོགས་པའི་རྣམ་མཁྱེན་ཡོད་པ་གང་ཞིག །ཤེས་བྱ་ཡིན་པའི་ཕྱིར་ཞེས་པའི་ཐལ་འགྱུར་ལ་ཆོས་ཅན་སྔ་ཚན་དང་གསལ་བ་སྔ་ཚན་གྱི་དབང་དུ་བྱས་ནས་གསལ་

བ་ལ་འདོད་ལན་བཏབ་པས་ཀ་བའི་དགག་གཞི་ཀ་བའི་དགག་གཞིར་ཀ་བར་རྟོགས་པའི་ཚད་མ་མེད་པ་འདོད་ཅེས་བཏྒེ། རྟགས་ལ་ཀ་བའི་དགག་གཞིར་ཀ་བར་རྟོགས་པའི་ཚད་མ་ཡོད་པར་ཐལ༑ ཀ་བར་རྟོགས་པའི་རྣམ་མཁྱེན་ཡོད་པ་གང་ཞིག །ཀ་བའི་དགག་གཞི་ཤེས་བྱ་ཡིན་པ་རྟགས་གྲུབ་ཅེས་བཏྒེ། ཁྱབ་མེད་ལ། ཀ་བར་རྟོགས་པའི་ཚད་མ་ཡོད་པར་ཐལ། ཀ་བར་རྟོགས་པའི་རྣམ་མཁྱེན་ཡོད་པ་གང་ཞིག །ཤེས་བྱ་ཡིན་ན། ཀ་བར་རྟོགས་པའི་ཚད་མ་མེད་པས་མ་ཁྱབ་ཅེས་བཏྒེ།

རྟགས་གསལ་ནང་གི་ཁྱབ་པ་ཡི། །
ཁྱོད་བཞག་རེ་ལ་རྟོད་གཞི་རེ། །
སྐྱེགས་པ་ཆོས་ཅན་ནུས་པ་ཡིན། །
ཐལ་འགྱུར་མ་ལ་ཆོས་ཅན་སྦྱོངས། །

རྟག་པ་ཆོས་ཅན། ཁྱོད་ཁྱོད་ཀྱི་ལྡོག་པ་ཡིན་པར་ཐལ། ཁྱོད་གཞི་གྲུབ་པའི་ཕྱིར་ཞེས་པའི་ཐལ་འགྱུར་གྱི་གསལ་བ་ལ་འདོད་ལན་བཏབ་པས། རྟག་པ་རྟག་པའི་ལྡོག་པ་ཡིན་པ་འདོད་ཅེས་བཏྒེ། རྟགས་ལ་རྟག་པ་གཞི་གྲུབ་པ་རྟགས་མ་གྲུབ་ཅེས་བཏྒེ། ཁྱབ་མེད་ལ། ཁྱོད་གཞི་གྲུབ་ན། ཁྱོད་ཁྱོད་ཀྱི་ལྡོག་པ་ཡིན་པས་མ་ཁྱབ་ཅེས་བཏྒེ། དངོས་པོ་ཆོས་ཅན། ཁྱོད་ཁྱོད་དང་གཅིག་ཡིན་པར་ཐལ། གཞི་གྲུབ་པའི་ཕྱིར་ཞེས་པའི་ཐལ་འགྱུར་ལ་ཁྱབ་པ་ཡོད་པར་ཐལ། བདག་མེད་ཡིན་པའི་ཕྱིར་ཞེས་པའི་ཐལ་འགྱུར་གྱི་གསལ་བ་ལ་འདོད་ལན་བཏབ་པས་ཁྱོད་སྐྲའི་ནང་དུ་རྟོད་གཞི་སྤྲངས་ནས་ཁྱོད་ཁྱོད་དང་གཅིག་ཡིན་པར་ཐལ། གཞི་གྲུབ་པའི་ཕྱིར་ཞེས་པའི་ཐལ་འགྱུར་ལ་ཁྱབ་པ་ཡོད་པ་འདོད་ཅེས་བཏྒེ།

སྣ་ཚན་བར་མའི་སྡོམ་ཚིག་ནི། །
ཆོས་ཅན་དང་པོ་རྩོད་གཞི་ཡིན། །
དེ་ནས་ཐལ་སྒྲ་བར་པའི་བར། །
གསལ་བའི་ཡོན་ཏན་ཉིད་ལ་སྦྱར། །
ལྷག་མ་རྟགས་ལ་སྦྱར་བ་ཡིན། །

རྟག་པ་ཆོས་ཅན། སྤྱི་མཚན་ཆོས་ཅན། དངོས་མེད་ཆོས་ཅན། ཁྱོད་འདུས་མ་བྱས་ཡིན་པར་ཐལ། ཁྱོད་མི་འཇིག་པ་ཡིན་པར་ཐལ། ཁྱོད་དོན་བྱེད་ནུས་སྟོང་ཡིན་པར་ཐལ། ཁྱོད་མ་སྐྱེས་པ་ཡིན་པའི་ཕྱིར་ཞེས་པའི་ཐལ་འགྱུར་ལ་ཆོས་ཅན་སྣ་ཚན་དང་གསལ་བ་བར་ཚན་གྱི་དབང་དུ་བྱས་ནས་འདོད་ལན་བཏབ་པས་སྤྱི་མཚན་ཆོས་ཅན། དངོས་མེད་ཆོས་ཅན། རྟག་པ་འདུས་མ་བྱས་ཡིན་པར་ཐལ། རྟག་པ་མི་འཇིག་པ་ཡིན་པ་འདོད་ཅེས་བརྗེ། རྟགས་ལ། རྟག་པ་དོན་བྱེད་ནུས་སྟོང་ཡིན་པར་ཐལ། རྟག་པ་མ་སྐྱེས་པ་ཡིན་པ་རྟགས་མ་གྲུབ་ཅེས་བརྗེ། ཁྱབ་མེད་ལ་ཁྱོད་དོན་བྱེད་ནུས་སྟོང་ཡིན་པར་ཐལ། ཁྱོད་མ་སྐྱེས་པ་ཡིན་ན། སྤྱི་མཚན་ཆོས་ཅན། དངོས་མེད་ཆོས་ཅན། ཁྱོད་འདུས་མ་བྱས་ཡིན་པར་ཐལ། ཁྱོད་མི་འཇིག་པ་ཡིན་པས་མ་ཁྱབ་ཅེས་བརྗེ།

སྣ་ཚན་ཕྱི་མའི་སྡོམ་ཚིག་ནི། །
ཆོས་ཅན་དང་པོ་རྩོད་གཞི་ཡིན། །
དེ་ནས་ཐལ་སྒྲ་ཕྱི་མའི་བར། །
བསྡོམ་པ་གསལ་བ་ཡིན་ཞེས་གསུངས། །

མཚན་ཉིད་ཆོས་ཅན། མཚོན་བྱ་ཆོས་ཅན། མཚན་གཞི་ཆོས་ཅན། ཁྱོད་ཀྱི་སྤྱི་ཡོད་པར་ཐལ། ཁྱོད་ཀྱི་བྱེ་བྲག་ཡོད་པར་ཐལ། ཁྱོད་ཀྱི་ཡིན་པ་ཡོད་པར་ཐལ། ཁྱོད་ཀྱི་རིགས་སྤྱི་ཡོད་པའི་ཕྱིར་

ཞེས་པའི་ཐལ་འགྱུར་ལ་ཆོས་ཅན་སྔ་ཚན་དང་གསལ་བ་ཕྱི་ཚན་གྱི་དབང་དུ་བྱས་ནས་འདོད་ལན་བཏབ་པས། མཚོན་བྱ་ཆོས་ཅན། མཚན་གཞི་ཆོས་ཅན། མཚན་ཉིད་ཀྱི་སྤྱི་ཡོད་པར་ཐལ། མཚན་ཉིད་ཀྱི་བྱེ་བྲག་ཡོད་པར་ཐལ། མཚན་ཉིད་ཀྱི་ཡིན་པར་ཡོད་པ་འདོད་ཅེས་བརྗེ། རྟགས་ལ་མཚན་ཉིད་ཀྱི་རིགས་སྤྱི་ཡོད་པ་རྟགས་མ་གྲུབ་ཅེས་བརྗེ། ཁྱབ་མེད་ལ་ཁྱོད་ཀྱི་རིགས་སྤྱི་ཡོད་ན། མཚོན་བྱ་ཆོས་ཅན། མཚན་གཞི་ཆོས་ན། ཁྱོད་ཀྱི་སྤྱི་ཡོད་པར་ཐལ། ཁྱོད་ཀྱི་བྱེ་བྲག་ཡོད་པར་ཐལ། ཁྱོད་ཀྱི་ཡིན་པ་ཡོད་པས་མ་ཁྱབ་ཅེས་བརྗེ།

བར་ཚད་དང་པོའི་བརྗེ་ལུགས་ནི། །
གོང་དུ་ཐལ་སྒྲ་སྦྱངས་པ་ཡི། །
ཆོས་ཅན་བར་པ་རྩོད་གཞི་ཡིན། །
གོང་ཡོད་རྩོད་གཞིའི་ཡོན་ཏན་ཡིན། །
འོག་ཡོད་ཐལ་སྒྲ་སྔ་མའི་བར། །
གསལ་བའི་ཡོན་ཏན་ཡིན་ཞེས་གསུངས།
ཐལ་སྒྲ་གཉིས་པ་མན་ཆད་ནི། །
རྟགས་ཀྱི་ཡོན་ཏན་ཉིད་ལ་སྦྱར། །

དགག་པ་ཆོས་ཅན། སྒྲུབ་པ་ཆོས་ཅན། རྫས་ཡོད་ཆོས་ཅན། ཁྱོད་ཁྱོད་ཡིན་པར་ཐལ། ཁྱོད་ཁྱོད་དང་ཐ་དད་ཡིན་པར་ཐལ། ཁྱོད་ཁྱོད་དང་གཅིག་ཡིན་པར་ཐལ། ཁྱོད་རྟག་པ་ཡིན་པའི་ཕྱིར་ཞེས་པའི་ཐལ་འགྱུར་ལ་ཆོས་ཅན་བར་ཚན་དང་གསལ་བ་སྔ་ཚན་གྱི་དབང་དུ་བྱས་ནས་འདོད་ལན་བཏབ་པས་རྫས་ཡོད་ཆོས་ཅན། དགག་པ་ཆོས་ཅན། སྒྲུབ་པ་དགག་པ་ཆོས་ཅན། སྒྲུབ་པ་སྒྲུབ་པ་ཡིན་པ་འདོད་ཅེས་བརྗེ། རྟགས་ལ་དགག་པ་ཆོས་ཅན། སྒྲུབ་པ་དགག་པ་ཆོས

ཅན༔ སྒྲུབ་པ་དང་ཐ་དད་ཡིན་པར་ཐལ། དགག་པ་ཆོས་ཅན། སྒྲུབ་པ་དགག་པ་ཆོས་ཅན། སྒྲུབ་པ་དང་གཅིག་ཡིན་པར་ཐལ། དགག་པ་ཆོས་ཅན། སྒྲུབ་པ་རྟག་པ་ཡིན་པ་རྟགས་མ་གྲུབ་ཅེས་བརྗེ། ཁྱབ་མེད་ལ་ཁྱོད་ཁྱོད་དང་གཅིག་ཡིན་པར་ཐལ། ཁྱོད་རྟག་པ་ཡིན་ན། རྫས་ཡོད་ཆོས་ཅན། ཁྱོད་ཁྱོད་ཡིན་པར་ཐལ། ཁྱོད་ཁྱོད་དང་ཐ་དད་ཡིན་པས་མ་ཁྱབ་ཅེས་བརྗེ། །

བར་ཚན་བར་པའི་བརྗེ་ལུགས་དང་། །
བར་ཚན་ཕྱི་མའི་བརྗེ་ལུགས་ནི། །
རྩོད་གཞི་སྔ་མ་ཁོ་ན་ལ། །
འོག་ཡོད་ཐལ་སྒྲ་བར་པའི་བར། །
ཞེས་དང་ཐལ་སྒྲ་ཕྱི་མའི་བར། །
གསལ་བའི་ཡོན་ཏན་ཉིད་ལ་སྦྱར། །
ཞེས་པ་སྔ་ཕྱི་རིམ་བཞིན་སྦྱོར། །

གཟུགས་ཆོས་ཅན། སྒྲ་ཆོས་ཅན། དྲི་ཆོས་ཅན། ཁྱོད་ཁྱོད་དང་ཐ་མི་དད་ཡིན་པར་ཐལ། ཁྱོད་ཁྱོད་དང་མི་འགལ་བ་ཡིན་པར་ཐལ། ཁྱོད་ཁྱོད་དང་གཅིག་ཡིན་པར་ཐལ། ཁྱོད་བདག་མེད་ཡིན་པའི་ཕྱིར་ཞེས་པའི་ཐལ་འགྱུར་ལ་ཆོས་ཅན་བར་ཚན་དང་གསལ་བ་བར་ཚན་གྱི་དབང་དུ་བྱས་ནས་འདོད་ལན་བཏབ་པས། དྲི་ཆོས་ཅན། གཟུགས་ཆོས་ཅན། སྒྲ་གཟུགས་ཆོས་ཅན། སྒྲ་དང་ཐ་མི་དད་ཡིན་པར་ཐལ། དྲི་ཆོས་ཅན། གཟུགས་ཆོས་ཅན། སྒྲ་གཟུགས་ཆོས་ཅན། སྒྲ་དང་མི་འགལ་བ་ཡིན་པ་འདོད་ཅེས་བརྗེ། རྟགས་ལ་གཟུགས་ཆོས་ཅན། སྒྲ་གཟུགས་ཆོས་ཅན། སྒྲ་དང་གཅིག་ཡིན་པར་ཐལ། གཟུགས་ཆོས་ཅན། སྒྲ་བདག་མེད་ཡིན་པ་རྟགས་མ་གྲུབ་ཅེས་བརྗེ། ཡང་དེ་འདྲའི་ཐལ་འགྱུར་ལ་ཆོས་ཅན་བར་ཚན་དང་གསལ་བ་ཕྱི་ཚན་གྱི་དབང་དུ་བྱས་ནས་འདོད་

ལན་བཏབ་པས། དྲི་ཆོས་ཅན། གཟུགས་ཆོས་ཅན། སྒྲ་གཟུགས་ཆོས་ཅན། སྒྲ་དང་ཐ་མི་དད་ཡིན་པར་ཐལ། དྲི་ཆོས་ཅན། གཟུགས་ཆོས་ཅན། སྒྲ་གཟུགས་ཆོས་ཅན། སྒྲ་དང་མི་འགལ་བ་ཡིན་པར་ཐལ། གཟུགས་ཆོས་ཅན། སྒྲ་གཟུགས་ཆོས་ཅན། སྒྲ་དང་གཅིག་ཡིན་པ་འདོད་ཅེས་བརྗེ། རྟགས་ལ་གཟུགས་ཆོས་ཅན། སྒྲ་བདག་མེད་ཡིན་པ་རྟགས་མ་གྲུབ་ཅེས་བརྗེ།

ཕྱི་ཚན་དང་པོའི་བརྗེ་ལུགས་ནི། །
གོང་དུ་ཐལ་སྒྲ་སྦྱངས་པ་ཡི། །
ཆོས་ཅན་ཕྱི་མ་རྗོད་གཞི་ཡིན། །
ཐལ་སྒྲ་དང་པོ་གསལ་བ་ཡིན། །
ལྷག་མ་རྟགས་ཀྱི་ཡོན་ཏན་ཡིན། །

ཀ་བ་ཆོས་ཅན། བུམ་པ་ཆོས་ཅན། གང་ཟག་ཆོས་ཅན། ཁྱོད་ཁྱོད་ཀྱི་རྒྱུ་མ་ཡིན་པར་ཐལ། ཁྱོད་ཁྱོད་ཀྱི་འབྲས་བུ་མ་ཡིན་པར་ཐལ། ཁྱོད་ཁྱོད་ཀྱི་སྔ་ལོགས་སུ་བྱུང་བ་མ་ཡིན་པར་ཐལ། ཁྱོད་དངོས་པོ་ཡིན་པའི་ཕྱིར་ཞེས་པའི་ཐལ་འགྱུར་ལ་ཆོས་ཅན་ཕྱི་ཚན་དང་གསལ་བ་སྔ་ཚན་གྱི་དབང་དུ་བྱས་ནས་འདོད་ལན་བཏབ་པས་ཀ་བ་ཆོས་ཅན། བུམ་པ་ཆོས་ཅན། གང་ཟག་ཀ་བ་ཆོས་ཅན། བུམ་པ་ཆོས་ཅན། གང་ཟག་རྒྱུ་མ་ཡིན་པ་འདོད་ཅེས་བརྗེ། རྟགས་ལ་ཀ་བ་ཆོས་ཅན། བུམ་པ་ཆོས་ཅན༑ གང་ཟག་ཀ་བ་ཆོས་ཅན། བུམ་པ་ཆོས་ཅན། གང་ཟག་གི་འབྲས་བུ་མ་ཡིན་པར་ཐལ། ཀ་བ་ཆོས་ཅན། བུམ་པ་ཆོས་ཅན། གང་ཟག་ཀ་བ་ཆོས་ཅན། བུམ་པ་ཆོས་ཅན། གང་ཟག་གི་སྔ་ལོགས་སུ་བྱུང་བ་མ་ཡིན་པར་ཐལ། ཀ་བ་ཆོས་ཅན། བུམ་པ་ཆོས་ཅན། གང་ཟག་དངོས་པོ་ཡིན་པ་རྟགས་མ་གྲུབ་ཅེས་བརྗེ། ཁྱབ་མེད་ལ། ཁྱོད་ཁྱོད་ཀྱི་འབྲས་བུ་མ་ཡིན་པར་ཐལ། ཁྱོད་ཁྱོད་ཀྱི་སྔ་ལོགས་སུ་བྱུང་བ་མ་ཡིན་པར་ཐལ། ཁྱོད་དངོས་པོ་ཡིན་ན། ཁྱོད་ཁྱོད་ཀྱི་རྒྱུ་མ་ཡིན་པས་མ་ཁྱབ་ཅེས་བརྗེ།

ཕྱི་ཚན་བར་པའི་བརྗེ་ལུགས་ནི། །
ཆོས་ཅན་ཕྱི་མ་རྩོད་གཞི་ཡིན། །
ཐལ་སྒྲ་དང་པོ་ཡོན་ཏན་ཡིན། །
ཐལ་སྒྲ་བར་པ་གསལ་བ་ཡིན། །
ལྷག་མ་རྟགས་ཀྱི་ཡོན་ཏན་ཡིན། །

ཡང་གོང་གི་ཐལ་འགྱུར་ལ་ཆོས་ཅན་ཕྱི་ཚན་དང་གསལ་བ་བར་ཚན་གྱི་དབང་དུ་བྱས་ནས་འདོད་ལན་བཏབ་པས་ཀ་བ་ཆོས་ཅན། བུམ་པ་ཆོས་ཅན། གང་ཟག་ཀ་བ་ཆོས་ཅན། བུམ་པ་ཆོས་ཅན་གང་ཟག་གི་རྒྱུ་མ་ཡིན་པར་ཐལ། གང་ཟག་ཀ་བ་ཆོས་ཅན། བུམ་པ་ཆོས་ཅན། གང་ཟག་གི་འབྲས་བུ་མ་ཡིན་པ་འདོད་ཅེས་བརྗེ། རྟགས་ལ་ཀ་བ་ཆོས་ཅན། བུམ་པ་ཆོས་ཅན། གང་ཟག་ཀ་བ་ཆོས་ཅན། བུམ་པ་ཆོས་ཅན། གང་ཟག་གི་སྔ་ལོགས་སུ་བྱུང་བ་མ་ཡིན་པར་ཐལ། ཀ་བ་ཆོས་ཅན། བུམ་པ་ཆོས་ཅན། གང་ཟག་དངོས་པོ་ཡིན་པ་རྟགས་མ་གྲུབ་ཅེས་བརྗེ། ཁྱབ་མེད་ལ་ཁྱོད་ཁྱོད་ཀྱི་སྔ་ལོགས་སུ་བྱུང་བ་མ་ཡིན་པར་ཐལ། དངོས་པོ་ཡིན་ན། ཁྱོད་ཁྱོད་ཀྱི་རྒྱུ་མ་ཡིན་པར་ཐལ། ཁྱོད་ཁྱོད་ཀྱི་འབྲས་བུ་མ་ཡིན་པས་མ་ཁྱབ་ཅེས་བརྗེ།

ཕྱི་ཚན་ཕྱི་མའི་བརྗེ་ལུགས་ནི། །
ཆོས་ཅན་ཕྱི་མ་རྩོད་གཞི་ཡིན། །
གོང་ཡོད་རྩོད་གཞིའི་ཡོན་ཏན་ཡིན། །
ཐལ་སྒྲ་ཕྱི་མ་གསལ་བ་ཡིན། །
གོང་ཡོད་གསལ་བའི་ཡོན་ཏན་ཡིན། །
འདི་དང་ཆོས་ཅན་གསལ་བ་གཉིས། །

གསུམ་དང་ལྔ་སོགས་ཡ་སྦྱར་བའི། །
ཐལ་འགྱུར་ཁོ་ན་ལ་དགོངས་ཏེ། །
གཅིག་ལ་འདི་འདྲའི་རྣམ་བཞག་མེད། །

ཡང་གོང་གི་ཐལ་འགྱུར་ལ་ཆོས་ཅན་ཕྱི་ཚན་དང་གསལ་བ་ཕྱི་ཚན་གྱི་དབང་དུ་བྱས་ནས་འདོད་ལན་བཏབ་པས་ཀ་བ་ཆོས་ཅན། བུམ་པ་ཆོས་ཅན། གང་ཟག་ཀ་བ་ཆོས་ཅན། བུམ་པ་ཆོས་ཅན། གང་ཟག་རྒྱུ་མ་ཡིན་པར་ཐལ། ཀ་བ་ཆོས་ཅན། བུམ་པ་ཆོས་ཅན། གང་ཟག་ཀ་བ་ཆོས་ཅན༑ བུམ་པ་ཆོས་ཅན། གང་ཟག་གི་འབྲས་བུ་མ་ཡིན་པར་ཐལ། ཀ་བ་ཆོས་ཅན། བུམ་པ་ཆོས་ཅན། གང་ཟག་ཀ་བ་ཆོས་ཅན། བུམ་པ་ཆོས་ཅན། གང་ཟག་གི་སྔ་ལོགས་སུ་བྱུང་བ་མ་ཡིན་པ་འདོད་ཅེས་བརྗེ། རྟགས་ལ། ཀ་བ་ཆོས་ཅན། བུམ་པ་ཆོས་ཅན། གང་ཟག་དངོས་པོ་ཡིན་པ་རྟགས་མ་གྲུབ་ཅེས་བརྗེ། ཁྱབ་མེད་ལ་དངོས་པོ་ཡིན་ན། ཁྱོད་ཁྱོད་ཀྱི་རྒྱུ་མ་ཡིན་པར་ཐལ། ཁྱོད་ཁྱོད་ཀྱི་འབྲས་བུ་མ་ཡིན་པར་ཐལ། ཁྱོད་ཁྱོད་ཀྱི་སྔ་ལོགས་སུ་བྱུང་བ་མ་ཡིན་པས་མ་ཁྱབ་ཅེས་བརྗེའོ།

གསུམ། ཐལ་ཕྱིར་མའི་རྣམ་གཞག་བཤད་པ།

གསུམ་པ་ཐལ་ཕྱིར་མའི་རྣམ་གཞག་བཤད་པ་ནི།

བཅུ་གཉིས་ཐལ་ཕྱིར་མ་ལ་ཡང་། །
རགས་རྩིས་ཞིབ་རྩིས་རྣམ་པ་གཉིས། །
དང་པོ་ཐལ་འགྱུར་གང་ཡིན་ཀྱང་། །
རྩ་བའི་ཁྱབ་པ་གྲུབ་པའི་ཚེ། །
དེ་ཉིད་ཡོད་སྐབས་དུ་བྱས་ནས། །
སྐབས་ཚང་ཐལ་འགྱུར་མང་བཀོད་ཀྱང་། །

ཀུན་ལ་ཁྱབ་ཡོད་དེ་གཉིས་ནི། །
མེད་སྒྲུབ་ཐལ་འགྱུར་མང་བཀོད་ཚེ། །
ཆ་ལ་ཁྱབ་ཡོད་ཡ་ལ་མེད། །

ཁ་ཅིག་ན་རེ། མཚོན་བྱ་ཡིན་པར་ཐལ། མཚན་ཉིད་དང་གཅིག་ཡིན་པའི་ཕྱིར་ཞེས་པའི་ཐལ་འགྱུར་ལ་ཁྱབ་པ་མེད་པར་ཐལ། བདག་མེད་ཡིན་པའི་ཕྱིར་ཞེས་པའི་ཐལ་འགྱུར་ལ་ཁྱབ་པ་མེད་པར་ཐལ། ཡོད་པ་ཡིན་པའི་ཕྱིར་ཞེས་པའི་ཐལ་འགྱུར་ལ་ཁྱབ་པ་མེད་པར་ཐལ། མཚན་ཉིད་ཡིན་པར་ཐལ། བཏགས་ཡོད་ཆོས་གསུམ་ཚང་བ་དང་གཅིག་ཡིན་པའི་ཕྱིར་ཞེས་པའི་ཐལ་འགྱུར་ལ་ཁྱབ་པ་ཡོད་པར་ཐལ། ཤེས་བྱ་ཡིན་པའི་ཕྱིར་ཞེས་པའི་ཐལ་འགྱུར་ལ་ཁྱབ་པ་ཡོད་པར་ཐལ། གཞལ་བྱ་ཡིན་པའི་ཕྱིར་ཞེས་པའི་ཐལ་འགྱུར་ལ་ཁྱབ་པ་ཡོད་པའི་ཕྱིར་ཞེས་པའི་ཐལ་འགྱུར་ལ་ཁྱབ་པ་ཡོད་ཟེར་ན། ཤེས་བྱ་ཆོས་ཅན། མཚོན་བྱ་ཡིན་པར་ཐལ། མཚན་ཉིད་དང་གཅིག་ཡིན་པའི་ཕྱིར་ཞེས་པའི་ཐལ་འགྱུར་ལ་ཁྱབ་པ་མེད་པར་ཐལ། བདག་མེད་ཡིན་པའི་ཕྱིར་ཞེས་པའི་ཐལ་འགྱུར་ལ་ཁྱབ་པ་མེད་པར་ཐལ། ཡོད་པ་ཡིན་པའི་ཕྱིར་ཞེས་པའི་ཐལ་འགྱུར་ལ་ཁྱབ་པ་མེད་པར་ཐལ། མཚན་ཉིད་ཡིན་པར་ཐལ། བཏགས་ཡོད་ཆོས་གསུམ་ཚང་བ་དང་གཅིག་ཡིན་པའི་ཕྱིར་ཞེས་པའི་ཐལ་འགྱུར་ལ་ཁྱབ་པ་ཡོད་པར་ཐལ། ཤེས་བྱ་ཡིན་པའི་ཕྱིར་ཞེས་པའི་ཐལ་འགྱུར་ལ་ཁྱབ་པ་ཡོད་པར་ཐལ། གཞལ་བྱ་ཡིན་པའི་ཕྱིར་ཞེས་པའི་ཐལ་འགྱུར་ལ་ཁྱབ་པ་ཡོད་པའི་ཕྱིར། མ་གྲུབ་ན། ཤེས་བྱ་ཆོས་ཅན། མཚན་ཉིད་ཡིན་པར་ཐལ། བཏགས་ཡོད་ཆོས་གསུམ་ཚང་བ་དང་གཅིག་ཡིན་པའི་ཕྱིར་ཞེས་པའི་ཐལ་འགྱུར་ལ་ཁྱབ་པ་ཡོད་པར་ཐལ། ཤེས་བྱ་ཡིན་པའི་ཕྱིར་ཞེས་པའི་ཐལ་འགྱུར་ལ་ཁྱབ་པ་ཡོད་པར་ཐལ། གཞལ་བྱ་ཡིན་པའི་ཕྱིར་ཞེས་པའི་ཐལ་འགྱུར་ལ་ཁྱབ་པ་ཡོད་པར་ཐལ། གཞལ་བྱ་ཡིན་ན། མཚན་ཉིད་ཡིན་པར་ཐལ། བཏགས་ཡོད་ཆོས་གསུམ་ཚང་བ་དང་གཅིག་ཡིན་པའི་ཕྱིར་ཞེས་པའི་ཐལ་འགྱུར་ལ་ཁྱབ་པ་ཡོད་

པར་ཐལ། ཤེས་བྱ་ཡིན་པའི་ཕྱིར་ཞེས་པའི་ཐལ་འགྱུར་ལ་ཁྱབ་པ་ཡོད་པས་ཁྱབ་པའི་ཕྱིར། མ་གྲུབ་ན། ཤེས་བྱ་ཆོས་ཅན། གཞལ་བྱ་ཡིན་ན། མཚན་ཉིད་ཡིན་པར་ཐལ། བཏགས་ཡོད་ཆོས་གསུམ་ཚང་བ་དང་གཅིག་ཡིན་པའི་ཕྱིར་ཞེས་པའི་ཐལ་འགྱུར་ལ་ཁྱབ་པ་ཡོད་པར་ཐལ། ཤེས་བྱ་ཡིན་པའི་ཕྱིར་ཞེས་པའི་ཐལ་འགྱུར་ལ་ཁྱབ་པ་ཡོད་པས་ཁྱབ་པར་ཐལ། མཚན་ཉིད་ཡིན་པར་ཐལ། བཏགས་ཡོད་ཆོས་གསུམ་ཚང་བ་དང་གཅིག་ཡིན་པའི་ཕྱིར་ཞེས་པའི་ཐལ་འགྱུར་ལ་ཁྱབ་པ་ཡོད་པར་ཐལ། ཤེས་བྱ་ཡིན་པའི་ཕྱིར་ཞེས་པའི་ཐལ་འགྱུར་ལ་ཁྱབ་པ་ཡོད་པའི་ཕྱིར། མ་གྲུབ་ན། ཤེས་བྱ་ཆོས་ཅན། མཚན་ཉིད་ཡིན་པར་ཐལ། བཏགས་ཡོད་ཆོས་གསུམ་ཚང་བ་དང་གཅིག་ཡིན་པའི་ཕྱིར་ཞེས་པའི་ཐལ་འགྱུར་ལ་ཁྱབ་པ་ཡོད་པར་ཐལ། ཤེས་བྱ་ཡིན་པའི་ཕྱིར་ཞེས་པའི་ཐལ་འགྱུར་ལ་ཁྱབ་པ་ཡོད་པར་ཐལ། ཤེས་བྱ་ཡིན་ན། མཚན་ཉིད་ཡིན་པར་ཐལ། བཏགས་ཡོད་ཆོས་གསུམ་ཚང་བ་དང་གཅིག་ཡིན་པའི་ཕྱིར་ཞེས་པའི་ཐལ་འགྱུར་ལ་ཁྱབ་པ་ཡོད་པས་ཁྱབ་པའི་ཕྱིར། མ་གྲུབ་ན། དེར་ཐལ། མཚན་ཉིད་ཡིན་པར་ཐལ། བཏགས་ཡོད་ཆོས་གསུམ་ཚང་བ་དང་གཅིག་ཡིན་པའི་ཕྱིར་ཞེས་པའི་ཐལ་འགྱུར་ལ་ཁྱབ་པ་ཡོད་པའི་ཕྱིར། མ་གྲུབ་ན། དེར་ཐལ། བཏགས་ཡོད་ཆོས་གསུམ་ཚང་བ་དང་གཅིག་ཡིན་ན། མཚན་ཉིད་ཡིན་པས་ཁྱབ་པའི་ཕྱིར། མ་གྲུབ་ན། ཤེས་བྱ་ཆོས་ཅན། བཏགས་ཡོད་ཆོས་གསུམ་ཚང་བ་དང་གཅིག་ཡིན་ན། མཚན་ཉིད་ཡིན་པས་ཁྱབ་པར་ཐལ། བཏགས་ཡོད་ཆོས་གསུམ་ཚང་བ་དེ་མཚན་ཉིད་ཡིན་པའི་ཕྱིར། རྩ་བར་འདོད་ན། ཤེས་བྱ་ཆོས་ཅན། མཚོན་བྱ་ཡིན་པར་ཐལ། མཚན་ཉིད་དང་གཅིག་ཡིན་པའི་ཕྱིར་ཞེས་པའི་ཐལ་འགྱུར་ལ་ཁྱབ་པ་མེད་པར་ཐལ། བདག་མེད་ཡིན་པའི་ཕྱིར་ཞེས་པའི་ཐལ་འགྱུར་ལ་ཁྱབ་པ་མེད་པར་ཐལ། ཡོད་པ་ཡིན་པའི་ཕྱིར་ཞེས་པའི་ཐལ་འགྱུར་ལ་ཁྱབ་པ་མེད་པ་མ་ཡིན་པར་ཐལ། དེ་འདྲའི་ཐལ་འགྱུར་ལ་ཁྱབ་པ་ཡོད་པའི་ཕྱིར། མ་གྲུབ་ན། ཤེས་བྱ་ཆོས་ཅན། མཚོན་བྱ་ཡིན་པར་ཐལ། མཚན་ཉིད་དང་གཅིག་

ཡིན་པའི་ཕྱིར་ཞེས་པའི་ཐལ་འགྱུར་ལ་ཁྱབ་པ་མེད་པར་ཐལ། བདག་མེད་ཡིན་པའི་ཕྱིར་ཞེས་པའི་ཐལ་འགྱུར་ལ་ཁྱབ་པ་མེད་པར་ཐལ། ཡོད་པ་ཡིན་པའི་ཕྱིར་ཞེས་པའི་ཐལ་འགྱུར་ལ་ཁྱབ་པ་ཡོད་པར་ཐལ། ཡོད་པ་ཡིན་ན། མཚོན་བྱ་ཡིན་པར་ཐལ། མཚན་ཉིད་དང་གཅིག་ཡིན་པའི་ཕྱིར་ཞེས་པའི་ཐལ་འགྱུར་ལ་ཁྱབ་པ་མེད་པར་ཐལ། བདག་མེད་ཡིན་པའི་ཕྱིར་ཞེས་པའི་ཐལ་འགྱུར་ལ་ཁྱབ་པ་མེད་པས་ཁྱབ་པའི་ཕྱིར། མ་གྲུབ་ན། ཤེས་བྱ་ཆོས་ཅན། ཡོད་པ་ཡིན་ན། མཚོན་བྱ་ཡིན་པར་ཐལ། མཚན་ཉིད་དང་གཅིག་ཡིན་པའི་ཕྱིར་ཞེས་པའི་ཐལ་འགྱུར་ལ་ཁྱབ་པ་མེད་པར་ཐལ། བདག་མེད་ཡིན་པའི་ཕྱིར་ཞེས་པའི་ཐལ་འགྱུར་ལ་ཁྱབ་པ་མེད་པས་ཁྱབ་པར་ཐལ། མཚོན་བྱ་ཡིན་པར་ཐལ། ཚན་ཉིད་དང་གཅིག་ཡིན་པའི་ཕྱིར་ཞེས་པའི་ཐལ་འགྱུར་ལ་ཁྱབ་པ་མེད་པར་ཐལ། བདག་མེད་ཡིན་པའི་ཕྱིར་ཞེས་པའི་ཐལ་འགྱུར་ལ་ཁྱབ་པ་མེད་པའི་ཕྱིར། མ་གྲུབ་ན། ཤེས་བྱ་ཆོས་ཅན། མཚོན་བྱ་ཡིན་པར་ཐལ། མཚན་ཉིད་དང་གཅིག་ཡིན་པའི་ཕྱིར་ཞེས་པའི་ཐལ་འགྱུར་ལ་ཁྱབ་པ་མེད་པར་ཐལ། བདག་མེད་ཡིན་པའི་ཕྱིར་ཞེས་པའི་ཐལ་འགྱུར་ལ་ཁྱབ་པ་མེད་པར་ཐལ། བདག་མེད་ཡིན་ན། མཚོན་བྱ་ཡིན་པར་ཐལ། མཚན་ཉིད་དང་གཅིག་ཡིན་པའི་ཕྱིར་ཞེས་པའི་ཐལ་འགྱུར་ལ་ཁྱབ་པ་མེད་པས་མ་ཁྱབ་པའི་ཕྱིར། མ་གྲུབ་ན། བདག་མེད་ཡིན་ན། མཚོན་བྱ་ཡིན་པར་ཐལ། མཚན་ཉིད་དང་གཅིག་ཡིན་པའི་ཕྱིར་ཞེས་པའི་ཐལ་འགྱུར་ལ་ཁྱབ་པ་མེད་པས་མ་ཁྱབ་པར་ཐལ། མཚོན་བྱ་ཡིན་པར་ཐལ། མཚན་ཉིད་དང་གཅིག་ཡིན་པའི་ཕྱིར་ཞེས་པའི་ཐལ་འགྱུར་ལ་ཁྱབ་པ་ཡོད་པའི་ཕྱིར། མ་གྲུབ་ན། ཤེས་བྱ་ཆོས་ཅན། མཚོན་བྱ་ཡིན་པར་ཐལ། མཚན་ཉིད་དང་གཅིག་ཡིན་པའི་ཕྱིར་ཞེས་པའི་ཐལ་འགྱུར་ལ་ཁྱབ་པ་ཡོད་པར་ཐལ། མཚན་ཉིད་དང་གཅིག་ཡིན་ན། མཚོན་བྱ་ཡིན་པས་ཁྱབ་པའི་ཕྱིར། མ་གྲུབ་ན། ཤེས་བྱ་ཆོས་ཅན། མཚན་ཉིད་དང་གཅིག་ཡིན་ན། མཚོན་བྱ་ཡིན་པས་ཁྱབ་པར་ཐལ། མཚན་ཉིད་དེ་མཚོན་བྱ་ཡིན་པའི་ཕྱིར།

ཡོད་སྒྲུབ་མེད་སྒྲུབ་སྤྱོལ་བའི་ཚེ། །
ཡོད་སྒྲུབ་གཏང་སྟོམས་ཉིད་དུ་བཞག
མེད་སྒྲུབ་ཁོ་ན་རྩིས་ནས་ནི། །
ཆ་རྣམས་ཡོད་ཅིང་ཡ་རྣམས་མེད། །
རྩ་ཁྱབ་མ་གྲུབ་ཐལ་འགྱུར་ལ། །
ཁྱབ་པ་ཡོད་སྒྲུབ་མང་བཀོད་ཚེ། །
ཐམས་ཅད་མེད་པ་ཉིད་དུ་འགྱུར། །

ཁ་ཅིག་ན་རེ། མི་རྟག་པ་ཡིན་པར་ཐལ། སྐད་གཅིག་མ་ཡིན་པའི་ཕྱིར་ཞེས་པའི་ཐལ་འགྱུར་ལ་ཁྱབ་པ་ཡོད་པར་ཐལ། འདུས་བྱས་ཡིན་པའི་ཕྱིར་ཞེས་པའི་ཐལ་འགྱུར་ལ་ཁྱབ་པ་མེད་པར་ཐལ། བྱས་པ་ཡིན་པའི་ཕྱིར་ཞེས་པའི་ཐལ་འགྱུར་ལ་ཁྱབ་པ་ཡོད་པར་ཐལ། གཟུགས་ཡིན་པར་ཐལ། དངོས་པོ་ཡིན་པའི་ཕྱིར་ཞེས་པའི་ཐལ་འགྱུར་ལ་ཁྱབ་པ་ཡོད་པའི་ཕྱིར་ཞེས་པའི་ཐལ་འགྱུར་ལ་ཁྱབ་པ་ཡོད་པར་ཐལ། གཟུགས་སྒྲུང་ཡིན་པའི་ཕྱིར་ཞེས་པའི་ཐལ་འགྱུར་ལ་ཁྱབ་པ་མེད་པའི་ཕྱིར་ཞེས་པའི་ཐལ་འགྱུར་ལ་ཁྱབ་པ་ཡོད་ཟེར་ན། རྟག་པ་ཆོས་ཅན། དེར་ཐལ། དེའི་ཕྱིར། མ་གྲུབ་ན། དེ་ཆོས་ཅན། དེར་ཐལ། གཟུགས་སྒྲུང་ཡིན་ན། གཟུགས་ཡིན་པར་ཐལ། དངོས་པོ་ཡིན་པའི་ཕྱིར་ཞེས་པའི་ཐལ་འགྱུར་ལ་ཁྱབ་པ་ཡོད་པས་མ་ཁྱབ་པའི་ཕྱིར། མ་གྲུབ་ན། དེར་ཐལ། གཟུགས་ཡིན་པར་ཐལ། དངོས་པོ་ཡིན་པའི་ཕྱིར་ཞེས་པའི་ཐལ་འགྱུར་ལ་ཁྱབ་པ་མེད་པའི་ཕྱིར། མ་གྲུབ་ན། དེར་ཐལ། དངོས་པོ་ཡིན་ན། གཟུགས་ཡིན་པས་མ་ཁྱབ་པའི་ཕྱིར། རྟགས་སྒྲ། རྩ་བར་འདོད་ན། དེ་འདྲའི་ཐལ་འགྱུར་ལ་ཁྱབ་པ་མེད་པར་ཐལ། བྱས་པ་ཡིན་ན། མི་རྟག་པ་ཡིན་པར་ཐལ། སྐད་གཅིག་མ་ཡིན་པའི་ཕྱིར་ཞེས་པའི་ཐལ་འགྱུར་ལ་ཁྱབ་པ་ཡོད་པར་ཐལ། འདུས་མ་བྱས་ཡིན་པའི་ཕྱིར་ཞེས་པའི་ཐལ་འགྱུར་ལ་ཁྱབ་པ་མེད་པས་མ་ཁྱབ་

པའི་ཕྱིར། མ་གྲུབ་ན། དེར་ཐལ། དེ་འདྲའི་ཐལ་འགྱུར་ལ་ཁྱབ་པ་ཡོད་པའི་ཕྱིར། མ་གྲུབ་ན། དེར་ཐལ། འདུས་མ་བྱས་ཡིན་ན། མི་རྟག་པ་ཡིན་པར་ཐལ། སྐད་ཅིག་མ་ཡིན་པའི་ཕྱིར་ཞེས་པའི་ཕྱིར་ཐལ་འགྱུར་ལ་ཁྱབ་པ་ཡོད་པས་ཁྱབ་པའི་ཕྱིར། མ་གྲུབ་ན། དེར་ཐལ། མི་རྟག་པ་ཡིན་པར་ཐལ། སྐད་ཅིག་མ་ཡིན་པའི་ཕྱིར་ཞེས་པའི་ཐལ་འགྱུར་ལ་ཁྱབ་པ་ཡོད་པའི་ཕྱིར།

དེ་ཉིད་མེད་སྒྲུབ་ཐལ་འགྱུར་དེའི། །
ཁྱབ་པ་ཡ་ཡོད་ཆ་རྣམས་མེད། །
སྤྱེལ་ཚེ་བརྩི་ཚུལ་སྦྱར་ལྷར་ལ། །
ཞེ་འདོད་སྦྱར་ལས་ཟློག་ཏེ་སློས། །

ཁ་ཅིག་ན་རེ། སྒྲ་ཡིན་པར་ཐལ། རྟག་པ་ཡིན་པའི་ཕྱིར་ཞེས་པའི་ཐལ་འགྱུར་ལ་ཁྱབ་པ་མེད་པར་ཐལ། མི་འཇིག་པ་ཡིན་པའི་ཕྱིར་ཞེས་པའི་ཐལ་འགྱུར་ལ་ཁྱབ་པ་མེད་པར་ཐལ། རྟག་དངོས་གང་རུང་ཡིན་པའི་ཕྱིར་ཞེས་པའི་ཐལ་འགྱུར་ལ་ཁྱབ་པ་ཡོད་པར་ཐལ། བྱེ་བྲག་ཡིན་པར་ཐལ༑ སྒྲ་ཡིན་པའི་ཕྱིར་ཞེས་པའི་ཐལ་འགྱུར་ལ་ཁྱབ་པ་ཡོད་པར་ཐལ། རིགས་སྤྱི་ཡིན་པའི་ཕྱིར་ཞེས་པའི་ཐལ་འགྱུར་ལ་ཁྱབ་པ་མེད་པར་ཐལ། ཚོགས་སྤྱི་ཡིན་པའི་ཕྱིར་ཞེས་པའི་ཐལ་འགྱུར་ལ་ཁྱབ་པ་ཡོད་པའི་ཕྱིར་ཞེས་པའི་ཐལ་འགྱུར་ལ་ཁྱབ་པ་ཡོད་ཟེར་ན། དངོས་པོ་ཆོས་ཅན། དེར་ཐལ༑ དེའི་ཕྱིར། མ་གྲུབ་ན། དེར་ཐལ། ཚོགས་སྤྱི་ཡིན་ན། བྱེ་བྲག་ཡིན་པར་ཐལ། སྒྲ་ཡིན་པའི་ཕྱིར་ཞེས་པའི་ཐལ་འགྱུར་ལ་ཁྱབ་པ་ཡོད་པར་ཐལ། རིགས་སྤྱི་ཡིན་པའི་ཕྱིར་ཞེས་པའི་ཐལ་འགྱུར་ལ་ཁྱབ་པ་མེད་པས་ཁྱབ་པའི་ཕྱིར། མ་གྲུབ་ན། དེར་ཐལ། རིགས་སྤྱི་ཡིན་ན། བྱེ་བྲག་ཡིན་པར་ཐལ། སྤྱི་ཡིན་པའི་ཕྱིར་ཞེས་པའི་ཐལ་འགྱུར་ལ་ཁྱབ་པ་ཡོད་པས་མ་ཁྱབ་པའི་ཕྱིར། མ་གྲུབ་ན། དེར་ཐལ། བྱེ་བྲག་ཡིན་པར་ཐལ། སྤྱི་ཡིན་པའི་ཕྱིར་ཞེས་པའི་ཐལ་འགྱུར་ལ་ཁྱབ་

པ་མེད་པའི་ཕྱིར། མ་གྲུབ་ན། དེར་ཐལ། སྒྲ་ཡིན་ན། བྱེ་བྲག་ཡིན་པས་མ་ཁྱབ་པའི་ཕྱིར། རྩ་བར་འདོད་ན། དེ་འདྲའི་ཐལ་འགྱུར་ལ་ཁྱབ་པ་མེད་པར་ཐལ། རྟག་དངོས་གང་རུང་ཡིན་ན། སྒྲ་ཡིན་པར་ཐལ། རྟག་པ་ཡིན་པའི་ཕྱིར་ཞེས་པའི་ཐལ་འགྱུར་ལ་ཁྱབ་པ་མེད་པར་ཐལ། མི་འཇིག་པ་ཡིན་པའི་ཕྱིར་ཞེས་པའི་ཐལ་འགྱུར་ལ་ཁྱབ་པ་མེད་པས་མ་ཁྱབ་པའི་ཕྱིར། མ་གྲུབ་ན། དེར་ཐལ། དེ་འདྲའི་ཐལ་འགྱུར་ལ་ཁྱབ་པ་ཡོད་པའི་ཕྱིར། མ་གྲུབ་ན། དེར་ཐལ། མི་འཇིག་པ་ཡིན་ན། སྒྲ་ཡིན་པར་ཐལ། རྟག་པ་ཡིན་པའི་ཕྱིར་ཞེས་པའི་ཐལ་འགྱུར་ལ་ཁྱབ་པ་མེད་པས་ཁྱབ་པའི་ཕྱིར། མ་གྲུབ་ན། དེར་ཐལ། སྒྲ་ཡིན་པར་ཐལ། རྟག་པ་ཡིན་པའི་ཕྱིར་ཞེས་པའི་ཐལ་འགྱུར་ལ་ཁྱབ་པ་མེད་པའི་ཕྱིར།

རྟག་དངོས་གཉིས་དང་བདག་ལ་སོགས། །
བར་བར་དག་ཏུ་བྱུང་བའི་ཚེ། །
ཕྱི་མ་གང་ཡིན་དེ་ནས་བརྩི། །

ཁ་ཅིག་ན་རེ། རྫས་ཆོས་ཡིན་པར་ཐལ། རྫས་ལྡོག་གང་རུང་ཡིན་པའི་ཕྱིར་ཞེས་པའི་ཐལ་འགྱུར་ལ་ཁྱབ་པ་མེད་པར་ཐལ། ཙམ་པོ་བ་ཡིན་པའི་ཕྱིར་ཞེས་པའི་ཐལ་འགྱུར་ལ་ཁྱབ་པ་ཡོད་པར་ཐལ། གང་ཟག་གི་བདག་ཡིན་པའི་ཕྱིར་ཞེས་པའི་ཐལ་འགྱུར་ལ་ཁྱབ་པ་མེད་པར་ཐལ། ཚད་མ་ཡིན་པར་ཐལ། ཤེས་པ་ཡིན་པའི་ཕྱིར་ཞེས་པའི་ཐལ་འགྱུར་ལ་ཁྱབ་པ་ཡོད་པར་ཐལ། རྟག་དངོས་གཉིས་ཡིན་པའི་ཕྱིར་ཞེས་པའི་ཐལ་"འགྱུར་ལ་ཁྱབ་པ་ཡོད་པའི་ཕྱིར་ཞེས་པའི་ཐལ་འགྱུར་ལ་ཁྱབ་པ་ཡོད་ཟེར་ན། མཚན་ཉིད་ཆོས་ཅན། དེར་ཐལ། དེའི་ཕྱིར། མ་གྲུབ་ན། དེར་ཐལ། རྟག་དངོས་གཉིས་ཡིན་ན། ཚད་མ་ཡིན་པར་ཐལ། ཤེས་པ་ཡིན་པའི་ཕྱིར་ཞེས་པའི་ཐལ་འགྱུར་ལ་ཁྱབ་པ་ཡོད་པས་ཁྱབ་པའི་ཕྱིར། མ་གྲུབ་ན། དེར་ཐལ། རྟག་དངོས་ཡིན་ན། གང་དྲན་དྲན་ཡིན་

པས་ཁྱབ་པའི་ཕྱིར། རྩ་བར་འདོད་ན། དེ་འདྲའི་ཐལ་འགྱུར་ལ་ཁྱབ་པ་ཡོད་པར་ཐལ། གང་ཟག་གི་བདག་ཡིན་ན། རྫས་ཆོས་ཡིན་པར་ཐལ། རྫས་ལྡོག་གང་རུང་ཡིན་པའི་ཕྱིར་ཞེས་པའི་ཐལ་འགྱུར་ལ་ཁྱབ་པ་མེད་པར་ཐལ། ཙམ་པོ་བ་ཡིན་པའི་ཕྱིར་ཞེས་པའི་ཐལ་འགྱུར་ལ་ཁྱབ་པ་ཡོད་པས་ཁྱབ་པའི་ཕྱིར། མ་གྲུབ་ན། དེར་ཐལ། གང་ཟག་གི་བདག་ཡིན་ན། གང་དྲན་དྲན་ཡིན་པས་ཁྱབ་པའི་ཕྱིར།

ཞིབ་རྩེས་རྩ་བའི་ཐལ་འགྱུར་ལ། །
སྒྱིར་བཏང་ཁྱབ་པ་གྲུབ་ན་ཡང་། །
དགག་གཞིའི་ནུས་པ་ཐལ་འགྱུར་གྱི། །
ཁོང་དུ་ཚང་ཆེ་ཁྱབ་པ་མེད། །
དེ་བཞིན་མེད་པ་ཡོད་གྱུར་སོགས། །
སྣ་ཚོགས་སྣང་བས་ཞིབ་པར་སློས། །

ཁ་ཅིག་ན་རེ། ཁྱོད་ཁྱོད་དང་གཅིག་ཡིན་པར་ཐལ། གཞི་གྲུབ་པའི་ཕྱིར་ཞེས་པའི་ཐལ་འགྱུར་ལ་ཁྱབ་པ་ཡོད་པར་ཐལ། བདག་མེད་ཡིན་པའི་ཕྱིར་ཞེས་པའི་ཐལ་འགྱུར་ལ་ཁྱབ་པ་ཡོད་ཟེར་ན། བུམ་པ་ཆོས་ཅན། དེར་ཐལ། དེའི་ཕྱིར། རྩ་བར་འདོད་མི་នུས་ཏེ། བུམ་པ་བུམ་པ་དང་གཅིག་ཡིན་པར་ཐལ། གཞི་གྲུབ་པའི་ཕྱིར་ཞེས་པའི་ཐལ་འགྱུར་ལ་ཁྱབ་པ་མེད་པའི་ཕྱིར། མ་གྲུབ་ན། དེར་ཐལ། བུམ་པའི་དགག་གཞི་ངེས་མ་ངེས་པའི་ཕྱིར་རོ། །

བཞི། གང་ཞིག་མགོ་ལྡུར་གྱི་རྣམ་གཞག་བཤད་པ།

བཞི་པ་གང་ཞིག་མགོ་ལྡུར་གྱི་རྣམ་གཞག་བཤད་པ་ནི།

བཅུ་གསུམ་གང་ཞིག་མགོ་ལྡུར་ལ། །
རགས་རྟེས་ཞིབ་རྟེས་རྣམ་པ་གཉིས། །
དང་པོ་འགོད་ཚུལ་ངག་ལས་སློང་། །
ཞེ་འདོད་རྒྱ་བའི་ཐལ་འགྱུར་དེར། །
ཁྱབ་པ་ཡོད་ཚེ་ཐལ་འགྱུར་དེར། །
ཁྱབ་པ་ཡོད་པ་གང་ཞིག་སོགས། །
རྟགས་མགོ་དུ་མ་བཀོད་ན་ཡང་། །
ཆ་རྣམས་ཡོད་ཅིང་ཡ་རྣམས་མེད། །
ཁྱབ་པ་མེད་པ་གང་ཞིག་སོགས། །
ཇི་ཙམ་བཀོད་ཀྱང་ཁྱབ་པ་ཡོད། །

ཁ་ཅིག་ན་རེ། ཤེས་བྱ་ཡིན་པར་ཐལ། གཞལ་བྱ་ཡིན་པར་ཐལ། ཆོས་ཡིན་པར་ཐལ། རྟེན་འབྲེལ་ཡིན་པར་ཐལ། ཡུལ་ཡིན་པའི་ཕྱིར་ཞེས་པའི་ཐལ་འགྱུར་ལ་ཁྱབ་པ་ཡོད་པ་གང་ཞིག །མེད་པ་ཡིན་པའི་ཕྱིར་ཞེས་པའི་ཐལ་འགྱུར་ལ་ཁྱབ་པ་ཡོད་པ་གང་ཞིག །རྟག་པ་ཡིན་པའི་ཕྱིར་ཞེས་པའི་ཐལ་འགྱུར་ལ་ཁྱབ་པ་ཡོད་པ་གང་ཞིག །བདག་མེད་ཡིན་པའི་ཕྱིར་ཞེས་པའི་ཐལ་འགྱུར་ལ་ཁྱབ་པ་ཡོད་པར་ཐལ། དངོས་པོ་ཡིན་པར་ཐལ། དངོས་པོའི་བྱེ་བྲག་ཡིན་པར་ཐལ། དངོས་པོའི་ཁྱབ་བྱ་ཡིན་པར་ཐལ། དངོས་པོ་ལ་ལྟོས་པ་ཡིན་པར་ཐལ། ཀ་བ་དང་གཅིག་ཡིན་པའི་ཕྱིར་ཞེས་པའི་ཐལ་འགྱུར་ལ་ཁྱབ་པ་མེད་པ་གང་ཞིག །ཀ་བའི་ལྡོག་པ་ཡིན་པའི་ཕྱིར་ཞེས་པའི་ཐལ་འགྱུར

ལ་ཁྱབ་མེད་པ་གང་ཞིག །ཀ་བ་དང་ཐ་མི་དད་ཡིན་པའི་ཕྱིར་ཞེས་པའི་ཐལ་འགྱུར་ལ་ཁྱབ་པ་ཡོད་པའི་ཕྱིར་ཞེས་པའི་ཐལ་འགྱུར་ལ་ཁྱབ་པ་ཡོད་ཟེར་ན། རྟག་པ་ཆོས་ཅན། དེར་ཐལ། དེའི་ཕྱིར། མ་གྲུབ་ན། དེ་ཆོས་ཅན། དེར་ཐལ། དངོས་པོའི་བྱེ་བྲག་ཡིན་པར་ཐལ། དངོས་པོའི་ཁྱབ་བྱ་ཡིན་པར་ཐལ། དངོས་པོ་ལ་ལྟོས་པ་ཡིན་པར་ཐལ། ཀ་བ་དང་གཅིག་ཡིན་པའི་ཕྱིར་ཞེས་པའི་ཐལ་འགྱུར་ལ་ཁྱབ་པ་མེད་པ་གང་ཞིག །ཀ་བའི་ལྡོག་པ་ཡིན་པའི་ཕྱིར་ཞེས་པའི་ཐལ་འགྱུར་ལ་ཁྱབ་པ་མེད་པ་གང་ཞིག །ཀ་བ་དང་ཐ་མི་དད་ཡིན་ན། དངོས་པོ་ཡིན་པས་ཁྱབ་པའི་ཕྱིར། མ་གྲུབ་ན། དེ་ཆོས་ཅན། དེར་ཐལ། དེ་ཡིན་ན། གང་དྲན་དྲན་ཡིན་པས་ཁྱབ་པའི་ཕྱིར། རྩ་བར་འདོད་ན། རི་བོང་རྭ་ཆོས་ཅན། ཤེས་བྱ་ཡིན་པར་ཐལ། གཞལ་བྱ་ཡིན་པར་ཐལ། ཆོས་ཡིན་པར་ཐལ། རྟེན་འབྲེལ་ཡིན་པར་ཐལ། ཡུལ་ཡིན་པའི་ཕྱིར་ཞེས་པའི་ཐལ་འགྱུར་ལ་ཁྱབ་པ་ཡོད་པ་གང་ཞིག །མེད་པ་ཡིན་པའི་ཕྱིར་ཞེས་པའི་ཐལ་འགྱུར་ལ་ཁྱབ་པ་ཡོད་པ་གང་ཞིག །རྟག་པ་ཡིན་པའི་ཕྱིར་ཞེས་པའི་ཐལ་འགྱུར་ཁྱབ་པ་ཡོད་པ་གང་ཞིག །བདག་མེད་ཡིན་པའི་ཕྱིར། རྟགས་ཕྱི་མ་སླ། དང་པོ་མ་གྲུབ་ན། དེར་ཐལ། ཆོས་ཡིན་པར་ཐལ། རྟེན་འབྲེལ་ཡིན་པར་ཐལ། ཡུལ་ཡིན་པའི་ཕྱིར་ཞེས་པའི་ཐལ་འགྱུར་ལ་ཁྱབ་པ་ཡོད་པ་གང་ཞིག །མེད་པ་ཡིན་པའི་ཕྱིར་ཞེས་པའི་ཐལ་འགྱུར་ལ་ཁྱབ་པ་ཡོད་པ་གང་ཞིག །རྟག་པ་ཡིན་ན། གཞལ་བྱ་ཡིན་པས་ཁྱབ་པའི་ཕྱིར། མ་གྲུབ་ན། དེར་ཐལ། ཆོས་ཡིན་པར་ཐལ། རྟེན་འབྲེལ་ཡིན་པར་ཐལ། ཡུལ་ཡིན་པའི་ཕྱིར་ཞེས་པའི་ཐལ་འགྱུར་ལ་ཁྱབ་པ་ཡོད་པ་གང་ཞིག །མེད་པ་ཡིན་པའི་ཕྱིར་ཞེས་པའི་ཐལ་འགྱུར་ལ་ཁྱབ་པ་ཡོད་ན་གང་དྲན་དྲན་ཡིན་པས་ཁྱབ་པའི་ཕྱིར། མ་གྲུབ་ན། དེར་ཐལ། དེ་འདྲའི་ཐལ་འགྱུར་ལ་ཁྱབ་པ་མེད་པའི་ཕྱིར། མ་གྲུབ་ན། མོ་གཤམ་གྱི་བུ་ཆོས་ཅན། ཆོས་ཡིན་པར་ཐལ། རྟེན་འབྲེལ་ཡིན་པར་ཐལ། ཡུལ་ཡིན་པའི་ཕྱིར་ཞེས་པའི་ཐལ་འགྱུར་ལ་ཁྱབ་པ་ཡོད་པ་གང་ཞིག །མེད་ངེས་ཡིན་པའི་ཕྱིར།

ཡོད་མེད་སྤྲེལ་མར་བཀོད་པའི་ཚེ། །
མེད་འགོད་བཏང་སྙོམས་ཉིད་དུ་བཞག །
ཡོད་འགོད་ཁོ་ན་རྒྱས་ནས་ནི། །
ཚ་རྣམས་ཡོད་ལ་ཡ་རྣམས་མེད། །

ཁ་ཅིག་ན་རེ། རྟག་པ་ཡིན་པར་ཐལ། རྟག་པའི་སྤྱི་ཡིན་པར་ཐལ། རྟག་པ་དང་འབྲེལ་བ་ཡིན་པར་ཐལ། སྒྲུབ་པ་དང་གཅིག་ཡིན་པའི་ཕྱིར་ཞེས་པའི་ཐལ་འགྱུར་ལ་ཁྱབ་པ་ཡོད་པ་གང་ཞིག་སྒྲུབ་པ་དང་ཐ་དད་ཡིན་པའི་ཕྱིར་ཞེས་པའི་ཐལ་འགྱུར་ལ་ཁྱབ་པ་མེད་པ་གང་ཞིག །སྒྲུབ་པ་དང་ཐ་མི་དད་ཡིན་པའི་ཕྱིར་ཞེས་པའི་ཐལ་འགྱུར་ལ་ཁྱབ་པ་ཡོད་ཟེར་ན། དངོས་པོ་ཁོ་ན་ཆོས་ཅན། རྟག་པ་ཡིན་པར་ཐལ། རྟག་པའི་སྤྱི་ཡིན་པར་ཐལ། རྟག་པ་དང་འབྲེལ་བ་ཡིན་པར་ཐལ། སྒྲུབ་པ་དང་གཅིག་ཡིན་པའི་ཕྱིར་ཞེས་པའི་ཐལ་འགྱུར་ལ་ཁྱབ་པ་ཡོད་པ་གང་ཞིག །སྒྲུབ་པ་དང་ཐ་དད་ཡིན་པའི་ཕྱིར་ཞེས་པའི་ཐལ་འགྱུར་ལ་ཁྱབ་པ་མེད་པ་གང་ཞིག །སྒྲུབ་པ་དང་ཐ་མི་དད་ཡིན་པའི་ཕྱིར། རྟགས་ཕྱི་མ་སླ། དང་པོ་མ་གྲུབ་ན། དེར་ཐལ། རྟག་པ་དང་འབྲེལ་བ་ཡིན་པར་ཐལ། སྒྲུབ་པ་དང་གཅིག་ཡིན་པའི་ཕྱིར་ཞེས་པའི་ཐལ་འགྱུར་ལ་ཁྱབ་པ་ཡོད་པ་གང་ཞིག །སྒྲུབ་པ་དང་ཐ་དད་ཡིན་ན། རྟག་པའི་སྤྱི་ཡིན་པས་མ་ཁྱབ་པའི་ཕྱིར། མ་གྲུབ་ན། དངོས་པོ་ཆོས་ཅན། རྟག་པའི་སྤྱི་ཡིན་པར་ཐལ། རྟག་པ་དང་འབྲེལ་བ་ཡིན་པར་ཐལ། སྒྲུབ་པ་དང་གཅིག་ཡིན་པའི་ཕྱིར་ཞེས་པའི་ཐལ་འགྱུར་ལ་ཁྱབ་པ་ཡོད་པ་གང་ཞིག །སྒྲུབ་པ་དང་ཐ་དད་ཡིན་པའི་ཕྱིར། ཁྱབ་པ་ཁས། རྩ་བར་འདོད་ན། དངོས་པོ་ཆོས་ཅན། ཁྱོད་རྟག་པ་མ་ཡིན་པར་ཐལ། རྟག་པ་ཁྱོད་མ་ཡིན་པའི་ཕྱིར།

རྟ་ཁྱབ་མ་གྲུབ་ཐལ་འགྱུར་ལ། །
ཁྱབ་པ་ཡོད་པ་གང་ཞིག་སོགས། །
རྟགས་མགོ་དུ་མ་བཀོད་པའི་ཚེ། །
ཡ་རྣམས་ཡོད་ཅིང་ཚ་རྣམས་མེད། །
ཁྱབ་པ་མེད་པ་གང་ཞིག་སོགས། །
དུ་ཞིག་བཀོད་ཀྱང་ཁྱབ་པ་མེད། །

ཁ་ཅིག་ན་རེ། མཚོན་བྱ་ཡིན་པར་ཐལ། མཚོན་བྱའི་བྱེ་བྲག་ཡིན་པར་ཐལ། མཚོན་བྱའི་སྤྱི་ཡིན་པར་ཐལ། སྤྱི་ཡིན་པའི་ཕྱིར་ཞེས་པའི་ཐལ་འགྱུར་ལ་ཁྱབ་པ་མེད་པ་གང་ཞིག །བྱེ་བྲག་ཡིན་པའི་ཕྱིར་ཞེས་པའི་ཐལ་འགྱུར་ལ་ཁྱབ་པ་མེད་པ་གང་ཞིག །དགག་པ་ཡིན་པའི་ཕྱིར་ཞེས་པའི་ཐལ་འགྱུར་ལ་ཁྱབ་པ་ཡོད་པར་ཐལ། མཚན་ཉིད་དང་གཅིག་ཡིན་པར་ཐལ། མཚན་ཉིད་ཀྱི་ལྡོག་པ་ཡིན་པར་ཐལ། མཚན་ཉིད་དང་ཐ་མི་དད་ཡིན་པར་ཐལ། མཚན་ཉིད་ཡིན་པའི་ཕྱིར་ཞེས་པའི་ཐལ་འགྱུར་ལ་ཁྱབ་པ་ཡོད་པ་གང་ཞིག །རྫས་ཡོད་ཆོས་གསུམ་ཚང་བ་ཡིན་པའི་ཕྱིར་ཞེས་པའི་ཐལ་འགྱུར་ལ་ཁྱབ་པ་ཡོད་པ་གང་ཞིག །བཏགས་ཡོད་ཆོས་གསུམ་ཚང་བ་ཡིན་པའི་ཐལ་འགྱུར་ལ་ཁྱབ་པ་ཡོད་པ་གང་ཞིག །ཡོད་པ་ཡིན་པའི་ཕྱིར་ཞེས་པའི་ཐལ་འགྱུར་ལ་ཁྱབ་པ་ཡོད་པའི་ཕྱིར་ཞེས་པའི་ཐལ་འགྱུར་ལ་ཁྱབ་པ་ཡོད་ཟེར་ན། ཤེས་བྱ་ཆོས་ཅན། དེར་ཐལ། དེའི་ཕྱིར་; མ་གྲུབ་ན། དེར་ཐལ། མཚན་ཉིད་དང་གཅིག་ཡིན་པར་ཐལ། མཚན་ཉིད་ཀྱི་ལྡོག་པ་ཡིན་པར་ཐལ། མཚན་ཉིད་དང་ཐ་མི་དད་ཡིན་པར་ཐལ། མཚན་ཉིད་ཡིན་པའི་ཕྱིར་ཞེས་པའི་ཐལ་འགྱུར་ལ་ཁྱབ་པ་ཡོད་པ་གང་ཞིག །རྫས་ཡོད་ཆོས་གསུམ་ཚང་བ་ཡིན་པའི་ཕྱིར་ཞེས་པའི་ཐལ་འགྱུར་ལ་ཁྱབ་པ་ཡོད་པ་གང་ཞིག །བཏགས་ཡོད་ཆོས་གསུམ་ཚང་བ་ཡིན་པའི་ཕྱིར་ཞེས་པའི་ཐལ་འགྱུར་ཁྱབ་པ་ཡོད་པ་གང་ཞིག །ཡོད་པ་ཡིན་ན། མཚན་ཉིད་ཡིན་པས་ཁྱབ་པའི་ཕྱིར། མ་གྲུབ་ན།

དེར་ཐལ། དེ་ཡིན་ན། གང་དྲན་དྲན་ཡིན་པས་ཁྱབ་པའི་ཕྱིར། མ་གྲུབ་ན། དེར་ཐལ། མཚན་ཉིད་ཀྱི་ལྡོག་པ་ཡིན་པར་ཐལ། མཚན་ཉིད་དང་ཐ་མི་དད་ཡིན་པར་ཐལ། མཚན་ཉིད་ཡིན་པའི་ཕྱིར་ཞེས་པའི་ཐལ་འགྱུར་ལ་ཁྱབ་པ་ཡོད་པ་གང་ཞིག །རྫས་ཡོད་ཆོས་གསུམ་ཚང་བ་ཡིན་པའི་ཕྱིར་ཞེས་པའི་ཐལ་འགྱུར་ལ་ཁྱབ་པ་ཡོད་པ་གང་ཞིག །བཏགས་ཡོད་ཆོས་གསུམ་ཚང་བ་ཡིན་ན༑ མཚན་ཉིད་དང་གཅིག་ཡིན་པས་མ་ཁྱབ་པའི་ཕྱིར། མ་གྲུབ་ན། བུམ་པ་ཆོས་ཅན། མཚན་ཉིད་དང་གཅིག་ཡིན་པར་ཐལ། དེ་འདྲའི་ཐལ་འགྱུར་ལ་ཁྱབ་པ་ཡོད་གང་ཞིག །བཏགས་ཡོད་ཆོས་གསུམ་ཚང་བ་ཡིན་པའི་ཕྱིར། རྟགས་ཕྱི་མ་སླ། དང་པོ་མ་གྲུབ་ན། དེར་ཐལ། མཚན་ཉིད་དང་ཐ་མི་དད་ཡིན་པར་ཐལ། མཚན་ཉིད་ཡིན་པའི་ཕྱིར་ཞེས་པའི་ཐལ་འགྱུར་ལ་ཁྱབ་པ་ཡོད་པ་གང་ཞིག །རྫས་ཡོད་ཆོས་གསུམ་ཚང་བ་ཡིན་ན། གང་དྲན་དྲན་ཡིན་པས་ཁྱབ་པའི་ཕྱིར། རྩ་བར་འདོད་ན། བཏགས་ཡོད་ཆོས་གསུམ་ཚང་བ་ཆོས་ཅན། མཚོན་བྱ་ཡིན་པར་ཐལ། མཚོན་བྱའི་བྱེ་བྲག་ཡིན་པར་ཐལ། མཚོན་བྱའི་སྤྱི་ཡིན་པར་ཐལ། སྤྱི་ཡིན་པའི་ཕྱིར་ཞེས་པའི་ཐལ་འགྱུར་ལ་ཁྱབ་པ་མེད་པ་གང་ཞིག །བྱེ་བྲག་ཡིན་པའི་ཕྱིར་ཞེས་པའི་ཐལ་འགྱུར་ལ་ཁྱབ་པ་མེད་པ་གང་ཞིག །དགག་པ་ཡིན་པའི་ཕྱིར། ཁྱབ་པ་ཁས། རྟགས་དང་པོ་མ་གྲུབ་ན། དེར་ཐལ། མཚོན་བྱའི་སྤྱི་ཡིན་པར་ཐལ། སྤྱི་ཡིན་པའི་ཕྱིར་ཞེས་པའི་ཐལ་འགྱུར་ལ་ཁྱབ་པ་མེད་པ་གང་ཞིག །བྱེ་བྲག་ཡིན་ན། མཚོན་བྱའི་བྱེ་བྲག་ཡིན་པས་མ་ཁྱབ་པའི་ཕྱིར། མ་གྲུབ་ན། དོན་བྱེད་ནུས་པ་ཆོས་ཅན། མཚོན་བྱའི་བྱེ་བྲག་ཡིན་པར་ཐལ། མཚོན་བྱའི་སྤྱི་ཡིན་པར་ཐལ། སྤྱི་ཡིན་པའི་ཕྱིར་ཞེས་པའི་ཐལ་འགྱུར་ལ་ཁྱབ་པ་མེད་པ་གང་ཞིག །བྱེ་བྲག་ཡིན་པའི་ཕྱིར།

སྤེལ་ཚེ་བརྩེ་རྒྱལ་སྣང་ལྷང་ལ། །
ཞི་འདོད་སྣང་ལས་བློག་ཏེ་སློས། །

ཆ་ཡ་གང་ཞིག་སླ་ལ་རྟོགས། །
ཞིབ་རྟོགས་བདག་མེད་གསལ་པོ་དང་། །
བདག་སོགས་རྟགས་པོང་དུ་བྱུང་ཚེ། །
གང་བྱུང་དེ་ཡི་སྐབས་ཐོབ་ཀྱིས། །
ཁྱབ་པ་གྲུབ་པས་རྒྱ་ཁྱབ་ལ། །
ཁྱབ་པ་ཡོད་མེད་ལྟ་མི་དགོས། །

ཁ་ཅིག་ན་རེ། འདུས་མ་བྱས་ཡིན་པར་ཐལ། མ་བྱས་པ་ཡིན་པར་ཐལ། རང་མཚན་ཡིན་པར་ཐལ། ཆོས་ཡིན་པའི་ཕྱིར་ཞེས་པའི་ཐལ་འགྱུར་ལ་ཁྱབ་པ་ཡོད་པ་གང་ཞིག །རྟེན་འབྲེལ་ཡིན་པའི་ཕྱིར་ཞེས་པའི་ཐལ་འགྱུར་ལ་ཁྱབ་པ་མེད་པ་གང་ཞིག །གཞལ་བྱ་ཡིན་པའི་ཕྱིར་ཞེས་པའི་ཐལ་འགྱུར་ལ་ཁྱབ་པ་མེད་པར་ཐལ། བདག་མེད་ཡིན་པར་ཐལ། རྒྱུ་ཡིན་པར་ཐལ། འབྲས་བུ་ཡིན་པར་ཐལ། རྣམ་མཁྱེན་གྱི་གཞལ་བྱ་ཡིན་པའི་ཕྱིར་ཞེས་པའི་ཐལ་འགྱུར་ལ་ཁྱབ་པ་ཡོད་པ་གང་ཞིག། ཡུལ་ཡིན་པའི་ཕྱིར་ཞེས་པའི་ཐལ་འགྱུར་ལ་ཁྱབ་པ་ཡོད་པ་གང་ཞིག །ཡོད་པ་ཡིན་པའི་ཕྱིར་ཞེས་པའི་ཐལ་འགྱུར་ལ་ཁྱབ་པ་ཡོད་པའི་ཕྱིར་ཞེས་པའི་ཐལ་འགྱུར་ལ་ཁྱབ་པ་ཡོད་ཟེར་ན། ཀ་བ་ཆོས་ཅན། དེར་ཐལ། དེའི་ཕྱིར། མ་གྲུབ་ན། དེར་ཐལ། རྒྱུ་ཡིན་པར་ཐལ། འབྲས་བུ་ཡིན་པར་ཐལ། རྣམ་མཁྱེན་གྱི་གཞལ་བྱ་ཡིན་པའི་ཕྱིར་ཞེས་པའི་ཐལ་འགྱུར་ལ་ཁྱབ་པ་ཡོད་པ་གང་ཞིག །ཡུལ་ཡིན་པའི་ཕྱིར་ཞེས་པའི་ཕྱིར་ཞེས་པའི་ཐལ་འགྱུར་ལ་ཁྱབ་པ་ཡོད་པ་གང་ཞིག ། ཡོད་པ་ཡིན་ན། བདག་མེད་ཡིན་པས་ཁྱབ་པའི་ཕྱིར། མ་གྲུབ་ན། དེར་ཐལ། ཡོད་མེད་གང་རུང་ཡིན་ན། བདག་མེད་ཡིན་པས་ཁྱབ་པའི་ཕྱིར། རྩ་བར་འདོད་ན། དེ་འདྲའི་ཐལ་འགྱུར་ལ་ཁྱབ་པ་ཡོད་པར་ཐལ། མ་བྱས་པ་ཡིན་པར་ཐལ། རང་མཚན་ཡིན་པར་ཐལ། ཆོས་ཡིན་པའི་ཕྱིར་ཞེས་པའི་ཐལ་འགྱུར་ལ་ཁྱབ་པ་ཡོད་པ་གང་ཞིག །རྟེན་འབྲེལ་ཡིན་པའི་ཕྱིར་ཞེས་པའི་ཐལ་འགྱུར

ལ་ཁྱབ་པ་མེད་པ་གང་ཞིག །གཞལ་བྱ་ཡིན་ན། འདུས་མ་བྱས་ཡིན་པས་ཁྱབ་པའི་ཕྱིར། མ་གྲུབ་ན། དེར་ཐལ། དེ་འདྲའི་ཐལ་འགྱུར་ལ་ཁྱབ་པ་མེད་པ་གང་ཞིག །གཞལ་བྱ་ཡིན་ན་གང་དྲན་དྲན་ཡིན་པས་ཁྱབ་པའི་ཕྱིར། མ་གྲུབ་ན། དེར་ཐལ། དེ་འདྲའི་ཐལ་འགྱུར་ལ་ཁྱབ་པ་ཡོད་པའི་ཕྱིར། མ་གྲུབ་ན། དེར་ཐལ། རང་མཚན་ཡིན་པར་ཐལ། ཆོས་ཡིན་པའི་ཕྱིར་ཞེས་པའི་ཐལ་འགྱུར་ལ་ཁྱབ་པ་ཡོད་པ་གང་ཞིག །རྟེན་འབྲེལ་ཡིན་ན། མ་བྱས་པ་ཡིན་པས་ཁྱབ་པའི་ཕྱིར།

གཞན་ཡང་རྟགས་མགོ་གཉིས་པ་ལ། །
སྐབས་ཀྱི་གསལ་བས་ཁྱབ་ན་ནི། །
ཀུན་ལ་ཁྱབ་པ་ཡོད་པའི་ཕྱིར། །
ཆ་ཡའི་ཁྱད་པར་འབྱེད་མི་དགོས། །

ཁ་ཅིག་ན་རེ། གཅིག་ཡིན་པར་ཐལ། ཐ་དད་ཡིན་པར་ཐལ། དྲུ་མ་ཡིན་པར་ཐལ། སོ་སོ་བ་མ་ཡིན་པའི་ཕྱིར་ཞེས་པའི་ཐལ་འགྱུར་ལ་ཁྱབ་པ་ཡོད་པ་གང་ཞིག །ཀ་བུམ་གཉིས་ཡིན་པའི་ཕྱིར་ཞེས་པའི་ཐལ་འགྱུར་ལ་ཁྱབ་པ་ཡོད་པའི་ཕྱིར་ཞེས་པའི་ཐལ་འགྱུར་ལ་ཁྱབ་པ་ཡོད་ཟེར་ན། རྟག་དངོས་གཉིས་ཆོས་ཅན། གཅིག་ཡིན་པར་ཐལ། ཐ་དད་ཡིན་པར་ཐལ། དྲུ་མ་ཡིན་པར་ཐལ། སོ་སོ་བ་མ་ཡིན་པའི་ཕྱིར་ཞེས་པའི་ཐལ་འགྱུར་ལ་ཁྱབ་པ་ཡོད་པ་གང་ཞིག །ཀ་བུམ་གཉིས་ཡིན་པའི་ཕྱིར་ཞེས་པའི་ཐལ་འགྱུར་ལ་ཁྱབ་པ་ཡོད་པའི་ཕྱིར། མ་གྲུབ་ན། དེར་ཐལ། དྲུ་མ་ཡིན་པར་ཐལ; སོ་སོ་བ་མ་ཡིན་པའི་ཕྱིར་ཞེས་པའི་ཐལ་འགྱུར་ལ་ཁྱབ་པ་ཡོད་པ་གང་ཞིག །ཀ་བུམ་གཉིས་ཡིན་ན། ཐ་དད་ཡིན་པས་ཁྱབ་པའི་ཕྱིར། མ་གྲུབ་ན། དེར་ཐལ། དེ་ཡིན་ན། གང་དྲན་དྲན་ཡིན་པས་ཁྱབ་པའི་ཕྱིར། རྩ་བར་འདོད་ན། རྟག་དངོས་གཉིས་ཆོས་ཅན། གཅིག་མ་ཡིན་པར་ཐལ། སོ་སོ་བའི་ཆོས་ཡིན་པའི་ཕྱིར་རོ། །

ལྔ། དགག་གཞི་བསྒྱེ་ཚུལ་གྱི་རྣམ་གཞག་བཤད་པ།

ལྔ་པ་དགག་གཞི་བསྒྱེ་ཚུལ་གྱི་རྣམ་གཞག་བཤད་པ་ནི།

བཅུ་བཞི་དགག་གཞི་སྒྱེ་ཚུལ་ལ། །
པང་ལེན་མཐའ་སྐྱོར་མིག་རྟུར་གསུམ། །
པང་ལེན་མ་ནི་འདི་ལྟ་སྟེ། །
བུ་ལ་གཅེས་པའི་མ་ཉིད་ཀྱིས། །
བུ་ནི་པང་དུ་ལེན་པ་ལྟར། །
ཁྱད་གཞི་དགག་གཞི་དེ་ཉིད་ཀྱི། །
ཁྱད་ཆོས་པང་ལེན་ལྟ་བུར་སྒྱེས། །

བུམ་པའི་དགག་གཞི་ཆོས་ཅན། གསེར་བུམ་མེད་པར་ཐལ། བུམ་པ་ཡོད་པའི་ཕྱིར་ཞེས་པའི་ཐལ་འགྱུར་ལ་པང་ལེན་མའི་དབང་དུ་བྱས་ནས་འདོད་ལན་བཏབ་ནས་སྒྱེས་པའི་ཚེ་ན། གསེར་བུམ་བུམ་པའི་དགག་གཞིར་མེད་པ་འདོད་ཅེས་བསྒྱེ། རྟགས་ལ་རྟགས་མ་གྲུབ་ཀྱི་ལན་བཏབ་ནས་སྒྱེས་པས། བུམ་པ་བུམ་པའི་དགག་གཞིར་ཡོད་པ་རྟགས་མ་གྲུབ་ཅེས་བསྒྱེ།

མཐའ་སྐྱོར་མ་ནི་འདི་ལྟ་སྟེ། །
བུ་ལ་གཅེས་པའི་ཕ་མ་ཡིས། །
བུ་ཡི་མཐའ་ནས་སྐྱོར་བ་ལྟར། །
ཁྱད་གཞི་དགག་གཞི་དེ་གཉིས་ཀྱི། །
ཁྱད་ཆོས་མཐའ་ནས་སྐྱོར་བར་བྱེད། །

ཀ་བའི་དགག་གཞི་ཆོས་ཅན། ཤུག་པའི་ཀ་བ་མེད་པར་ཐལ། ཀ་བ་མེད་པའི་ཕྱིར་ཞེས་པའི་ཐལ་འགྱུར་ལ་མཐའ་སྐྱོར་མའི་དབང་དུ་བྱས་ནས་འདོད་ལན་བཏབ་ནས་རྩིས་པས། ཀ་བའི་དགག་གཞི་ཀ་བ་ཀ་བའི་དགག་གཞི་མེད་པ་འདོད་ཅེས་རྩི། རྟགས་ལ་རྟགས་མ་གྲུབ་ཀྱི་ལན་བཏབ་ནས་རྩིས་པས་ཀ་བའི་དགག་གཞི་ཀ་བ་ཀ་བའི་དགག་གཞི་མེད་པ་འདོད་ཅེས་རྩི།

མིག་ཕྲུར་མ་ནི་འདི་ལྟ་སྟེ། །
དཔེར་ན་མི་མང་ཚོགས་གྱུར་ཀྱང་། །
དྲུང་བ་ཡོད་པའི་མ་འདི་ནི། །
རང་བུ་གར་ཡོད་ས་རུ་འགྲོ། །
དེ་བཞིན་ཁྱད་གཞི་དགག་གཞི་དེའི། །
ཁྱད་ཆོས་གང་དུ་གནས་སར་འགྲོ། །
རང་ལུགས་ཕྱི་མའི་དབང་དུ་བྱེད། །

མུན་པའི་དགག་གཞི་ཆོས་ཅན། མུན་པ་དང་མུན་པ་གང་རུང་མེད་པར་ཐལ། མུན་པ་མེད་པའི་ཕྱིར་ཞེས་པའི་ཐལ་འགྱུར་ལ་མིག་ཕྲུར་མའི་དབང་དུ་བྱས་ཏེ་གསལ་བར་འདོད་ལན་བཏབ་ནས་རྩིས་པས། མུན་པའི་དགག་གཞི་མུན་པ་དང་མུན་པའི་དགག་གཞི་མུན་པ་གང་རུང་མེད་པ་འདོད་ཅེས་རྩི། རྟགས་ལ་རྟགས་མ་གྲུབ་ཀྱི་ལན་བཏབ་ནས་རྩིས་པས། མུན་པའི་དགག་གཞི་མུན་པ་དང་མུན་པའི་དགག་གཞི་མུན་པ་གང་རུང་མེད་པ་རྟགས་མ་གྲུབ་ཅེས་རྩི། ཡང་བུམ་པའི་དགག་གཞི་ཆོས་ཅན། བུམ་པར་རྟོགས་པའི་ཚད་མ་ཡོད་པར་ཐལ། བུམ་པར་རྟོགས་པའི་ཚད་མ་ཡིན་པའི་ཕྱིར་ཞེས་པའི་ཐལ་འགྱུར་ལ་མིག་ཕྲུར་མའི་དབང་དུ་བྱས་ནས་འདོད་ལན་བཏབ་ནས་རྩིས་པས་ཡིན་འགོད་དང་དྲུག་སྒྲའི་ནུས་པས་བུམ་པའི་དགག་གཞི་བུམ་པའི་དགག་གཞིར་བུམ་

པར་རྟོགས་པའི་ཚད་མ་ཡོད་པ་འདོད་ཅེས་སྨྲ། རྟགས་ལ་རྟགས་མ་གྲུབ་ཀྱི་ལན་བཏབ་ནས་སྨྲས་པས། བུམ་པའི་དགག་གཞིར་བུམ་པའི་དགག་གཞི་བུམ་པར་རྟོགས་པའི་ཚད་མ་ཡིན་པ་རྟགས་མ་གྲུབ་ཅེས་སྨྲ།

ཁྱད་གཞི་ཁ་འགག་མཐའ་རྟེན་སྨྲས། །
ཁྱད་ཆོས་ལ་ནི་སྨྲ་རྒྱུ་མེད། །

ཀ་བའི་དགག་གཞི་ཆོས་ཅན། ཁྱོད་ཀ་བ་དང་འགལ་བ་ཡིན་པར་ཐལ། ཁྱོད་ཀ་བ་དང་ཐ་དད་གང་ཞིག །ཀ་བ་ཁྱོད་དང་ཐ་དད་ཡིན་པའི་ཕྱིར་ཞེས་པ་ལྟ་བུ་ལ་གསལ་བ་དང་རྟགས་དང་པོ་ཁྱོད་བཞག་གི་ཁ་འགག་ནས་སྨྲ་རྒྱུ་མེད། རྟགས་གཉིས་པ་ལ། པང་ལེན་མའི་དབང་དུ་བྱས་ནས་རྟགས་མ་གྲུབ་ཀྱི་ལན་བཏབ་ནས་སྨྲས་པས། ཀ་བའི་དགག་གཞི་ཀ་བའི་དགག་གཞི་དང་ཐ་དད་ཡིན་པ་རྟགས་མ་གྲུབ་ཅེས་སྨྲ། མཐའ་སྐྱོར་མའི་དབང་དུ་བྱས་ནས་རྟགས་མ་གྲུབ་ཀྱི་ལན་བཏབ་ནས་སྨྲས་པས། ཀ་བའི་དགག་གཞིར་ཀ་བ་ཀ་བའི་དགག་གཞིར་ཀ་བ་ཀ་བའི་དགག་གཞི་དང་ཐ་དད་ཡིན་པ་རྟགས་མ་གྲུབ་ཅེས་སྨྲ། མིག་ཧུར་མའི་དབང་དུ་བྱས་ནས་རྟགས་མ་གྲུབ་ཀྱི་ལན་བཏབ་ནས་སྨྲས་པས་ཀ་བའི་དགག་གཞིར་ཀ་བ་ཀ་བའི་དགག་གཞི་དང་ཐ་དད་ཡིན་པ་རྟགས་མ་གྲུབ་ཅེས་སྨྲ་རིགས་སོ། །

དྲུག དགག་པ་འཁོར་ཚུལ་གྱི་རྣམ་གཞག་བཤད་པ།

དྲུག་པ་དགག་པ་འཁོར་ཚུལ་གྱི་རྣམ་གཞག་བཤད་པ་ནི།

བཅོ་ལྔ་དགག་པ་འཁོར་ཚུལ་ནི། །
དགག་པ་གཅིག་གི་དགག་པ་ལ། །

དགག་པ་གཉིས་ཀྱི་གནས་མར་འཁོར། །
མ་ཡིན་ཡ་རྣམས་མ་ཡིན་ཞིང་། །
མ་ཡིན་ཆ་རྣམས་རང་ཐོག་གནས། །
བརྒྱ་སྟོང་བར་དུ་རིགས་འགྲེ་མཛོད། །

ཁ་ཅིག་ན་རེ། དངོས་པོ་མ་ཡིན་པར་ཐལ། དངོས་པོ་མ་ཡིན་པ་དང་རྟག་པ་གང་རུང་མ་ཡིན་པའི་ཕྱིར་ཞེས་པའི་ཐལ་འགྱུར་ལ་ཁྱབ་པ་ཡོད་ཟེར་ན། ཀ་བ་ཆོས་ཅན། དེར་ཐལ། དེའི་ཕྱིར། མ་གྲུབ་ན། དེར་ཐལ། དངོས་པོ་མ་ཡིན་པ་མ་ཡིན་པ་གང་ཞིག །རྟག་པ་མ་ཡིན་པའི་ཕྱིར། དང་པོ་མ་གྲུབ་ན། དེར་ཐལ། དངོས་པོ་ཡིན་པའི་ཕྱིར། ཁྱབ་ཏེ། མ་ཡིན་ཆ་རྣམས་རང་ཐོག་གནས་ཞེས་པའི་བསྟན་དོན་གྲུབ་པའི་ཕྱིར། གཉིས་པ་སླ། ཡང་རྟག་པ་ཡིན་པར་ཐལ། རྟག་པ་མ་ཡིན་པ་དང་དངོས་པོ་གང་རུང་མ་ཡིན་པའི་ཕྱིར་ཞེས་པའི་ཐལ་འགྱུར་ལ་ཁྱབ་པ་ཡོད་ཟེར་ན། རྟག་དངོས་གང་རུང་ཆོས་ཅན། དེར་ཐལ། དེའི་ཕྱིར། དང་པོ་མ་གྲུབ་ན། དེར་ཐལ། རྟག་པ་མ་ཡིན་པ་མ་ཡིན་པ་གང་ཞིག །དངོས་པོ་མ་ཡིན་པའི་ཕྱིར། དང་པོ་མ་གྲུབ་ན། དེར་ཐལ། རྟག་པ་ཡིན་པའི་ཕྱིར། གཉིས་པ་སླ།

ཁ་ཅིག་ན་རེ། འཕགས་ལམ་ཡིན་པར་ཐལ། ལམ་མ་ཡིན་པ་དང་ལམ་གྱི་མི་མཐུན་ཕྱོགས་གང་རུང་མ་ཡིན་པའི་ཕྱིར་ཞེས་པའི་ཐལ་འགྱུར་ལ་ཁྱབ་པ་ཡོད་ཟེར་ན། རྣམ་མཁྱེན་ཆོས་ཅན། དེར་ཐལ། དེའི་ཕྱིར། མ་གྲུབ་ན། དེར་ཐལ། ལམ་མ་ཡིན་པ་མ་ཡིན་པ་གང་ཞིག །ལམ་གྱི་མི་མཐུན་ཕྱོགས་མ་ཡིན་པའི་ཕྱིར། རྟགས་རེ་རེ་ནས་གྲུབ་ཏེ། ལམ་གྱི་མཐར་ཐུག་པ་ཡིན་པའི་ཕྱིར། མ་གྲུབ་ན། དེར་ཐལ། སངས་རྒྱས་འཕགས་པའི་རྒྱུད་ཀྱི་མཁྱེན་པ་ཡིན་པའི་ཕྱིར། མ་གྲུབ་ན། དེར་ཐལ། རྣམ་མཁྱེན་ཡིན་པའི་ཕྱིར། མ་གྲུབ་ན། དེར་ཐལ། ཆོས་ཐམས་ཅད་མངོན་སུམ་དུ་རྟོགས་པའི་མཐར་ཐུག་གི་མཁྱེན་པ་ཡིན་པའི་ཕྱིར་རོ། །

མཇུག་གི་དོན་བཤད་པ།

དེ་དག་གིས་ནི་དབང་པོ་རབ་ལ་རིགས་ལམ་ཆེ་བའི་རྣམ་གཞག་རགས་པ་ཙམ་བསྟན་པ་སྟེ། རིགས་ལམ་ཆུང་འབྲིང་ཆེ་གསུམ་གྱི་རྣམ་གཞག་མདོར་བསྡུས་པའི་ཚུལ་གྱི་སྒོ་ནས་ཐུང་ཟད་གསལ་བར་བཤད་པའི་བསྡུས་གྲྭའི་རྣམ་གཞག་བཀྲོན་ལྡན་བློ་གསར་དགྱེས་པའི་དགའ་སྟོན་ཞེས་བྱ་བ་རེ་ཞིག་རྫོགས་སོ།། །།

སླར་སྨྲས་པ།

ལྦུ་བདོའི་མལ་དུ་འཚོ་བའི་རྐང་གཉིས་རྣམས། །
ཕལ་ཆེར་ཆོས་བརྒྱད་བྲན་དུ་གཡོལ་བའི་ཚེ། །
སྟོམ་བརྩོན་དུར་སྒྲིག་འཆང་བའི་གྲལ་མཐའ་རུ། །
ཚུད་པའི་དགེ་མཚན་འདི་ཡང་ཨ་ཧོ་སྨད། །
འདི་ཀོ་མཁྱེན་རྒྱ་ཡངས་པའི་བཤེས་གཉེན་གྱིས། །
རྡོ་རྗེའི་གསུང་གིས་ཉེ་བར་བསྐུལ་བའི་མཐུས། །
ལྷག་བསམ་དག་པའི་བློ་ཡིས་བྱས་པ་ལས། །
མཁས་པའི་གོ་ས་འཚོལ་བའི་དཔང་ཡིག་མིན། །
སྔོན་ཆེ་འཕགས་ཡུལ་མཁས་གྲུབ་དམ་པ་རྣམས། །
བསྟན་བཅོས་བརྩམས་པའི་ཚུལ་ལ་བསམ་ཙ་ན། །
ཐོས་ཆུང་ཤེས་རབ་དབུལ་བ་བདག་ལྟ་བུས། །
མ་བཅོལ་དོན་དེར་འཇུག་པ་བཞད་གད་གནས། །
འོན་ཀྱང་རང་གི་ངན་རྟོག་ཆུ་ཤིང་ལ། །

ཇོ་མྱུར་རིགས་པའི་མདའ་མོར་མ་རློམ་པར། །
སྔོན་བྱོན་དམ་པའི་གསུང་བཞིན་བགྱིས་པ་འདིས། །
དང་པོའི་ལས་ཅན་འགའ་ལ་ཕན་ནམ་སྙམ། །
འཕྲུལ་པ་ཀུན་ཟད་རྒྱལ་བའི་དམ་ཆོས་ལས། །
ལོག་པར་སྨྲ་བའི་བསམ་པ་གཏན་མེད་མོད། །
རྨོངས་པའི་དབང་གིས་ནོངས་པའི་ཚོགས་མཆིས་ན། །
སྐྱབས་གནས་འདུས་པའི་སྤྱན་སྔར་སྙིང་ནས་བཤགས། །
དགེ་ལེགས་ཀུན་འབྱུང་བྱང་ཆུབ་ཐོབ་འདོད་པའི། །
འདུན་པ་སྨི་ལམ་དུ་ཡང་མ་བཏང་བར། །
རྒྱ་ཆེན་ཐབས་དང་ཟུང་འཇུག་དབུ་མའི་ལམ། །
མཆོ་ལྟར་ཟབ་དེ་མྱུར་དུ་མཐར་ཕྱིན་ཤོག །
འདི་བགྱིས་དགེ་བ་དྲི་མེད་གང་ཐོབ་པ། །
དེ་དང་བདག་གཞན་དུས་གསུམ་དགེ་བ་ཀུན། །
གཅིག་ཏུ་བསྡོམ་ནས་མཁའ་མཉམ་སེམས་ཅན་རྣམས། །
མྱུར་དུ་སངས་རྒྱས་ཐོབ་པའི་རྒྱུ་རུ་བསྔོ། །

བསྡུས་གྲྭའི་རྣམ་གཞག་བསྟོན་ལྡན་བློ་གསར་དགྱེས་པའི་དགའ་སྟོན་ཞེས་བྱ་བ་འདི་ནི་དཔལ་ས་སྐྱའི་གདན་སའི་མཁན་རིན་པོ་ཆེ་མཐུ་སྟོབས་སེང་གེ་མཆོག་གི་བཀའ་ལུང་གསེར་གྱི་ཅོད་པན་སྤྱི་བོའི་རྒྱན་དུ་བསྟུལ་བ་ཟློག་ཏུ་མ་བཏུབ་པར། མཚུངས་མེད་བཀའ་དྲིན་ཅན་གྱི་དགེ་བའི་བཤེས་གཉེན་ཆེན་པོ་དཔལ་ས་སྐྱའི་ལྷ་ཁང་མཁན་ཆེན་བྱམས་པ་ཀླུ་སྒྲུབ་རྒྱ་མཚོ་མཆོག་གི་གཙོས། མཁན་ཆེན་མཐུ་སྟོབས་སེང་གེ་དང་། མཁན་ཆེན་ཀུན་བཟང་རྒྱལ་མཚན། རྫོང་གསར་ཁམས་

བྱེའི་མཁན་ཆེན་འཇམ་དབྱངས་བློ་གྲོས། མཁན་ཆེན་གཞན་ཕན་སྙིང་པོ། ཧཱུཾ་ཕྲུ་མཁན་ཆེན་དཔལ་ལྡན་རྒྱ་མཚོ་སོགས་བཤེས་གཉེན་དུ་མའི་བཀའ་དྲིན་གྱི་སྐྱབས་འོག་ཏུ་འཚོ་བ་ཚ་མོ་རོང་པ་དགེ་འདུན་རྒྱ་མཚོས་བཤེས་གཉེན་དམ་པ་རྣམས་ཀྱི་གསུང་སྒྲོས་གཞིར་བཟུང་དེ། རང་ལོ་ཉེར་གསུམ་པར་མདོ་སྨད་ཇ་ཡུལ་ཧཱུཾ་ཕྲུ་དགོན་ཐུབ་བསྟན་དགེ་ལེགས་གཏེར་མཛོད་གླིང་གི་ཆོས་གྲྭ་ཆེན་པོར་ལྷག་བསམ་རྣམ་པར་དག་པས་སྦྱར་ཞིང་། དཔལ་ས་སྐྱའི་གདན་སའི་དབུ་འཛིན་དཔལ་ལྡན་དོན་ཡོད་མཆོག་དང་། ཧཱུཾ་ཕྲུ་དགོན་གྱི་སྐུ་ཞབས་ཀུན་དགའ་མཁས་བཙུན། གཙེན་པོ་ཐོགས་མེད་ཆོས་འཕེལ་བཅས་ཀྱི་ཚད་མེད་པའི་ཐུགས་ཁུར་དང་རྒྱབ་སྐྱོར་ལ་བརྟེན་ནས་དཔར་སྐྲུན་ལེགས་གྲུབ་བྱུང་བ་འདིས་ཀྱང་བསྟན་པ་དང་སེམས་ཅན་གྱི་དོན་ལ་ཕན་ཐོགས་པར་གྱུར་ཅིག ། །།

མཇུག་གཏམ།

སངས་རྒྱས་ཀྱི་བསྟན་པའི་རྩ་བ་བཤད་སྒྲུབ་གཉིས་ལ་ཐུག་ཅིང་དེའང་ནང་རིག་པར་སློབ་སྦྱོང་དང་། ལག་ལེན་བསྒྱུར་བའི་སྒོ་ནས་སེམས་ཁམས་ཀྱི་གོ་རྟོགས་ཇེ་མཐོར་གཏོང་བའི་བསྟན་པ་གསོན་པོ་སྟེ། ལུང་དང་རྟོགས་པའི་བསྟན་པ་རིན་པོ་ཆེར་རག་ལས་ཤིང་། དེའི་མཐུན་རྐྱེན་གཙོ་བོ་གསུང་རབ་འགྲེམས་སྤེལ་གྱི་བྱ་བ་དང་། ལྷག་པར་སྐད་ཡིག་སྣ་ཚོགས་ལ་བརྟེན་ནས་སྐྱེ་བོ་གང་མང་ལ་ཕན་ལམ་གཏོང་རྒྱུའི་ལས་འགན་ཤིན་ཏུ་གལ་ཆེ་སྟེ། དེའང་མདོ་ལས། ལྔ་བརྒྱ་ཐ་མར་འགྱུར་བ་ན། །ང་ཉིད་ཡི་གེའི་གཟུགས་སུ་གྱུར། །ང་ཡིན་སྙམ་དུ་ཡིད་བྱོས་ལ། །དེ་ཚེ་དེ་ལ་གུས་པ་བསྐྱེད། །ཅེས་གསུངས་པ་སོགས་རྒྱུ་མཚན་མང་པོར་གཞིགས་ཏེ། ངེད་ཞིབ་འཇུག་ཚོགས་པས་ད་ཐེངས་བོད་རྒྱ་ཡིག་རིགས་གཉིས་ལྡན་གཙོ་བོར་བྱས་པའི་དཔལ་ས་སྐྱའི་རིག་མཛོད་ཅེས་པའི་དཔེ་ཚོགས་བསྒྲིགས་སྤེལ་ཞུ་བའི་ལས་རིམ་ཁྲིད། ས་ཕྱི་ཀུན་ཏུ་གཙོ་བོའི་རྒྱབ་སྐྱོར་དང་། སློབ་སྟོན་གནང་བའི་མཁས་དབང་དང་། ལོ་ཙྪ་བ། བོད་ལྗོངས་མི་དམངས་དཔེ་སྐྲུན་ཁང་སོགས་ལ་ཞེ་ཐག་པ་ནས་བཀའ་དྲིན་ཆེ་ཞུ་བ་དང་ཆབས་ཅིག་རྗེས་སོར་ཡང་ལས་རིམ་འདིར་སྔར་རྒྱུན་བཞིན་གཞོགས་འདེགས་གང་ལེགས་གནང་རྒྱུའི་རེ་བའང་ཞུ་བ་ལགས།

ཞེས་ས་སྐྱ་དཔལ་ལྡན་དོན་ཡོད་ཀྱིས།

དགེ་བ་འདི་ཡིས་སྐྱེ་བོ་ཀུན། །བསོད་ནམས་ཡེ་ཤེས་ཚོགས་རྫོགས་ཤིང་། །
བསོད་ནམས་ཡེ་ཤེས་ལས་བྱུང་བའི། །དམ་པ་སྐུ་གཉིས་ཐོབ་པར་ཤོག །

以此善业一切士，　　圆满福慧二资粮，
福德智慧所出生，　　殊胜二身愿得证。

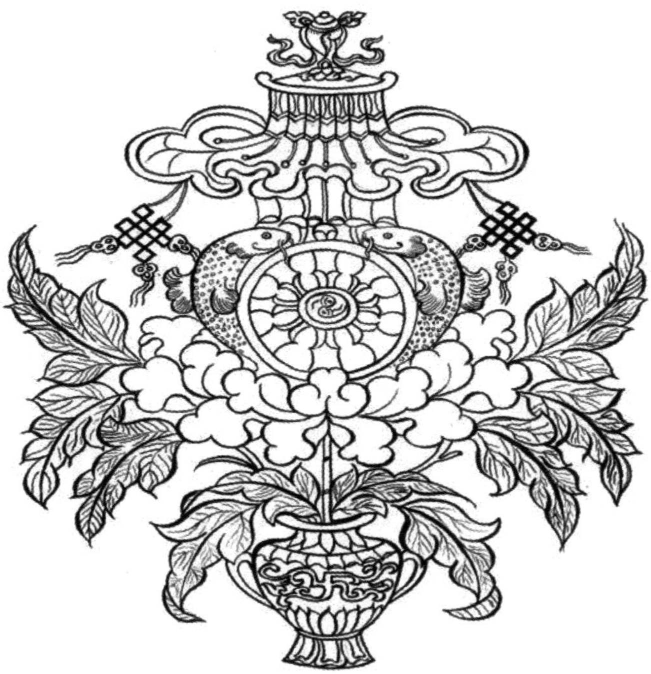

བསྡུས་གྲྭའི་རྣམ་གཞག་བསྟན་ལྡན་བློ་གསར་དགྱེས་པའི་དགའ་སྟོན།

མཛད་པ་པོ།	དགེ་འདུན་རྒྱ་མཚོ།
རྩོམ་སྒྲིག་འགན་འཁུར་བ།	རྐང་བཙུགས།
མདུན་ཤོག་འཆར་འགོད་པ།	བསྟན་རྣམ། སྐལ་ཚོ། དགེ་ལེགས།
དཔེ་སྒྲིག་འཆར་འགོད་པ།	བསྟན་འཛིན།
པར་གཞི་སྒྲིག་མཁན།	བསྟན་འཛིན། པ་སངས།
དཔེ་སྐྲུན་འགྲེམས་སྤེལ་ཚན་པ།	བོད་ལྗོངས་མི་དམངས་དཔེ་སྐྲུན་ཁང་། (ལྷ་ས་གླིང་སྐོར་བྱང་ལམ་སྒོ་ཨང་20)
པར་འདེབས་ཚན་པ།	ཁྲིན་ཧྲུའུ་ཧྲུང་ཅང་པར་འདེབས་ཚད་ཡོད་ཀུང་སི།
དེབ་ཚད།	787 ×960 1/16
དཔར་ཤོག	14.25
ཡིག་གྲངས།	ཁྲི13
དཔར་གཞི་སྒྲིག་ཐེངས།	2011ལོའི་ཟླ5པར་པར་གཞི1བསྒྲིགས།
དཔར་ཐེངས།	2023ལོའི་ཟླ3པར་པར་ཐེངས2བཏབ།
དཔར་གྲངས།	7,001—9,000
དཔེ་དེབ་ཨང་རྟགས།	ISBN978 -7 -223 -03102 -8
བཅད་གོང་།	30.00

དྲ་ཚིགས། http://www.sakya.org.cn